8 나무의 생장과정별 사진
(새잎, 새순, 잎, 잎차례, 꽃봉오리, 암꽃, 수꽃, 어린 열매, 열매(미성숙), 열매(성숙), 수피, 수형, 겨울눈 등)

곰솔 암꽃

곰솔 수꽃

곰솔 열매

곰솔 전년도 열매

6m에 이른다. 천연기념물 제160호로 지정된 이 곰솔은 수령이 500~600년 정도로 단연 우리나라 곰솔의 할아버지뻘이다. 가지가 워낙 무거워 지탱하기 어려워서 외과 수술을 가끔 받는다. 주변에는 다른 곰솔 일곱 그루가 더 자라는 곰솔 숲으로 곰솔 숲 뒤쪽에 한라산 산신제를 지내오는 산천단이 있다. 충남 서천의 신송리 하송마을의 곰솔은 수령이 400년 정도로 당산나무 역할을 하는 나무로 천연기념물 제353호로 지정되었으며, 전남 해남의 성내리 수성동 곰솔은 해남 사람들의 애국심과 기상을 간직한 나무로 천연기념물 제430호로 지정되었다.

곰솔 수피

곰솔의 겨울눈은 은백색이다. 잎은 진녹색으로 짧은 가지에 두 개씩 달리고 보통 2~3년간 달려 있다가 떨어진다. 암수한그루로 꽃은 4~5월에 핀다. 수꽃은 원통형으로 1.5㎝가량 되고, 암꽃은 난형으로 붉은색이었다가 자주색으로 바뀌어 가는 것이 특징이다. 열매는 난상의 긴 타원형으로 녹갈색이며 씨는 도란상의 타원형이다. 씨에는 긴 날개가 달려 있으며 이듬해 9월에 익는다.

곰솔은 예로부터 한방에서 약재로 많이 사용해왔는데, 산후풍이나 관절염, 골수염, 위장병, 타박상, 변비 등에 효과가 있다고 한다.

바닷바람을 막는 방풍림으로 많이 심어졌고, 이 밖에도 목재를 위한 조림용과 관상용으로도 재배되었다. 또 보릿고개가 있던 옛날에는 나무껍질을 식용으로도 많이 이용했고, 수형이 멋있어 분재로도 많이 기른다. 꽃말은 불로장수이다.

번식법
번식은 실생으로 한다. 파종하기 전에 종자를 1개월 정도 노천매장하는 것이 발아에 좋다. 건조하고 척박한 땅에서도 잘 견디나 추위에는 약한 편이다.

9 각 나무별 번식법

책머리에 • Preface

생나무가 사람을 위해서 해줄 수 있는 일이 무엇일까?

지구는 그 자체가 커다란 생명체로 다양한 생물종과 다양성을 유지해 나가야만 생존할 수 있다. 우리들의 주변 환경은 여러 생물이 빛, 물, 공기, 온도, 토양 등과 아름답게 어우러져 하나의 합동 작품으로 생태계를 만들어가고 있다.

생태계에서 광합성을 하는 식물은 무기물과 더불어 햇빛을 활용하여 유기물질을 만들어내는 생산자로서 꼭 필요한 존재이다. 이 유기물질은 모든 생명체의 원천이 되는 데 기여한다. 식물은 인간을 포함하여 동물과 미생물이 살아나갈 수 있는 서식처를 유지하는 데 결정적인 역할을 한다. 숲은 교목층, 아교목층, 관목층, 초본층 및 이끼층을 형성하여 무기환경에 적응한 식물이 계층을 이루며 자란다. 이런 환경에는 포유류, 조류, 파충류, 양서류, 어류, 곤충류, 저서성 대형 무척추동물, 거미류 등의 동물들이 소비자로서 함께 서식한다. 또한 낙엽과 토양 속에는 미생물이 분해자로서 역할을 한다. 자연의 숲은 가장 자연스럽게 유지되어야만 아름답고 풍요로운 인간의 삶을 유지해 나갈 수 있다.

자연의 숨결 속에서 식물이 살아 있는 숲은 끊임없이 변화를 시도하며 경이로움과 아름답고 풍요로운 볼거리와 수많은 생각

과 생활의 활력을 가져다준다. 이런 숲은 지속적으로 새로워지는 시간을 만들어가는 과정이다. 이런 숲에서 한 번쯤 나무를 알아가며 우리의 마음을 담아보면 어떨까.

나무가 자라나는 곳에는 여러 가지 어려움이 따른다. 열매가 땅에 떨어져서 토양에 묻혀 싹이 자라나서 성장하고 꽃을 피워가며 열매를 맺어가는 과정까지 그 계절에 적응해 나가지 못하면 이듬해를 기약할 수 없어 생명이 끝나는 것이다.

나무는 각각의 종류대로 씨를 가지며 열매를 맺어 기꺼이 사람에게 먹거리를 공급해준다. 나무는 스스로 난 것을 먹게 하고, 심고 거두는 열매도 먹게 한다. 나무는 가지에 새의 보금자리를 품으며 어미 새가 알을 낳고 새끼를 기른다. 나무는 사람으로 하여금 뜨거운 여름 그늘에서 시원한 바람을 받으며 상쾌한 쉼을 준다. 나무는 그 상태로도 자연의 냄새가 나고, 잎과 꽃과 열매로도 향기로운 냄새가 나며, 불 위에 타면서도 자기만의 냄새가 난다. 나무는 궁궐, 집, 가구, 대문, 울타리, 그릇, 장식품, 악기, 종이, 옷, 땔감의 재료로도 쓰이고, 생활도구로도 널리 사용한다. 나무는 베임을 당하여도 그 그루터기는 남아 있어 토양을 지켜준다.

나무는 땅에 서서 나타나는 햇빛과 비와 이슬과 서리와 안개

와 눈과 구름을 만나서 맞고 자라며, 새로운 가지를 만들고 싹이 나서 꽃을 피워 향기를 토하고, 더위가 올지라도 두려워하지 아니하며, 가무는 해에도 걱정이 없고, 추위가 올지라도 견디어내며, 푸른 열매가 열리므로 익어서 한 해를 보내면서도 이듬해 결실이 그치지 아니하여 한결같이 자란다. 그리하여 꽃과 잎과 열매와 줄기는 모두 약의 재료가 된다.

이 책은 323종류의 나무에 관하여 식물 이름을 가나다 순으로 배열하고, 잎, 꽃, 열매, 수피, 수형 등 약 2,200컷의 생장과정별 사진을 수록하였으며, 나무 이름의 유래, 나무의 생태, 번식법, 약재로의 활용 정보를 상세하고 재미있게 설명하였으며, 휴대하기 간편하게 제작하였다.

시냇가에 심은 나무가 그 잎이 마르지 아니함으로 철을 따라 꽃을 피우고 열매를 맺는 것처럼, 이 책을 읽는 모든 사람이 나무를 하나하나 알아가는 즐거움으로 인생의 알찬 열매가 열리길 바란다. 좋은 나무에는 나쁜 열매가 열리지 않는다.

지은이 씀

차례 • Contents

ㅇ

ㅈ

우리나라에 자생하거나
외국에서 들여와 심은
나무 323 종류

001 조상의 무덤가에 심던

가래나무

Juglans mandshurica Maxim.

과 명	가래나무과	꽃	4~5월
형 태	낙엽활엽교목	열 매	9~10월

가래나무 잎

가래나무 잎(앞면)

가래나무 잎(뒷면)

옛날에는 조상의 무덤가에 소나무와 가래나무를 많이 심었다. 이를 잘 가꾸는 것을 조상에게 효도하는 것으로 여겼으며, 뽕나무와 더불어 집 근처에 심어 유산으로 삼았다.

고국의 소나무 가래나무를 꿈에 가 만져보고
앞서 간 이의 무덤을 깬 후에 생각하니
구곡간장이 굽이굽이 끊어졌구나.

조위의 〈만분가〉 중에서

옛날에는 조상의 무덤가에 소나무와 가래나무를 많이 심었다. 이를 잘 가꾸는 것을 조상에게 효도하는 것으로 여겼다. 위의 〈만분가〉는 조선 초의 문신 조위(曺偉; 1454~1503)가 무오사화(戊午士禍)로 인하여 순천으로 유배를 가 지은 것으로, 어려울 때는 꿈속에서라도 조상의 무덤가를 맴돌게 된다는 심정을 읊은 것이다.

가래나무는 열매가 꼭 흙을 파헤치는 농기구 가래를 닮았다고

가래나무 암꽃

❶❷ 가래나무 수꽃

해서 붙여진 이름이다. 한자로는 추목(楸木) 또는 추자목(楸子木), 핵도추(核桃楸)라고 한다. 옛 사람들은 조상 무덤가에 가래나무를 심어서 조상의 무덤이 있는 곳을 추하(楸下), 선산이 있는 시골을 추향(楸鄕), 조상의 산소에 성묘하러 가는 것을 추행(楸行)이라 했

다. 이와 같이 특별한 용도로 쓰인 까닭에 옛날에는 뽕나무와 더불어 집 근처에 심어 유산으로 삼았다.

중국에서도 상재(桑梓)라고 해서 뽕나무와 가래나무를 울타리에 심어 자손에게 남겼는데, 후에 상재는 조상 대대로 이어 내려오는 고향을 이르게 되었다.

낙엽활엽교목으로 높이는 20m이고 지름이 80㎝이다. 줄기는 암회색으로 곧게 자라고 수피는 세로로 갈라지며 가지는 굵다. 잎은 우상복엽이고 타원형의 소엽이 7~17개씩 달려 있으며 소엽의 가장자리는 잔톱니가 있으나 점차 없어진다. 수꽃은 길게 늘어져서 녹갈색으로 피고 암꽃은 가지 끝에 5~10개가 나오며 암술머리는 빨갛고 4~5월에 핀다. 핵과인 열매는 난원형으로 녹색이며 선모로 덮이고 내과피는 8개의 능각이 지고 종자는 끝이 뾰족한 난형으로 9~10월에 익는다.

열매는 추자라고 하는데, 호두와 비슷하게 거무데데한 두꺼운 내과피 속에 들어 있다. 떫은맛이 나는 살이 조금 붙어 있어 먹기는 하지만 식용으로는 적당하지 않고, 기름을 짜서 신선로 요리에

가래나무 열매(미성숙)

가래나무 씨앗

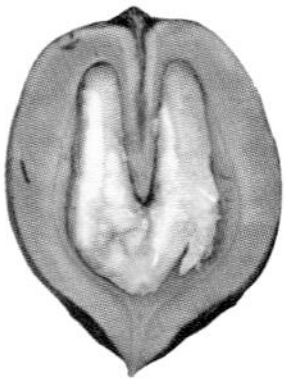

가래나무 씨앗 속

가래나무 수피

넣기도 하고 목기에 윤을 내는 데에 쓰기도 한다. 또 승려들의 염주를 만드는 데 쓰이고, 손 안에 넣고 지압용으로 사용한다. 한편 덜 익은 열매의 겉껍질이나 잎에는 독성이 있어서 이것을 찧어 냇가나 개울가에 풀어 놓아 물고기들을 마취시켜 잡기도 하며, 열매의 겉껍질은 물감을 들이는 염료용으로도 사용한다.

우리나라와 중국 동북부, 시베리아 등지에 분포한다. 우리나라에서는 소백산과 속리산 등 중부 이북 해발 100~1,500m 사이의 산기슭과 계곡에 자생한다. 추운 곳에서는 잘 자라지만 따뜻한 곳에서는 생장이 좋지 않은 편이다. 목재는 건축재, 조각재로 사용된다. 어린잎은 삶아서 식용하기도 하고, 한방에서 수피를 말려 약재로 사용하기도 한다.

번식법

봄에 종자를 파종하여 번식한다.

002 고산지대 능선을 지키는 멋쟁이

가문비나무

Picea jezoensis (Siebold & Zucc.) Carriere

과 명	소나무과	꽃	5~6월
형 태	상록침엽교목	열 매	9~10월

가문비나무 하면 우선 이름이 예쁘다. 한자로 흑피목(黑皮木)이라고 하는데, 이 흑피목이 검은피나무로 불리다 가문비나무로 바뀌었을 것으로 생각된다.

가문비나무라는 이름은 제법 들어봤을 테지만 야생에서 실제로 만나기란 그리 쉽지가 않다. 고산지대 능선에서 잘 자라기 때문이다. 백두산을 오르다 보면 쭉쭉 뻗은 가문비나무 군락을 만나곤 하는데, 대개 가문비나무는 해발 500~2,300m에서 자생한다.

가문비나무 하면 우선 이름이 예쁘다. 가문비라는 이름은 수피가 검은 데에서 유래한다. 한자로 흑피목(黑皮木)이라고 하는데, 이 흑피목이 검은피나무로 불리다 가문비나무로 바뀌었을 것으로 생각된다. 수형이 탑처럼 생겨서 탑회(塔檜)라고도 하며, 생선비늘처럼 생긴 잎을 가졌다고 해서 어린송(魚鱗松) 또는 어린운삼(魚鱗云衫)이라고도 부르고, 간단히 감비라고도 한다. 한편 학명 *Picea*는 피치를 뜻하는 그리스어 pix에서 비롯되었고, 종소명 *jezoensis*는 일본 홋카이도에 많이 자라서 붙여진 것이다.

가문비나무 잎

가문비나무 잎차례

가문비나무 꽃

가문비나무 열매

가문비나무 수피

밋밋한 듯하면서도 곧게 자라는 나무로 높이는 40m 이상까지 자라며, 지름이 1m 이상 자란다. 고산지대 능선에 늘어선 모습은 가히 멋쟁이들이 패션쇼라도 하는 듯하다.

수피는 검은빛을 띤 갈색으로 비늘처럼 벗겨진다. 잎은 길이 1~2㎝의 줄 모양으로 뾰족하고 곧거나 구부러지며, 뒷면에 공기구멍이 나 있다. 암수한그루로 꽃은 5~6월에 핀다. 수꽃은 원통 모양으로 황갈색이며, 암꽃은 달걀 모양의 타원형으로 자줏

빛이다. 종자는 난형으로 끝이 둥글고 9~10월에 익는다. 열매가 4~7.5㎝로 커서 익으면 아래를 보고 처지는데 떨어진 열매는 야생동물들의 중요한 먹이가 된다.

목재의 재질이 연하고 부드러우며 결이 곧기 때문에 피아노와 같은 악기 재료로 사용되고, 건축재, 조선재, 기구재, 차량 등에도 사용된다.

우리나라에서는 지리산 천왕봉에서 중봉, 하봉에 이르는 능선 일대에 가문비나무 군락이 분포한다. 백두산과 지리산, 설악산, 덕유산, 금강산 등 고산지대에 많이 자라며, 우리나라 이외에는 일본 홋카이도 지방과 사할린 섬, 헤이룽 강, 쿠릴열도, 캄차카반도, 중국 동북부에 분포한다. 꽃말은 성실, 정직이다.

비슷한 종으로 독일가문비가 있는데, 이는 일제강점기인 1920년대에 국내에 유입되어 곳곳에 많이 퍼졌다. 본래 노르웨이가문비나무였지만, 일본이 동맹국가의 이름을 붙여서 독일가문비가 되었다고 한다. 현재 덕유산자연휴양림 내에 있는 독일가문비 숲은 2010년 아름다운 숲 전국대회에서 '천 년의 숲'으로 지정된 바 있다.

번식법

번식은 실생으로 한다. 공해에 약한 편이라서 오염지표 식물로도 사용된다.

003 도토리와 비슷한 열매를 맺는

가시나무

Quercus myrsinifolia Blume

과 명	참나무과	꽃	4~5월
형 태	상록활엽교목	열 매	10~11월

가시나무 이름에서 가시는 나무에 열리는 도토리 비슷한 열매를 뜻한다. 한자명은 소엽청풍(小葉靑風)이다.

가시나무 이름에서 가시는 나무에 열리는 도토리 비슷한 열매를 뜻한다. 가시나무의 한자명은 소엽청풍(小葉靑風)이다.

상록활엽교목으로 난대림의 대표적인 나무이다. 높이는 15m 정도이고 지름이 50㎝ 이상으로 줄기는 곧게 자라 둥근 수형을 이룬다. 수피는 회흑색이고 평활하며 작은 가지에는 털이 없다. 잎은 어긋나며 타원상의 피침형으로 상반부나 가장자리에 잔톱니가 나 있다. 수꽃은 여러 개가 전년 가지에 밑으로 매달려 피고 암꽃은 새 가지에 위로 서며 4~5월에 핀다. 각두는 견과를 1/3~1/2 정도 감싸며, 견과는 난상의 타원형으로 10~11월에 익는다.

우리나라와 중국, 일본 등지에 분포하며 제주도와 전남 진도 해안 도서지방에 자생한다. 그늘이나 건조한 곳에서도 잘 자라고 따뜻한 섬 지방이나 바닷가에서 잘 자라지만, 추위에는 약한 편이어서 북부지방에서는 잘 자라지 못한다.

가시나무 새잎

상록성의 나무로 잎과 수형이 아름다우며, 열매는 먹을 수 있다. 목재는 단단하고 무겁고 강해서 가구재, 기구재, 건축재, 차량재, 세공재, 선박재 등으로 쓰인다.

가시나무 잎(왼쪽)과 뒷면

가시나무 암꽃

가시나무 수꽃

가시나무 열매

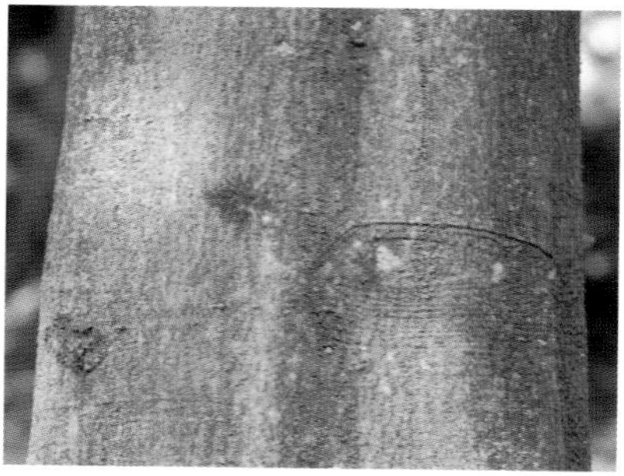
가시나무 수피

번식법

가을에 종자를 채취하여 노천매장한 후 이듬해 봄에 파종한다.

004 가짜 중나무

가죽나무

Ailanthus altissima (Mill.) Swingle

과 명	소태나무과	꽃	6~7월
형 태	낙엽활엽교목	열 매	9~10월

가죽나무 잎

가죽나무 암꽃

가죽나무 수꽃

한자로 참죽나무를 진승목(眞僧木), 가죽나무를 가승목(假僧木)이라고 한다는 것이 흥미롭다. 이렇게 나무의 유래를 살펴보면 가죽나무가 가죽과는 전혀 관련이 없음을 알 수 있다.

한자로 참죽나무를 진승목(眞僧木), 가죽나무를 가승목(假僧木)이라고 한다는 것이 흥미롭다. 이렇게 나무의 유래를 살펴보면 가죽나무가 가죽과는 전혀 관련이 없음을 알 수 있다. 가죽나무는 가중나무, 까중나무, 개죽나무라고도 한다.

낙엽활엽교목으로 높이는 20m 정도이고 수피는 회갈색이며 작은 가지는 황갈색으로 털이 있다. 잎은 어긋나고 13~25개의 소엽으로 된 기수 1회 우상복엽이며 소엽은 피침형 및 피침상의 난형이다. 잎의 가장자리는 밑부분에 2~4개의 둔한 톱니가 있고 끝부분에 1개의 선점이 있다.

꽃은 암수딴그루로 정생하는 원추화서에 달리며 녹색을 띤 흰색으로 6~7월에 핀다. 열매는 시과로 긴 타원형이며 9~10월에 갈색으로 익는다. 열매에는 날개가 달려 있는데 봄까지 달려 있으며 바람을 타고 멀리까지 날아가 번식한다.

원산지는 중국이다. 척박한 토양에서도 잘 자라고 아황산가

가죽나무 열매

가죽나무 씨앗

가죽나무 수피

스 및 매연에도 강하며 공기 정화력도 강하다. 또한 줄기는 곧고 가지 전정에도 잘 견디며 추위에도 강하여 도심지의 가로수 수종으로 좋은 나무이다. 민간요법으로 나무껍질을 이질이나 설사에 쓴다.

번식법

번식은 실생으로 한다.

005 갈맷빛의 유래가 된

갈매나무

Rhamnus davurica Pall.

과 명	갈매나무과	꽃	5~6월
형 태	낙엽활엽관목 또는 소교목	열 매	9~10월

짙은 초록색을 갈맷빛이라고 부른다. 여기에서 갈매라는 말은 갈매나무의 열매로 크기는 팥알만 하고 둥글며 짙은 초록색에서 검은색으로 익는다.

짙은 초록색을 갈맷빛이라고 부른다. 여기에서 갈매라는 말은 갈매나무의 열매를 말하는데, 갈매나무 열매는 크기가 팥알만 하고 둥글며 짙은 초록색에서 검은색으로 익는다. 갈매나무는 한자로 서리(鼠李)라고 말하며, 짝자래나무의 이명으로도 사용된다.

낙엽활엽관목 또는 소교목으로 높이는 5m 정도이고 수피는 회백색으로 무늬가 옆으로 난다. 잎은 마주나며 타원상의 도란형 및 긴 타원형이고 가장자리에 둔한 잔톱니가 있다. 꽃은 암수딴그루로 가지의 밑부분 엽액에 1~2개씩 5~6월에 황록색으로 핀다. 열매는 팥알만 하고 둥근 핵과로 짙은 초록색에서 9~10월에 검은색으로 익는다. 작은 가지의 끝이 가시로 변하는 특징이 있다.

우리나라와 중국, 일본, 몽골, 아무르 강, 우수리 강 등지에 분포한다. 우리나라 전 지역의 산야에 자란다. 햇빛을 좋아하고 습지나 계곡에서 잘 자라며 추위를 잘 견디나 공해에는 약하다.

갈매나무 잎

갈매나무 잎차례

갈매나무 꽃

갈매나무 열매

갈매나무 수피

재목은 공예재로 쓰이고 약용, 염료용, 생울타리용 등으로 심는다. 수피는 서리피(鼠李皮), 과실은 갈매, 말린 열매를 서리자(鼠李子)라 하여 해열, 이뇨, 소종, 완하제로 쓰며 나무껍질과 열매에는 황색 색소가 들어 있어 염료로도 쓴다. 민간요법으로 설사나 변비에 사용하기도 한다.

번식법

번식은 실생으로 한다. 또는 가을에 수확한 종자를 모래와 섞어 땅속에 저장한 뒤 봄에 파종한다.

006 낙엽이 떨어지는 참나무, 가을참나무

갈참나무

Quercus aliena Blume

과 명	참나무과	꽃	5월
형 태	낙엽활엽교목	열 매	10월

갈참나무 새순

갈참나무 잎차례

갈참나무는 낙엽이 떨어지는 참나무, 가을참나무라는 의미이다. 즉 가을에 단풍이 들어 잎이 지고 봄에 새로운 입으로 갈아입는 나무라는 뜻이다.

갈참나무 이름은 갈+참으로 이루어진 것으로 낙엽이 떨어지는 참나무, 가을참나무라는 의미이다. 즉 가을에 단풍이 들어 잎이 지고 봄에 새로운 입으로 갈아입는 나무라는 뜻이다. 참고로 참나무란 진짜 좋은 나무를 의미한다. 재잘나무, 톱날갈참나무, 큰갈참나무, 홍갈참나무 등으로도 불리며 영명은 oriental white oak이다.

우리나라에서는 좋은 나무로 일컬어지지만, 중국의 장자는 참나무를 쓸모없는 나무라고 하였다. 참나무로 만든 배는 물속에 가라앉을 것이며, 관을 만들면 바로 깨어지고, 문과 창을 만들면 나무에서 진이 흘러나올 것이며, 기둥을 만들면 벌레가 먹게 된다는 게 이유다. 그의 영향을 받아서인지 한자사전에는 갈참나무를 역저(櫟樗)라고 하는데 이는 상수리나무와 가죽나무를 뜻하는 말로 '쓸모없다'는 뜻이다.

낙엽활엽교목으로 높이는 20m 이상이고 지름이 1m까지 자란

다. 수피는 세로로 얕게 갈라지고 작은 가지와 겨울눈에는 털이 있다. 잎은 도란형 및 긴 타원형으로 가장자리에 물결무늬의 거치가 있다. 수꽃은 길게 늘어지고 암꽃은 곧게 서며 5월에 핀다. 각두(殼斗)는 견과를 1/2 정도 감싸고 견과는 타원상의 난형으로 10월에 익는다.

우리나라와 일본, 중국, 타이완, 아시아의 난대, 인도 등지에 분포한다. 우리나라는 전국 해발 50~1,000m에 자생하는데, 비옥한

갈참나무 암꽃

갈참나무 수꽃

갈참나무 어린 열매

갈참나무 씨앗

곳을 좋아하고 음지와 양지 모두에서 잘 자라며 생장속도도 빠른 편이다. 또한 건조지에서도 잘 견디며 아황산가스에도 강해 공해에 잘 견디는 편이다.

갈참나무 수피

경북 영주의 단산면 병산리 갈참나무는 수령이 300년, 높이는 15m, 지름이 3m이며 천연기념물 제285호로 지정되어 있다. 전하는 말에 의하면, 세종 8년(1426) 선무랑 통례원의 봉례라는 벼슬을 지낸 황전이 심은 것이라고 한다. 이밖에 의정부 호원동의 갈참나무가 마을 당산목으로서 경기도 보호수로 지정되어 있다.

목재는 단단하여 건축재, 차량재, 기구재 등으로 사용하며, 열매는 식용하는데 성질이 따뜻하고 맛은 떫으며 독성이 없다. 갈참나무는 도토리가 많이 열려서 그런지 사람이나 동물, 곤충들에게 시달림을 많이 받는 나무라고 할 수 있다.

번식법

가을에 종자를 채취하여 노천매장한 후 이듬해 봄에 파종한다.

007 풋감으로 염색을 하는

감나무

Diospyros kaki Thunb.

과 명	감나무과	꽃	5~6월
형 태	낙엽활엽교목	열 매	10월

감은 예로부터 우리 민족이 즐겨 먹는 과일이다. 단맛이 강한 편으로, 감나무라는 이름도 본래 단맛이 나는 열매가 맺히는 나무라 하여 달 감(甘) 자를 붙여 부르게 되었다고 한다.

감나무 잎

감나무 잎차례

감은 예로부터 우리 민족이 즐겨 먹는 과일이다. 탄수화물, 포도당, 과당, 만니톨, 능금산, 카로틴, 리코핀, 펙틴, 카탈라아제, 비타민 C 등이 풍부하게 들어 있어 건강에도 매우 유익한 과일로 유명하다. 수정과나 곶감 등도 만들어 먹고, 감식초도 만든다. 감은 단맛이 강한 편으로, 감나무라는 이름도 본래 단맛이 나는 열매가 맺히는 나무라 하여 달 감(甘) 자를 붙여 부르게 되었다고 한다. 돌감나무, 산감나무, 똘감나무와 같은 이명이 있으며, 한자명은 시수(柿樹), 유시자(油柿子)라고 한다.

낙엽활엽교목으로 높이는 15m 정도이다. 수피는 회갈색으로 잘게 갈라지고 작은 가지에는 갈색 털이 나 있다. 잎은 어긋나고 혁질로 두꺼우며 타원상의 난형이다. 꽃은 양성화 또는 단성화로

액생하며 황백색으로 5~6월에 핀다. 열매는 장과로 난상 및 편구형이며 10월에 황홍색으로 익는다.

우리나라와 중국, 일본, 만주 등지에 분포한다. 우리나라에서는 경기도가 한계 분포선으로 서울, 경기도에도 자란다. 햇빛이 잘 들고 습기가 있고 비옥한 사질양토에서 잘 자란다.

식용, 관상용으로 심는다. 목재로는 심재가 굳고 탄력이 있으며 빛이 검어 흑시 또는 오시목이라 하여 예로부터 귀한 가구재를 만드는 데 사용하며 조각재로도 쓰인다. 이 밖에도 망치의 머리를 만드는 데 쓰고 골프채에도 사용되며 활을 만드는 데에도 쓰였다. 제주도에서는 풋감의 떫은 물을 짜내어 옷감을 물들이는 데 사용하기도 한다. 이때 만든 갈색의 옷은 겉저고리를 갈적삼, 아래옷을 갈중이라 한다.

또한 약용으로도 쓰이는데, 〈동의보감〉에 감은 식욕을 북돋우고 술독과 열독을 풀며 위의 열을 내리고 토혈을 멎게 한다고 하였다. 또 곶감은 허한 몸을 보하고 위장을 튼튼하게 하며 어혈을 삭이고 목소리를 곱게 하는 데 좋다 한다. 그러나 감을 너무 많이 먹으면 타

감나무 암꽃

감나무 수꽃

감나무 어린 열매

감나무 열매(미성숙)

감나무 열매(성숙)

닌 및 소화효소의 작용으로 변비가 생긴다.

한방에서는 뿌리를 시근(柿根), 줄기 껍질을 시목피(柿木皮), 잎을 시엽(柿葉)이라 하여 6월경에 잎을 채집해서 삶은 뒤 그늘에 말려서 사용한다. 열매를 시자(柿子), 감꼭지를 시체(柿蒂)라고 하는데, 딸꾹질할 때 감꼭지를 건조시킨 뒤 삶아 물을 마시면 좋고, 또 중풍이나 고혈압에는 무즙에 섞어서 하루에 두 번쯤 마시면 좋다고

감나무 수피

한다. 감잎은 비타민 C와 지혈, 혈압강하 작용을 하는 루틴 성분이 많이 들어 있어 차로 계속 마시면 고혈압 치료에 효과가 있으며, 홍시는 주독과 숙취해소에 좋고, 심장과 폐를 따뜻하게 해주며 갈증을 멈추게 하고 폐와 위의 심열을 치료한다. 이 밖에도 벌레에 물렸을 때나 화상을 입었을 때 그 밖의 외상에 의한 출혈이 있을 때는 생감을 찧어서 바른다.

전국적으로 보호수로 지정된 몇 그루가 있는데, 경남 산청의 남사마을 감나무는 수령이 600년으로 산청군 보호수로 지정 보호하고 있으며, 경남 의령의 백곡리 감나무는 수령이 450년, 전남 구례 토지면 파도리 감나무는 수령이 200년으로 각각 보호수로 지정 보호되고 있다.

번식법

번식은 고욤나무를 접붙여서 번식한다.

008 나무껍질에서 끈끈한 물질이 나오는

감탕나무

Ilex integra Thunb.

과 명	감탕나무과	꽃	3~4월
형 태	상록활엽소교목 또는 교목	열 매	9~10월

나무의 껍질을 찧으면 실제로 끈끈한 물질이 나오는데, 옛날에는 이것을 끈끈이용으로 쓰거나 반창고, 페인트의 재료로 사용했다.

감탕(甘湯)이란 엿을 고아낸 솥을 가시어낸 단물을 말한다. 또 메주를 쑤어낸 솥에 남은 진한 물을 뜻하기도 하고, 새를 잡거나 나무를 붙이는 데 쓰던 찐득찐득한 풀을 말하기도 한다. 이 나무의 껍질을 찧으면 실제로 끈끈한 물질이 나오는데, 옛날에는 이것을 끈끈이용으로 쓰거나 반창고, 페인트의 재료로 사용했다. 떡가지나무, 끈제기나무라고도 하고, 한자로는 세엽동청(細葉冬青), 전연동청(全緣冬青)이라고 한다.

감탕나무 새잎

감탕나무 잎차례

상록활엽소교목 또는 교목으로 높이는 10m 정도이고 수피는 흑갈색이며 작은 가지는 갈색이다. 잎은 혁질이며 도란형 및 긴 타원상의 도란형이다. 잎 가장자리가 밋밋하거나 윗부분에 2~3개의 톱니가 있고 양면에 털이 없다. 암수딴그루로 암꽃은 엽액에 모여 달리며, 수꽃은 꽃자루에 여러 개가 모여 달리고 황록색으로 3~4월에 핀다. 열매는 둥글고

감탕나무 암꽃

감탕나무 수꽃

감탕나무 열매

감탕나무 씨앗

감탕나무 수피

열매자루가 있으며 9~10월에 적색으로 익는다.

우리나라와 일본, 타이완, 중국 등지에 분포한다. 우리나라에는 전남 및 경상도 바닷가 산기슭에 자생한다. 완도 예송리의 예작도 감탕나무는 보호수로 지정하여 보호하고 있다. 높이 15m, 가슴높이 둘레가 2.7m이며 추정 수령은 약 300년이다.

꽃과 열매가 아름다워 관상용으로 심는 나무이며 목재는 단단하여 도장재료, 세공재, 기구재, 조각재로 사용된다. 어린잎은 나물로 해 먹는다.

번식법

번식은 실생으로 한다.

009 봄을 부르는 전령사

개나리

Forsythia koreana (Rehder) Nakai

과 명	물푸레나무과	꽃	3~4월
형 태	낙엽활엽관목	열 매	9월

봄의 전령사는 아무래도 개나리를 최고로 칠 수 있다. 봄을 맞이하는 꽃이라고 해서 영춘화(迎春花), 꽃이 노란 종처럼 생겼다고 해서 금종화(金鍾花)라고도 한다.

개나리 새순

봄의 전령사는 아무래도 개나리를 최고로 칠 수 있다. 어느 곳에서나 쉽게 볼 수 있기 때문이다. 그런 까닭인지 몰라도 개나리는 우리나라 41곳의 지방자치단체에서 시화 또는 군화로 또는 학교에서 교화로 지정한 곳이 매우 많다. 학명에 koreana라고 표기되어 있듯이 우리나라 특산종으로 유명하지만, 아쉬운 것은 자생지가 발견되지 않는다는 것이다.

개나리라는 이름은 나리에 '개'를 붙인 것으로, 곧 좋지 않은 나리라는 의미라고 한다. 긴 가지에 달린 노란 꽃의 모습이 새의 긴 꼬리 같다고 해서 한자로 연교(連翹)라고 한 것을 풀어썼다는 설도 있다. 신리화, 가을개나리, 어사리, 서리개나리, 개나리꽃나무 등으로도 불리며, 봄을 맞이하는 꽃이라고 해서 영춘화(迎春花), 꽃이 노란 종처럼 생겼다고 해서 금종화(金鍾花)라고도 한다.

낙엽활엽관목으로 높이는 3m 정도이고 밑에서 많은 줄기를 낸다. 높은 곳에서는 밑으로, 낮은 곳에서는 위로 자라는 특성이 있다. 작은 가지는 녹색이지만 점차 회갈색으로 되며 뚜렷하다. 잎은 마주나고 난상의 긴 타원형으로 피침형이다. 어린 가지의 잎은 3개로 깊게 갈라지고 가장자리는 중앙 이상에 톱니가 있거나 밋밋하다.

개나리 잎

개나리 잎차례

개나리 꽃

개나리 열매

암수딴그루로 꽃은 엽액에 1~3개씩 달리며 화관은 종 모양이고 3~4월에 잎이 나기 전에 핀다. 열매는 난형이며 삭과로 겉에 사마귀 같은 돌기 모양으로 9월에 익는다.

물푸레나무과에 속하며 우리나라와 중국에 분포한다. 함경도를 제외한 전국의 해발 800m 이하 산기슭에 자생한다. 양지를 좋아하나 한지에서도 잘 자라는 나무이며 추위와 맹아력도 강하고 생장속도도 빠르다. 자동차 매연에도 강해 도심지의 옹벽, 경사면, 울타리, 고속도로변 등에 심기에 좋다. 개나리 종류는 산개나리, 만리화, 장수만리화 등이 있으며, 최근엔 원예품종으로도 개

발되어 잎에 황금색 무늬가 있는 서울골드가 유명하다.

늘 보는 꽃이라서 한방의 약재로 이용된다는 사실은 뜻밖일지도 모른다. 한방에서 개나리 씨를 연교라 하는데 해독과 소염, 소종, 해열, 지통, 신장염 등에 사용한다. 〈동의보감〉에서도 연교는 해열, 소염, 배농 해독, 살균작용을 하여 화농성 염증, 습진, 대장균, 포도상구균, 요도염증에 효과가 있으며 중풍 예방에도 좋다고 한다. 또 개나리꽃에는 루틴 성분이 들어 있어 모세혈관을 튼튼하게 해주어 고혈압, 뇌일혈, 각종 출혈의 예방제로 쓰인다.

한편 꽃으로는 개나리주라고 해서 술도 담근다. 또 햇볕에 말린 열매로 술을 담가 연교주를 만들기도 한다. 개나리의 꽃말은 희망, 깊은 정, 조춘의 감격, 달성이다.

개나리 수피

번식법

번식은 꺾꽂이나 실생으로 한다. 햇빛이 잘 들고 물빠짐이 좋은 곳을 택하여 재배한다.

010 약재로 쓰이는

개느삼

Echinosophora koreensis (Nakai) Nakai

과 명	콩과	꽃	5월
형 태	낙엽활엽관목	열 매	7월

우리나라에만 자생하는 우리나라 특산종이다. 강원도 양구 개느삼 자생지는 천연기념물 제372호로 지정되었다. 그리고 2010년 지리산 칠선계곡 근처에서 군락지가 발견되기도 했다.

느삼과 비슷하다고 해서 개느삼이라고 하며 개능함, 개미풀, 개너삼, 느삼나무, 구고삼(狗苦蔘)이라고도 한다. 그런데 아쉽게도 느삼이라는 식물명은 없고, 고삼이라고 해서 개느삼과 거의 흡사한 약재용 식물이 존재한다. 이 뿌리를 흔히 '쓴너삼뿌리'라고 하는데, 이와 비슷하다고 해서 개느삼이라고 한 것으로 생각된다.

낙엽활엽관목으로 높이는 1m 정도이고 땅속줄기로 번식한다. 줄기는 곧게 자라고 가지는 털이 있고 암갈색이며 겨울눈은 털로 덮여 있어 잘 보이지 않는다. 잎은 어긋나고 13~17개의 소엽으로 된 기수 우상복엽이며 소엽은 타원형이고 끝이 원형이며 잎맥 끝이 약간 오목하게 패여 있다. 소엽의 뒷면에 흰색 밀모가 있으며 작은 잎자루와 엽축에 털이 많다. 꽃은 5~6개가 모여 새로 난 가지 끝에 총상화서를 이루고 피침형 소포가 있으며 황색으로 5월에 핀다. 열매는 협과로 겉에 돌기가 많고 7월에 익는다.

개느삼 잎

우리나라에만 자생하는 우리나라 특산종이다. 1918년 함경남도 북청 근처에서 처음 발견되어 평북, 함북에서만 자라는 것으로만 알려져 있었으나, 양구 근처에서도 발견되었다. 강

개느삼 꽃

개느삼 열매

개느삼 수피

원도 양구 개느삼 자생지는 천연기념물 제372호로 지정되었다. 멸종위기 야생동식물 2급으로 지정, 보호되고 있는데, 2010년 지리산 칠선계곡 근처에서 군락지가 발견되기도 했다.

해발 100~300m에 자생하며 햇빛을 좋아하고 모래가 섞인 비옥한 땅에서 잘 자란다. 건조한 땅에서도 잘 자라며 추위와 맹아력도 강하다. 싹이 잘 트고 잘 자라지만 높이 1m 정도로 작기 때문에 교목들 아래에서는 자라기가 힘든 식물로 식물원 등에서 널리 심는 수종이다. 주로 언덕이나 길가에 자라며 뿌리에 뿌리혹이 있어 척박한 땅에서도 잘 자라고 꽃도 아름다워 절개지 경사면의 차폐용으로 심기에 적합한 나무이다.

진통, 소염, 해독, 어혈 등에 치료약으로 쓰이고, 특히 독사나 독충에 물렸을 때 해독 치료에 효과가 있는 것으로 알려져 있다.

번식법

열매 성숙이 잘 안 되므로 어린줄기를 나누거나 땅속줄기에서 새싹이 나오게 하여 번식해야 한다.

011 꽃처럼 보이는 잎으로 벌과 나비를 유혹하는

개다래

Actinidia polygama (Siebold & Zucc.) Planch. ex Maxim.

과 명	다래나무과	꽃	6~7월
형 태	낙엽활엽덩굴성 목본	열 매	9~10월

개다래 잎

개다래 암꽃

개다래 수꽃

다래는 아주 달콤한 야생과일이다. 먹을 수 있는 다래는 '참' 자를 붙여 참다래라고 하는데, 이에 비해 개다래는 '개' 자가 붙었으니 그보다는 못하다는 뜻이다.

다래는 아주 달콤한 야생과일이다. 먹을 수 있는 다래는 '참' 자를 붙여 참다래라고 하는데 익으면 녹색이 된다. 이에 비해 '개' 자가 붙었으니 그보다는 못하다는 뜻이며 열매는 갈색으로 익는다. 말다래, 못좆다래나무, 쥐다래나무, 묵다래나무, 쉬젓가래, 말다래나무 등으로도 불린다.

낙엽활엽덩굴성 목본으로 길이는 5m 정도이고 작은 가지는 털이 있으며 골속은 흰색으로 차 있다. 잎은 어긋나고 넓은 난형이며 가장자리에는 잔톱니가 있고 어린 가지 잎 앞면의 상반부가 흰색으로 변하기도 한다. 잎에 흰 페인트칠을 하다 만 듯한 무늬가 있어 산에 가면 쉽게 찾을 수 있다. 꽃은 액생하는 취산화서에 1~3개가 달리며 흰색으로 6~7월에 피며 향기가 있다. 열매는 장과로 끝이 뾰족한 원주형으로 황갈색이며 9~10월에 누런빛 또는 황적색으로 익는다.

우리나라와 일본, 중국, 러시아, 사할린 섬, 쿠릴열도 등지에도 분포한다. 우리나라에서는 전국의 해발 100~1,700m에 자생

개다래 열매(미성숙)

개다래 열매(성숙)

개다래 수피

한다. 주로 깊은 산속 나무 밑이나 계곡에 야생으로 자라는 덩굴성 목본으로 그늘에서도 잘 자라며 추위에도 강하다.

열매는 혓바닥을 톡 쏘는 맛으로 달지 않고 맛도 없어 거의 먹지 않는다. 잎은 앞면의 반절가량이 하얘 마치 하얀 꽃이 핀 것처럼 보이는데, 이는 이 나무가 벌이나 나비를 유혹하기 위한 것으로, 수분이 이루어지면 다시 초록색 잎으로 돌아간다. 개다래의 독특한 생존 전략임을 알 수 있다.

약용, 식용, 관상용으로 많이 심는다. 목재는 공예재료로 쓰며, 열매에 생긴 벌레혹을 통째로 따서 약재로 사용하는데, 중풍이나 안면 신경마비, 산통과 요통 등에 효과가 있다고 한다. 또 개다래로 담근 술을 목천료주라고 하는데, 강장제로 사용된다.

번식법

번식은 실생과 꺾꽂이로 한다.

012 머루와 비슷하지만 먹지 못하는

개머루

Ampelopsis heterophylla (Thunb.) Siebold & Zucc.

과 명	포도과	꽃	6~7월
형 태	낙엽활엽덩굴성 목본	열 매	9월

머루와 유사하지만 먹지 못하고 변변치 못하다는 뜻으로 붙여진 이름이다. 돌머루, 사포도(蛇葡萄), 산포도(山葡萄)라고도 한다.

개머루는 머루와 유사하지만 먹지 못하고 변변치 못하다는 뜻으로 붙여진 이름이다. 돌머루, 사포도(蛇葡萄), 산포도(山葡萄)라고도 한다.

낙엽활엽덩굴성 목본으로 가지는 갈색이며 수피는 갈색이고 마디가 굵고 골속이 흰색이다. 잎은 어긋나고 심장상의 난형이며 가장자리가 3~5개로 갈라졌고 열편에 둔한 치아상 톱니가 있으며, 뒤쪽의 맥 위에 털이나 있다. 꽃은 양성화이며 6~7월에 녹색 또는 녹황색으로 핀다. 열매는 원형 및 편구형의 장과로 9월에 보라색, 남색, 흰색 등으로 익는데, 열매의 색상이 다양한 것이 특징이다.

우리나라와 일본, 중국, 타이완, 쿠릴열도, 우수리 등지에 분포한다. 우리나라는 전국의 해발 100~1,200m 사이의 산기슭과 계곡에서 자생한다. 습기가 있는 땅을 좋아하고 추위에 강하며 음지와 양지를 가리지 않고 잘 자라며 바닷가나 도심지에서도 잘

개머루 잎

개머루 꽃(수술이 하나인 것 암꽃, 여러 개인 것 수꽃)

개머루 열매(미성숙)

개머루 열매(성숙)

자란다.

덩굴성 목본으로 생울타리용이나 관상용, 조경용 등으로 심는다. 한방에서는 열매를 왕머루와 같이 처방한다. 관절통, 붉은 소변, 만성 신장염, 간염, 창독을 치료하는 데 달여서 쓰거나 상처를 닦아내는 데 쓴다.

번식법

번식은 실생, 휘묻이, 삽목 등으로 한다.

개머루 수피

013 잎이 非 자를 닮은

개비자나무

Cephalotaxus koreana Nakai

과 명	개비자나무과	꽃	3~4월
형 태	상록침엽관목 또는 소교목	열 매	이듬해 9~10월

개비자나무 새순

개비자나무 잎

비자나무에 '개' 자가 붙었으니 본래의 비자나무보다 좀 떨어지는 나무라는 뜻이다. 하지만 실제 개비자나무를 보면 나무 형태가 깨끗하고 붉은 열매가 아름답다.

비자나무에 '개' 자가 붙었으니 본래의 비자나무보다 좀 떨어지는 나무라는 뜻이다. 하지만 실제 개비자나무를 보면 절대 그렇지가 않다. 나무 형태가 깨끗하고 붉은 열매가 아름다워 정원 등에 관상수로 많이 심는다. 게다가 열매는 기름도 짜고, 개비자술이라고 하여 술로도 담가 먹으며, 목재는 가구로도 사용된다.

한방에서 열매를 토향비(土香榧)라고 하여 구충, 변비, 기침, 가래, 강장 등에 사용하고, 최근에는 잎과 줄기 등에서 추출한 알칼로이드 성분이 항균 및 암세포 증식 억제 효과를 나타낸다는 것이 알려져 림프육종, 식도암, 폐암 등의 치료에도 사용한다고 하니 멋도 있고 쓰임새도 뛰어난 나무이다.

개비자나무라는 이름은 잎 모양이 비자나무처럼 아닐 비(非)자로 배열해서 붙여졌다. 좀비자나무, 조선조비(朝鮮粗榧)라고도 하는데, 학명(*Cephalotaxus koreana*)에도 붙어 있듯 우리나라가 원산지이다. 학명에서 *Cephalotaxus*는 그리스어로 머리를 뜻하는 cephalos와 비자나무를 뜻하는 taxus의 합성어로 수꽃이 두상화

개비자나무 암꽃(1년생)

개비자나무 암꽃 뒷면(2년생)

개비자나무 수꽃

개비자나무 열매

개비자나무 씨앗

개비자나무 수피

로 달려서 붙여진 것이다.

우리나라 중부 이남 해발 100~1,300m의 계곡과 산기슭에 자생하는 주목과의 상록침엽관목 또는 소교목으로, 높이는 2~5m 정도이고 지름은 5㎝이다. 많은 줄기를 내어 우산 모양의 둥근 수형을 이룬다. 그늘에서도 잘 자라고 습기가 약간 많은 곳을 좋아하며 추위에 강하나 생육은 느린 편이다.

수피는 짙은 갈색으로 세로로 갈라지며 벗겨지는 것이 특징이다. 잎은 선형으로 끝이 뾰족한 것이 비자나무 잎과 닮았으나, 부드러워 쉽게 휘어지며 따갑지 않은 것이 다른 점이다. 또 잎의 주맥이 양면에 도드라지고 뒷면에는 두 줄로 된 숨구멍이 있다. 암수딴그루로 꽃은 3~4월에 피는데, 수꽃은 잎겨드랑이 아래쪽에 20~30송이가 주렁주렁 모여 달리고, 암꽃은 가지 끝에 2송이씩 달린다. 열매는 타원형으로 이듬해 9~10월에 붉게 익는다.

우리나라 이외에도 일본에 분포한다. 꽃말은 소중, 사랑스러운 미소 등이다.

번식법

번식은 실생이나 꺾꽂이로 한다. 종자는 가을에 받아 노천매장했다가 이듬해 봄에 파종하며, 꺾꽂이는 2월에 전년생 가지를, 6월에 새로 자란 1년생 가지를 잘라 물에 담가두었다가 꽂는다. 그늘지고 습한 곳에서 잘 자라 해가림을 해주는 것이 좋다. 추위에 강하며 병충해도 거의 없어 키우기가 쉬운 편이다.

014 열매가 밤을 닮은

개암나무

Corylus heterophylla Fisch. ex Trautv

과 명	자작나무과	꽃	3~4월
형 태	낙엽활엽관목 또는 소교목	열 매	9~10월

개암이 커피의 맛을 더 좋게 내는 데에도 쓰이니 바로 헤이즐넛이 그것이다. 헤이즐넛이란 개암나무의 열매를 뜻한다.

개암나무 잎

잎이 난티나무 잎을 닮았다고 해서 난티잎개암나무라고도 한다. 개암나무 열매의 고소한 맛이 밤 맛을 닮았다. 개암나무의 잎과 가지가 밤나무의 잎과 가지와 비슷해 개암이란 말이 개밤에서 왔다는 설이 설득력을 지닌다.

개암이 커피의 맛을 더 좋게 내는 데에도 쓰이니 바로 헤이즐넛이 그것이다. 헤이즐넛이란 개암나무의 열매를 뜻한다. 헤이즐넛의 주 생산지는 터키로 특히 흑해 주변에서 전 세계 생산량의 70%를 생산한다. 이 밖에 미국 오리건 주에서도 많이 난다.

산에 나는 하얀 열매란 뜻으로 한자로는 산백과(山白果)라고 하기도 하며, 개암나무 진(榛) 자를 붙여서 대진수(大榛樹)라고도 한다. 난퇴잎개암나무, 개암나무, 물개암나무, 깨금나무, 난퇴물개암나무 등으로도 불리는데, 개암나무와 난티잎개암나무를 별도로 구분하기도 하고 통합해 부르기도 한다. 전라도에서는 깨금, 제주도에서는 처낭이라고 한다.

낙엽활엽관목 또는 소교목으로 높이는 3m이고 수피는 회갈색이며 겨울눈은 난형이다. 잎은 도란상 긴 타원형 및 장원형으로, 앞면은 털이 있다가 없어지며 자주색의 무늬가 있으며, 뒷면에는

개암나무 암꽃

개암나무 수꽃

개암나무 열매

녹황색으로 잔털이 있으며 측맥에는 샘털이 나 있다. 수꽃은 전년도 가지에 2~5개가 밑으로 처지며 달리며, 암꽃은 겨울눈 같으며 붉은 암술대가 선단에서 나오고 3~4월에 핀다. 열매는 2~6개가 모여 달리거나 1개씩 달린다. 과포는 종 모양으로 잎처럼 발달하여 열매를 둘러싸고 견과는 구형으로 9~10월에 갈색으로 익는다.

우리나라 전국의 산기슭 양지에 자생한다. 중국, 일본, 아무르 강과 우수리 강 등지에도 분포한다. 열매는 생식하거나 기름을 짜서 식용유로 쓰며 종자를 가공하여 간식용, 제과용으로 사용한다. 한방에서는 진자(榛子)라 하여 기력을 돕는 데 쓰며 병후의 회복 식용 부진에도 쓰는데, 단백질, 지방질이 많아 허약 체질에도 썼다. 한편 목재는 신탄재(薪炭材)로 사용한다.

개암나무 수피

번식법

번식은 실생, 접목, 뿌리나누기로 한다.

015 오동나무보다 못하다는

개오동

Catalpa ovata G. Don

과 명	능소화과	꽃	6월
형 태	낙엽활엽교목	열 매	10월

개오동 잎

개오동 꽃

여름으로 접어드는 6월이면 흰 꽃잎에 자주색 점과 짙은 노란색 선이 있는 화려한 꽃을 피운다. 어찌 보면 팝콘처럼 보이기도 한다. 꽃향기도 매우 좋아 개오동을 향오동이라고도 한다.

나무 이름에 '개' 자가 붙으면 본종보다 못하다는 뜻이다. 개오동도 오동나무와 비슷하지만, 오동나무보다는 못하여 붙여진 이름이다. 하지만 목재는 오동나무 못지않아 가구나 악기를 만드는데 사용되었다. 또 꽃도 오동나무 꽃에 뒤떨어지지 않는다. 여름으로 접어드는 6월이면 흰 꽃잎에 자주색 점과 짙은 노란색 선이 있는 화려한 꽃을 피운다. 어찌 보면 팝콘처럼 보이기도 한다. 꽃향기도 매우 좋아 개오동을 향오동이라고도 한다.

중국에서는 상사수(相思樹)라고도 하는데, 여기에는 슬픈 전설이 전해진다. 송나라 때 한풍이라는 선비에게 아름다운 아내가 있었다. 한풍을 시기하는 무리들이 왕에게 그 아내가 천하일색이라고 고하였고, 음탕하기로 소문이 자자한 왕은 한풍을 귀양 보내고 아내를 차지하려 하였다. 그러나 한풍의 아내는 꿈쩍도 하지 않았다. 그녀는 자신의 사정을 몰래 편지로 써서 남편에게 보냈다. 한풍은 아내의 사정을 알고는 화가 나 그만 죽고 말았다. 그의 죽음을 알게 된 아내도 스스로 목숨을 끊었다.

욕심을 채우지 못한 왕은 화가 나서 한풍과 그의 아내 무덤을 나란히 만들고 '너희들이 그렇게 사랑하거든 무덤을 박차고 나와 보라'고 했다. 그런데 얼마 후 무덤에서 한 그루씩의 나무가 돋아 서로 엉키고 자라는 것이 아닌가. 또 한 쌍의 예쁜 새가 날마다 날아와 슬프게 울었다. 그래서 사람들은 그 나무를 상사수라고 부르게 되었고, 새는 상사조(相思鳥)라 하였다고 전해진다. 바로 이 상사수가 개오동이다.

개오동은 우리나라에 조선시대 초기나 중기에 들어온 것으로 추정된다. 《조선왕조실록》을 보면 1717년(숙종 43) 사헌부에서 고하기를 "각 군문에서 땔나무를 벌채할 때 무덤 주위에 기르는 소나무, 개오동은 물론 마을에 심은 뽕나무와 밤나무 등까지 마구 베어 문제"라고 하였다.

낙엽활엽교목으로 높이는 20m 정도이다. 나무껍질은 잿빛을 띤 갈색이며, 가지가 퍼진다. 잎은 마주나거나 돌려나고 넓은 달걀 모양으로 길이 10~25㎝이다. 잎 겉면은 자줏빛을 띤 녹색이며 뒷면은 맥 위에 잔털이 난다. 잎자루는 길이 6~14㎝로 자줏빛이다.

개오동 열매

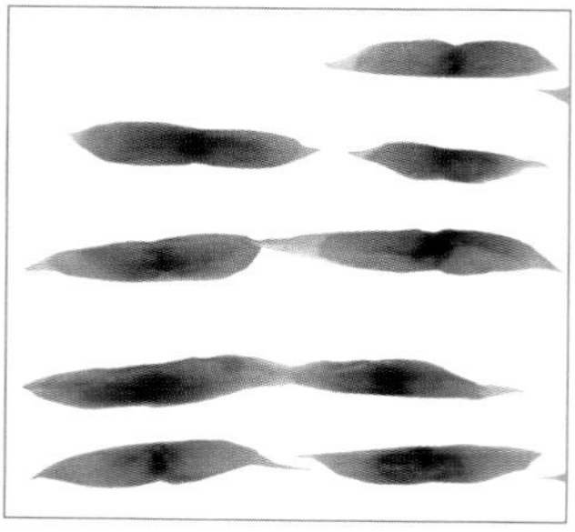
개오동 씨앗

개오동 수피

꽃은 6월에 가지 끝에 노란빛을 띤 흰색으로 원추꽃차례를 이룬다. 꽃받침은 2개로 갈라지고, 꽃잎은 입술 모양인데 양면에 노란색 줄과 자주색 점이 있다. 열매는 삭과로 10월에 익으며 종자는 갈색이다. 열매가 노끈처럼 가늘고 길게 늘어져 노끈나무, 노나무라고도 한다.

주로 마을 부근이나 정원에 심는다. 경북 청송군 부남면 홍원리의 마을 입구에 서 있는 세 그루의 개오동은 마을을 수호하는 당산나무로 천연기념물 401호로 지정하여 보호하고 있다. 수령 400~500년으로 추정되며, 가장 큰 것은 높이 10m, 밑동 둘레가 3.9m나 된다. 매년 정월 대보름 마을 주민들이 안녕과 풍년을 기원하며 제를 올린다.

한편 북한에도 천연기념물로 지정된 개오동이 있다. 평양의 대성동에 있는 중앙식물원에는 높이 8m, 밑동 둘레 95㎝, 가슴높이 둘레 80㎝에 이르는 커다란 개오동이 있는데, 대성동 개오동이라 하여 북한 천연기념물 제14호로 지정되어 있다.

우리나라의 강원, 경기, 평남북, 일본, 중국 등지에 분포한다. 개오동은 벌레가 잘 슬지 않아 가구나 악기 재료로 쓰이고, 열매와 나무 속껍질은 약재로 이용된다. 열매는 재실(梓實)이라고 해서 신장염이나 부종, 단백뇨, 소변불리 등에 사용하는데 이뇨 효과가 크다. 또 나무의 속껍질은 재백피(梓白皮)라고 하여 신경통과 간염, 담낭염(쓸개염), 황달, 신장염, 소양증(가려움증), 암 등에 쓴다. 꽃말은 젊음이다.

번식법

일반적으로 이식이 쉬우며, 종자나 삽목에 의해 번식한다.

016 옻나무와 비슷하게 생긴

개옻나무

Rhus trichocarpa Miq.

과 명	옻나무과	꽃	5~7월
형 태	낙엽활엽소교목	열 매	10월

옻나무나 개옻나무는 우리나라 산에 지천으로 피어 있는데, 중요한 점은 옻나무는 재배하던 것이 야생화된 것이고, 개옻나무는 우리나라에 본래부터 자생하던 수종이다.

옻나무와 비슷하게 생겼지만, 옻을 채취하는 진짜 옻나무가 아니라고 하여 '개' 자를 붙인 것이다. 개옷나무, 새옷나무, 털옻나무, 털옷나무라고도 한다. 옻나무나 개옻나무는 우리나라 산에 지천으로 피어 있는데, 중요한 점은 옻나무는 재배하던 것이 야생화된 것이고, 개옻나무는 우리나라에 본래부터 자생하던 수종이다.

개옻나무 새순

개옻나무 잎

개옻나무 암꽃

개옻나무 수꽃

개옻나무 열매

개옻나무 수피

낙엽활엽소교목으로 높이는 7m 정도이다. 줄기 껍질은 회갈색으로 세로줄이 있고 작은 가지에는 갈색의 짧은 털이 나 있다. 잎은 어긋나며 기수 우상복엽이며, 작은잎은 난형 및 긴 타원형으로 13~17개이다. 잎 뒷면에 털이 있으며 잎자루는 짧고 꽃은 암수딴그루로 5~7월에 누런색으로 핀다. 꽃차례가 아래를 향하는 점은 옻나무 꽃과 다른 점이다. 열매는 암나무에만 달리는데 둥글납작하며 겉에 가시와 털이 많고 10월에 황갈색으로 익는다. 잎은 가을에 붉은빛으로 물든다.

우리나라와 일본, 중국, 쿠릴열도 등지에 분포한다. 우리나라 전 지역의 야산 산기슭에 자란다. 개옻나무의 즙액은 독성이 있어

피부염을 일으키니 주의해야 한다. 그러나 그 즙액은 약용이나 공업용으로도 쓰며 음식에 넣는 음식 재료로도 사용한다. 줄기 껍질을 닭이나 오리와 함께 고아 보양식으로 먹기도 한다. 그러나 간이 나쁘거나 옻을 타는 사람은 먹지 않는 것이 좋다.

참옻나무를 삶으면 노란 물이 우러나지만, 개옻나무는 텁텁하고 쓴 물이 우러난다. 시중에서 옻나무를 구입할 때 개옻나무와 참옻나무를 구별하는 방법은 껍질을 보면 쉽다. 참옻나무는 껍질이 길게 말려 나오지만, 개옻나무는 껍질이 얇고 실타래처럼 감겨 있다.

번식법

번식은 실생이나 꺾꽂이로 한다.

NOTE l 식물 이름 앞에 붙은 '개'와 '참'

우리나라 식물 이름에는 '개' 자가 붙은 것들이 꽤 많다. '개'는 접두어로 명사 앞에 붙어 '참것이 아닌', '좋은 것이 아닌', '함부로 된' 등의 뜻을 나타낸다. 즉 기본종의 나무 이름 앞에 붙여 나무의 특성을 구체적으로 알 수 있도록 유형화시킨 말이다. 예들 들어 개살구나무, 개머루, 개옻나무 등이다. 그와는 반대의 뜻으로 쓰는 접두어는 '참'으로 '진짜', '진실'을 나타낸다. 참조팝나무, 참오동나무, 참배, 참죽나무 등을 예로 들 수 있다. 나무 이름을 공부할 때 어원, 어의를 알면 나무를 이해하는 데 도움이 된다.

017 잎갈나무와 비슷한

개잎갈나무

Cedrus deodara (Roxb. ex D. Don) G. Don

과 명	소나무과	꽃	10월
형 태	상록침엽교목	열 매	이듬해 9~10월

옛 이스라엘 왕국의 솔로몬 왕은 성전을 세우는 데 개잎갈나무를 많이 사용했다고 전해진다. 〈성경〉에 등장하는 백향목이 바로 개잎갈나무로 힘과 영광, 평강을 상징한다.

흔히 히말라야시다(Hymalaya cedar)로 불리는 개잎갈나무는 수형이 아름다워 조경수로 많이 심는다. 공원은 물론 가로수로도 꽤 심어져 있는데, 흔히 세계 3대 공원수로 알려져 있다. 잎갈나무와 비슷하다고 해서 개잎갈나무라는 이름을 붙였다. 그러나 잎갈나무는 낙엽송인 데 반해 개잎갈나무는 상록수라는 점이 가장 큰 차이점이다. '개'는 바로 잎을 갈지 않는다는 의미를 가진다. 별칭대로 인도 북부 히말라야가 원산지로, 학명 *Cedrus*는 향나무를 뜻하는 고대 그리스어 kedron에서 유래되었고, *deodara*는 신의 나무를 뜻하는 산스크리트어 devdar에서 유래한다. 개이깔나무, 히말라야삼나무, 히말라야전나무라고도 하며, 한자로는 설송(雪松)이라고도 한다.

높이는 30~50m이고 지름 3m이며, 나무껍질은 회갈색으로 갈

개잎갈나무 발아

개잎갈나무 잎

개잎갈나무 암꽃

❶❷ 개잎갈나무 수꽃

개잎갈나무 열매

라져 벗겨진다. 어린 가지는 털이 있고 밑으로 넓게 확장되면서 땅으로 축축 늘어지는 특징이 있다. 따라서 가로수로 심을 때는 넓은 공간에 심어야 한다. 하지만 뿌리가 얕아 태풍에 쉽게 뽑히는 경향이 있어 요즘에는 가로수로 인기가 없는 편이다.

잎은 짙은 녹색의 바늘 모양으로 짧은 가지 끝에 무더기로 모여 나고 끝이 뾰족하다. 언뜻 보면 소나무 잎과도 유사하다. 암수한그루로 꽃은 10월에 노란빛을 띤 갈색으로 핀다. 수꽃이삭은 원

개잎갈나무 수피

기둥 모양이며 암꽃이삭은 달걀 모양이다. 열매는 길이 7~10㎝, 지름 6㎝로 타조 알처럼 생긴 타원형이며, 이듬해 9~10월에 밤색으로 익는다.

소나무과에 속하며, 히말라야 산맥의 서부와 아프가니스탄 동부 등지에 분포한다. 그러나 서아시아에도 꽤 많이 자라서 레바논에서는 국기에 그려 넣기도 했다. 레바논 국기에 그려진 개잎갈나무는 흔히 레바논시다로 불린다. 또 옛 이스라엘 왕국의 솔로몬 왕은 성전을 세우는 데 이 나무를 많이 사용했다고 전해진다. 〈성경〉에 등장하는 백향목이 바로 개잎갈나무로 힘과 영광, 평강을 상징한다.

개잎갈나무는 향이나 아로마 오일을 만드는 데 이용되는데, 오일의 경우 말이나 소 등의 가축에 해충을 쫓는 데 쓰이기도 한다. 고대 이집트인들은 이 오일을 미라에 발라 썩지 않도록 했다고 하니 꽤나 강한 오일임을 알 수 있다.

번식법

번식은 실생이나 1년생 가지를 이용한 꺾꽂이로 한다.

018 갯가에 자라는 봄의 대명사

갯버들

Salix gracilistyla Miq.

과 명	버드나무과	꽃	3~4월
형 태	낙엽활엽관목	열 매	4~5월

갯버들 잎

갯버들 꽃눈

학명에서 *Salix*는 고대 켈트어로 '가까이'라는 뜻의 sal과 물을 뜻하는 lis의 합성어로 물에 가까이 사는 갯버들의 특징을 나타낸다.

봄이 오면 계곡은 온갖 소리로 부산해진다. 살짝 언 얼음장 밑으로 물이 흐르고 여기저기 생명이 움트는 소리가 들릴 듯하다. 그중 하얀 털이 슬슬 벌어지는 갯버들도 있다. 물이 오른 갯버들로는 버들피리를 만들어 불기도 한다.

버들은 가지가 부드럽다는 뜻에서 부들나무가 되었고, 다시 버드나무로 되었다는 설이 있다. 버들 또는 버드나무라고 일컫는 종류는 우리나라에만도 30여 종이나 되는데, '갯'이라는 접두어는 개울가에서 주로 자라기 때문에 붙은 것이다. 흔히 버들강아지라고도 한다.

학명에서 *Salix*는 고대 켈트어로 '가까이'라는 뜻의 sal과 물을 뜻하는 lis의 합성어로 물에 가까이 사는 갯버들의 특징을 나타낸다. 종소명 *gracilistyla*는 '가느다란 암술대, 섬세한 암술대'의 뜻이다. 포류(蒲柳), 수양(水楊), 세주류(細柱柳)라고도 하고, 영어로는

갯버들 암꽃

갯버들 수꽃

갯버들 열매

갯버들 씨앗

pussy willow라 한다.

가지가 부드럽고 연약하여 밑으로 축축 늘어지며 바람에 날리는 것이 특징인데, 생장이 너무 빨라 한 해 동안 자라는 가지가 가늘고 길며 게다가 많은 잎이 매달리다 보니 자연히 무게를 이기지 못하여 아래로 축축 늘어질 수밖에 없다.

낙엽활엽관목으로 높이는 2m 정도이다. 뿌리 근처에서 가지가 여러 개 나오고 작은 가지는 황록색으로 털이 있으나 곧 없어

갯버들 수피

진다. 잎은 거꾸로 세운 바소꼴이거나 넓은 바소꼴로 양 끝이 뾰족하다. 암수딴그루로 수꽃은 전년 가지에 액생하며 암꽃은 타원형으로 3~4월에 잎보다 먼저 핀다. 열매는 긴 타원형으로 털이 나 있고 4~5월에 익는다.

우리나라와 일본, 중국, 우수리 강 등지에 분포한다. 대개 해발 100~1,800m 사이의 냇가나 저습지에 자생한다. 해안 및 냇가의 방수림으로 심으며, 1~2년생의 가지와 꽃은 세공품이나 꽃꽂이 소재로 쓴다. 꽃말은 친절, 자유, 포근한 사랑 등이다.

번식법

3~7월 사이에 꺾꽂이(삽목)로 번식한다.

019 3대 수액 채취 나무 중 하나

거제수나무

Betula costata Trautv.

과 명	자작나무과	꽃	5~6월
형 태	낙엽활엽교목	열 매	9~10월

고로쇠나무, 층층나무와 함께 우리나라 3대 수액 채취 나무로 손꼽힌다. 고로쇠나무 수액보다 단맛이 덜하고 곡우에는 빛깔이 불그스름해진다.

열로 인한 병을 막아주는 수액이 나오는 나무라고 하여 거재수(去災樹)나무로 불리던 이름이 바뀌어 거제수나무로 불리게 되었다. 수액은 특히 곡우 때 마시면 일 년 내내 재앙을 물리친다는 이야기가 전해져 제철에 채취한 수액은 한 그루당 수만 원을 호가하기도 한다. 실제로 수액에는 황, 칼륨, 칼슘, 염소, 염분, 마그네슘, 망간, 과당 등 미네랄 성분이 들어 있다. 경상도에서는 거자수나무라 부르며 물자작나무, 자작나무, 무재작이 등으로도 불린다. 황화수(黃樺樹), 풍엽(風葉), 석화(碩樺)라고도 한다.

낙엽활엽교목으로 높이는 30m 이상, 지름이 1m까지 자란다. 줄기는 곧고 가지는 짧고 가늘며 수피는 홍황색이다. 줄기 껍질이 얇은 종잇장을 덧댄 듯이 너덜너덜하며 얇은 조각처럼 벗겨진다. 잎은 난상의 타원형으로 끝이 뾰족하고 어긋난다. 암수한그루로 꽃은 5~6월에 피며 열매는 9~10월에 도란형으로 익으며 날개가 있다.

거제수나무 잎

거제수나무 암꽃

거제수나무 수꽃

거제수나무 열매

거제수나무 수피

우리나라 중부 이북의 해발 600~2,100m의 높은 산의 중턱 계곡 가에 자생한다. 우리나라 이외에 만주, 아무르 강 등에도 분포한다. 척박한 곳에서 군락을 이루고 자라는데 어렸을 때는 그늘에서 잘 자라지 못한다. 건조한 곳에서 잘 견디고 공해에 강하며 생장속도가 빠르다.

고로쇠나무, 층층나무와 함께 우리나라 3대 수액 채취 나무로 손꼽힌다. 3~4월 고로쇠나무 수액 채취가 끝날 무렵, 약 15일간 거제수나무 수액이 나오는데 고로쇠나무 수액보다 단맛이 덜하고 곡우에는 빛깔이 불그스름해진다. 한방에서는 수액을 화수액(樺樹液)이라고 하며 자작나무 수액 대신 사용한다. 열을 내리고 독을 풀어주며 기침을 멈추게 하고 잇몸에서 피가 날 때, 신장병, 손발의 관절염에도 사용한다. 목재의 재질이 치밀하고 단단하여 건축재, 가구재, 조각재 등으로도 쓰인다.

번식법

실생으로 번식한다.

020 활엽수에 기생하며 살아가는

겨우살이

Viscum album var. *coloratum* (Kom.) Ohwi

과 명	겨우살이과	꽃	2~3월
형 태	상록기생관목	열 매	9~10월

겨우살이 잎

겨우살이 암꽃

겨우살이 수꽃

서양에서는 kissing under the mistletoe라 하여 크리스마스에 겨우살이 밑에서 소녀에게 키스하는 풍습이 있다. 이 풍습은 행복과 장수를 의미한다고 한다.

사철 푸른 상록수로 겨울에도 죽지 않는다고 해서 겨우살이라고 한다. 참나무, 물오리나무, 밤나무, 팽나무 등에 기생하므로 기생목(寄生木)이라고도 하고 동청(凍青)이라고도 부른다. 다른 나무에 기생하여 겨우겨우 살아가는 나무라는 데서 유래한다는 설도 있다. 흥미로운 것은 겨우살이가 침엽수에는 기생하지 않는다는 것이다. 이는 침엽수에서 내뿜는 강한 피톤치드의 작용 때문인 것으로 추측된다.

상록기생관목으로 높이는 30~60㎝이다. 가지는 Y자형으로 갈라지고 마치 새집의 둥지같이 둥글게 자란다. 수관 폭은 1m 정도로 황록색으로 털이 없고 마디 사이가 3~6㎝이다. 숙주가 되는 나무의 줄기나 가지에 뿌리를 박고 살아간다. 잎은 마주나고 피침형이며 밑부분이 좁다. 암수딴그루이며 꽃가루가 없다. 소포(小苞)는 술잔 모양이고 화피는 종 모양으로 갈라지며 이른 봄에 가

겨우살이 열매

겨우살이 수피

겨우살이 씨앗

지 끝에서 연노란색의 작은 꽃이 핀다. 열매는 둥글고 연한 황색으로 익는데 먹을 것이 부족한 겨울철에 새들의 좋은 먹이가 되어 새들의 배설물에 의해 주로 활엽수에 활착하여 번식한다.

우리나라와 일본, 타이완, 중국, 유럽, 아프리카 등지에 분포한다. 나무에는 해를 주지만 인간에게는 약재로 활용가치가 매우 높다. 한방에서는 뿌리와 줄기를 이용하는데, 신장을 보하고 면역력을 키우며 몸을 따뜻하게 하고 술독을 푸는 효능이 있다. 또한 위암, 폐암, 신장암 등의 암이나 신장병, 관절염은 물론 몸이 허약할 때, 감기, 기관지, 당뇨, 고혈압, 동맥경화에 좋다고 알려져 있다. 특히 뽕나무에 기생하는 겨우살이는 상상기생(桑上寄生)이라 하여 임금만 먹는 귀한 약재였다.

한편 서양에서는 옛날에 악귀를 쫓는 신성한 나무로 취급되었

고, kissing under the mistletoe라 하여 크리스마스에 겨우살이 밑에서 소녀에게 키스하는 풍습도 전해져온다. 이풍습은 행복과 장수를 의미한다고 한다. 또 크리스마스에 방 문간에 겨우살이를 걸어 놓아, 그 아래를 지나가면 행운이 온다는 믿음도 전해진다. 꽃말은 강한 인내심이다.

번식법

인위적인 번식은 어려우며 열매를 먹은 새의 배설물을 통해서 발아된다. 참나무류의 줄기에 상처를 낸 후 종자를 함께 땅에 묻어 발아시켜 번식시킨다.

신갈나무에 기생하는 겨우살이

021 달나라에 있다고 믿어지던

계수나무

Cercidiphyllum japonicum Siebold & Zucc. ex J. J. Hoffm. & J. H. Schult. bis

과 명	계수나무과	꽃	4~5월
형 태	낙엽활엽교목	열 매	8월

계수나무 새잎

계수나무 잎

연향수(連香樹), 산백과(山白科), 계(桂), 오군수(五君樹)라고도 한다. 연향수는 '연이어서 향기가 계속 나는 나무'라는 뜻이다.

푸른 하늘 은하수 하얀 쪽배엔
계수나무 한 나무 토끼 한 마리
돛대도 아니 달고 삿대도 없이
가기도 잘도 간다 서쪽 나라로

윤극영의 〈반달〉

동요 〈반달〉은 가히 국민동요라고 할 수 있다. 옛날부터 달나라에 사는 옥토끼가 방아를 찧는다는 이야기가 소재인데, 바로 이 달나라에 있다고 믿던 나무이다. 이렇듯 계수나무가 동요 속에도 등장하니 오랜 옛날부터 우리나라에 있었던 것처럼 여겨지지만 일제강점기 때 도입된 나무이다. 일본에서 한자로 계수나무를 '桂'라고 쓰는 것을 그대로 들여와 계수나무라고 하게 되었다고 한다. 연향수(連香樹), 산백과(山白果), 계(桂), 오군수(五君樹)라고도 한다. 이 중 연향수라는 이름은 '연이어서 계속 향기가 나는 나무'라는 뜻이다.

계수나무 잎(앞면)

계수나무 잎(뒷면)

계수나무 암꽃

계수나무 수꽃

비슷한 명칭으로는 월계수가 있는데, 월계수는 녹나무과에 속하는 나무로, 그리스 신화에 나오는 해의 신 아폴론이 짝사랑하던 다프네를 끈질기게 쫓아다니자 그녀가 한 그루의 월계수로 변해 버렸다는 이야기가 서려 있다.

낙엽활엽교목으로 높이는 27m이고 지름이 1.3m이다. 수피는 붉은 갈색으로 세로로 얇게 갈라져서 박편상으로 떨어진다. 잎은 원형 및 난원형이며 가장자리에는 파상의 거치가 있고 5~7개의

계수나무 어린 열매

계수나무 열매(성숙)

장상맥이 나 있다. 꽃은 암수딴그루로 엽액에 1개씩 4~5월에 피는데 향기가 진하게 난다. 골돌과의 열매는 굽은 원주형으로 8월에 암자갈색으로 익는데 씨는 한쪽에 날개가 있다.

일본이 원산으로 일본, 중국에 분포한다. 비옥한 사질양토를 좋아하며 그늘에서도 잘 자란다. 목재는 가구재, 합판재, 미장재, 기구재, 악기재, 바둑판 등으로 쓰인다. 가을에 단풍이 아름다울 뿐만 아니라 나무에서 내뿜는 독특한 냄새가 은은해 관상용으로 심는다.

번식법

가을에 익은 종자를 봄에 파종하여 키운 묘종으로 번식한다.

계수나무 수피

022 독한 냄새가 나는

계요등

Paederia scandens (Lour.) Merr. var. *scandens*

과 명	꼭두서니과	꽃	7~8월
형 태	낙엽활엽덩굴성 목본	열 매	9~10월

계요등 꽃

줄기와 잎에서 냄새를 풍겨 외부의 해로운 요인으로부터 자신의 몸을 지켜 피해를 입지 않고자 닭똥 냄새를 풍긴다. 자연은 저마다 생명을 유지하는 지혜를 갖추고 있음을 알 수 있다.

식물이 냄새를 풍긴다는 것은 두 가지 이유에서다. 하나는 나비나 벌 등 각종 곤충들을 유인하기 위한 것이고, 다른 하나는 자신을 방어하기 위한 것이다. 닭똥 냄새가 나는 계요등(鷄尿藤)은 후자에 더 가깝다. 줄기와 잎에서 냄새를 풍겨 외부의 해로운 요인으로부터 자신의 몸을 지켜 피해를 입지 않고자 함이다. 자연은 저마다 생명을 유지하는 지혜를 갖추고 있음을 알 수 있다.

낙엽활엽덩굴성 목본으로 꼭두서니과에 속한다. 줄기는 길이 5~7m쯤 자라며, 잎은 길이 5~12㎝, 너비 1~6㎝로 잎끝은 약간 뾰족하며 달걀 모양이다. 꽃은 7~8월에 흰색이나 안쪽에 자주색이 선명하다. 꽃은 길이 1~1.5㎝, 너비 4~6㎜이다. 열매는 9~10월경에 둥글고 황갈색으로 달리며 지름은 5~6㎜이다.

구렁내덩굴, 계각등이라고도 한다. 우리나라를 비롯한 아시아

계요등 열매(미성숙)

계요등 단풍과 열매(성숙)

온대와 열대 전역에 분포한다. 우리나라에서는 충청 이남 산기슭의 양지 및 골짜기에 잘 자란다. 냄새가 나기 때문에 쉽게 발견할 수 있으며 꽃의 모양이 특이해 더 알아보기 쉽다.

냄새는 심하나 꽃에서는 그다지 냄새가 나지 않아 관상용으로 쓰인다. 줄기와 잎은 약용으로 쓰인다. 관절염, 황달, 염증 치료 등을 치료하는 데 쓰이며, 민간에서는 거담, 거풍, 신장염, 이질 등에 약으로 쓴다.

번식법

가을에 잘 익은 종자를 채취하여 직접 파종하거나 줄기를 잘라서 꺾꽂이한다.

023 꽃과 잎이 향기로운

고광나무

Philadelphus schrenkii Rupr.

과 명	범의귀과	꽃	4~5월
형 태	낙엽활엽관목	열 매	9월

꽃과 잎을 물속에서 강하게 비비면 꼭 비누처럼 향기가 나고 거품도 인다. 실제로 미국의 인디언들은 예전에 고광나무를 이용해서 머리를 감았다고 한다.

고광나무는 다른 이름으로 오이순, 외순 등이 있는데, 이는 어린순에서 오이 냄새가 나서 붙여진 이름이며 어린순과 잎은 나물로 해 먹는다. 쇠영꽃나무, 털고광나무라고도 하며 조선산매화(朝鮮山梅花), 동북산매화(東北山梅花)라는 한자명도 있다. 여기에서 산매화는 아름답고 흰 꽃이 매화를 닮아 붙여진 것이다.

낙엽활엽관목으로 높이는 2~4m이고 오래된 가지는 회색이며 벗겨진다. 잎은 마주나고 난형 및 난상의 타원형이며 가장자리에 뚜렷하지 않은 톱니가 있다. 꽃은 5~7개씩 액생하는 총상화서에 달리며 꽃잎은 4장으로 원형이고 4~5월에 흰색으로 피는데 향기가 좋다. 열매는 타원형의 삭과로 끝이 뾰족하게 9월에 익는다.

고광나무 새순

고광나무 잎

우리나라와 일본, 만주, 우수리 등지에 분포한다. 우리나라에서는 전국 산야의 해발 150~1,250m의 산기슭이나 골짜기에 자란다.

고광나무 꽃봉오리

고광나무 꽃

고광나무 열매(미성숙)

고광나무 열매(성숙)

햇빛을 좋아하나 그늘에서도 잘 자라는 편이고 건조한 곳과 추위를 잘 견디며 생장속도가 빠르다.

꽃이 아름다워 관상용으로 심는다. 밀원식물로 이용하며 목재는 땔감 등으로 이용한다. 열매와 뿌리는 소종, 이뇨, 치질 등에 사용되며 꽃은 신경계통의 강장제 또는 이뇨제로 쓰인다.

고광나무 수피

꽃과 잎을 물속에서 강하게 비비면 꼭 비누처럼 향기가 나고 거품도 인다. 실제로 미국의 인디언들은 예전에 고광나무를 이용해서 머리를 감았다고 한다. 허브와 섞어 초를 만들거나 향수의 재료로도 사용한다. 꽃말은 추억, 기품, 품격이다.

번식법

뿌리나 줄기를 나누는 포기나누기로 번식한다. 종자로 번식하려면 늦은 봄에 이끼 위에 뿌린다.

024 수액이 뼈에 이로운

고로쇠나무

Acer pictum subsp. *mono* (Maxim.) Ohashi

과 명	단풍나무과	꽃	4~5월
형 태	낙엽활엽교목	열 매	9~10월

고로쇠나무 하면 수액으로 유명하다. 수액의 채취 시기는 경칩 전후인 2월 중순부터 3월 말이며 경칩 일주일 전후가 약효가 가장 좋다고 한다.

고로쇠나무 하면 수액으로 유명한데, 수액에 관한 통일신라 때 고승 도선국사의 일화가 전해진다. 그는 광양의 백운산에서 수도를 하던 중 일어서려는데 무릎이 펴지지 않아 근처에 있던 고로쇠나무를 붙잡고 일어서는데, 마침 나뭇가지가 부러지며 그 속에 든 수액을 마시게 되었다. 그러자 무릎이 바르게 펴지며 일어났다고 전해진다. 뼈에 이로운 나무라고 하여 골리수(骨利樹)라고 부르다가 고로쇠나무로 변했다고 한다. 골리수 이외에도 신나무, 단풍나무, 당단풍나무, 참고리실나무, 개고리실나무, 개고로쇠나무 등으로도 불리며, 잎이 5개로 갈라져서 오각풍(五角楓)이라고도 한다. 고로쇠나무는 평북 방언에서 유래된 이름이며, 함남 방언으로는 당단풍나무라고 한다.

고로쇠나무 새잎

고로쇠나무 잎

고로쇠나무 수액에는 황, 칼륨, 칼슘, 설탕, 망간, 마그네슘, 염소, 아연, 구리 등 미네랄 성분이 들어 있어

고로쇠나무 꽃

고로쇠나무 꽃차례

고로쇠나무 열매

단맛이 약간 있다. 위장, 신경통, 관절염에 특히 좋다고 알려져 있다. 이 수액은 나무가 광합성이나 질소동화 작용을 하면서 잎에서 만들어진 영양분 가운데 잉여 생산물이다. 줄기와 뿌리는 이들 영양분을 이용하여 잎을 만들고 싹을 틔운다. 또 일부는 새로운 목재를 생산하는 데 이용된다.

수액을 받으려면 줄기를 통해 내려가는 사관부인 내수피에 두 개 정도의 구멍을 내 호스를 꽂아 받는다. 수액의 채취 시기는 경칩 전후인 2월 중순부터 3월 말이며 경칩 일주일 전후가 약효

고로쇠나무 수피

가 가장 좋다고 한다. 참고로 우리나라 3대 수액 채취 나무는 고로쇠나무 이외에 층층나무, 거제수나무이다.

우리나라와 중국, 일본, 만주, 아무르 등지에 분포한다. 우리나라의 전국 해발 100~1,800m 사이의 계곡과 산기슭에 자생한다. 음지와 양지 모두에서 잘 자라며 추위에 강하나 공해에는 약하다.

낙엽활엽교목으로 높이는 20m 정도이고 지름이 50㎝ 정도로 수피는 회색으로 갈라진다. 잎은 마주나고 원형이며 5~7개로 얕게 갈라지고 가장자리는 밋밋하며 뒷면 맥 사이에 털이 모여 있다. 꽃은 잡성화로 다수가 새 가지 끝에 원추상 산방화서를 이루며 황록색으로 4~5월에 잎과 함께 핀다. 열매는 시과로 녹자색이고 예각으로 벌어지며 9~10월에 익는다.

나무의 질이 강해 목재로 많이 이용하며 주로 가마, 배의 키 같은 기구나 소반, 이남박 같은 집기를 만든다. 특히 목재에 붉은빛이 돌아 체육관이나 볼링장 같은 곳의 바닥이나 각종 건축재 및 가구재는 물론 바이올린, 비올라나 피아노의 액션 부분, 스키, 테니스 라켓, 볼링 핀 등을 만든다.

번식법

번식은 실생과 꺾꽂이로 한다.

O25 감나무의 할아버지

고욤나무

Diospyros lotus L.

과 명	감나무과	꽃	5~6월
형 태	낙엽활엽교목	열 매	10월

고욤은 떫은맛이 많이 나서 바로 먹지는 못하고, 서리가 내린 뒤 따내어 항아리에 가득 담아 놓았다가 눈이 내리는 겨울에 꺼내면 발효가 잘되어 제법 맛이 있다.

옛말에 '고욤 일흔이 감 하나만 못하다.'라는 말이 있다. 이는 자질구레한 것이 많아도 큰 것 하나를 못 당한다는 뜻으로, 고욤은 별로 쓸모없는 과일이라는 의미를 담고 있다. 실제로 고욤은 떫은맛이 많이 나서 바로 먹지는 못하고, 서리가 내린 뒤 따내어 항아리에 가득 담아 놓았다가 눈이 내리는 겨울에 꺼내면 발효가 잘되어 제법 맛이 있다. 먹을거리가 없던 시절에는 최고의 간식이자 건강식품이었다. 그러나 고욤나무가 유명한 것은 역시 감나무 접붙이는 용도로 사용된다는 것이다. 감나무의 할아버지쯤으로 보면 알맞다.

고양나무, 민고욤나무라고도 하며, 한자명은 소시(小柹), 군천(桾櫏), 흑조(黑棗), 군천자목(桾櫏子木) 등이다. 우리나라에서는 고려 고종 16년(1138)에 키웠다는 기록이 가장 앞선다.

낙엽활엽교목으로 높이는 10m이고 수피는 암회색이다. 잎은 어긋나고 타원형이다. 암수딴그루로 꽃은 새 가지 밑부분에 액

고욤나무 잎(앞면)

고욤나무 잎(뒷면)

고욤나무 암꽃

고욤나무 수꽃

고욤나무 열매(미성숙)

고욤나무 열매(성숙)

생한다. 수꽃은 2~3개가 모여 달리고 암꽃은 하나씩 달리며, 화관은 종 모양으로 연한 황색으로 5~6월에 핀다. 열매는 둥근 장과로 10월에 황색에서 검은색으로 익는데 열매에는 흰 가루가 많이 묻어 있다.

우리나라와 중국, 일본에 분포한다. 감나무보다 추위에 강해 우리나라에서는 황해도 이남 해발 50~500m에 심어 놓은 것이 야생 상태로 자란다.

햇빛이 잘 들며 배수가 잘되는 비옥한 사질토양에서 잘 자란다.

고욤나무 수피

식용, 약용으로 사용하며, 목재는 기구재나 가구재로 사용된다.

가을에 열매를 따서 햇볕에 말린 것을 군천자(桾櫏子)라 하는데, 몸을 차게 하는 성질이 있어 한방에서 갈증과 번열(煩熱)을 없애는 데 쓴다. 번열이란 몸에 열이 몹시 나고 가슴속이 답답하며 괴로운 증세를 말한다. 또 설사를 멈추는 데 좋으며 피부를 윤택하게 하는 데도 효과가 있다.

고욤 꼭지는 감 꼭지와 마찬가지로 딸꾹질을 멈추게 하며, 잎에는 비타민 C, P와 함께 지혈, 혈압강하작용을 하는 루틴 등의 성분이 들어 있어 고혈압을 예방하고 치료하는 효과가 있다. 꽃말은 경의이다.

번식법

번식은 실생으로 한다.

O26 잎이 고춧잎을 닮은

고추나무

Staphylea bumalda DC.

과 명	고추나무과	꽃	4~5월
형 태	낙엽활엽관목 또는 소교목	열 매	9~10월

개절초나무, 매대나무, 고치때나무, 까자귀나무, 미영꽃나무, 쇠열나무, 철쭉잎, 반들잎고추나무, 민고추나무, 넓은잎고추나무, 둥근잎고추나무 등으로도 불린다.

고추나무 새순

고추나무라는 이름은 잎 모양이 고춧잎과 비슷해 붙여졌다. 고춧잎처럼 어린순과 잎은 데쳐서 나물로 해 먹거나 튀겨 먹기도 한다. 개절초나무, 매대나무, 고치때나무, 까자귀나무, 쇠열나무, 철쭉잎, 반들잎고추나무, 민고추나무, 넓은잎고추나무, 둥근잎고추나무 등으로도 불린다. 한자명은 성고유(省沽油), 수조(水條)이다.

낙엽활엽관목 또는 소교목으로 높이는 3~5m 정도이고 수피는 흑자색이다. 잎은 마주보고 달리고 3개의 소엽으로 된 작은 복엽이며 소엽은 타원형 및 난상의 타원형이고 가장자리에 침상의 잔톱니가 있으며 뒷면 맥 위에 털이 있고 잎이 모여 서로 마주 달려 있다. 꽃은 새로 난 가지 끝에 원추화서를 이루며 꽃잎과 꽃받

고추나무 잎

고추나무 잎차례

고추나무 꽃

고추나무 열매

고추나무 수피

침은 5개이고 4~5월에 흰색으로 핀다. 열매는 고무베개처럼 부푼 반원형으로 윗부분이 2개로 갈라지고 9~10월에 익는다. 씨는 도란형으로 1~2개가 들어 있다.

우리나라와 일본, 중국 등지에도 분포한다. 우리나라에서는 전국의 해발 100~500m 사이의 계곡 및 산기슭에 자생한다. 습기가 있는 땅에서 잘 자라고 양지나 음지 모두에서 잘 자라며 추위에도 강하다.

꽃과 열매가 아름답고 향기가 좋아 관상용으로 심는다. 목재는 매우 단단하여 나무못이나 젓가락을 만드는 데 사용하며 신탄재로도 쓴다. 한방에서는 열매와 뿌리를 마른기침, 산후풍, 산후 어혈 등에 약으로 쓴다. 꽃말은 한, 의혹, 미신 등이다.

번식법

번식은 실생과 꺾꽂이로 한다.

027 의상의 전설을 간직한 선비화

골담초

Caragana sinica (Buc'hoz) Rehder

과 명	콩과	꽃	5월
형 태	낙엽활엽관목	열 매	9월

영주 부석사 조사당 추녀 밑에는 조그마한 나무 한 그루가 자라고 있다. 이 나무는 흔히 조사당 선비화라고 하는데, 바로 골담초이다.

옥같이 빼어난 줄기 절문을 비꼈는데
석장이 꽃부리로 화하였다고 스님이 일러주네.
지팡이 끝에 원래 조계수가 있어
비와 이슬의 은혜는 조금도 입지 않았네.

이황의 시 〈부석사 선비화〉

영주 부석사 조사당 추녀 밑에는 조그마한 나무 한 그루가 자라고 있다. 조선시대 이중환이 지은 《택리지》에 의하면 이 나무는 의상대사가 부석사를 창건한 뒤 도를 깨치고 천축으로 떠나면서 꽂은 지팡이가 자란 것이라고 한다.

그는 지팡이를 꽂고는 "지팡이에 뿌리가 내리고 잎이 날 터이니 이 나무가 죽지 않으면 나도 죽지 않은 것으로 알라"고 했다. 이 나무는 흔히 조사당 선비화라고 하는데, 바로 골담초이다. 이 선비화는 아기를 낳지 못하는 부인이 잎을 삶아 마시면 아들을 낳는다고 하여 많은 사람에게 수난을 당했는데, 그런 까닭에 지금은 철책 속에 가둬 보호 중이다.

골담초 잎

골담초라는 이름은 뿌리가 골담(骨膽)에 잘 듣는다고 해서 붙여진

골담초 꽃봉오리

골담초 꽃

골담초 열매

골담초 수피

것이다. 즉 신경통이나 관절염 등에 좋다는 것이다. 금작목(金雀木), 금계아(金鷄兒) 등으로도 불리며, 선비화(禪扉花)라고도 한다.

낙엽활엽관목으로 높이는 2m 정도이고 밑에서 많은 줄기가 올라와 큰 포기를 이루며 자라는데 전체에 털이 있다. 잎은 어긋나

고 3개의 소엽으로 가운데 소엽은 혁질이며 긴 타원상의 피침형으로 뒷면 맥 위에 털이 있다. 꽃은 액생 또는 정생하며 총상화서에 달리며 누른빛이 도는 흰색으로 5월에 핀다. 열매는 협과로 편평한 선형이고 겉에 갈고리 같은 털이 있으며 9월에 익는다.

중국 원산으로 우리나라에서는 경북 및 중부지방에 자생한다. 주로 해가 잘 드는 곳에서 잘 자라지만 반그늘이나 마른땅에서도 잘 자란다. 생장도 빠르며 추위와 공해에도 강하나, 뿌리는 길게 뻗지 못한다. 꽃이 아름다워 관상용으로 심는 관목으로 생울타리용으로도 심는다.

골담초는 약재로 많이 이용되는 나무로 봄, 가을에 뿌리를 캐서 햇볕에 말린 것을 약재로 사용한다. 뿌리는 골담근이라 하여 진통, 해수, 대하, 고혈압, 타박상, 신경통 등에 쓴다. 또 술을 담가 먹기도 하며, 뿌리와 꽃은 끓여 차로 마시면 좋다. 민간에서는 잎이 붙어 있는 가지를 꺾어서 달여 마시는데, 수면장애나 무월경, 혈압, 위장병, 기침감기 등에 효과가 있다고 알려져 있다.

번식법

실생 또는 새로 자란 가지를 꺾꽂이로 하거나 뿌리맹아를 포기나누기로 번식한다.

028 온몸으로 바닷바람을 막는

곰솔

Pinus thunbergii Parl.

과 명	소나무과	꽃	4~5월
형 태	상록침엽교목	열 매	이듬해 9월

곰솔 새순

곰솔 잎차례

우리나라 곳곳에는 흥미로운 곰솔이 많다. 제주도 아라동에 있는 곰솔은 수령이 500~600년 정도로 단연 우리나라 곰솔의 할아버지뻘이다.

해안가에 자라는 소나무라고 해서 해송(海松)이라고도 하는 곰솔은 귀여운 이름만큼이나 생김새도 멋지다. 솔잎이 다복하게 달려 있고 수형도 참 편한 모습이다. 주로 바닷가 끝에 무리 지어 자라는데, 해수욕장이 있는 곳에서는 사람들에게 쉴 수 있는 그늘을 제공하기도 한다.

곰솔이라는 이름은 잎이 억세 마치 곰의 털 같다고 해서 붙여졌다는 설도 있고, 전남 지방 사투리라는 의견도 있다. 또 나무껍질이 검어 흑송(黑松)이라고도 하는데, 이를 검은솔로 부르다가 줄여서 곰솔로 부르게 되었다고도 한다. 이외에도 남송(男松)으로도 불린다. 바닷가의 찬바람을 온몸으로 막아내서 남자답다고 붙인 걸까. 아무튼 남자 소나무인 곰솔에 비해 육지 소나무는 여자 소나무, 즉 여송(女松)이라는 별칭이 있다.

재미난 이름처럼 우리나라 곳곳에는 흥미로운 곰솔도 많다. 제주도 아라동에 있는 곰솔은 높이가 28m에 달하며 가슴둘레도 약

곰솔 암꽃

곰솔 수꽃

곰솔 열매

곰솔 전년도 열매

6m에 이른다. 천연기념물 제160호로 지정된 이 곰솔은 수령이 500~600년 정도로 단연 우리나라 곰솔의 할아버지뻘이다. 가지가 워낙 무거워 지탱하기 어려워서 외과 수술을 가끔 받는다. 주변에는 다른 곰솔 일곱 그루가 더 자라는 곰솔 숲으로 곰솔 숲 뒤쪽에 한라산 산신제를 지내오는 산천단이 있다. 충남 서천의 신송리 하송마을의 곰솔은 수령이 400년 정도로 당산나무 역할을 하는 나무로 천연기념물 제353호로 지정되었으며, 전남 해남의 성내리 수성동 곰솔은 해남 사람들의 애국심과 기상을 간직한 나무로 천연기념물 제430호로 지정되었다.

곰솔의 겨울눈은 은백색이다. 잎은 진녹색으로 짧은 가지에 두 개씩 달리고 보통 2~3년간 달려 있다가 떨어진다. 암수한그루로 꽃은 4~5월에 핀다. 수꽃은 원통형으로 1.5㎝가량 되고, 암꽃은 난형으로 붉은색이었다가 자주색으로 바뀌어 가는 것이 특징이다. 열매는 난상의 긴 타원형으로 녹갈색이며 씨는 도란상의 타원형이다. 씨에는 긴 날개가 달려 있으며 이듬해 9월에 익는다.

곰솔 수피

곰솔은 예로부터 한방에서 약재로 많이 사용해왔는데, 산후풍이나 관절염, 골수염, 위장병, 타박상, 변비 등에 효과가 있다고 한다.

바닷바람을 막는 방풍림으로 많이 심어졌고, 이 밖에도 목재를 위한 조림용과 관상용으로도 재배되었다. 또 보릿고개가 있던 옛날에는 나무껍질을 식용으로도 많이 이용했고, 수형이 멋있어 분재로도 많이 기른다. 꽃말은 불로장수이다.

번식법

번식은 실생으로 한다. 파종하기 전에 종자를 1개월 정도 노천매장하는 것이 발아에 좋다. 건조하고 척박한 땅에서도 잘 견디나 추위에는 약한 편이다.

029 추위 속에서도 잎이 푸르른

광나무

Ligustrum japonicum Thunb.

과 명	물푸레나무과	꽃	7~8월
형 태	상록활엽소교목	열 매	10~11월

광나무 잎

추위 속에서도 잎이 푸르른 모습이 마치 정절을 지키는 여인 같다고 하여 여정목(女貞木)이라고 불린다. 또 서리와 찬바람을 이겨내는 기질 때문에 선비들의 사랑을 받았다고 한다.

추위 속에서도 잎이 푸르른 모습이 마치 정절을 지키는 여인처럼 고고한 자태를 지니고 있는 듯하다고 하여 여정목(女貞木)이라고도 불린다. 또 옛날에는 서리와 찬바람을 이겨내는 기질 때문에 선비들의 사랑을 받았다고 한다. 정목(貞木, 楨木), 서자(鼠子), 서시목(鼠矢木), 여정자(女貞子), 사절목(四節木), 정여(貞女) 등으로도 불린다. 또 토양으로부터 흡수한 암모니아가 내부에 많이 들어 있어 나무의 맛이 짭조름하여 소금나무라는 별칭도 있다.

상록활엽소교목으로 높이는 3~5m 내외이며 가지는 회색이다. 마주나는 잎은 혁질로 질기며 넓은 달걀 모양이거나 긴 타원상의 원형으로 길이는 3~10㎝, 너비는 2.5~4.5㎝ 정도이다. 잎끝은 뾰족하고 톱니는 나지 않는다. 잎 뒷면에 희미한 잔 점이 있는 것이 특징이다.

7~8월에 흰색 꽃이 새 가지 끝에서 겹총상화서로 달린다. 꽃의

광나무 꽃

광나무 열매(미성숙)

광나무 열매(성숙)

크기는 길이와 너비가 모두 5~12㎝ 정도이다.

꽃은 깔때기처럼 생겼으며 향이 매우 뛰어나다. 작고 둥근 핵과의 열매가 열리는데 10~11월에 자줏빛을 띤 검은색으로 익는다. 열매의 크기는 8~10㎜이다.

우리나라, 일본 오키나와, 타이완 등지에 분포한다. 우리나라에는 전남과 경남 지방의 바닷가와 낮은 산기슭에서 잘 자란다.

습기와 염분에 잘 견디며 깊고 비옥한 토양에서 잘 자란다. 가지에 잔털이 많이 나고 잎이 달걀 모양의 원형으로 촘촘하게 달리는 것을 둥근잎광나무라고 부른다.

관상용으로 이용되며, 공해에 강하고 맹아력이 높아서 도심지 생울타리 조성으로 잘 어울리는 수종이다. 과실은 여정실(女貞實), 뿌리는 여정근(女貞根), 수피는 여정피(女貞皮), 잎은 여정엽(女貞葉)이라 하며 약용한다. 특히 과실로 만든 여정실주는 강장용으로 이용되며, 민간요법으로 잎을 삶아 종기에 바르기도 한다.

번식법

가을에 종자를 채종하여 이듬해 봄에 파종하거나, 봄과 여름에 삽목하여 번식한다.

광나무 수피

싸리를 흉내 내는

광대싸리

Securinega suffruticosa (Pall.) Rehder

과 명	대극과	꽃	6~7월
형 태	낙엽활엽관목 또는 소교목	열 매	9~11월

싸리라는 이름은 붙었으나 싸리나무와는 다른 과(科)에 속한다. 광대가 남의 흉내를 잘 내듯 이 나무도 싸리 흉내를 낸다고 해서 광대라는 이름이 붙었다.

싸리라는 이름은 붙었으나 싸리나무와는 다른 과(科)에 속한다. 광대가 남의 흉내를 잘 내듯 이 나무도 싸리 흉내를 낸다고 해서 광대라는 이름이 붙었다. 구럭싸리, 고리비아리, 공정싸리, 굴싸리, 싸리버들옻이라고도 하며, 한자명으로는 일엽추(一葉萩)로 불린다.

광대싸리 잎

광대싸리 잎차례

낙엽활엽관목 또는 소교목으로 높이는 보통 3m 정도이다. 줄기에 잔줄이 나 있으며 밑으로 처지는데 수피는 황갈색이다. 잎은 어긋나고 도란상의 타원형이며 뒷면에 흰빛이 돈다. 암수딴그루로 수꽃은 황색이고 엽액에서 다수가 속생하며 암꽃도 같은 곳에 2~5개씩 달리며 6~7월에 황록색으로 핀다. 열매는 편구형의 삭과로 9~10월에 홍갈색으로 익는데 씨는 6개가 들어 있다.

우리나라와 중국, 몽골에 분포한다. 우리나라에서는 전국의 산기슭이나 산 중턱의 숲 속, 양지바르고 메마른 강가에 자란다. 주로 계곡의 주변에서 잘 자라나 건조한 곳에서도 잘 자라며 추위에

광대싸리 암꽃

광대싸리 수꽃

광대싸리 열매

광대싸리 수피

강하지만 공해에는 약한 편이다.

봄철에 나오는 어린잎은 광대순이라 해서 식용하며, 꽃에는 꿀이 많아 밀원식물로 이용하기도 한다. 목재는 땔감으로 쓰는데 열량이 높다. 한방에서 잔가지, 잎, 줄기를 일엽추, 뿌리를 일엽추근이라 하는데, 혈액순환, 비위, 신장, 진통, 통증, 중풍, 급성 중이염, 남성의 성기능 저하에 사용된다. 그러나 세쿠리닌(securinine) 성분이 들어 있어 과용하면 숨이 가빠지고 경련을 일으킬 수 있으므로 적당량만을 먹어야 한다.

번식법

번식은 꺾꽂이와 뿌리나누기, 실생으로 한다.

031 두 열매가 마주 달리는

괴불나무

Lonicera maackii (Rupr.) Maxim.

과 명	인동과	꽃	5~6월
형 태	낙엽활엽관목 또는 소교목	열 매	9~10월

두 개씩 마주 보며 달린 열매 모양이 개불알을 닮기도 하고, 툭 튀어나와 벌어진 꽃잎 조각이 괴불주머니라는 노리개와 비슷하다.

옛날 사람들이 나무 이름을 짓는 데에는 꽃이나 열매의 생김새가 중요했었던 것 같다. 괴불나무라는 이름은 두 개씩 마주 보며 달려 있는 열매 모양이 개불알을 닮았다 하여 붙여진 이름이다. 또 툭 튀어나와 벌어진 꽃잎 조각이 옛날 어린아이들이 차고 다니던 괴불주머니라는 노리개와 비슷하여 괴불나무라 이름 지었다는 설도 있다. 이는 산괴불주머니의 유래와도 같다. 금은인동(金銀忍冬), 금은목(金銀木), 마씨인동(馬氏忍冬), 계골두(鷄骨頭)나무라고도 하며 북한에서는 아귀꽃나무, 절초나무라고도 부른다.

낙엽활엽관목 또는 소교목으로 높이는 5m이다. 줄기는 속이 비어 있으며, 잔가지에 털이 난다. 잎은 마주나며 달걀 모양의 타원형 또는 바소꼴이다. 잎의 크기는 길이 5~10㎝, 너비 4㎝이며 잎끝은 뾰족하고 잎 뒷면 맥 위 그리고 잎자루에 털이 난다.

꽃은 5~6월에 잎겨드랑이에 달린다. 화관의 지름은 2㎝ 정도이고 향기가 나며, 인동덩굴처럼 흰색에서 노란색으로 변해간다.

괴불나무 잎

괴불나무 잎차례

괴불나무 꽃봉오리

괴불나무 꽃

괴불나무 어린 열매

괴불나무 열매(성숙)

수술대는 0.7~1cm 길이로 꽃밥은 노란색이며, 암술대는 1cm 길이로 암술머리는 노란빛을 띤 녹색이다. 꽃만 보면 인동덩굴과 구분하기 어려울 정도로 닮았다. 열매는 9~10월에 붉은색으로 둥글게 익는다.

나무는 관상용으로 심으며 열매는 식용한다. 열매의 맛은 약간 떨떠름하고 시다. 어린잎과 꽃은 차로 이용하는데, 민간에서는 잎을 이뇨, 해독, 종기, 감기, 지혈 등에 약으로 쓴다. 또한 꽃은 약용 성분이 있어 소염제로 사용한다. 우리나라와 중국, 러시아, 일

괴불나무 수피

본, 미국 등지에 분포한다. 산기슭이나 응달진 골짜기에서 자라며, 비교적 습기가 많은 땅에서 잘 자란다. 내한성과 내공해성이 강한 편이다. 꽃말은 사랑의 인연이다.

번식법

꺾꽂이나 종자로 번식한다.

NOTE | 괴불주머니
어린아이가 주머니 끈 끝에 차는 세모 모양의 조그만 노리개를 말한다. 여러 가지 색깔의 헝겊을 삼각 모양으로 접어서 솜을 넣고 수를 놓아 색깔 끈을 단다. 괴불은 어린이의 노리개 외에 귀주머니나 염낭주머니 끈에 끼우거나 액자의 밑받침에 달기도 한다.

032 진시황이 불로장생약으로 찾았다는

구기자나무

Lycium chinense Mill.

과 명	가지과	꽃	6~9월
형 태	낙엽활엽관목	열 매	8~10월

구기자나무는 가시가 헛개나무(枸)와 비슷하고 줄기는 버드나무(杞)와 비슷하여 생긴 이름이다. 가을에 붉게 달리는 열매를 구기자(枸杞子)라고 하여 약재와 술로 이용한다.

옛날 중국 노나라의 한 관리가 민정을 살피러 나갔다가 이상한 광경을 보았다. 웬 소녀가 회초리를 들고 할아버지를 쫓아가는 것이었다. 관리가 소녀를 불러 호통을 치니, 소녀는 이렇게 말했다.

"내 나이는 300살이고, 저 아이는 내 증손자입니다."

관리가 믿을 수 없다고 말하자 그 비법을 전해주었다.

"구기자를 먹어서 그렇습니다. 1월에 뿌리를 캐어 2월에 달여 먹고, 3월에 줄기를 잘라 4월에 달여 먹습니다. 5월에는 잎을 따 6월에 끓여 마시고, 7월에 꽃을 따 8월에 달여 먹지요. 9월에는 과실을 따 10월에 먹습니다. 이렇게 구기자를 1년 내내 먹으면 됩니다."

관리는 소녀의 말대로 해보니 과연 효험이 있었다고 한다.

구기자나무는 가시가 헛개나무(枸)와 비슷하고 줄기는 버드나

구기자나무 잎

구기자나무 꽃

구기자나무 열매

무(杞)와 비슷하여 생긴 이름이다. 버릴 것이 하나도 없는 유용한 수종으로, 특히 가을에 붉게 달리는 열매를 구기자(枸杞子)라고 하여 약재와 술로 이용한다.

가지과의 낙엽활엽관목으로 높이는 약 4m까지 자란다. 줄기는 비스듬히 자라는데 가시가 있기도 하고 없기도 하다. 껍질은 회백색이 돈다. 잎은 어긋나며 길이가 3~8㎝로 달걀 모양이다. 꽃은 6~9월에 자줏빛으로 줄기에서 1~4개씩 핀다. 꽃은 지름이 1㎝ 가량이며, 화관은 종 모양으로 5갈래로 갈라지며 끝이 뾰족하다.

열매는 8~10월경에 긴 타원형에 붉은색으로 달린다. 열매는 산수유 열매와 비슷하게 생겼다. 그러나 산수유의 맛이 신맛이 강한 반면 구기자는 단맛이 강하다. 또 산수유는 속에 씨가 하나 들어 있으나, 구기자는 작은 씨가 여러 개 들어 있는 점도 다르다.

열매를 식용, 약용하는데, 특히 청양의 구기주는 특산품으로 유명하다. 연한 순은 나물로 먹거나 나물밥으로 해 먹는다. 가볍게 데쳐 찬물에 한 번 헹궈 사용하면 되는데, 나물밥의 경우 연한 순

구기자나무 수피

을 잘게 썰어 쌀과 섞어서 밥을 지으면 된다. 또 뿌리껍질은 지골피(地骨皮)라 하여 강장 및 해열제로 쓰이고, 폐결핵, 당뇨병에도 약으로 이용한다. 민간에서는 요통에도 이용하고 있다.

우리나라와 일본, 타이완, 중국 북동부 등지에 분포한다. 충남 청양과 전남 진도는 구기자나무를 대단위로 재배하는 지역으로, 산지에 가보면 대개 해발 100~700m 사이의 마을 주변에 심어 재배하고 있다.

번식법

10월경에 달리는 종자를 마쇄법을 이용하거나 노천매장을 이용하여 번식한다. 이른 봄에 뿌리나누기를 하거나 새로 올라온 순을 잘라서 5월경에 삽목해도 된다.

033 솔방울 색깔도 가지가지

구상나무

Abies koreana E. H. Wilson

과 명	소나무과	꽃	4~5월
형 태	상록침엽교목	열 매	9~10월

제주도에서는 이 나무를 쿠살낭 또는 쿠상낭이라고 하는데, 여기에서 '낭'은 제주도 방언으로 나무라는 말이고, 쿠살이나 쿠상은 온몸에 가시가 많은 보라성게를 뜻한다.

세계에서 가장 멋진 크리스마스트리에 쓰이는 나무는 무엇일까? 바로 구상나무이다. 크리스마스트리 하면 전나무나 가문비나무로 만든 것을 알아줬는데, 우리나라 특산종인 구상나무에 반한 미국인들이 품종을 개량해 크리스마스트리로 만들었다.

구상나무는 열매 실편에 붙은 포 끝의 바늘이 밖으로 나와 젖혀진 모습이 갈고리같이 생겼다 하여 붙여진 이름이다. 곧 구상은 '갈고리 구(鉤)' 자와 '형상 상(狀)' 자로 이루어진다. 그런데 사실 이 이름의 유래는 제주도 방언에서 비롯되었다. 제주도에서는 이 나무를 쿠살낭 또는 쿠상낭이라고 하는데, 여기에서 '낭'은 제주도 방언으로 나무라는 말이고, 쿠살이나 쿠상은 온몸에 가시가 많은 보라성게를 뜻한다. 열매의 모습이 꼭 보라성게처럼 보여서 그렇게 부르는 것이다.

구상나무는 우리나라 특산종으로서 세상에 처음 알려진 것은 1907년 제주도에서 선교 활동을 하던 미국인 포리 신부에 의해서이다. 이후 미국의 식물학자 윌슨이 1915년에 한라산을 답사하고 이 나무에 학명도 붙이고 이름도 한국전

구상나무 잎

구상나무 암꽃

구상나무 수꽃

구상나무 겨울눈

구상나무 열매

나무(Korean fir)로 지었다. 한자명은 제주백회(濟洲白檜)인데, 구상나무가 제주도 한라산에서 잘 자라는 것을 강조한 것으로 볼 수 있다.

잎은 전나무와 비슷하나 끝이 둘로 갈라져 있으며 바퀴 모양으로 돌려난다. 잎의 뒷면에는 순백색의 기공조선이 발달하여 흰빛을 띤다. 암수한그루로 꽃은 4~5월에 핀다. 수꽃은 한 가지에 5~10개씩 달리며 암꽃은 1~2개씩 달린다. 꽃 색깔은 짙은 자줏빛이며 자라서 타원형의 솔방울이 된다. 그런데 이 솔방울이 아주

구상나무 수피

흥미롭다. 어떤 것은 푸르고, 어떤 것은 검고, 어떤 것은 붉다. 이 차이로 푸른구상나무, 검은구상나무, 붉은구상나무를 구분하기도 한다.

열매는 9~10월경에 원통형으로 익으며, 길이는 4~6㎝, 지름은 2~3㎝이다. 종자는 달걀 모양으로 길이 6㎜ 정도이다. 이 열매는 떨어질 때 산산조각이 나서 바람에 날려간다. 바로 종족을 보존하기 위한 구상나무의 생존 전략이다.

건축재와 기구재, 토목재, 펄프재로 사용된다. 물론 어린나무는 최고급 크리스마스트리로 쓰이고, 환경에 빠르게 적응하고 수형이 아름다워 정원수로도 많이 심는다. 특히 편백(노송나무) 못지않게 피톤치드를 뿜어내는 나무로 알려져 삼림욕을 위한 숲 조성에도 많이 이용된다. 꽃말은 기개이다.

번식법

번식은 실생으로 한다. 토양이 비옥하고 물기가 많은 땅에서 잘 자란다. 추위에 강해 눈이 많이 오는 지역에도 잘 자라며, 뿌리를 내리는 힘이 좋은 편이다. 그러나 공해에는 약해 도심에서는 잘 자라지 않는 편이다.

034 잣처럼 작으나 맛은 꿀밤 같은

구실잣밤나무

Castanopsis sieboldii (Makino) Hatus.

과 명	참나무과	꽃	6월
형 태	상록활엽교목	열 매	이듬해 10월

열매는 밤보다 도토리를 닮았으며, 특유의 타닌 성분이 없어 고소한 밤 맛이 난다. 열매가 아홉 개가 달린다고 하여 구실(九實)이라는 이름이 붙었고, 잣처럼 열매가 작아 잣이라는 이름까지 붙었다.

밤나무라는 이름이 붙었듯 열매를 식용할 수 있는 수종이다. 열매는 밤보다는 도토리를 닮았으며, 특유의 타닌 성분이 없어 고소한 밤 맛이 난다. 그래서 흔히 꿀밤나무라고도 부르며, 전라도 방언으로는 쨋밤나무, 새불잣밤나무, 구슬잣밤나무라고도 한다. 열매가 아홉 개가 달린다고 하여 구실(九實)이라는 이름이 붙었고, 잣처럼 열매가 작아 잣이라는 이름까지 붙었다.

한편 열매가 2년째에 여무는 것이 독특한데, 이는 모밀잣밤나무나 붉가시나무, 상수리나무, 굴참나무 등 참나무류의 공통적인 특징이기도 하다.

높이는 약 15m이며 지름이 약 1m이고, 수피는 흑갈색이다. 어긋나는 잎은 바소꼴이거나 긴 타원형이며, 끝이 뾰족하다. 잎은 길이가 7~12㎝이며 물결무늬의 톱니가 나 있다. 잎의 뒷면에는 갈색의 비늘털이 덮여 있다. 6월에 단성화로 잎겨드랑이에 핀다. 총포는 달걀 모양이고, 견과의 열매는 이듬해 10월에 익는다.

구실잣밤나무 새잎

구실잣밤나무 잎(앞면)

구실잣밤나무 잎(뒷면)

구실잣밤나무 암꽃

구실잣밤나무 수꽃

구실잣밤나무 씨앗

구실잣밤나무 수피

상록활엽교목으로 원산지는 우리나라로 주로 섬이나 바닷가의 산기슭에 자란다. 우리나라와 일본 등지에 분포하며 우리나라에서는 완도와 제주도 등 남부지방에서 자란다. 그러나 추위에도 강해 내륙에도 분포하며, 그늘에서도 자란다.

열매는 식용하는데 구워 먹거나 떡에 넣어 먹기도 한다. 재목은 건축재, 기구재, 기계재, 상자재 등으로 활용되는데, 표고를 재배하는 원목으로도 이용된다. 또한 꽃이나 수피는 어망 등을 염색하는 염료로도 사용된다. 꽃향기가 좋아 정원수 등 관상용으로도 심는다.

번식법

가을에 종자를 채취하여 노천매장 후 이듬해 봄에 파종한다.

035 국수같이 줄기 껍질이 벗겨지는

국수나무

Stephanandra incisa (Thunb.) Zabel

과 명	장미과	꽃	5~6월
형 태	낙엽활엽관목	열 매	9월

국수나무 잎

가지를 잘라 벗기면 껍질이 국수같이 얇게 벗겨진다고 해서 국수나무라고 한다. 옛날 어린이들이 소꿉놀이할 때 이용되기도 했던 나무이다.

가지를 잘라 벗기면 껍질이 국수같이 얇게 벗겨진다고 해서 국수나무라고 한다. 옛날 어린이들이 소꿉놀이할 때 이용되기도 했던 나무로 고광나무, 뱁새더울, 거렁방이나무라고도 한다.

낙엽활엽관목으로 높이는 1~2m 정도이다. 많은 줄기가 밑에서 형성하며 가지는 밑으로 처진다. 잎은 어긋나며 난형의 결각상의 톱니가 있고 뒷면 맥 위에 털이 나 있다. 꽃은 5~6월에 새 가지 끝에서 원추화서를 이루며 흰색으로 피고 열매는 9월에 구형으로 익는데 잔털이 있으며 씨는 광택이 난다.

우리나라와 일본, 중국 등지에 분포한다. 우리나라 전 지역의 산야에 자라는데, 숲 속의 그늘이나 건조지에서도 잘 자라고 맹아력이 강하다.

흰색의 꽃이 아름다워 자연공원의 조경용, 관상용 등으로 심는다. 내공해성이 약해서 환경오염의 지표식물로 삼는 수종이다.

국수나무 꽃

국수나무 열매

국수나무 수피

국수나무 수피 속

양봉농가에서는 밀원식물로 심고, 농촌에서는 국수나무의 가는 줄기로 삼태기 등을 만드는 데 사용한다.

번식법

실생이나 꺾꽂이, 뿌리나누기로 번식한다.

036 굿거리에 쓰이던

굴거리나무

Daphniphyllum macropodum Miq.

과 명	굴거리나무과	꽃	5~6월
형 태	상록활엽소교목 또는 교목	열 매	10~11월

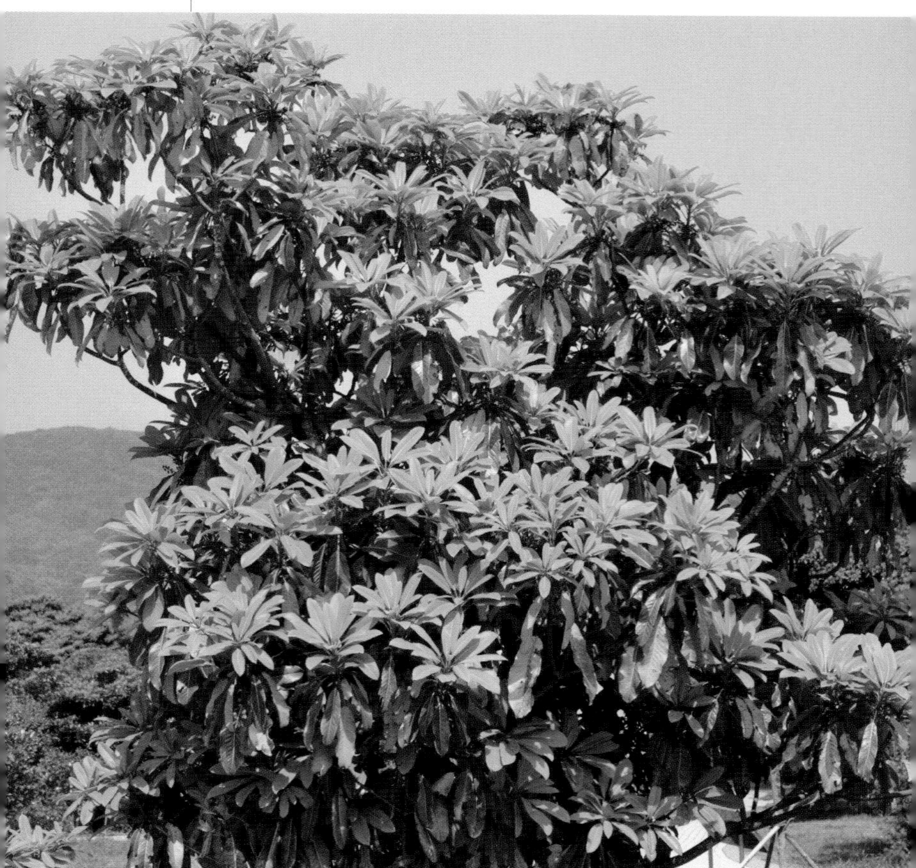

순박한 이름에 비해 한자명은 교양목(交讓木)이다. 잎이 나올 때 먼저 달렸던 잎이 떨어지면서 자리를 물려준다고 해서 서로 사귀고 사양한다는 뜻으로 붙여진 것이다.

굴거리나무는 순박한 이름에 비해 한자명은 교양목(交讓木)이라고 해서 상당히 지적인 느낌이 든다. 이는 잎이 나올 때 먼저 달렸던 잎이 떨어지면서 자리를 물려준다고 해서 서로 사귀고 사양한다는 뜻으로 붙여진 것이다. 굴거리라는 이름은 제주도 방언에서 유래된 것으로 이 나무를 이용해 굿을 해서 '굿거리'라고 부르던 것이 바뀐 것이라고 한다. 산황수(山黃樹)라고도 하고 만병초, 청대동이라고도 부른다.

상록활엽소교목 또는 교목으로 높이는 10m 정도이고 지름이 30㎝이다. 작은 가지는 녹색이지만 어릴 때는 붉은빛을 띤다. 잎은 어긋나며 긴 타원형으로 혁질이다. 표면은 녹색이고 뒷면은 회백색이며 잎자루는 연한 홍색이 돈다. 꽃은 단성화이고 화피가 없는 녹색으로 액생하는 총상화서에 달리며 5~6월에 핀다. 열매는 긴 타원형의 핵과로 10~11월에 암벽색으로 익는다.

굴거리나무 새잎

굴거리나무 잎

굴거리나무 암꽃

굴거리나무 수꽃

굴거리나무 열매

우리나라와 중국, 일본, 타이완 등지에 분포한다. 우리나라에서는 내장산과 백운산 이남의 남부지방, 제주도, 전라도, 경상도의 섬 지방에 자생한다. 반그늘에서 잘 자라지만, 건조한 곳에서는 잘 자라지 못하며 생장속도는 느린 편이다. 안면도에는 비교적 큰 굴거리나무가 자라고 있으며, 내장산국립공원에는 굴거리나무 군락지가 있는데, 군락지로서는 북방한계선으로 보고 있다. 이 굴거리나무 군락지는 53만 4,418㎡이며 천연기념물 제91호로

굴거리나무 씨앗

굴거리나무 수피

지정되어 있다.

정원수, 관상용, 약용으로 심는다. 한방에서는 잎과 나무껍질을 끓여서 해충을 없애는 구충제로 쓰며 복막염, 늑막염에도 사용한다. 나무에서 새싹이 잘 나오지 않으므로 전정을 해서는 안 되는 나무이다. '내 사랑 나의 품에'라는 멋진 꽃말을 가지고 있다.

번식법

번식은 실생으로 한다.

037 굴피집의 지붕을 잇던

굴참나무

Quercus variabilis Blume

과 명	참나무과	꽃	5월
형 태	낙엽활엽교목	열 매	이듬해 9~10월

강감찬 장군이 지나가다 지팡이를 꽂은 것이 자랐다는 서울 신림동의 굴참나무는 수령이 1,000년, 높이 17m, 지름 2.9m로 천연기념물 제271호로 지정되어 있다.

태백산맥과 소백산맥 산간지방에는 화전민들이 사는 굴피집이 있다. 이는 굴참나무 껍질과 상수리나무 껍질 등 참나무류 껍질로 지붕을 이은 집이다. 특히 굴참나무는 껍질이 매우 두꺼워 지붕을 잇기에 알맞아 많이 사용했다. 삼척시 신기면 대이리에는 예전의 굴피집이 원형대로 보존되어 있는데, 중요민속자료 제223호로 지정된 문화재이다.

굴참나무는 세로로 골이 파여 있어 골이 파인 참나무라는 뜻으로 골참나무라고 하던 것이 지금의 굴참나무로 변하였다. 한자명은 전피력(栓皮櫟), 대엽상(大葉橡) 등이며, 영명은 oriental oak 또는 cork oak이다. 껍질이 술병의 코르크 마개로도 많이 사용되어 붙여진 명칭이다.

굴참나무 잎(앞면)

굴참나무 잎(뒷면)

낙엽활엽교목으로 높이는 25m이고 지름이 1m이다. 수피는 두꺼운 코르크층으로 되어 있고 작은 가지는 회갈색이며 털이 없다. 잎은 어긋나며

굴참나무 암꽃

굴참나무 수꽃

굴참나무 열매

굴참나무 씨앗

난상의 피침형 및 긴 타원상의 피침형으로 뒷면은 회백색의 성상모(星狀毛)가 밀생한다. 암수한그루로 수꽃은 새 가지 잎과 함께 나오며 밑으로 처지고, 암꽃은 새 가지 엽액에서 나오며 5월에 핀다. 각두는 견과를 2/3쯤 감싸고 포린은 뒤로 젖혀지며, 구형의 견과는 이듬해 9~10월에 익는다. 참나무류의 열매는 결실 기간이 거의 1년인데 굴참나무는 상수리나무와 함께 2년이다.

중국, 타이완, 일본, 티베트 등지에 분포하며, 우리나라는 중부 이남 해발 50~1,200m에 걸쳐 남향의 산 중턱과 산기슭에서 자생

굴참나무 수피

한다. 햇빛이 잘 드는 척박하고 건조한 땅에서 잘 자라지만, 그늘에서는 잘 자라지 못한다. 맹아력이 강하며 생장속도는 빠른 편이다.

참나무류 중에서 가장 오래 사는 나무로 천연기념물로 지정된 것이 세 그루가 있다. 강감찬 장군이 지나가다 지팡이를 꽂은 것이 자랐다는 서울 신림동의 굴참나무는 수령이 1,000년, 높이 17m, 지름 2.9m로 천연기념물 제271호로 지정되어 있다. 안동의 임동면 대곡리 굴참나무는 수령이 500년, 높이 18m, 지름 5.1m로 천연기념물 제288호, 울진군 근남면 수산리의 굴참나무는 경상북도 보호수로 지정되어 있다. 이 밖에도 강릉시 옥계면에는 지름 2m 이상인 굴참나무 12그루가 다른 거목들과 함께 당숲을 이루는데, 산계리 굴참나무 군으로 천연기념물 제461호로 지정되었다.

번식법

가을에 종자를 채취하여 노천매장한 후 이듬해 봄에 파종한다.

O38 역사 깊은 재목

굴피나무

Platycarya strobilacea Siebold & Zucc.

과 명	가래나무과	꽃	5~7월
형 태	낙엽활엽교목	열 매	9~10월

조선시대에는 굴피나무로 만든 관을 임금님 관으로 사용했다는 기록도 있으며, 나무껍질을 이용해 머리염색을 했다고도 한다.

오랜 옛날부터 꽤 많이 사용되어온 나무이다. 선사시대 유적지에서도 굴피나무 목재가 발굴되었으며, 서해안에서 가끔 발굴되는 고려시대 보물선에도 목재로 사용된 것이 발견되었다. 해상왕 장보고가 활동한 완도에 남아 있는 목책 중에도 굴피나무 재목이 꽤 된다. 조선시대에는 굴피나무로 만든 관을 임금님 관으로 사용했다는 기록도 있으며, 나무껍질을 이용해 머리염색을 했다고도 한다. 화향수(化香樹), 방향수(放香樹)라고 하는 이름은 이 나무에서 향기가 나기 때문이다. 이 밖에도 굴황피나무, 산가죽나무, 굴태나무, 꾸정나무라고도 하고, 고수(栲樹)라는 이름도 있다.

굴피나무 잎

낙엽활엽교목으로 높이는 12m 정도이고 지름이 50㎝이다. 수피는 회색으로 얕게 갈라지며 어린 가지에는 털이 있으나 점차 없어지고 황갈색 또는 갈색 피목이 드문드문 나 있다. 잎은 기수 우상복엽이고 소엽은 7~19개이며 난상 피침형으로 가장자리는 깊은 톱니가 있다. 또 양면에 흰색 털이 있으나 점차 없어진다. 수꽃은 짧

굴피나무 암꽃

굴피나무 수꽃

굴피나무 열매

굴피나무 열매(2년생)

은 새 가지에 여러 개가 나오고 황갈색이며 꼬리화서형으로 위를 향하고, 암꽃은 타원형으로 위를 향하나 수꽃에 둘러싸여 5~7월에 핀다. 견과는 럭비공 모양으로 9~10월에 익는다.

우리나라와 중국, 타이완, 일본 등지에 분포한다. 우리나라에서는 경기도 이남 해발 50~1,200m의 양지바른 산 중턱과 산기슭에 자생한다. 추위에 강하여 중부지방에서도 잘 자라며 바닷가

굴피나무 수피

에서도 잘 자란다. 재목은 성냥개비, 열매 이삭은 염료, 나무껍질은 줄 대용으로 쓴다.

열매와 뿌리를 약으로 쓰며 뿌리껍질에는 타닌 성분이 많이 들어 있어 가죽을 부드럽게 하는 데 쓴다. 나무껍질과 열매에서는 황갈색이나 검은색의 물감을 얻는 데 쓰며, 열매가 달린 가지는 꽃꽂이 소재로 쓴다. 또 나무껍질에는 독 성분이 있어 잎과 가지를 찧어 시냇물에 넣으면 물고기를 잡는 데 쓰기도 한다. 한방에서는 열매를 화향수과(化香樹果)라 하여 진통, 소종, 거풍, 근육통, 치통, 습진, 종창 등에 사용한다.

산골 마을에 가면 굴피집이 있는데, 그 굴피집은 굴피나무로 만든 것이 아니라 굴참나무 껍질로 만든 것이다. 굴참나무의 껍질은 코르크층이 발달하여 방수성과 보온성이 있어 지붕의 재료로 안성맞춤이다.

번식법

봄에 종자를 파종하여 번식한다. 햇볕을 좋아하므로 양지바른 산기슭이나 해안가에 심는다.

039 가지에서 고약한 냄새가 나는

귀룽나무

Prunus padus L.

과 명	장미과	꽃	5월
형 태	낙엽활엽교목	열 매	6~7월

귀룽나무의 다른 이름으로는 귀롱나무, 귀롱목, 구름나무 등이 있다. 구름나무는 북한에서 주로 부르는 명칭으로 연초록 잎 위로 하얀 꽃이 피는 것이 구름을 닮아서 붙여졌다.

귀룽나무는 구룡목(九龍木)이라는 한자명에서 유래되었다. 4월 초파일에는 불상에 감차를 뿌리며 공양하는 관불회라는 행사가 있는데, 이는 구룡이 하늘에서 내려와 향수로 불상을 씻고, 연꽃이 솟아 떠받치는 제사의식을 말한다. 전국 각지에 구룡이라는 지명이 많은 것도 이와 관련이 있다.

《조선왕조실록》에 의하면 평북 의주의 압록강변에 구룡연(九龍淵)이 있었는데, 여기에 세종 때 구룡 봉화대가 설치되었다고 한다. 아마 이 근처에 이 나무가 많이 자라서 구룡나무라고 하던 것이 귀룽나무로 바뀐 것이 아닌가 여겨진다.

다른 이름으로는 귀롱나무, 귀롱목, 구름나무 등이 있다. 구름나무는 북한에서 주로 부르는 명칭으로 연초록 잎 위로 하얀 꽃이 피는 것이 구름을 닮아서 붙여졌다. 취이자(臭李子)라는 한자명도 있는데, 이 나무가 오얏나무를 닮았고 냄새가 많이 나서 붙여졌

귀룽나무 어린 줄기와 새잎

귀룽나무 잎

귀룽나무 꽃

귀룽나무 열매(미성숙)

귀룽나무 열매(성숙)

다. 이 냄새는 옛날부터 파리를 쫓는다고 알려져 있다.

낙엽활엽교목으로 높이는 15m이다. 가지는 회갈색으로 가지를 꺾으면 고약한 냄새가 난다. 잎은 어긋나고 도란상의 타원형이며 표면은 녹색으로 털이 없고 뒷면은 회녹색이며 맥에 털이 있다. 꽃은 흰색으로 5월에 새 가지 끝에 달리며 총상화서를 이룬다. 열매는 원형으로 검은색이며 6~7월에 익는데 날것으로 먹는다. 그

귀룽나무 수피

러나 그냥 날것으로 먹기에는 너무 떫어 사람은 물론 산새 들새들도 별로 달가워하지 않는다.

우리나라와 일본, 중국 등지에 분포한다. 우리나라 전 지역의 해발 1,800m 이하의 산골짜기에 자란다. 습기가 있는 비옥한 사질토양이나 그늘에서 잘 자라고 추위와 공해에도 강하며 생장속도도 빠르다.

정원수나 식용, 약용 등으로 심는 나무이며, 목재는 가구재나 공예재로 쓴다. 잎은 나물로 해 먹지만 역한 냄새는 지워지지 않는다. 약재로도 많이 이용되는데 간염, 지방간 등 간질환에 쓰며 신경통, 중풍 등에도 효과가 있다고 알려져 있다. 작은 가지를 말려 끓인 것을 구룡목이라 하여 체증에 쓰며, 생즙은 습종 등 다리에 나는 부스럼에 바르면 효과가 있다.

번식법

실생이나 꺾꽂이로 번식한다.

040 씨, 껍질, 잎이 두루 약재로 쓰이는

귤

Citrus unshiu S.Marcov.

과 명	운향과	꽃	6월
형 태	상록활엽소교목	열 매	10월

새콤달콤한 귤은 겨울철 최고의 과일로 손꼽힌다. 귤 화차는 귤꽃을 말렸다가 물에 넣어 끓인 차로 향기가 은은해 추운 겨울날 담소하며 마시기에 더없이 좋은 차이다.

귤 잎

새콤달콤한 귤은 과일이 드문 겨울철 최고의 과일로 손꼽힌다. 옛날에는 많이 재배되지 않아 귀한 과일로 쳤지만 요즘에는 어느 때나 맛볼 수 있는 흔한 과일이 되었다. 생과는 물론 주스나 통조림과 같이 다양한 방법으로 맛볼 수가 있다. 게다가 껍질을 이용한 차나 과자 또한 웰빙식품으로 주목을 받고 있으며, 약재로도 많이 이용된다.

귤은 밀감(蜜柑), 귤나무, 참귤나무라고도 한다. 영어로는 Unshiu orange라고 하는데, Unshiu는 원산지인 일본 온주(溫州)를 가리킨다.

상록활엽소교목으로 높이는 5m 정도이고 줄기는 곧게 자라며 가지가 많다. 가지에는 가시가 없으며 수피는 갈색이고 잘게 갈라진다. 잎은 어긋나며 피침형 및 넓은 피침형으로 가장자리는 밋밋하거나 파상의 잔톱니가 있으며 잎자루의 날개는 좁거나 없다. 꽃은 향기가 있고 꽃잎과 꽃받침은 각각 5개로 향기가 강하며, 흰색으로 6월에 핀다. 열매는 편구형으로 10월에 황색으로 익는다.

일본 원산으로 우리나라에서는 제주지방에서 많이 재배되는데, 570년경부터 재배되었다고 전해진다. 햇빛이 잘 들고 비옥

귤 꽃

귤 열매(미성숙)

귤 열매(성숙)

한 사질양토에서 잘 자라며 내조성이 강하여 바닷가나 섬 지방에서는 잘 자라지만, 바람이 부는 곳에서는 생육이 잘 안 되는 특징이 있다.

속껍질의 속 부분에 많이 들어 있는 헤스페리딘(hesperidin)은 혈관 내 저항력을 높여주어 동맥경화, 고혈압 등을 예방하는 효과가 있다. 펙틴도 풍부하여 식이섬유로 작용할 뿐만 아니라 잼, 마멀레이드로 조리 가공한다. 귤의 속살에 붙어 있는 흰 껍질에는 식

귤 수피

이섬유가 많고, 항암효과도 있으므로 되도록 섭취하는 것이 좋다. 귤 중에는 간혹 껍질이 들떠 있는 것을 볼 수 있는데 이는 수분이 적고 새콤달콤한 맛이 부족한 경우이다.

이 밖에도 귤을 이용한 음식이 많다. 귤병(橘餠)은 귤을 설탕이나 꿀에 조려서 만든 과자이며, 귤강차(橘薑茶)는 귤병(橘餠)과 편강을 넣어 끓인 차이다. 귤 화차는 귤꽃을 말렸다가 물에 넣어 끓인 차로 향기가 은은해 추운 겨울날 담소하며 마시기에 더없이 좋은 차이다.

귤은 또한 약재로도 많이 사용된다. 귤핵(橘核)은 한방에서 귤의 씨를 약재로 이르는 말로 허리 아픈 데 등에 쓰인다. 귤홍(橘紅)은 귤껍질의 안쪽에 있는 흰 부분을 벗겨낸 껍질을 이르는 말로 역시 약재로 쓴다. 오래 묵은 귤껍질 말린 것을 진피(陳皮)라 하여 약재로 사용하는데 맛은 쓰고 매우며 건위, 발한 등에 효험이 있다. 그 밖에 귤 잎도 약재로 쓴다. 귤은 식용 외에도 꽃과 열매가 아름다워 가정에서 관상용의 실내식물로 심기도 한다.

번식법

번식은 탱자나무를 대목으로 하여 접목한다.

041 수형이 원뿔 모양인

금송

Sciadopitys verticillata (Thunb.) Siebold & Zucc.

과 명	낙우송과	꽃	4월
형 태	상록침엽교목	열 매	이듬해 10~11월

북한 개성의 송악산 기슭에 있는 개성금송은 1910년경에 30년 정도 자란 것을 옮겨 심은 것으로, 북한에서 두 번째로 큰 나무로 알려져 있다.

금송은 일본 원산으로 수형이 원뿔 모양을 이루어 정원수로 잘 어울린다. 세계에 유사 종이 없는 단일 종으로 살아 있는 화석으로 불린다. 금송이라는 이름은 금강송과 비슷하다는 느낌을 주지만, 얇고 붉은빛을 띠는 짙은 갈색의 나무껍질에서 유래한다. 일본이 잘못 붙인 이름이 우리나라로 그대로 도입되어 금송이라고 불린다.

학명 *Sciadopitys*는 고대 그리스어로 우산을 뜻하는 sciados와 소나무를 뜻하는 pitys의 합성어이다. 또 종소명 *verticillata*는 윤생을 뜻한다. 이는 잎 같은 짧은 가지가 윤생하는 것을 표현한 것으로, 한자로 표시하면 산형송(傘形松)이다. 영어명은 umbrella pine(우산 소나무)이다.

금송 잎

금송 잎(뒷면)

금송 암꽃

금송 수꽃

금송 열매(1년생)

금송 열매(2년생)

상록침엽교목으로 높이는 30m에 달한다. 가지는 수평으로 퍼지며, 어린 가지에 인편 같은 잎이 드문드문 붙어 있다. 잎은 2개가 합쳐져서 두꺼우며 윤채가 난다. 짙은 녹색으로 선형이며 끝이 파지고 양면 중앙에 얕은 홈이 있다. 가지 위에 10~40개씩 윤생한다.

꽃은 암수한그루로 4월에 핀다. 수꽃은 잔가지 끝에 여러 개가 달리며, 암꽃은 큰 가지 끝에 1개씩 달린다. 열매는 난상 타원형으

금송 수피

로 곧게 서며 실편은 편평하면서 둥글다. 열매 안쪽 중앙에 6~9개의 씨가 들어 있다. 종자는 길이 1.2㎝ 정도이며 날개가 있다.

북한 개성의 송악산 기슭에 있는 개성금송은 1910년경에 30년 정도 자란 것을 옮겨 심은 것으로, 북한에서 두 번째로 큰 나무로 알려져 있다. 금송은 수명이 길고 높이 자라지만, 어린 묘목일 때는 잘 자라지 않는 것이 단점이다. 그러나 10년을 넘기면 쑥쑥 자라는 것이 특징이다.

번식법

번식은 실생으로 한다. 자연 그대로 두어도 수형이 좋은 나무이다. 그늘 또는 반그늘에서 잘 자란다.

042 옻을 해독하는 칠해목(漆解木)

까마귀밥나무

Ribes fasciculatum var. *chinense* Maxim.

과 명	범의귀과	꽃	4~5월
형 태	낙엽활엽관목	열 매	9~10월

까마귀밥나무를 칠해목(漆解木)이라고도 하는데, 이는 이 나무의 잎과 줄기를 달여 마시면 옻이 오른 것을 해독시켜주기 때문에 붙여진 것이다.

까마귀가 즐겨 먹는 열매가 달리는 나무라서 붙여진 이름일까? 가마귀밥여름나무, 가마귀밥나무, 까마귀밥여름나무라고도 하는데, '여름'이라는 이름도 옛날에는 열매를 뜻했으니 충분히 그런 추측이 가능하지만 정확하지는 않다. 비슷한 이름으로 까치밥나무, 가막까치밥나무, 눈까치밥나무 등이 있는데, 이들은 대개 서양까치밥나무인 구스베리(gooseberry)에서 유래해 붙여진 이름이다. 구스베리에서 구스는 거위로, 결국 거위가 잘 먹는 열매가 달리는 나무라는 뜻이다.

낙엽활엽관목으로 높이는 1~1.5m 정도로 작은 편이다. 수피는 검은 홍자색이거나 녹색이며, 잎은 둥글고 어긋난다. 잎의 길이는 5~10㎝로 3~5개로 갈라지며 톱니가 있다. 잎의 앞에는 털이 없고 뒤에는 털이 난다. 꽃은 4~5월에 노란색으로 달린다. 열매는 장과로 둥글게 달리고 9~10월에 붉게 익는다. 열매에서는 쓴맛이 난다.

까마귀밥나무 잎

까마귀밥나무 암꽃

까마귀밥나무 수꽃

까마귀밥나무 열매

까마귀밥나무 씨앗

까마귀밥나무 수피

우리나라와 일본, 중국 동북부에 분포한다. 우리나라에서는 산지 계곡의 나무 밑에 분포한다. 어린잎은 나물로 먹으며, 주로 정원수로 심어진다. 까마귀밥나무를 칠해목(漆解木)이라고도 하는데, 이는 이 나무의 잎과 줄기를 달여 마시면 옻이 오른 것을 해독시켜 주기 때문에 붙여진 것이다. 꽃말은 예상이다.

번식법

실생으로 번식한다.

043 열매를 까마귀가 베고 잔다는

까마귀베개

Rhamnella franguloides (Maxim.) Weberb.

과 명	갈매나무과	꽃	5~6월
형 태	낙엽활엽소교목	열 매	8~10월

까마귀베개라는 이름에는 까마귀가 베고 잔다는 의미가 있다. 또 열매가 까맣게 익으므로 까마귀베개라는 이름이 붙은 것 같다. 작은 대추알처럼 생기기도 해서 푸대추나무라는 이명도 있다.

까마귀베개 잎

까마귀베개라는 이름에는 까마귀가 베고 잔다는 의미가 있지만, 사실은 열매가 베개처럼 생겼고, 또 이것이 까맣게 익으므로 까마귀베개라는 이름이 붙은 것 같다. 그러나 어떻게 보면 작은 대추알처럼 생기기도 해서 푸대추나무라는 이명도 있으며 헛갈매나무, 까마귀마개라고도 한다.

낙엽활엽소교목으로 높이는 7m 정도이다. 가지는 갈색을 띠고 잎은 어긋난다. 잎의 모양은 긴 타원형이며 길이는 6~12㎝, 너비는 2.5~4㎝이다. 잎끝은 뾰족하며 톱니가 나 있다. 꽃은 5~6월에 잎겨드랑이에서 10여 개가 취산화서를 이루며 노란빛을 띤 녹색으로 핀다. 열매는 긴 타원형의 핵과로 8~10월에 노란색에서 붉은색을 거쳐 검은색으로 익으며, 종자는 원통형이고 길이는 1㎝이다.

주로 들에서 자란다. 내한성이 강해 양지는 물론 음지에서도 잘 자라며 바닷가나 도심에서도 자라지만, 건조한 곳에서는 잘 자라지 않는다. 우리나라 전라남북도와 일본, 중국 등지에 분포한다.

❶❷ 까마귀베개 꽃

까마귀베개 열매

까마귀베개 수피

열매는 식용이 가능하지만, 특별한 맛은 없다. 잎이 질감이 좋으며 열매가 맺어 차츰 변하는 모습이 멋이 있으므로 관상용으로 쓰이며, 목재는 신탄재로 사용된다.

번식법

번식은 가을에 종자를 채취하여 노천매장 후 봄에 파종한다.

044 제주도에서 구럼비나무라고 불리는

까마귀쪽나무

Litsea japonica (Thunb.) Juss.

과 명	녹나무과	꽃	10월~이듬해 1월
형 태	상록활엽소교목	열 매	이듬해 5~6월

구럼비해안이란 구럼비나무가 많이 자라고 있어 붙여진 명칭이다. 이 구럼비나무는 까마귀쪽나무를 제주도에서만 특별히 부르는 이름으로 구럼비 이외에도 구름비, 구롬비, 구룬비라고도 불린다.

제주도 남부 서귀포시 강정마을에는 구럼비해안이라고 하는 곳이 있다. 구럼비해안이란 구럼비나무가 많이 자라고 있어 붙여진 명칭이다. 멀리 밤섬이 보이는 지역으로 경치가 뛰어나다. 구럼비나무는 까마귀쪽나무를 제주도에서만 특별히 부르는 이름으로 구럼비 이외에도 구름비, 구롬비, 구룬비라고도 불린다.

다닥다닥 붙어 있는 열매들이 처음에는 녹색이었다가 점차 자주색으로 익는 모습이 까마귀처럼 검게 보여 까마귀쪽이라고 한 모양이나 이름의 유래는 정확히 알 수 없다.

제주도에는 길가나 밭둑 등지에 흔하며, 이외에도 우리나라 남부지방의 바닷가에 주로 자생한다. 높이는 약 7m이며, 수피는 갈색으로 잔가지는 굵다. 마주나는 잎은 두꺼운 혁질이며 타원형으로 양 끝이 좁은 편이다. 잎의 뒷면에는 갈색 털이 밀생한다. 꽃은 10월~이듬해 1월에 잎겨드랑이에서 나오는 짧은 꽃자루에 겹산

까마귀쪽나무 새잎

까마귀쪽나무 잎

까마귀쪽나무 암꽃

까마귀쪽나무 수꽃

형화서로 핀다. 꽃의 색깔은 노란빛이 도는 흰색이다. 핵과의 열매는 타원형으로 이듬해 5~6월 옅은 자주색으로 익는다.

상록활엽소교목으로 우리나라와 일본 등지에 분포한다. 우리나라에서는 제주도와 울릉도, 전남, 경남지방에 주로 분포한다. 공해와 바닷바람에 강해 남부지방에서는 관상용으로 심으며, 열매는 식용하고 수피는 염료로 사용한다. 목재는 건축재로도 이용한다.

까마귀쪽나무 열매

까마귀쪽나무 씨앗

번식법

가을에 종자를 채취하여 노천매장한 후 이른 봄에 파종한다.

045 까치가 사는 낮은 산에서 자라는

까치박달

Carpinus cordata Blume

과 명	자작나무과	꽃	5월
형 태	낙엽활엽교목	열 매	10월

까치박달 새잎

까치박달 잎

새순이 나오는 모양이 박달나무와 비슷하고, 깊은 산에서 자라는 박달나무와는 달리 까치가 사는 낮은 산에서도 볼 수 있는 나무라 하여 까치박달이라는 이름이 붙었다.

새순이 나오는 모양이 박달나무와 비슷하고, 깊은 산에서 자라는 박달나무와는 달리 까치가 사는 낮은 산에서도 볼 수 있는 나무라 하여 까치박달이라는 이름이 붙었다. 물박달나무, 박달서나무, 박달서어나무, 천금유, 서리낭 등으로도 불리고, 한자로는 수박달(水朴達), 동목제(棟木梯), 천금수(千金樹)라고 한다. 서어나무나 개서어나무와 비슷하여 구분하기가 쉽지 않은데, 잎이 촘촘하게 여러 개가 생긴 것으로 잎맥이 12~20쌍이면 까치박달이고 12쌍 이하이면 서어나무이다.

낙엽활엽교목으로 높이는 15m 이상이고 지름이 60㎝이며, 수피는 회갈색으로 평활하고 세로로 갈라진다. 잎은 난형 및 타원형으로 가장자리에는 불규칙한 겹톱니가 있다. 측맥은 15~20쌍으로 뒷면에 엽액과 맥 사이에 털이 나 있는데 이 나무의 잎은 주름치마를 연상하게 하는 특유의 잎 모양을 하고 있어 산에서 쉽게

찾아낼 수 있다. 수꽃은 가지 끝에 1개씩 달리고, 암꽃은 가지 끝에서 밑으로 늘어지면서 각 포에 2개씩 달리며 5월에 핀다. 열매는 10월에 긴 원형의 소견과로 익는다.

까치박달 암꽃

까치박달 수꽃

까치박달 열매

까치박달 수피

온대림의 극상림 수종의 하나로 우리나라와 일본, 중국 등지에 분포한다. 우리나라의 경우 산에서 쉽게 볼 수 있는 수종으로, 남쪽에 많이 자라고 북쪽으로 올라갈수록 줄어든다. 음지나 양지를 가리지 않고 잘 자라며 비옥하고 깊은 땅에서 잘 자라지만, 건조한 곳에서는 잘 자라지 못한다. 공해와 맹아력은 약하나, 바닷가에서는 잘 자란다.

목재는 조직이 치밀하고 단단하며 무겁고 갈라지지 않아 기구의 재료, 농기구의 자루, 기계재, 세공재, 건축재, 기구재, 우산대, 땔감 등으로 사용한다. 한방에서는 줄기 껍질을 소과천금유(小果天金楡)라 해서 기력이 떨어졌을 때 진정, 피로회복, 타박상, 종기 등에 쓴다고 한다.

번식법

봄에 실생으로 번식한다.

046 중국댕강나무와 댕강나무의 교배종

꽃댕강나무

Abelia mosanensis T. H. Chung

과 명	인동과	꽃	6~11월
형 태	낙엽활엽관목	열 매	9~11월

아벨리아(Abelia)라고도 불리는 개량종 나무로, 1880년대 이전에 낙엽수인 중국댕강나무에 상록수인 댕강나무의 화분을 받아 만들어졌다고 한다.

아벨리아(Abelia)라고도 불리는 개량종 나무로, 1880년대 이전에 낙엽수인 중국댕강나무에 상록수인 댕강나무의 화분을 받아 만들어졌다고 한다.

높이는 1~2m로 작으며 마주나는 잎은 달걀 모양으로 길이는 2.5~4㎝ 정도이다. 잎의 끝은 무디거나 뾰족하고 잎 가장자리에는 뭉툭하게 톱니가 난다. 종 모양의 꽃은 여름에서 가을에 걸쳐 작은 가지 끝에 원추화서를 이룬다. 꽃받침은 2~5장으로 붉은 갈색이다. 열매는 4개의 날개가 달려 있고 대부분 성숙하지 않는다.

꽃댕강나무 잎

꽃댕강나무 꽃

인동과의 관목으로 동아시아에 집중 분포한다. 우리나라에서는 남부지방에 주로 분포하며, 겨울에도 견디지만 중

꽃댕강나무 꽃봉오리

꽃댕강나무 열매

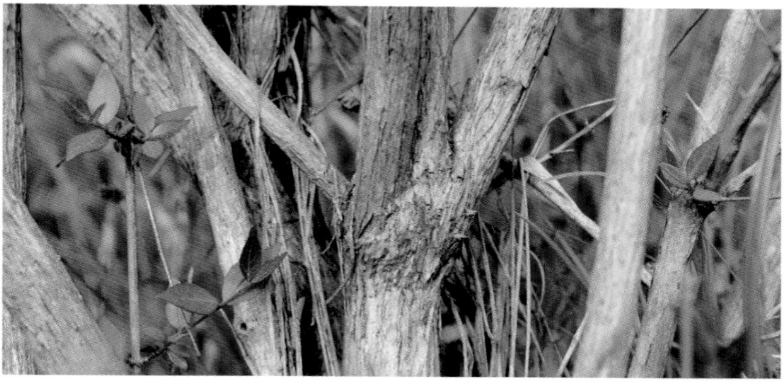

꽃댕강나무 수피

부지방에서는 월동이 쉽지 않은 수종이다. 공원이나 정원수로 많이 심는다.

번식법

꺾꽂이로 번식한다. 포기나누기나 휘묻이로도 번식할 수 있다.

047 불을 때면 꽝꽝 소리가 나는

꽝꽝나무

Ilex crenata Thunb.

과 명	감탕나무과	꽃	5~6월
형 태	상록활엽관목	열 매	10월

제주 방언에서 유래된 이름으로, 불을 땔 때 나무에서 '꽝꽝' 하는 소리가 나는 데에서 유래한다고 한다. 또 나무가 단단해 제주도 말로 단단하다는 뜻의 '꽝꽝'에서 유래되었다는 설도 있다.

꽝꽝나무는 제주 방언에서 유래된 이름으로, 불을 땔 때 나무에서 '꽝꽝' 하는 소리가 나는 데에서 유래한다고 한다. 또 나무가 단단해 제주도 말로 단단하다는 뜻의 '꽝꽝'에서 유래되었다는 설도 있다. 지방에 따라서 개화양, 꽝꽝낭, 꽝낭, 좀꽝꽝나무 등으로 부른다.

상록활엽관목으로 높이는 3m 정도 자라고 수피는 회갈색이며, 작은 가지에 짧은 털이 밀생한다. 잎은 어긋나며 혁질로 촘촘히 달린다. 잎의 형태는 타원형 및 도란형이고 가장자리에 둔한 톱니가 있다. 뒷면은 연한 녹색이고 갈색 선점이 있다. 꽃은 5~6월에 백록색으로 피는데, 암수딴그루이다. 수꽃은 3~7개씩 모여 총상화서에 달리며 암꽃은 1개, 드물게는 2~3개가 액생한다. 열매는 구형의 핵과로 10월에 검은색으로 익는다.

꽝꽝나무 잎

꽝꽝나무 꽃

꽝꽝나무 열매(미성숙)

꽝꽝나무 열매(성숙)

우리나라와 중국, 일본에 분포한다. 우리나라에서는 변산반도, 거제도, 보길도, 제주도 등 주로 바닷가의 산기슭에 자라는데, 제주도에서는 한라산의 해발 1,800m까지 자생한다. 전북 부안의 중계리에는 꽝꽝나무 군락지가 있는데, 북방한계선이라는 점에서 천연기념물 제124호로 지정되어 있다.

습기가 많고 비옥한 토양을 좋아하고 반그늘에서도 잘 자라는데 회양목처럼 생장속도가 느리다. 대기오염에 강하고 해변에서 잘 견디나 건조지에서는 약하며 한지에서 월동도 약하다.

생울타리용, 관상용, 정원용으로 심는 나무로, 목재는 기구재용으로 쓰인다. 참고로 꽝꽝나무와 회양목은 수형이 서로 비슷하여 구별하기가 쉽지 않다. 그러나 잎을 자세히 보면 차이점을 알 수 있는데, 꽝꽝나무는 어긋나게 달리며 끝이 둔한 톱니가 있는 반면, 회양목은 마주 보고 달리며 끝이 둔하다. 꽃말은 '참고 견디어 낼 줄 아는'이다.

번식법

번식은 실생이나 꺾꽂이로 한다.

꽝꽝나무 수피

048 '굳이' 뽕나무를 닮은

꾸지나무

Broussonetia papyrifera (L.) L'Her. ex Vent.

과 명	뽕나무과	꽃	5~6월
형 태	낙엽활엽소교목 또는 교목	열 매	9~10월

꾸지나무 어린잎

꾸지나무 잎

꾸지나무에서 '꾸지'는 생김새가 '굳이' 뽕나무를 닮았다 하여 생긴 말이다. 곧 '굳이'가 '꾸지'로 변한 것이다. 이 나무로 종이를 만든 데에서 닥나무라고도 한다.

꾸지나무에서 '꾸지'는 이 나무가 뽕나무 축에 낀다고 하여 또는 생김새가 '굳이' 뽕나무를 닮았다 하여 생긴 말이다. 곧 '굳이'가 '꾸지'로 변한 것이다. 한자로는 구수(構樹) 또는 저수(楮樹)라고 한다. 학명에 *papyrifera*는 '종이를 만드는'의 뜻으로 이 나무로 종이를 만든 데에서 유래하는데, 흔히 닥나무라고도 한다.

낙엽활엽소교목 또는 교목으로 높이는 10m이고 지름이 50㎝이며, 수피는 회흑갈색이나 암회색이고 하나의 줄기가 곧게 자란다. 잎은 장원상의 난형으로 어긋나거나 마주나며 3~4개로 갈라진 결각상이다. 꽃은 암수딴그루이며 수꽃은 유이화서에 달리고 암꽃은 새로 자란 가지의 밑부분에 액상하며 두상화서를 이루며 5~6월에 핀다. 열매는 구형의 취화과로 9~10월에 익는다.

우리나라, 일본, 중국, 타이완 등지에 분포한다. 우리나라는 전국의 해발 100~700m의 양지바른 곳이나 밭에 자생한다. 햇빛이 잘 드는 산기슭이나 밭둑에서 잘 자라며 추위에 강하다. 제지용,

꾸지나무 암꽃

꾸지나무 수꽃

꾸지나무 열매

꾸지나무 수피

약용, 식용 등으로 심는다. 열매는 딸기 같은 붉은색의 열매로 익는데 맛이 달콤하여 식용, 약용한다. 어린잎도 식용한다. 한방에서는 열매를 약으로 쓰는데 신체 허약, 시력 감퇴, 수종 등에 사용한다.

번식법

직접 파종하거나 노천매장한 후 같은 해 봄에 파종한다. 2년째 봄에 싹을 틔워 키우거나 뿌리나누기로 번식한다.

049 버릴 것 하나 없는

꾸지뽕나무

Cudrania tricuspidata (Carr.) Bureau ex Lavallee

과 명	뽕나무과	꽃	5~6월
형 태	낙엽활엽소교목	열 매	9~10월

뽕나무라는 이름이 붙었으나 사실 뽕나무와 다른 점이 많다. 뽕나무처럼 잎을 누에 치는 데에 쓸 수 있어서 붙여졌다. 최고급 거문고 줄은 이 나뭇잎으로 기른 누에에서 뽑은 명주를 사용한다.

구지뽕나무, 굿가시나무, 활뽕나무라고도 한다. 활뽕나무라는 이름은 이 나무로 활을 만드는 데 썼기 때문이다. 한자로는 자수(柘樹), 자자(柘刺), 자상(柘桑)이라고 하는데, 여기에서 자(柘)는 산뽕나무라는 뜻으로 돌이나 자갈이 있는 척박한 곳이나 건조지에서 잘 자라는 나무임을 뜻한다.

꾸지뽕나무 어린잎

뽕나무라는 이름이 붙었으나 사실 뽕나무와 다른 점이 많다. 암수딴그루이며, 잎도 다르다. 단지 뽕나무처럼 잎을 누에를 치는 데에 쓸 수 있어서 붙여졌다. 최고급 거문고 줄은 이 나뭇잎으로 기른 누에에서 뽑은 명주를 사용한다.

꾸지뽕나무 잎

우리나라와 일본, 중국에 분포한다. 우리나라에서는 황해도 이남 해발 100~700m의 양지바른 곳에 자생하는데, 산기슭이나 마

꾸지뽕나무 가시

꾸지뽕나무 암꽃

꾸지뽕나무 수꽃

을 부근에 많이 자란다. 꽃은 암수딴그루로 5~6월에 핀다. 9~10월에 동그란 홍색 열매가 달리며 식용한다. 잎은 두툼하고 수피는 회갈색으로 벗겨지며 줄기에 커다란 가시가 있다.

예로부터 약재로 많이 사용되었는데, 약성은 따뜻하고 맛은 달며 독은 없다. 한방에서는 줄기를 자목, 줄기 껍질과 뿌리껍질을 자목백피, 잎을 자수경엽, 열매를 자수과실이라 하여 신장을 튼튼

꾸지뽕나무 열매

꾸지뽕나무 수피

하게 하고 염증과 통증, 강장, 풍을 없애는 데 쓴다. 최근에는 이 나무에 루틴, 플라보노이드인 모린 등 각종 항암 성분이 들어 있어 위암, 식도암, 간암, 대장암, 폐암 등에도 사용한다고 하며, 여성 질환, 요통, 폐결핵, 관절염에 좋다고도 알려져 있다. 특히 자궁암에 탁월한 효과가 있는 것으로 알려지는 등 만병통치약처럼 불리고 있다. 우리나라에서는 느릅나무와 하고초(꿀풀), 와송과 함께 4대 신약초로 손꼽히고 있다. 이 밖에도 제지용, 식용, 사료용으로 쓰이며, 목재는 목공재, 신탄재로 사용된다.

번식법

실생으로 번식하거나 뿌리나누기로 번식한다.

050 열매로 밤나무와 구별되는

나도밤나무

Meliosma myriantha Siebold & Zucc.

과 명	나도밤나무과	꽃	6월
형 태	낙엽활엽소교목	열 매	10월

나도밤나무 어린잎

나도밤나무 잎

목재를 태우면 봉밀(蜂蜜)의 향기가 나고 거품이 나오는 특징이 있다. 학명에서 *Meliosma*는 그리스어로 봉밀을 뜻하는 meli와 향기를 뜻하는 osme의 합성어이다.

나도밤나무는 밤나무를 아주 닮았다. 나무 모양새와 가지, 잎 등이 거의 흡사하다. 꽃 피는 시기 또한 5~6월로 비슷하다. 하지만 결정적인 것은 역시 열매다. 밤나무 열매는 밤송이 속에 갈색으로 열리지만, 나도밤나무 열매는 핵과로 둥글고 붉다. 참고로 합다리나무를 닮아서 나도합다리나무라고도 하며, 한자로는 포취수(泡吹樹)라 불린다.

낙엽활엽소교목으로 높이는 10m이고 지름이 20㎝이다. 수피는 갈색이고 피목이 많이 산재한다. 잎은 어긋나게 달리며 도란상의 타원형이고 가장자리에는 잔거치가 있으며 양면에 털이 있다. 꽃은 새로 난 가지에 원추화서로 달리고 6월에 황백색으로 핀다. 열매는 핵과로 둥글고 10월에 주홍색으로 익는다.

우리나라와 일본, 중국에 분포한다. 우리나라에서는 중부 이남 해안가의 해발 150~700m에서 자생한다. 습기가 있는 땅과 그늘진 곳에서도 잘 자라지만, 추위에 약해 추운 지방에서는 때로

나도밤나무 꽃

나도밤나무 열매(성숙)

나도밤나무 씨앗

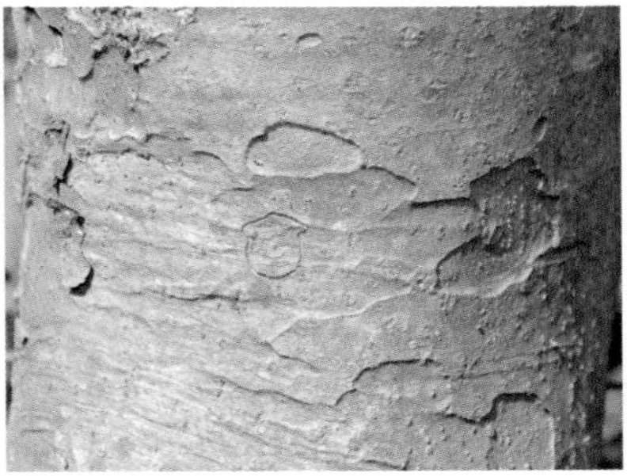

나도밤나무 수피

동해를 입을 수 있다. 공해에 약하다.

가로수, 녹음수, 정원수 등으로 심으며 목재는 세공재로 사용된다. 목재를 태우면 봉밀(蜂蜜)의 향기가 나고 거품이 나오는 특징이 있다. 학명에서 *Meliosma*는 바로 그리스어로 봉밀을 뜻하는 meli와 향기를 뜻하는 osme의 합성어이다. 꽃말은 '나를 업신여기지 마세요'이다.

번식법

번식은 실생으로 한다.

051 열매에 날개가 달린

나래회나무

Euonymus macropterus Rupr.

과 명	노박덩굴과	꽃	6월
형 태	낙엽활엽소교목	열 매	9월

열매에 날개가 있어서 유래된 이름으로 나래는 날개의 방언이다. 이 나무의 열매 끝이 선풍기 날개처럼 4개로 갈라져 있다. 본래 명칭은 회나무였는데 시간이 흘러 나래회나무가 되었다.

나래회나무라는 이름은 열매에 날개가 있어서 유래된 이름으로 나래는 날개의 방언이다. 이 나무의 열매 끝이 프로펠러나 선풍기 날개처럼 4개로 갈라져 있다. 본래 명칭은 회나무였는데 시간이 흘러 나래회나무가 되었다. 회뚝이나무라고도 한다.

낙엽활엽소교목으로 높이는 5~10m 정도이고 가지는 둥글며 약간 굵다. 잎은 마주나며 도란상의 긴 타원형으로 가장자리에 굽은 둔한 톱니가 있다. 꽃은 가지 끝에 액생하는 취산화서에 다수가 달리며 연한 녹색으로 6월에 핀다. 열매는 삭과로 둥글며 4개의 날개가 달려 있는데, 날개는 너비 1~1.8mm로 9월에 익는다. 씨는 적갈색으로 적황색의 종의(種衣)에 싸여 있다.

나래회나무 잎

우리나라와 중국, 만주, 일본, 시베리아 등지에 분포한다. 우리나라에서는 전국 깊은 산지의 해발 200~1,900m에 이르는 산기슭과 계곡에 자생한다. 습기가 있는 땅에서 잘 자라지만, 건조한 땅에서는 잘 자라지 못한다. 음지와 양지를 가리지 않고 잘 자라며 공해와 맹

나래회나무 열매

아력에도 강하다. 붉은빛의 열매가 아름답고 독특하여 관상용이나 가로수용으로 심는다. 줄기껍질은 새끼를 꼬거나 섬유용으로 사용하며 목재는 조각재나 세공재로 사용한다.

나래회나무 겨울눈

번식법

번식은 실생으로 한다. 가을에 종자를 채취하여 2년간 노천매장한 후에 이듬해 봄에 파종한다.

052 잎이 진 후 붉게 익은 열매가 아름다운

낙상홍

Ilex serrata Thunb.

과 명	감탕나무과	꽃	6월
형 태	낙엽활엽관목	열 매	10~11월

낙상홍 새잎

낙상홍 잎

잎이 떨어져 서리가 내린 후에도 빨갛게 익은 열매를 달고 있어서 낙상홍(落霜紅)이라고 부른다. 잎이 다 떨어지고 난 후에 진가를 보여주는 나무라고 할 수 있겠다.

잎이 떨어지고 서리가 내린 후에도 빨갛게 익은 열매를 달고 있어서 낙상홍(落霜紅)이라고 부른다. 잎이 다 떨어지고 난 후에 진가를 보여주는 나무라고 할 수 있겠다. 이런 속성을 가진 까닭에 열매는 새들의 좋은 먹이가 되며, 소화되지 않은 씨들이 새들을 따라 멀리까지 옮겨지게 된다. 종족을 번식하는 독특한 방법이다.

낙엽활엽관목으로 높이는 2~3m 정도이고 수피는 회색이다. 작은 가지(어린 가지 또는 1년생의 가지)에 억센 털이 있거나 없다. 잎은 어긋나며 긴 타원형 및 도란상의 타원형이고 가장자리에 날카로운 거치가 있으며 양면에 짧고 억센 털이 있다. 꽃은 암수딴그루로 새로 자란 가지에 6월에 연한 자주색으로 피며 흰색으로도 핀다. 수꽃은 7~15개, 암꽃은 1~7개가 산형으로 모여 달린다. 열매는 둥근 꼴로 10~11월에 붉은빛으로 익으며, 잎이 떨어진 겨울에도 계속 남아 있다. 씨는 흰색으로 6~8개씩 들어 있다.

일본이 원산이며 추위와 대기오염과 내염에 강하고 생장력도

낙상홍 암꽃

낙상홍 수꽃

낙상홍 열매

낙상홍 수피

좋아 중부 내륙, 바닷가, 도심지에서도 잘 자란다. 그러나 자생하는 나무가 아니므로 숲에서는 만나기가 쉽지 않다.

암나무는 붉은 열매가 아름다워 정원수나 분재용으로 심으며 꽃꽂이용으로도 이용된다. 개량 품종에는 열매가 흰색 또는 황색인 것도 있다. 한방에서는 잎과 뿌리껍질을 지혈과 소염에 특효가 있다 하여 약재로 쓴다.

번식법

번식은 모래와 과육을 제거한 씨를 3:1의 비율로 섞어 흙 속에 묻어두었다가 이듬해 봄에 파종한다.

053 새털처럼 낙엽이 지는

낙우송

Taxodium distichum (L.) Rich.

과 명	낙우송과	꽃	4~5월
형 태	낙엽침엽교목	열 매	9~10월

침엽이면서도 잎이 낙엽처럼 떨어지는 나무로 봄에는 연둣빛 새싹, 여름에는 푸른 신록, 가을에는 노랗게 물드는 단풍, 겨울이면 벌거벗은 나무가 되어 사계의 아름다움을 주는 나무이다.

소나무 잎처럼 생긴 잎이 마치 새의 깃털처럼 떨어진다고 해서 낙우송(落羽松)이라고 한다. 침엽이면서도 잎이 낙엽처럼 떨어지는 나무로 봄에는 연둣빛 새싹, 여름에는 푸른 신록, 가을에는 노랗게 물드는 단풍, 겨울이면 벌거벗은 나무가 되어 사계의 아름다움을 준다. 일본이나 유럽의 여러 나라에서 화석으로 발견되고 있는 살아 있는 화석식물인데, 갈탄의 원료가 되었을 것으로 여겨지며 그만큼 지구상 곳곳에서 자라고 있었음을 추측하게 한다.

언뜻 보면 메타세쿼이아와 닮았으나 메타세쿼이아의 잎은 마주보고 달리는 반면, 낙우송의 잎은 어긋나게 달린다. 학명에서 *Taxodium*은 그리스어로 주목을 뜻하는 taxus와 닮았다는 뜻의 oid의 합성어로, 잎이 주목 잎과 비슷해 붙여졌다. 그리고 distichum은 '마주나기의, 두 줄로 나오는'의 뜻이다. 영어명은 swamp cypress인데, 저습지에 잘 자라서 붙여진 것이다. 그래

낙우송 잎

낙우송 잎차례

낙우송 꽃

❶❷ 낙우송 열매

서 일본에서는 물을 좋아하는 삼나무를 닮았다 하여 소삼(沼杉)이라고 부르며, 간혹 물기를 좋아하고 물가에서 잘 자라는 나무라 하여 수향목(水鄕木)이라고 부르기도 한다. 또한 낙우삼(落羽杉)이라고도 한다.

북미 남부 원산으로 우리나라에는 주로 중부 이남의 평지나 저습지에 자라는 낙엽침엽교목으로, 높이는 30~50m 정도이고 지름은 2m까지 자란다. 수형은 원추형이고, 수피는 적갈색으로 잘게 벗겨진다. 잎은 밝은 녹색을 띤 선형으로 어긋나게 두 줄로 배열한다. 꽃은 4~5월에 자주색으로 피는데, 수꽃은 원추형으

낙우송 기근

낙우송 수피

로 밑으로 처지고 수꽃은 타원형이다. 열매는 원형으로 대가 짧고 담갈색이며, 씨는 삼각형으로 날개가 있고 갈색으로 9~10월에 익는다.

낙우송의 특징은 사람 무릎처럼 툭툭 튀어나온 뿌리이다. 이러한 뿌리는 줄기에서 맹아가 발생하고 물속에서 측근의 발달이 왕성해 생긴다. 땅을 뚫고 올라온 뿌리를 knee root(무릎뿌리), 우리말로는 '기근'이라고 부르는데, 이 나무가 물에서 자랄 때 공기를 흡입할 수 있도록 땅 위로 뿌리를 낸 것이다.

미국 미시시피 강 하류의 저습지대에는 물속에 뿌리를 박고 있으며, 뿌리가 얕은 반면 기근이 발달해 아래가 큰 덩치를 이루고 있어 강풍에도 견딜 수 있다. 습지에서 잘 자라므로 강가나 호숫가에 심기에 적합하다. 원추형의 수형이 아름다워 정원수, 풍치수, 관상수로 심는다.

번식법

번식은 실생이나 꺾꽂이로 한다. 평지나 저습지에 잘 자란다.

054 열매가 불타듯 붉은

남천

Nandina domestica Thunb.

과 명	매자나무과	꽃	6~7월
형 태	상록활엽관목	열 매	10월

남천이라는 이름은 중국명인 남천촉(南天燭), 남천죽(南天竹)에서 유래되었다. 여기에서 촉(燭)은 열매가 불에 타는 것처럼 빨갛다 하여 붙여졌고, 죽(竹)은 줄기가 대나무 같다는 데서 유래한다.

중국 원산으로 중국명인 남천촉(南天燭), 남천죽(南天竹)에서 유래되었다. 즉 중국의 중부 이남 지역인 남천(南天)에서 자란다고 해서 붙여진 이름이다. 여기에서 촉(燭)은 열매가 불에 타는 것처럼 빨갛다 하여 붙여졌고, 죽(竹)은 곧게 자란 줄기가 대나무 같다는 데서 유래한다.

상록활엽관목으로 높이는 2m 정도이고 밑에서 많은 줄기가 갈라져 포기를 형성한다. 잎은 2~3회 우상복엽으로 어긋나게 달리고, 소엽은 혁질로 타원상의 피침형이며 겨울철에는 홍색으로 변한다. 꽃은 흰색의 양성화로 곧게 서는 가지 끝의 원추화서에 달리며 6~7월에 핀다. 열매는 장과로 구형이며 10월에 붉은색으로 익고, 열매 안에 2개의 종자가 들어 있다.

우리나라와 인도, 중국과 일본에 분포한다. 우리나라에서는 남부지방에서나 월동이 가능하다. 중 · 북부지방에서는 분재로 키우곤 한다. 배수가 잘 되며 비옥한 사질토양을 좋아하고 바닷가에서도 잘 자라며 공해에 강하고 맹아력도 좋다. 원예품종으로 개량되어 열매의 빛깔이 흰색과 자줏빛 두 가지가 있다.

남천 잎

남천 꽃

남천 열매

남천 수피

한방에서 열매, 뿌리, 줄기를 해수, 기침, 타박상, 천식, 백일해, 폐렴, 간 기능 장애, 눈의 염증에 약재로 쓴다. 그러나 약한 독성이 있으므로 과용하면 손이 저리는 증상이 나타날 수 있으므로 적당량만을 먹어야 한다. 민간요법으로 벌레에 물리거나 벌에 쏘였을 때는 잎을 생즙 내어 바르면 좋고, 술 해독을 하거나 간이 안 좋을 때는 줄기를 달여 마시면 좋다. 상록이며 관목으로 관상용, 약용 등으로 심는다. 꽃말은 전화위복이다.

번식법

봄에 파종하여 발아시키거나 뿌리나누기 혹은 꺾꽂이로 번식한다.

055 밤나무와 닮은

너도밤나무

Fagus engleriana Seemen ex Diels

과 명	참나무과	꽃	5월
형 태	낙엽활엽교목	열 매	10월

너도밤나무 잎

너도밤나무 꽃

너도밤나무란 밤나무와 닮았다 해서 붙여진 이름으로 '너도'란 접두어는 원래 완전히 다른 분류군이지만, 비슷하게 생긴 데에서 유래되어 붙이는 말이다.

이율곡이 사는 동네는 밤나무가 유난히 많아 율목치(밤나무재)라고 불렀으며, 율곡(栗谷)이라는 호도 그래서 생긴 것이다.

너도밤나무란 밤나무와 닮았다 해서 붙여진 이름으로 열매의 견과는 세모졌으며 총포에 1~2개씩 들어 있는데 먹을 수는 없다. '너도'란 접두어는 원래 완전히 다른 분류군이지만, 비슷하게 생긴 데에서 유래되어 붙여진 말이다. 예로 너도양지꽃, 너도바람꽃, 너도방동사니 등이 있다. 이와 유사하게 사용되는 말로 '나도'가 있다. 나도국수나무, 나도밤나무, 나도박달 등이 있는데, 여기에서 '나도'란 '너나 할 것 없이'라는 뜻이다.

너도밤나무의 영어 이름은 Korean beech로 한국의 너도밤나무로 우리나라 특히 울릉도 특산물이다.

낙엽활엽교목으로 높이는 20m 정도이고 지름이 70㎝이다. 줄기는 곧게 자라서 원추형의 수형을 이루며 수피는 회백색으로 평활하다. 잎은 어긋나고 난형 및 타원형으로 가장자리는 파상이며 뒷면 기부에 털이 있고 9~13쌍의 측맥이 있다. 수꽃은 가지 끝

너도밤나무 열매

너도밤나무 뿌리

너도밤나무 수피

에 모여 달리며 털이 나 있고, 암꽃은 2개씩 달리며 5월에 핀다. 그러나 첫 꽃을 피우기 위해서는 50년이나 커야 한다고 한다. 인간의 수명에 비하자면 정말 재수가 좋아야 이 나무의 꽃을 한 번 보게 되는 것이다. 견과는 난상의 원형으로 세모지고 목질의 총포 속에 1~2개씩 들어 있으며 10월에 익는다.

추운 중부지방에서도 잘 자라고 그늘진 곳에서도 잘 자라며 생장속도는 느리지만, 크게 자라는 나무이다. 세계적인 조림수종의 하나로, 나무의 결이 단단하여 건축용, 가구재, 선박재, 기구재, 합판재, 조림용 등으로 심는다.

울릉도의 태하동 솔송나무·섬잣나무·너도밤나무 군락은 식물분포상 특이한 형태를 보여주는 곳으로 천연기념물 제50호로 지정되어 있다.

번식법

실생으로 번식한다.

056 수피가 아름다운

노각나무

Stewartia pseudocamellia Maxim.

과 명	차나무과	꽃	6~7월
형 태	낙엽활엽교목	열 매	9~10월

노가지나무, 비단나무라고도 하며, 껍질이 벗겨져서 붉은빛 황금색 얼룩무늬가 있어서 금수목(錦繡木)이라고도 한다.

사슴뿔처럼 보드랍고 황금빛을 가진 아름다운 수피라는 뜻에서 녹각나무라고 하다가 지금의 노각나무로 변한 것이다. 백로의 다리를 닮은 아름다운 나무라는 설도 있다. 노가지나무, 비단나무라고도 하며, 껍질이 벗겨져서 붉은빛 황금색 얼룩무늬가 있어서 금수목(錦繡木)이라고도 한다.

높이는 7~15m 정도의 낙엽활엽교목으로 수피에는 홍황색의 얼룩무늬가 있는데, 모과나무나 배롱나무와 같이 껍질이 벗겨진다. 잎은 어긋나며 타원형으로 가장자리에 파상의 톱니가 있고 가을이면 황색으로 단풍이 든다. 꽃은 액생하며 동백꽃과 비슷한 꽃이 6~7월에 흰색으로 핀다. 열매는 삭과로 모서리가 5개로 갈라진 모양이며 9~10월에 익는데 갈색의 씨가 들어 있다.

세계적으로 7종이 있는데 우리나라 품종이 가장 아름답다. 경북, 충북 이남의 해발 200~1,200m의 산 중턱에서 자생한다. 습기가 있는 비옥한 땅을 좋아하고 그늘에서도 잘 자라며 추위와 공해에도 강하다. 해안가에서도 잘 자라는 나무이다.

노각나무 새잎

노각나무 잎

노각나무 꽃

노각나무 열매

노각나무 열매 꼬투리

노각나무 씨앗

노각나무 겨울눈

노각나무 수피

수피가 아름다워 공원수나 정원수로 심는다. 그러나 생장속도가 느린 단점이 있다. 목재는 단단하며 색깔이 좋고 가공성이 좋아 목기를 만드는 데 적합하여 장식재, 고급가구재로 사용하며 농촌에서는 농기구용으로 사용한다. 약재로도 사용되는데, 간 질환과 손발마비, 관절염 등에 효과가 있으며 알코올 중독, 농약 중독, 중금속 중독 등을 풀어준다고 한다. 또 껍질은 발을 삐거나 다쳤을 때 사용하고, 열매는 짓찧어 물에 풀어 물고기를 잡기도 한다.

번식법

번식은 실생으로 한다.

057 쓰임새 많은

노간주나무

Juniperus rigida Siebold & Zucc.

과 명	측백나무과	꽃	4~5월
형 태	상록침엽관목 또는 소교목	열 매	이듬해 10월

노간주나무 새순

노간주나무 잎차례

노간주나무의 열매인 두송실(杜松實)은 향이 특별해 고대 그리스에서도 술로 담갔으며, 우리나라에서도 두송주를 만들어 마셨다.

노간주나무의 열매인 두송실(杜松實)은 향이 특별해 고대 그리스에서도 술로 담갔으며, 우리나라에서도 소주에 넣어서 두송주를 만들어 강장용으로 마셨다. 풍을 다스리고 이뇨작용이 잘되도록 돕는다고 알려져 있다.

노간주라는 이름은 강원도 방언에서 유래되었다고도 하며, 노가자목(老柯子木)에서 유래되었다고도 한다. 다른 이름으로는 코뚜레나무, 노가자나무, 노가지나무, 노간주향 등이 있다. 또 두송(杜松), 가이가(柯二柯)라고도 하는데, 가이가에서 '가'는 자루 가(柯) 자로 이 나무가 질기면서도 강인해 옛날에 도낏자루로 많이 쓰인 데에서 유래한 이름이다.

학명 *Juniperus rigida*에서 *Juniperus*는 측백나무과를 뜻하는 juniper를, *rigida*는 리기다소나무에서도 알아보았듯이 빳빳하다, 단단하다는 뜻의 rigid에서 유래한다. 영어 이름은 needle juniper, temple juniper이다.

노간주나무 암꽃

노간주나무 수꽃

노간주나무 열매

상록침엽관목 또는 소교목으로 높이는 8m 정도이고 지름이 40㎝이다. 가지가 거의 없고 하늘을 향해 곧게 뻗어 자라는데 뿌리는 줄기에서 ㄴ자로 뻗는다. 수피는 적갈색이며 2년생 가지는 다갈색이고 세로로 얇게 갈라진다. 수형은 원추형이다. 잎은 3개씩 윤생하고 끝이 뾰족하고 단면은 V자형이다.

암수딴그루로 수꽃은 난형으로 녹갈색이다. 암꽃은 원형으로 지름 3㎜이며 포린으로 되어 있고 9개의 실편이 있으며 녹갈색으로 4~5월에 핀다. 열매는 구형 및 타원형으로 검붉게 익으며, 씨는 갈색의 난형으로 3~4개씩 들어 있다. 열매의 끝이 뾰족하

고 이듬해 10월에 익는다.

중국, 일본, 우수리 강, 몽골, 시베리아 등지에 분포한다. 우리나라 전국 산야, 특히 석회암 지대의 햇빛이 잘 들고 척박하며 건조한 땅에 자생하고 추위에 매우 강하다. 2010년 여름에 합천군 봉산면 오도산에서 수령 500년 이상 된 노간주나무가 발견되어 화제가 되기도 했다. 이 나무는 높이가 12m, 지름이 3.1m나 되는 거대한 크기로 천연기념물 지정이 기대된다.

관상용, 향료용, 생울타리용으로 심는다. 옛날에는 도낏자루와 지팡이 등을 만드는 데 사용했고, 대나무가 없는 지역에서는 장대를 만드는 데에도 쓰였다. 이 밖에도 소코뚜레, 도리깨 발, 도장 등을 만들며 나뭇가지로는 기구재를 만들기도 했다.

번식법

4월 말에 전년도 가지를 꺾어 꺾꽂이로 번식한다. 종자는 과육을 제거한 뒤 봄에 심으면 그 이듬해에 싹이 나온다. 양지를 좋아하므로 햇볕이 잘 드는 곳에 심는다.

노간주나무 수피

058 재가 노란빛을 띠는

노린재나무

Symplocos chinensis f. *pilosa* (Nakai) Ohwi

과 명	노린재나무과	꽃	5월
형 태	낙엽활엽관목	열 매	9~10월

노린재나무 이름에서 '노린재'는 벌레를 연상시키지만, 벌레인 노린재와는 전혀 관계가 없다. 나무 또는 단풍이 든 잎을 태운 재가 노란빛을 띤다고 해서 붙여졌다.

노린재나무 잎

노린재나무 이름에서 '노린재'는 벌레를 연상시키지만, 벌레인 노린재와는 전혀 관계가 없다. 나무 또는 단풍이 든 잎을 태운 재가 노란빛을 띤다고 해서 붙여졌다. 한자명은 우비목(牛鼻木), 화산반(華山礬), 백화단(白花丹) 등인데, 우비목은 윤노리나무의 한자명과 똑같다. 영명은 Chinese sweetleaf로 잎이 달콤하다는 뜻을 가지고 있지만, 실제로 잎을 먹어보면 별로 단맛은 나지 않는다.

낙엽활엽관목으로 높이는 1~3m 정도이다. 하나의 줄기가 곧게 올라와 많은 가지를 내어 우산 모양의 수형을 만들며, 작은 가지에 털이 있다. 잎은 어긋나고 타원형 및 긴 타원상의 도란형이다. 꽃은 새 가지 끝에 원추화서를 이루고 5월에 흰색으로 피며 향기가 있다. 열매는 벽색의 타원형 핵과로 9~10월에 익는다.

우리나라와 중국, 일본, 인도, 히말라야에 분포한다. 우리나라에서는 전국 산야의 해발 1,950m까지 자란다. 그늘과 건조지에서도 잘 자라며 추위와 공해에도 강하다. 5월에 만발한 꽃은 멀리서 보면 흰 눈이 내린 듯하고, 가을에 벽색으로 달리는 열매도 아름답다.

꽃과 열매가 아름다워 관상용으로 심는다. 목재의 재질은 치밀

노린재나무 꽃

노린재나무 열매(미성숙)

노린재나무 열매(성숙)

노린재나무 수피

하며 잘 갈라지지 않아 도장을 파는 데 쓰기도 하고 연장의 자루나 판재, 지팡이, 자 등을 만드는 데도 쓰인다. 한방에서 잎을 이질이나 위궤양 치료제로 사용하며, 뿌리는 학질과 청열에 복용한다. 잎을 태운 잿물은 노리끼리한 색을 띠어 염색용 매염제로 사용된다. 꽃말은 동의이다.

번식법

번식은 실생으로 한다.

059 노란 박 같은 열매가 달리는

노박덩굴

Celastrus orbiculatus Thunb.

과 명	노박덩굴과	꽃	5~6월
형 태	낙엽활엽덩굴성 목본	열 매	10월

노박덩굴은 노란 박처럼 생긴 열매가 달리는 덩굴이라 하여 붙여진 이름이다. 줄기가 길(路) 위에까지 뻗쳐 나와서 길을 가로막는 덩굴이라는 데에서 노박덩굴이라는 이름이 붙여졌다는 설도 있다.

노박덩굴은 노란 박처럼 생긴 열매가 달리는 덩굴이라 하여 붙여진 이름이다. 줄기가 길(路) 위에까지 뻗쳐 나와서 길을 가로막는 덩굴이라는 데에서 노박덩굴이라는 이름이 붙여졌다는 설도 있다. 놉방구덩굴, 노방패너울, 노랑꽃나무, 노파위나무, 노팡개더울, 노방덩굴, 노박따위나물 등 여러 가지 이명이 있으며, 한자명은 남사등(南蛇藤)이다.

낙엽활엽덩굴성 목본으로 길이는 10m 정도이고 줄기는 홍갈색이다. 잎은 타원형이고 가장자리에 둔한 톱니가 있다. 꽃은 암수딴그루로 액생하는 취산화서에 1~10개가 달리며 황록색으로 5~6월에 핀다. 열매는 둥근 삭과로 10월에 황색으로 익는데, 3갈래로 갈라지며 씨는 붉은빛의 종의로 싸여 있다.

우리나라와 일본, 중국, 쿠릴열도에 분포한다. 우리나라에서는 전국 산야의 해발 100~1,300m 사이에 자생한다. 덩굴성으로 큰 나무 밑에 심어 나무를 감고 올라가게 하면 아름다운 열매를 감상할 수 있어 좋으며, 학교나 주택의 담장에 심으면 자연친화적인 녹화 효과가 있어 좋다.

노박덩굴 잎

노박덩굴 암꽃

노박덩굴 수꽃

노박덩굴 열매

노박덩굴 수피

열매가 아름다워 휴식공간이나 울타리용, 조경용 등으로 심으면 정취를 느낄 수 있는 수종이다. 열매가 달린 가지는 꽃꽂이용으로 쓴다. 어린잎은 나물로 해 먹기도 하며 열매는 기름을 짜서 쓰며 수피는 섬유용으로, 노란 열매가 달린 덩굴은 꽃꽂이용으로 사용한다. 한방에서 줄기를 남사등, 뿌리를 남사등근, 잎을 남사등엽이라 하여 혈액순환, 어혈, 염증, 통증, 신경통, 신염, 방광염 등에 사용한다. 풍을 없애는 데도 좋다고 알려져 있다. 한편 열매의 기름은 혈액순환과 혈압을 낮추는 데 사용한다. 꽃말은 진실, 명랑이다.

번식법

번식은 실생으로 한다. 가을에 종자를 채취하여 2년간 노천매장한 후에 이듬해 봄에 파종한다.

060 쓰임새 다양한

녹나무

Cinnamomum camphora (L.) J. Presl

과 명	녹나무과	꽃	5월
형 태	상록활엽교목	열 매	10~11월

녹나무 잎

장뇌목(樟腦木), 장수(樟樹), 향장목(香樟木)이라고도 한다. 이 나무에서 뽑은 기름을 장뇌유라고 하는데, 줄기와 잎, 뿌리를 증류시키거나 냉각시키면 장뇌유가 만들어진다.

장뇌목(樟腦木), 장수(樟樹), 향장목(香樟木)이라고도 한다. 영어로는 camphor tree인데, camphor는 장뇌를 뜻하는 아라비아어이다. 이 나무에서 뽑은 기름을 바로 장뇌유라고 하는데, 강장제나 흥분제 또는 심장을 자극하는 용도로 사용되는 매우 유용한 물질이다. 줄기와 잎, 뿌리를 증류시키거나 냉각시키면 장뇌유가 만들어진다. 장뇌유는 강장제, 흥분제 이외에도 방부제, 방충제, 필름 제조, 향료의 재료로 이용한다.

상록활엽교목으로 높이는 20m이고 지름이 2m로 수피는 황갈색이고 세로로 갈라진다. 잎은 어긋나며 난상의 긴 타원형으로 가장자리는 미세한 파장이거나 톱니가 없이 밋밋하다. 꽃은 액생하는 원추화서로 5월에 피는데, 흰색에서 노란색으로 변한다. 열매는 둥근 핵과로 난형 및 구형의 흑자색으로 10~11월에 익는다.

우리나라와 중국, 타이완, 일본, 인도네시아, 수마트라 등지

녹나무 꽃

녹나무 열매

에 분포한다. 우리나라에는 제주도 삼성혈 부근의 숲에 자생한다. 비옥한 땅을 좋아하고 그늘에서는 잘 자라지 못하며, 공해에는 약하다. 특히 어릴 때는 추위에 약해 연평균기온이 14℃ 이상인 지역에서만 자란다. 그래서 중부지방에서는 온실에서 키운다. 심근성의 수종으로 뿌리가 깊게 내리므로 옮겨 심을 때 조심해야 한다.

목재는 결이 치밀하고 고와 조각재, 건축재, 기구재, 선박재로 쓰인다. 특히 신라시대에는 목관으로 이용되었으며, 선박을 만들 때에도 이용되었다. 또 사찰에서 쓰이는 목어도 이 나무로 만들곤 했다. 주로 남해안 지방의 녹음수, 공원의 풍치수의 용도로 쓰이거나 약용으로 이용하는 나무이다.

제주도 서귀포의 도순리 녹나무 자생군락지는 녹나무 숲으로 천연기념물 제162호로 지정되었다. 쓰임새가 많은 나무라 많이 이용되어 천연기념물로 지정되기 전에 비해 비하면 개체 수가 현격하게 줄어들었다고 한다. 특히 제주도에서는 다 죽어가는 중병에 걸린 사람의 밑에 이 나무의 가지와 잎을 깐 뒤에 뜸질을 하면 병이 낫는다고 해서 녹나무 군락지가 수난을 겪은 적도 있다. 그런데 제주도에서는 집 주위에 이 나무를 심으면 제사 때 조상의 영혼이 들어오지 못한다고 해서 별로 심지 않았다는 흥미로운 이야기가 있다.

번식법

번식은 실생으로 한다.

녹나무 수피

061 냄새가 고약한

누리장나무

Clerodendrum trichotomum Thunb.

과 명	마편초과	꽃	7~8월
형 태	낙엽활엽관목 또는 소교목	열 매	9~10월

나무는 향기로 벌을 유인하기도 하고, 역겨운 냄새를 풍겨 더 이상 훼손하지 못하도록 하기도 한다. 누리장나무는 어린싹부터 누린내를 풍겨 자신의 존재를 알린다.

나무가 냄새를 뿜어내는 까닭은 생존을 위해서이다. 향기로 벌을 유인하기도 하고, 가지가 꺾일 때 역겨운 냄새를 풍겨 더 이상 훼손하지 못하도록 하기도 한다. 누리장나무는 어린싹부터 누린내를 풍겨 자신의 존재를 알린다.

누리장나무가 누린내를 풍기게 된 전설이 전한다. 옛날 백정의 아들이 옆 마을 양갓집 규수를 흠모하였다. 그러나 당시는 신분상 도저히 이루어질 수 없던 때라 총각은 그저 처녀의 얼굴을 보기 위해 집 주위를 서성거리곤 했다. 그러다 어느 날 관가에 끌려가 곤장을 맞고 총각은 죽고 말았다.

백정 부부는 불쌍한 아들을 처녀의 집이 바라보이는 양지바른 곳에 묻었는데, 몇 달이 지난 뒤 처녀가 무덤을 지날 때 발이 얼어붙어 죽었다. 이에 처녀와 총각은 합장하였고, 이듬해 냄새가 나는 나무 한 그루가 무덤 위에 자라나니 사람들은 이 나무를 백정의 나무라 부르다 누린내가 나는 나무라고 한 것이 훗날 누리장나무로 바뀌었다고 한다. 냄새가 역해 구린내나무라고도 하며 개똥나무, 개나무, 노나무, 누룬나무라고도 한다. 또한 오

누리장나무 잎

누리장나무 꽃

누리장나무 열매

동나무와 비슷하고 냄새가 난다 하여 취오동(臭梧桐)이라고도 부른다. 꽃말은 깨끗한 사랑이다.

마편초과의 낙엽활엽관목 또는 소교목으로 높이는 약 2~5m이다. 잎은 마주나고 달걀 모양이며 끝이 뾰족하다. 잎 양면에 털이 나며, 길이 8~20㎝, 너비 5~10㎝이다. 잎자루는 3~10㎝이다.

꽃은 암수한그루로 7~8월에 엷은 붉은색으로 취산꽃차례로 새가지 끝에 달리며 강한 냄새가 난다. 열매는 9~10월에 짙은 파란빛으로 익으며, 지름은 6~8mm로 둥글게 달린다.

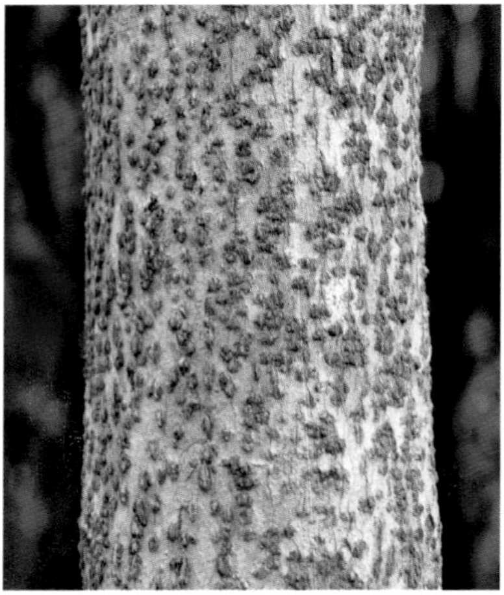
누리장나무 수피

어린잎은 나물로 먹고 꽃과 열매가 아름다워 관상용으로 심는다. 산기슭이나 골짜기의 기름진 땅에서 자란다. 잔가지와 뿌리는 한방에서 기침이나 감창(疳瘡)에 사용한다. 또 옛날에는 파란색 열매로 염료를 만들거나, 먹물이나 천연물감으로 사용하기도 했다. 우리나라와 일본, 타이완, 중국 등지에 분포한다.

번식법

이른 봄이나 가을에 새 가지를 이용하여 화분에 꺾꽂이하여 뿌리가 내리면 꽃밭에 옮겨 심는다. 또 가을에 수확한 씨앗을 모래와 섞어 땅속에 묻어두었다가 이듬해 봄에 파종해도 된다.

NOTE | 누린내풀

마편초과의 여러해살이풀로 노린재풀이라고도 한다. 높이는 1m 정도이다. 꽃은 여름에 자주색으로 피는데, 꽃이 필 때 냄새가 고약하다.

062 대청봉에 누워 자라는 만년송

눈잣나무

Pinus pumila (Pall.) Regel

과 명	소나무과	꽃	6~7월
형 태	상록침엽관목 또는 소교목	열 매	이듬해 9월

눈잣나무 잎

눈잣나무 암꽃

눈잣나무 수꽃

누워 자라는 잣나무라고 해서 눈잣나무라는 이름이 붙었다. 누워 있는 까닭에 줄기 부분이 계속 뿌리를 내려 오래오래 산다 해서 만년송(萬年松)이라고도 한다.

누워 자라는 잣나무라고 해서 눈잣나무라는 이름이 붙었다. 땅을 긁듯이 자라는 소나무라는 뜻으로 한자로는 파지송(爬地松)이라고 부르며, 누워 있는 까닭에 줄기 부분이 계속 뿌리를 내려 오래오래 산다 해서 만년송(萬年松)이라고도 한다. 이밖에도 천리송(千里松), 혈송(血松) 등의 별칭이 있다.

해발 900~2,540m에 자생하는 고산성의 상록침엽관목 또는 소교목으로, 높이는 4~5m이고 지름 15㎝정도이다. 누워 자라는

눈잣나무 잎과 열매

눈잣나무 열매(1년생)

눈잣나무 열매(2년생)

특성 때문에 밑동에서 줄기가 여러 개 나오므로 주된 줄기는 없다고 볼 수 있다. 수피는 어두운 갈색이고 얇은 비늘조각으로 벗겨지는데 어린 가지는 부드럽고 잘 꺾이지 않는다. 처음에는 엷은 적갈색의 털이 많이 나지만 자라면서 털이 없어진다.

잎은 침엽으로 길이는 3~6㎝ 정도이다. 5개가 속생하며 3개의 능선이 있다. 이 잎의 양면에는 서너 개의 기공조선이 있다. 수꽃

눈잣나무 씨앗

눈잣나무 수피

은 타원형이며 자홍색이고 암꽃은 난상의 타원형이며, 담자홍색으로 6~7월에 핀다. 열매는 구과로 이듬해 9월에 녹색에서 황갈색으로 익는다. 길이 3~4.5㎝, 너비 3㎝ 정도 된다.

눈잣나무는 북한 지역에는 많이 분포하나, 남한 지역에는 설악산 꼭대기 대청봉에 약간 분포한다. 그나마 자생하는 면적이 좁고 등산객이 많이 지나는 지역이라서 간신히 명맥을 유지하는 형편이다. 우리나라 이외에는 일본과 사할린 섬, 시베리아, 중국 동북부 등지에 분포한다. 관상용으로 쓰이며, 아시아 북동부의 추운 지역에서는 열매를 식용하기도 한다.

번식법

번식은 실생으로 한다. 봄에 파종해 키운 묘목으로 번식한다. 햇빛이 잘 들고 배수가 잘되는 땅을 좋아한다. 소나무속의 나무들이 건조하고 척박한 땅에서 잘 견디지만, 공해에는 약한 공통점을 갖고 있는데, 눈잣나무도 마찬가지이다. 생장도 느린 편이다.

O63 노거수의 제왕

느티나무

Zelkova serrata (Thunb.) Makino

과 명	느릅나무과	꽃	4~5월
형 태	낙엽활엽교목	열 매	10월

여느 마을에나 입구에는 으레 커다란 느티나무가 서 있곤 하는데, 특히 가지가 매우 넓게 퍼져 자라므로 여름날이면 나무 아래 돗자리나 평상을 깔아두고 햇빛을 피하는 나무로도 유명하다.

느티나무 잎

느티나무는 예로부터 당산나무나 서낭당의 나무나 풍년이나 흉년을 점치는 나무로 알려져 왔다. 그래서 여느 마을에나 입구에는 으레 커다란 느티나무가 서 있곤 하는데, 특히 가지가 매우 넓게 퍼져 자라므로 여름날이면 나무 아래 돗자리나 평상을 깔아두고 햇빛을 피하는 나무로도 유명하다.

느티나무는 괴목(槐木)에서 유래된 이름으로, 여기에서 괴목은 본래 느티나무가 아니라 회화나무를 뜻한다. 느티나무가 꼭 회화나무를 닮았는데, 누렇다고 해서 누른회나무, 즉 눌회나무라 하다가 느티나무로 바뀌었다고 한다. 한편 한자로는 규목(槻木)이라고 한다.

낙엽활엽교목으로 높이는 25m이고 지름이 3m이다. 수피는 회갈색으로 평활하나 오래되면 비늘처럼 떨어지며 작은 가지는 갈색이다. 잎은 어긋나며 타원형으로 끝이 뾰족하고 가장자리에는 거치가 있다. 잎은 긴 타원형으로 좌우가 똑같지 않고 다소 일그러져 있는 것이 특징이다. 꽃은 4~5월에 피는데, 암꽃은 가지 끝에 1~2개씩 달리며, 수꽃은 새 가지 밑에 10개씩 모여 난다. 열매

는 10월에 익으며 평평하고 일그러진 둥근 편구형으로 뒷면에 능선이 있다.

우리나라와 일본, 몽골, 중국, 시베리아, 유럽 등지에 분포한다. 우리나라에서는 평남, 함남 이남에 분포하는데, 오래 사는 나무로 우리나라의 노거수 중에는 가장 많은 수를 차지한다. 수령이 1,000년 이상 된 나무 64그루 중에 느티나무가 25그루나 되니 가히 노거수의 제왕이라고 하겠다. 우리네 일상과 친근한 나무라서 산림청에서는 새천년을 맞이할 때 느티나무를 밀레니엄 나무로 선정하기도 했다.

강원 삼척시 도계 긴잎느티나무는 수령이 1,000년이며 높이는 20m, 지름이 7.5m로 천연기념물 제95호로 지정된 거목이다. 전북 임실군 오수면에는 개나무라고 불리는 느티나무가 있는데, 이 나무는 술에 취하여 잔디밭에 잠자는 주인을 구하고 죽은 의견을 기리는 나무로 알려져 있다. 이 밖에도 김제 행촌리 느티나무(천연기념물 제280호), 남원 진기리 느티나무(천연기념물 제281호), 남해 갈화리 느티나무(천연기념물 제276호) 등 천연기념물로 지정된 것

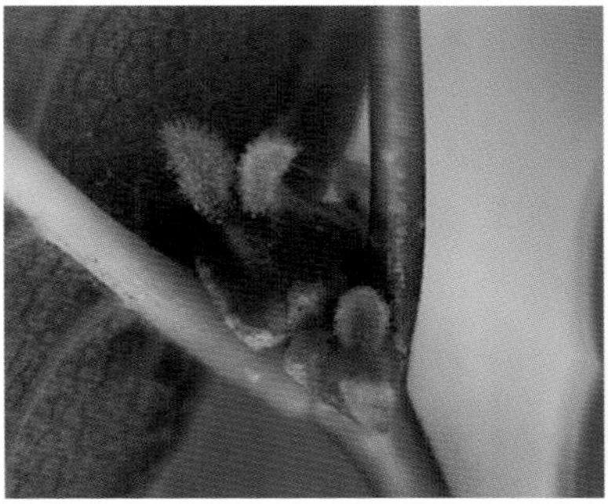
느티나무 암꽃

느티나무 수꽃

느티나무 열매

느티나무 씨앗

느티나무 수피

이 매우 많은데 은행나무에 이어 두 번째이다.

목재는 재질이 견고하고 질기며 무늬가 아름답고 단단하며 잘 썩지 않으면서 가공이 쉬운 최상의 재질을 가진 나무로 가구재, 공예재, 조각재, 기구재, 건축재 등으로 쓰인다. 조선시대에는 소나무가 건축물과 선박 등의 자재로 많이 쓰였지만, 삼국시대나 고려시대에는 느티나무가 주종을 이루었다고 한다. 신라의 천마총 목관, 부석사 무량수전 등 오래된 절의 건물 기둥과 가야의 고분에서 나오는 지체 높은 사람들의 관은 대부분 느티나무로 만들어졌다. 예로부터 느티나무로 만든 밥상은 괴목상(槐木床)이라 해서 귀하게 여겼다.

생장속도가 빨라 거목으로 자라고 오래 사는 수종이다. 이식도 용이하고 중성 토양을 좋아한다. 나무가 단정하면서도 폭이 넓어 좋은 그늘을 만들 수 있는 데다가 벌레도 별로 나지 않아 정자목이나 녹음수로 아주 어울린다. 그래서 학교 교정이나 마을 입구, 공원이나 길가에도 많이 심어진다.

번식법

실생으로 번식한다.

064 사과의 원형 과실수

능금나무

Malus asiatica Nakai

과 명	장미과	꽃	4~5월
형 태	낙엽활엽소교목	열 매	10월

능금이라는 이름은 숲 속의 능금이라는 뜻의 임금(林檎)에서 유래한다. 조선임금(朝鮮林檎), 화홍(花紅)이라고도 한다.

능금은 우리나라 야생 사과로 사과의 원형이라고 할 수 있다. 능금과 사과는 지금까지도 헷갈리게 사용되는데, 〈홍문자회〉에는 檎을 '능금 금'으로 읽고 속칭 사과라고 해서 500년 전에도 능금과 사과를 혼용한 것으로 여겨진다. 그러나 현재의 사과는 1884년에 처음 심어졌으며, 이후 1901년 윤병수라는 사람이 선교사를 통해 사과나무 묘목을 얻어 원산에 과수원을 만들어 키운 것이 재배의 첫 시작이라고 한다.

능금나무의 열매는 사과보다 작고 맛은 새콤달콤하나 사과보다는 그 맛이 덜하다. 능금을 개량해 여러 종의 사과를 만들어냈는데 홍옥이나 국광, 인도, 축, 욱, 스타킹, 델리셔스 등 30여 종이나 되며, 배와 사과의 교잡을 통해 만든 종도 상당히 많다. 능금이라는 이름은 숲 속의 능금이라는 뜻의 임금(林檎)에서 유래한다. 조선임금(朝鮮林檎), 화홍(花紅)이라고도 한다.

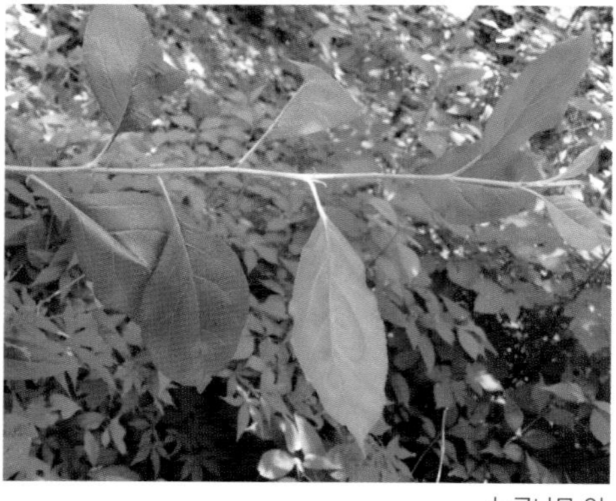

능금나무 잎

낙엽활엽소교목으로 높이는 10m 정도이다. 원산지는 우리나라로 영어 이름도 Korean apple이라고 명시되어 있다. 줄기는 곧게 자라고 원추형의 수형을 이루며 가지는 홍갈색이다. 잎은 어긋나며 난형 및 타원형으로 가장자

능금나무 꽃

능금나무 열매

능금나무 수피

리에 잔톱니가 있고 뒷면에 털이 많다. 꽃은 짧은 가지에 산형상으로 달리며 연홍색으로 4~5월에 핀다. 열매는 꽃받침의 기부가 혹처럼 부푼 돌기가 있는 것이 사과나무와 다른 점이며, 10월에 황홍색으로 익는데 하얀 가루로 덮여 있다. 열매의 크기는 지름이 4~5.5㎝이다.

우리나라와 만주 등지에 분포한다. 우리나라에서는 강원도, 황해도의 해발 100~700m에서 자생한다. 햇빛을 좋아하고 추위와 공해에 강하여 우리나라 어디에서나 잘 자라지만, 건조지에서는 잘 자라지 못한다.

지금의 능금은 작고 상품성이 없어 분재나 가로수로 심거나 관상용으로 심는다. 꽃말은 유감이다.

번식법

실생이나 또는 아그배나무나 야광나무를 대목하여 접목하는 방법으로 번식한다.

065 한여름 태양처럼 붉게 피어나는

능소화

Campsis grandifolia (Thunb.) K. Schum.

과 명	능소화과	꽃	8~9월
형 태	낙엽활엽덩굴성 목본	열 매	10월

능소화 새잎

능소화 잎

옛날에 장원급제한 사람의 화관에 꽂는 어사화로 이용되기도 하였다. 꽃의 자태가 고고하면서도 아름다웠기 때문이다. 또한 양반 집에나 심는 꽃이었다고 하여 양반 꽃이라고도 한다.

도시의 주택가에서 흔하게 볼 수 있는 능소화에는 소화라는 어여쁜 궁녀의 이야기가 얽혀 있다. 옛날 아리따운 궁녀 소화는 임금님의 사랑을 받아 빈에 올랐다. 하지만 그 후로 임금은 한 번도 소화의 처소를 찾지 않았고, 기다리다 지친 소화는 상사병에 걸려 다음과 같은 유언을 남기고 쓸쓸히 죽었다.

"담 아래에 묻혀 내일이라도 오실 임금님을 기다리겠노라."

더위가 기승을 부리는 어느 여름날, 빈의 처소를 둘러친 담을 덮으며 주홍빛 꽃이 아름답게 피어나니 사람들은 이를 능소화라고 했다고 전해진다.

꽃이 여간 아름다운 게 아니지만, 자칫 꽃을 건드렸다가 눈을 비비면 눈이 먼다고도 한다. 또한 예로부터 꽃에 코를 대고 향기를 맡으면 뇌를 다친다고도 했다. 이런 이야기들이 전해오는 것은 아름다움을 바라만 보라는 뜻일까.

능소화는 옛날에 장원급제한 사람의 화관에 꽂는 어사화로 이용되기도 하였다. 꽃의 자태가 고고하면서도 아름다웠기 때문이다. 특히 꽃이 시들지 않은 채로 뚝 떨어지는 것을 보면 더욱 아

름답다는 생각이 든다. 옛날에는 귀한 꽃이라서 양반 집에나 심는 꽃이었다고 하여 양반꽃이라고도 한다.

능소화과의 낙엽활엽덩굴식물로 금등화(金藤花)라고도 한다. 가지에 흡착근이 있어 벽에 붙어서 올라가는데, 길이는 10m까지 자란다. 잎은 마주나고, 작은잎은 7~9개로 달걀 모양 또는 달걀 모양의 바소꼴이다. 잎의 길이는 3~6㎝이며 끝이 점차 뾰족해지고 가장자리에는 톱니와 털이 있다. 꽃은 8~9월경에 가지 끝에 원추꽃차례를 이루며 5~15개가 주황색으로 달린다. 꽃의 크기는 지름이 6~8㎝이며, 꽃받침은 길이가 3㎝이다. 화관은 깔때기와 비슷한 종 모양을 이루고 있다. 열매는 10월에 익는데, 삭과로 네모지다. 하지만 우리나라에서는 대개 열매를 맺지 못한다.

중국 원산으로 우리나라에서는 중부 지방 이남의 절에서 심어왔으며, 요즘에는 관상용으로 많이 심는다. 뿌리를 자위근(紫葳根)이라 하여 약재로 쓴다. 꽃말은 기다림, 명예, 영광 등이다.

번식법

일반적으로 1년생 줄기를 잘라서 3~7월에 삽목하거나, 뿌리나누기를 한다.

능소화 꽃

능소화 수피

066 길손에게 시원한 그늘을 내어주는

능수버들

Salix pseudolasiogyne H. Lev.

과 명	버드나무과	꽃	4월
형 태	낙엽활엽교목	열 매	5~6월

능수버들 잎

조선시대에 가로수로 많이 심었는데, 옛날 삼남으로 가는 대표적인 길목인 천안에는 특히 능수버들이 많아 〈흥타령〉이라는 민요도 만들어졌다.

줄기가 밑으로 축축 늘어진 능수버들은 우리나라 특산종으로 고려수양(高麗垂楊) 또는 수류(垂柳)라고도 부른다. 조선시대에 가로수로 많이 심었는데, 옛날 삼남으로 가는 대표적인 길목인 천안에는 특히 능수버들이 많아 〈흥타령〉이라는 민요도 만들어졌다. 바람, 비, 먼지 등을 막아주기도 하며, 여름에는 시원한 그늘을 만들어주어 길손들이 능수버들 아래에서 많이 쉬어 갔음을 짐작할 수 있다.

한자로는 조류(弔柳)라고도 하는데, 흉한 일이나 시신에 염을 할 때 저승길 양식을 입에 넣어주는 숟가락으로 이 나무를 쓴다고 해서 붙여진 것이다. 흔히 수양버들이라고도 하며, 영어 이름은 Korea weeping willow로 우리나라 특산종임을 알 수 있다.

낙엽활엽교목으로 높이는 20m 정도이고 지름이 80㎝이다. 수피는 세로로 갈라지며 회갈색이고 작은 가지는 황록색이다. 꽃

은 암수딴그루이나 드물게 암수한그루도 나타난다. 잎은 바소꼴로 길이 7~12㎝, 너비 10~17㎜이다. 잎의 앞면은 녹색이나 뒷면에는 흰색이 돈다. 잎의 양끝은 뾰족하며 잔톱니가 가장자리에 난다. 수꽃의 포는 타원형으로 긴 털이 있으며 암꽃의 포는 난형으로 4월에 녹색으로 핀다. 열매는 견모가 달린 삭과로 5~6월에 익는다.

우리나라 이외에 중국에 분포한다. 주로 들과 물가에 잘 자란

능수버들 암꽃

능수버들 수꽃

능수버들 열매

능수버들 씨앗

능수버들 수피

다. 목재가 가볍고 연해 도마나 나막신을 만들거나 각종 기구재용으로 쓰는데, 독이 없어 고약을 다지는 데도 사용한다. 또한 한방에서는 잎과 가지를 진통제, 해열제로 쓴다. 보통 가로수와 공원수로 심고, 공해에 강하다. 종자에 붙은 솜털은 봄에 날아다니지만, 알레르기는 그다지 일으키지 않는다.

번식법

삽목이나 실생으로 번식한다.

NOTE | 〈흥타령〉의 유래

옛날에 딸 능소와 살던 홀아비가 있었다. 어느 날 홀아비가 전쟁터에 나가게 되었다. 천안에 이르러 더 이상 딸을 데리고 다닐 수 없어 지팡이를 땅에 꽂은 뒤 "이 나무에 잎이 피어나면 다시 너와 내가 이곳에서 만나게 될 것이다."라고 말하고는 능소를 주막집에 맡기고 떠났다. 그 후 능소는 예쁜 기생이 되었고, 과거 보러 가던 고부 선비 박현수와 인연을 맺었다. 박현수가 장원급제한 뒤 이곳에서 능소와 상봉하고, 전쟁터에서 돌아오는 아비도 상봉했다. 아비는 딸 능소와 만나 기쁜 마음에 '천안삼거리 흥~ 능소야 버들은 흥' 하고 노래를 부른 것이 〈흥타령〉이 되었다고 한다.

067 열매가 달콤한

다래

Actinidia arguta (Siebold & Zucc.) Planch. ex Miq.

과 명	다래나무과	꽃	5~6월
형 태	낙엽활엽덩굴성 목본	열 매	9~10월

다래 잎

다래 잎차례

창덕궁에는 수령이 600년 된 천연기념물 제251호의 다래가 있다. 덩굴의 길이가 너무 길어 중간중간 버팀목으로 괴어 놓은 것이 장관이다.

열매가 워낙 달아서 다래라고 했다는 설이 있다. 가을에 따는 열매가 일품이지만, 봄철에 채취하는 수액도 효능이 매우 뛰어나다고 알려져 있다. 뿌리 근처에 흠집을 내어 수액을 받아 마시는데 다래의 수액에는 비타민 C, 칼슘, 각종 미네랄이 풍부해서 몸속의 노폐물을 배출시키고 산성 체질을 알칼리성 체질로 바꿔주는 효과가 있으며 신경통에도 좋다고 한다. 참다래나무, 다래넌출, 다래덩굴, 청다래나무라고도 하며, 한자명은 등리(藤梨), 연조(軟棗), 연조자(軟棗子) 등이다.

낙엽활엽덩굴성 목본이며 길이는 7m 정도이고 지름은 15㎝ 정도이다. 가지의 골속은 흰색 또는 갈색을 띠며 계단 모양이고 어린 가지에는 잔털이 있으며 피목이 뚜렷하고 가지는 갈색이다. 잎은 어긋나고 타원형으로 침상의 톱니가 나 있다. 꽃은 암수딴그루이며 액생하는 취산화서에 3~7개가 달린다. 꽃 색깔은 흰색으로 5~6월에 피는데 마치 매화꽃과 같다. 열매는 장과로 난상의 원주

다래 암꽃

다래 수꽃

다래 열매(미성숙)

다래 열매(성숙)

형이고 연황록색으로 9~10월에 익는다.

우리나라와 중국, 일본, 사할린 등지에 분포한다. 우리나라에는 전국의 해발 100~1,600m의 산기슭의 골짜기에 자생한다. 양지와 음지 모두에서 잘 자라고 추위에도 강하다. 척박한 땅에서도 잘 자라는 덩굴성 목본으로 잔뿌리가 많아서 쉽게 활착된다.

정원이나 공원의 퍼걸러(pergola: 녹음용)로 심으면 좋고 줄기는 생활도구나 기구재 등을 만드는 데 쓰인다. 열매는 씨가 많으나

맛이 달콤하여 생으로 먹으며, 비타민 A, 비타민 C, 단백질이 풍부하다. 줄기와 함께 술을 담가 먹기도 하며 약용으로 쓴다. 껍질과 가는 줄기는 노끈 대용으로 쓸 수 있어 농촌에서는 매우 유용한 나무로 여겨진다. 덩굴성 나무이기는 하지만 지팡이로 만들어 짚고 다니면 요통에 좋다고 해서 지팡이로도 많이 만들어진다.

창덕궁에는 수령이 600년 된 천연기념물 제251호의 다래가 있다. 높이가 16m, 둘레가 15~18㎝에 이르는데, 덩굴의 길이가 너무 길어 중간중간 버팀목으로 괴어 놓은 것이 장관이다. 자생한 나무인지 옮겨 심은 것인지는 알 수 없으나, 수나무로 장수목이라고 할 만하다.

번식법

번식은 실생, 접목으로 한다.

다래 수피

068 나무껍질 속이 아름다운

다릅나무

Maackia amurensis Rupr.

과 명	콩과	꽃	7월
형 태	낙엽활엽교목	열 매	10월

다릅나무 새잎

다릅나무 잎

다릅나무에서 '다릅'은 겉의 수피는 너덜너덜하게 벗겨져 지저분하지만, 속은 겉과 다르게 결이 곱고 아름다워 겉과 속이 다르다 하여 붙여진 이름이다.

다릅나무에서 '다릅'은 겉의 수피는 너덜너덜하게 벗겨져 지저분하지만, 속은 겉과 다르게 결이 곱고 아름다워 겉과 속이 다르다 하여 붙여진 이름이다. 내수피는 황백색, 심재 부분은 짙은 갈색의 아름다운 무늬를 띤다. 송아지 코를 뚫는 데 사용한다 하여 쇠코둘개나무라 하며 개물푸레나무, 개박달나무, 소터래나무, 쇠코뜨래나무, 좀실다릅나무 등으로도 불린다.

낙엽활엽교목으로 높이는 15m 정도이고 둘레는 1.5m에 이른다. 수피는 회갈색으로 껍질이 지저분하고 너덜너덜하게 벗겨지는 특징이 있다. 잎은 아까시나무의 잎과 비슷하게 생겼는데 7~11개의 소엽으로 된 기수 우상복엽이며 소엽은 타원형 및 긴 난형이다. 꽃은 가지 끝에 총상 또는 원추화서에 달리며 흰색으로 7월에 핀다. 열매는 넓은 선형의 협과로 털이 없으며 10월에 익는다.

우리나라와 중국, 우수리 등지에 분포한다. 우리나라에서는 전국의 해발 50m 부근을 중심으로 100~1,800m에 분포한다. 그늘

다릅나무 꽃

다릅나무 열매

다릅나무 씨앗

다릅나무 겨울눈

다릅나무 수피

과 건조지에서 잘 자라며 추위와 공해에도 강하다.

꽃은 꿀이 많아 좋은 밀원식물로 가치가 높으며, 잎은 같은 콩과식물인 아까시나무의 잎과 흡사하여 구분이 쉽지 않은데, 다릅나무의 잎은 손으로 만지면 약간 고약한 냄새가 나서 쉽게 구분할 수가 있다. 목재는 나뭇결이 곱고 아름다우며 무겁고 재질도 좋아 공예재, 조각재, 기구재, 완구재 등의 용도로 사용된다.

생약명으로 조선괴, 양괴라 하여 거풍제습, 종양, 지혈, 난산, 자궁출혈, 풍습성 관절염 등에도 약효가 있으며 위암 등의 항암작용도 한다고 알려져 있다. 수피는 염료와 섬유로 사용한다.

번식법

번식은 실생으로 한다.

069 잎이 차 바퀴살을 닮은

다정큼나무

Raphiolepis indica var. *umbellata* (Thunb.) Ohashi

과 명	장미과	꽃	4~6월
형 태	상록활엽관목	열 매	10~12월

꽃이 작지만 매화와 비슷하며, 잎이 나온 모양이 차의 바퀴살을 닮아서 한자로는 차륜매(車輪梅)라고도 .

이름이 특이하다. 큰 나무라는 뜻이 들어 있으나 높이는 2~4m로 관목이다. 꽃들이 오밀조밀 모여 피며, 열매도 옹기종기 모여 매우 다정하다는 뜻일지도 모르겠다. 꽃이 작지만 매화와 비슷하며, 잎이 나온 모양이 차의 바퀴살을 닮아서 한자로는 차륜매(車輪梅)라고도 한다. 꽃이 아름답고 공해에도 강하지만, 추위에 약한 까닭에 아직 널리 보급되지는 않았다. 한편 학명의 *Raphiolepis*는 침이라는 뜻의 그리스어 raphe와 비늘조각이라는 lepis의 합성어로 포의 모양을 보고 지어진 것이다.

줄기가 곧으며 가지는 돌려난다. 수피는 회갈색이며 어린 가지는 솜털이 나나 나중에 없어진다. 어긋나는 잎은 가지 끝에는 모여 나는 것처럼 보인다. 잎의 모양은 긴 타원형 또는 도란형이며 잎 가장자리에는 둔한 톱니가 있다. 잎의 양면이 모두 광택이 나는데, 뒷면은 연녹색으로 두껍다. 잎자루의 길이는 5~20㎜ 정도이다.

다정큼나무 새잎

꽃은 4~6월에 가지 끝에 흰색으로 원추화서를 이루며 핀다. 꽃잎의 길이는 1~1.3㎝이다. 꽃받침통에는 갈색 털이 밀생하나 점차 사라진다. 꽃잎과 꽃받침은 각각 5개이다. 10~12월에 콩알만 한 열매가 흑자색으로 익는데, 안

다정큼나무 잎(앞면)

다정큼나무 잎(뒷면)

다정큼나무 잎차례

다정큼나무 꽃

에는 종자가 1개 들어 있다.

상록활엽관목으로 바닷가의 볕이 잘 드는 산기슭에 잘 자란다. 우리나라와 일본, 타이완 등지에 분포한다. 우리나라에서는 제주도와 전남, 경남지방의 해안에 분포한다. 전남 완도군 보길면 예송리에는 천연기념물 제40호로 지정되어 있는 상록수림이 있는데, 여기에 다정큼나무가 동백나무, 구실잣밤나무 등과 함께 자란다.

다정큼나무 열매

다정큼나무 씨앗

공해와 염분에 강해 해안 지대의 정원수로 이용되며, 잎과 가지는 한방에서 춘화목(春花木)이라는 약재로 사용된다. 나무껍질과 뿌리는 실을 염색하는 데에 사용된다. 특히 명주실이나 고기잡이용 그물을 염색하는 데에 많이 쓰인다.

번식법

가을에 종자를 채취한 뒤 과육을 제거해 노천매장한 후 이듬해 봄에 파종한다. 2년 정도 파종상에서 기른 뒤 옮겨 심는다.

070 한지 재료가 되는

닥나무

Broussonetia kazinoki Siebold

과 명	뽕나무과	꽃	4~5월
형 태	낙엽활엽관목	열 매	9월

닥나무는 예로부터 종이를 만드는 데에 쓰였다. 실제로 닥나무 껍질로 만든 종이를 저지(楮紙)라고 하는데, 그냥 종이라는 의미로도 사용된다.

한지를 만드는 나무이다. 한자로는 저상(楮桑) 또는 간단히 저(楮)라고 하는데, 이 글자는 '써 넣는다'는 뜻을 갖고 있다. 곧 닥나무는 예로부터 종이를 만드는 데에 쓰였음을 알 수 있다. 실제로 닥나무 껍질로 만든 종이를 저지(楮紙)라고 하는데, 그냥 종이라는 의미로도 사용된다. 이와 마찬가지로 저묵(楮墨)은 종이와 먹을 뜻하며, 이는 글자 혹은 문자를 의미하기도 한다.

닥나무라는 이름은 이 나무의 줄기를 꺾으면 '딱' 하는 소리가 난다고 해서 붙여졌다고 한다. 실제로 딱나무라고 부르기도 하며, 한자로 구피마(構皮麻)라는 이름도 있다.

여러 개의 줄기가 휘어져 올라오고 수피는 회갈색이며 작은 가지에 짧은 털이 있으나 곧 없어진다. 잎은 난상 타원형으로 어긋나고 가장자리에는 잔톱니와 2~3개의 결각이 있다. 꽃은 암수한 그루로 4~5월에 핀다. 수꽃은 새로 난 가지의 아래쪽에서 액생하고, 암꽃은 위쪽에 액생한다. 열매는 9월에 붉은색의 둥그스름한 취화과로 익는다.

닥나무 어린잎

아시아가 원산으로 우리나라와 중국, 타이완, 일본에 분포한다. 전국의 해발 100~700m의 산기슭의 양지나 밭 같은 데의 토양 깊은 곳에서 재배 또는 자생한다. 햇빛

닥나무 잎(앞면)

닥나무 잎(뒷면)

닥나무 암꽃

닥나무 암꽃과 수꽃

닥나무 열매

닥나무 수피

이 잘 들고 비옥한 사질양토에서 잘 자라며 추위에도 강해 중부지방에서도 생육이 가능하다.

창호지나 표구용 화선지를 만드는 데 적합하다. 또 닥나무 껍질로 팽이치기를 하면 '딱딱' 하는 경쾌한 소리가 나서 예로부터 팽이치기 놀이에 많이 쓰던 나무이기도 하다. 한방에서는 열매를 저실(楮實), 구수자(構樹子)라고 하여 자양강장, 불면증, 시력감퇴 등에 사용하며, 어린잎은 나물로 해 먹고 말린 열매는 흉년에 양식으로 먹었다.

번식법

꺾꽂이나 뿌리나누기로 번식한다.

NOTE I 한지, 어떻게 만들까?

닥나무 줄기를 1~2m 길이로 잘라서 솥에 넣고 두어 시간 찐 다음 껍질을 벗겨낸다. 찐 닥나무 줄기 껍질을 벗겨 말리면 검은색인데, 이를 흑피라고 한다. 이 흑피를 흰색으로 바꾸려면 우선 물에 불려 표피를 벗겨야 한다. 창호지나 서류용지, 지폐 등의 원료로 사용하였다. 종이 한 장이 아주 어렵게 만들어졌음을 알 수 있다.

071 가을을 물들이는

단풍나무

Acer palmatum Thunb.

과 명	단풍나무과	꽃	5월
형 태	낙엽활엽소교목 또는 교목	열 매	9~10월

캐나다의 국기에 그려져 있는 단풍나무 잎은 설탕단풍(Acer saccharum)이다. 수액에 당분이 많아 단풍시럽을 만들어 먹는다.

가을이면 온 산이 울긋불긋 곱게 단풍(丹楓)이 물든다. 여러 나무가 저마다 멋진 단풍을 보여주는데, 그중에서 가장 대표적인 것이 바로 단풍나무이다. 산단풍나무, 내장단풍, 붉은단풍나무, 색단풍나무, 모미지나무 등으로도 불린다.

낙엽활엽소교목 또는 교목으로 높이는 10m이고 수피는 진한 회색이며 작은 가지는 적갈색이다. 잎은 마주나며 원형에 가깝고 5~7개로 깊게 갈라지며 가장자리는 겹톱니가 있다. 꽃은 잡성화 또는 암수한그루로 산방화서에 달리며 5월에 핀다. 열매는 담황색의 시과로 둔각으로 벌어지며 9~10월에 익는다.

우리나라와 중국, 일본, 만주, 아무르 등지에 분포한다. 우리나라에는 제주도, 대둔산, 백양산 등의 해발 100~1,600m 사이의 계곡과 산기슭에 자생한다. 땅속에 어느 정도 물기가 있어야 건강하게 잘 자란다. 햇볕이 바로 비추는 곳이나 서쪽 해가 비추는

단풍나무 새잎

단풍나무 잎

단풍나무 암꽃

단풍나무 수꽃

단풍나무 열매(미성숙)

단풍나무 열매(성숙)

곳을 피하고 큰 나무 밑이나 나무와 나무 사이에 심는 것이 좋다. 여름에 뜨거운 햇볕을 받으면 가을에 단풍의 색깔이 오히려 아름답지 못하다.

단풍이 아름다워 관상용으로 심으며 목재는 건축재, 악기재, 조각재, 기구재 등으로 쓴다. 단풍나무 수액을 고로쇠나무 수액으로 착각하여 마시는 경우가 있는데, 맛은 달지만 약간 독성이

있어 간혹 눈이 침침해지고 어두워지는 현상이 생기므로 주의해야 한다.

캐나다의 국기에 그려져 있는 단풍나무 잎은 설탕단풍(*Acer saccharum*)이다. 수액에 당분이 많아 단풍시럽을 만들어 먹는데, 자연 건강식으로 유명해 캐나다 여행을 하다 보면 자주 볼 수 있다.

번식법

번식은 실생과 꺾꽂이로 한다.

단풍나무 수피

072 흡착근으로 담을 타고 오르는

담쟁이덩굴

Parthenocissus tricuspidata (Siebold & Zucc.) Planch.

과 명	포도과	꽃	6~7월
형 태	낙엽활엽덩굴성 목본	열 매	9~10월

한자로는 지금(地錦) 또는 파산호(爬山虎), 상춘등(常春藤)이라고 하며, 지금(地錦)이라는 이름은 가을에 붉은 단풍이 들어 땅(地)을 뒤덮는 비단(錦)과 같다 하여 붙인 이름이다.

미국의 작가 오 헨리의 단편소설 〈마지막 잎새〉에서 마지막 잎새는 바로 담쟁이덩굴이다. 잎새가 다 떨어지면 자신도 죽을 것이라고 생각하는 여주인공 존시를 위해 노화가 버만은 찬비를 맞으며 잎새 하나를 벽에 그려놓는데, 덕분에 존시는 살고 늙은 화가는 죽게 된다는 감동 어린 작품이다.

존시가 바라본 그 담쟁이덩굴 잎사귀는 희망을 주며, 실제로 담쟁이덩굴 이파리들은 삭막한 도심 담벼락을 멋지게 바꿔주는 역할을 하고 있다.

흙 하나 없는 담장을 타고 오르는 것은 줄기의 가지 끝에 있는 흡착근 때문이다. 가만히 보면 정말 대단한 재주를 가졌는데, 그래서 '쟁이'라는 명칭이 붙었음을 알 수가 있다.

한자로는 지금(地錦) 또는 파산호(爬山虎), 상춘등(常春藤)이라고 하며 담쟁이넝쿨, 담장넝쿨, 담장이넝쿨, 돌담장이 등으로도 불

담쟁이덩굴 새잎

담쟁이덩굴 잎

담쟁이덩굴 꽃

담쟁이덩굴 어린 열매

담쟁이덩굴 열매(성숙)

린다. 여기에서 지금(地錦)이라는 이름은 가을에 붉은 단풍이 들어 땅(地)을 뒤덮는 비단(錦)과 같다 하여 붙인 이름이다.

낙엽활엽덩굴성 목본으로 줄기는 길이 10m 이상 자란다. 줄기가 많이 갈라지고 덩굴손은 짧으며 가지 끝에 흡착근이 생겨 담벼락이나 암벽에 잘 부착된다. 잎은 어긋나며 난형이고 어릴 때는 3개의 소엽으로 된 복엽이 나타나기도 한다. 꽃은 양성화로 많은 꽃이 액생 또는 가지 끝에 취산화서를 이루며 황록색으로 6~7월에 핀다. 열매는 구형의 장과로 백분으로 덮이고 9~10월에 익

담쟁이덩굴 수피

는다.

우리나라와 일본, 중국, 타이완 등지에 분포한다. 우리나라 전국의 돌담이나 바위 또는 나무줄기에 붙어서 자란다. 습기가 있는 비옥한 땅에서 잘 자라고 음지와 양지 모두에서 잘 자라며 공해에도 강하다.

가을에 단풍이 들면 하나의 잎에서도 여러 가지 색을 내며 붉은 빛으로 물들어 관상용으로 좋다. 담벼락에 심으면 삭막한 시멘트 벽을 아름답게 만들어준다. 황폐된 곳의 벽면 녹화용으로 심으면 좋다. 줄기에서는 달콤한 즙액이 나오는데 옛날에 일본에서는 설탕 대용으로 썼다고 한다.

한방에서 담쟁이덩굴의 뿌리, 줄기, 새순을 지금(地錦)이라 하며 산후출혈, 혈액순환, 자양강장, 관절염, 기침, 가래, 대하, 중풍 등에 약재로 사용한다. 〈동의보감〉에는 "작은 종기가 잘 삭여지지 않을 때, 목 안과 혀가 부은 데, 쇠붙이에 다친 데, 뱀독으로 입안이 답답할 때, 외상, 입안이 마르고 혀가 타는 듯할 때 낫게 한다"고 되어 있다.

번식법

번식은 실생과 꺾꽂이 등으로 한다.

073 수형이 아름다운

담팔수

Elaeocarpus sylvestris var. *ellipticus* (Thunb.) H. Hara

과 명	담팔수과	꽃	7월
형 태	상록활엽교목	열 매	11~12월

담팔수 새잎

잎이 팔손이처럼 여덟 개가 모여 있고, 그중에 적어도 한 장은 붉게 물들어서 담팔수라고 부른다는 것이다. 또 나뭇잎이 여덟 가지 빛을 낸다고 해서 담팔수라고 한다는 설도 있다.

사람 이름도 재미있는 이름이 많듯 식물도 재미있는 이름을 가진 것들이 많다. 쓸개 담 자에 여덟 팔 자를 쓰는 담팔수(膽八樹)도 그중 하나인데, 잎이 팔손이처럼 여덟 개가 모여 있고, 그중에 적어도 한 장은 붉게 물들어서 담팔수라고 부른다는 것이다. 또 나뭇잎이 여덟 가지 빛을 낸다고 해서 담팔수라고 한다는 설도 있다. 늘 푸른 상록수이지만 잎 중에 몇 개는 빨갛게 단풍이 들어 낙엽으로 떨어지는 것이 독특하다. 단풍은 시도 때도 없이 들어 1년 내내 단풍잎 몇 잎은 늘 달고 산다.

제주도 천지연폭포와 천제연폭포 주변이 자생지인데, 요즘에는 제주 시내 가로수로도 심어져 있다. 여름날 담팔수로 늘어선 가로수 밑을 걷노라면 어디선가 쉰 냄새가 솔솔 풍겨오는데, 바로 담팔수 꽃향기이다. 냄새나는 곳을 올려다보면 하얀 꽃들이 모

여 피어 있다.

담팔수 자생지는 모두 천연기념물로 지정되어 있다. 천제연폭포 서쪽 암벽에 자라는 담팔수는 높이가 13m, 가슴둘레가 2.4m나 되는 거목으로 제주특별자치도 기념물 제14호로 지정되었고, 천지연폭포 근처의 담팔수 자생지는 자생북한지에 해당하므로 천연기념물 제163호로 지정되어 있다. 또 2013년에는 제주 강정동 도순리 녹나무 자생지(천연기념물 제162호) 내에 있는 담팔수가 천연기념물 제544호로 지정되었는데, 이것은 높이가 11.5m로 수령이 500년으로 추정된다. 마을사람들이 해마다 치성을 드리는 신목이라고 한다.

상록활엽교목으로 높이는 20m, 지름은 50㎝이다. 잎은 어긋나고 길이는 12~15㎝이다. 잎의 모양은 거꾸로 선 바소꼴로 가죽처럼 두껍고 광택이 난다. 잎의 가장자리에는

담팔수 잎(앞면)

담팔수 잎(뒷면)

담팔수 잎차례

담팔수 꽃

담팔수 열매

물결처럼 톱니가 있다. 꽃은 양성화로 7월에 총상꽃차례를 이루며 핀다. 흰색 이외에 분홍색 꽃을 피우기도 한다. 꽃잎은 5개로 길이는 4~5㎜ 정도이다. 타원 모양의 열매는 11~12월에 검푸르게 익으며, 씨앗은 큰 편으로 겉에 주름이 나 있다.

담팔수 수피

목재는 단단하고 치밀해 가구재로 알맞으며, 껍질은 염료재로 이용된다. 뿌리껍질은 한방에서 산두영(山杜英)이라고 하여 타박상으로 멍이 들고 부었을 때 달여서 마신다. 인도산 인도담팔수의 열매로는 염주를 만들기도 한다.

연평균 기온이 15℃ 이상인 곳에서만 자라며, 해변과 북풍이 막힌 곳으로 따뜻하며 토심이 깊고 비옥한 곳에서 자란다. 우리나라 제주도와 일본, 중국 남부, 타이완 등지에 분포한다.

번식법

종자로 번식한다. 가을부터 겨울 동안 성숙한 씨앗을 채취하여 과육을 제거한 후 노천매장해두었다가 봄에 파종한다. 파종 1개월 후에는 새싹이 나며, 생장이 빨라 가을쯤이면 30㎝까지 자란다.

NOTE | 신목(神木), 제주 강정동 담팔수

강정천 내길이소(沼) 서남쪽에 있는 내길이소당(堂)의 신목이다. 이 담팔수는 오랜 옛날부터 마을 사람들이 치성을 드려왔다고 한다. 국내에 자생하는 담팔수 중 규모가 크고 수형도 독특해 생물학적 가치가 커서 천연기념물로 지정하여 보호하고 있다.

074 단풍이 아름다운

당단풍나무

Acer pseudosieboldianum (Pax) Kom.

과 명	단풍나무과	꽃	4~5월
형 태	낙엽활엽소교목	열 매	9~10월

당단풍나무 잎

당단풍나무는 중국단풍나무라는 말이다. 당단풍, 고로실나무, 박달나무, 고로쇠나무, 좁은단풍, 단풍나무, 왕단풍나무, 왕단풍, 왕실단풍나무, 넓은잎단풍나무, 산단풍나무 등 이명이 많다.

당단풍나무는 중국단풍나무라는 말이다. 당단풍, 고로실나무, 박달나무, 고로쇠나무, 좁은단풍, 단풍나무, 왕단풍나무, 왕단풍, 왕실단풍나무, 넓은잎단풍나무, 산단풍나무 등 이명이 많다.

낙엽활엽소교목으로 높이는 8m 정도이고 작은 가지는 녹자색으로 흰색 털이 있다. 잎은 난원형으로 보통 9~11개로 갈라지며,

당단풍나무 꽃봉오리

당단풍나무 꽃(왼쪽 암꽃, 오른쪽 수꽃)

당단풍나무 열매

당단풍나무 수피

뒷면에 털이 있고 잎맥을 따라 흰색 유모(柔毛)가 밀생한다. 꽃은 잡성 양성화로 정생하는 산방화서에 달린다. 양성화는 2~3개가 달리고 흰색 또는 황백색으로 4~5월에 핀다. 열매는 황자색이며 날개는 둔각으로 벌어지고 9~10월에 익는다.

우리나라와 만주, 우수리 강 등지에 분포한다. 우리나라 전국의 산지에서 가장 많이 볼 수 있는 나무로, 특히 중부지방에는 단풍나무의 대부분을 차지한다. 북한산과 관악산, 설악산 등에 많이 자라는데, 특히 산지 침엽수림 밑에 많이 자란다.

단풍이 아름다워 정원수로 주로 많이 심으며, 목재는 기구재, 가구재로 이용하고 잎은 염료로 이용한다.

번식법

번식은 실생과 꺾꽂이로 한다.

075 다산을 상징하는

대추나무

Zizyphus jujuba var. *inermis* (Bunge) Rehder

과 명	갈매나무과	꽃	5~6월
형 태	낙엽활엽소교목	열 매	9~10월

열매를 많이 열게 하려고 시집보내기를 하기도 한다. 정월 대보름날이나 단옷날, 아래쪽에서 갈래로 갈라진 나무줄기 사이에 큼지막한 돌을 끼우면 열매가 많이 맺힌다는 것이다.

빛대추는 우리 민족이 오랜 옛날부터 식용해온 열매이다. 그래서 전해지는 이야기도 무궁무진하다. 대추가 아들을 상징해 전통 결혼식에서 폐백 때 부모가 신랑 신부에게 던져주는데, 이는 대추 속에 씨 하나가 있기 때문이다. 이에 비해 밤은 딸을 상징한다. 대추는 또 제사상에 반드시 올리는 과실이다. 열매가 많이 열려서 다산을 상징하며, 붉은색을 띠므로 조상에 대한 일편단심을 의미하기도 한다. 또 붉은색은 동쪽을 뜻하므로 홍동백서(紅東白西) 순서에 의해 제상의 동쪽에 올린다. 열매 속에 씨가 하나만 든 것 역시 일편단심을 의미한다.

열매를 많이 열리게 하려고 시집보내기를 하기도 한다. 대추나무 시집보내기는 정월 대보름날이나 단옷날, 아래쪽에서 갈래로 갈라진 나무줄기 사이에 큼지막한 돌을 끼우는 주술적인 행위이

대추나무 새잎

대추나무 잎

대추나무 꽃

다. 아낙네들이 여기저기서 주워온 돌들 중에 적당한 크기의 돌을 나무에 꽉 끼우는데 돌은 남자로 보고, 가지가 갈라진 나무는 여자로 보고 합치는 것이다.

속담이나 속설도 꽤 많다. '대추나무 방망이'라는 말은 어려운 일을 잘 견디어내는 모질고 단단하게 생긴 사람을 비유한 말이며, '대추씨 같다'는 말은 키는 작으나, 성질이 야무지고 단단하여 빈틈이 없는 사람을 두고 이르는 말이다. 충북 보은에는 '삼복에 오는 비에 보은 처녀 눈물도 비 오듯 쏟아진다'는 속담이 있는데, 이는 삼복더위에는 대추가 많이 열리지 않아 대추농사로 시집갈 준비를 하는 처녀들이 가슴 아파한다는 의미이다.

대추라는 이름은 한자 대조(大棗)에서 유래된 것이다. 대조가 대초로 바뀌었다가 대추가 된 것으로 본다. 이 밖에 한자명으로는 조목(棗木), 홍조(紅棗) 등이 있으며, 건조, 백조, 대조, 인조, 양조, 계조, 흑조 등의 다른 이름도 있다.

대추나무 열매

낙엽활엽소교목으로 높이는 10m이고 수피는 흑갈색이다. 작은 가지는 한 군데에서 여러 개가 나오며 가지의 가시는 흔적만 남아 있다. 잎은 어긋나며 난형이고 가장자리에 둔한 톱니가 있으며 탁엽은 길이 3㎝의 가시로 변한다.

꽃은 양성으로 액생하는 취산화서에 2~3개씩 달리며 황록색으로 5~6월에 핀다. 열매는 타원형의 핵과로 9~10월에 적갈색 또는 암갈색으로 익는다.

유럽 또는 아시아가 원산지이다. 우리나라와 중국, 유럽에 분포한다. 우리나라는 추운 고산지역을 제외한 전국의 해발 500m 이하에 자란다. 땅이 깊고 배수가 잘되는 땅에서 잘 자라고 추위와 공해에 강하며 이식도 용이하다.

대추는 쓰임새가 매우 많은데, 중국 송나라 왕안석의 〈조부(棗賦)〉에는 네 가지 이득을 언급하고 있다. 첫째는 심은 해에 바로 돈이 되는 득이다. 대추처럼 심은 해에 바로 열매가 달리는 나무

대추나무 줄기에 난 가시

대추나무 수피

는 드물다. 둘째, 한 그루에 많은 열매가 열리는 득이다. 빗자루병 같은 병이 걸리지 않으면 대추는 많이 열린다. 셋째, 나무의 질이 단단한 득이 있다. 대추의 목재는 단단하여 무기와 악기를 만드는 데 적합하다. 넷째, 귀신을 막는 득이 있다. 벼락 맞은 대추나무로 도장을 만들면 나쁜 기운을 몰아내고 행운을 준다는 속설이 있다.

또 〈잡오행서(雜五行書)〉에 따르면 "집안의 남쪽에 대추 아홉 그루를 심으면 잠상에 좋다. 또한 대추씨 안에 사람이 27명 그려진 옷을 입으면 질병을 피할 수 있다. 대추의 핵인 인(仁)과 가시를 늘 먹으면 백 가지 간사한 짓을 두 번 다시 저지르지 않는다"라고 기록하고 있는데, 대추에서 삶의 지혜를 찾았음을 알 수가 있다.

대추에는 다량의 당분과 점액질, 조산, 단백질, 지방, 칼슘, 비타민 C 등이 들어 있으며 껍질에는 타닌을 함유하고 있다. 익지 않은 풋대추를 많이 먹으면 몸이 여위고 열이 나서 해롭다고 하는데, 완전히 숙성된 대추는 많이 먹으면 장과 위를 보하고 기를 유

익하게 한다. 한방에서 대추는 완화의 목적으로 모든 약에 배합하여 들어가는데 강장제, 신체허약, 지사제 등으로도 사용된다. 대추는 맛이 달고 성질이 따뜻하며 영양을 돕고 위를 편하게 한다. 열매가 길쭉한 일반대추나 보은대추를 대조(大棗)라 하여 자양강장, 해독에 쓰며 둥근 멧대추를 산조인(酸棗仁)이라 하여 불면증, 신경안정에 사용한다. 단, 위가 나쁜 사람은 파와 함께 먹으면 안된다고 한다.

목재는 매우 단단해 떡메, 달구지, 도장, 목탁, 불상, 공예품으로 사용한다. 특히 벼락을 맞은 대추나무를 벽조목(霹棗木)이라고 하는데, 예로부터 이 나뭇가지를 지니고 다니면 요사한 기운을 물리친다고 하며, 부적을 만들어 차고 다니면 잡귀를 물리칠 수 있다고 여겨왔다. 그래서 벽조목으로 도장을 새겨 갖고 다니곤 했다. 나무 심도 본래 붉은색인데, 벼락까지 맞았으니 최고의 수호신처럼 여겼음에 틀림없다. 한편 비누가 없던 시절 대추나무 잎은 비누 대용으로 썼다. 대추나무 잎을 돌에 찧으면 거품이 나오는데 그 거품으로 손발을 씻으면 미끈미끈해서 비누같이 사용할 수 있다. 대추나무 꽃말은 처음 만남이다.

번식법

번식은 뿌리나누기, 접목으로 한다.

076 짧은 가지가 대팻밥처럼 보이는

대팻집나무

Ilex macropoda Miq.

과 명	감탕나무과	꽃	5~6월
형 태	낙엽활엽교목	열 매	10월

대팻집나무는 잎이 모여 나는 짧은 가지가 대팻밥처럼 보인다 하여 붙여진 이름이다. 나무의 목재가 건조 후에도 잘 갈라지지 않아 대팻집을 만드는 데 쓴다고 해서 대팻집나무라고 한다.

대팻집나무는 잎이 모여 나는 짧은 가지가 대팻밥처럼 보인다 하여 붙여진 이름이다. 또한 이 나무의 목재가 치밀하고 무거우며 건조 후에도 잘 갈라지지 않아 대팻집을 만드는 데 쓴다고 해서 대팻집나무라고 한다. 물안포기나무, 대패집나무라고도 한다. 껍질은 회백색이고 어린 가지는 회갈색인 점이 다른 나무와 다른 점이다.

낙엽활엽교목으로 높이는 15m 정도이고 지름이 30㎝로 수피는 회갈색이며 가지는 짧다. 잎은 어긋나며 타원형으로 뒷면 맥 위에 털이 있다.

암수딴그루이고 수꽃은 여러 개가 모여 달리며 암꽃은 짧은 가지 위에 1개 또는 몇 개가 모여 달리고 녹백색으로 5~6월에 핀다. 열매는 핵과로 육질이고 10월에 붉은색으로 익는데 열매는 새들의 좋은 먹이가 된다.

우리나라와 일본, 중국에 분포한다. 우리나라에서는 충청도 이

대팻집나무 새잎

대팻집나무 잎

대팻집나무 암꽃

대팻집나무 수꽃

대팻집나무 열매

대팻집나무 수피

남의 해발 1,300m 이하 산 중턱과 산기슭에 자생한다. 양지와 음지 모두에서 잘 자라고 건조한 곳과 추운 곳에서 잘 자라 서울에서도 월동이 가능하나, 공해에는 약한 편이다.

꽃과 열매가 아름다워 관상용이나 정원수로 심는 나무이며, 붉은 열매는 꽃꽂이 소재로 쓴다. 목재는 세공재나 기구재로 사용된다. 이른 봄에 겨울눈에서 나온 잎을 따서 차 대신 끓여 마시기도 하며, 어린잎은 나물로 해 먹는다.

번식법

번식은 뿌리나누기와 꺾꽂이, 실생으로 한다.

077 꽃향기가 좋은

댕강나무

Abelia mosanensis T. H. Chung ex Nakai

과 명	인동과	꽃	5월
형 태	낙엽활엽관목	열 매	9월

댕강나무 잎

댕강나무 꽃

북한에서 내려온 사람들에게는 향수를 느끼게 하는 나무이다. 특히 평안도 맹산과 성천 지역에는 댕강나무가 많이 자생하여 이 지역에서 살던 사람들은 댕강나무만 봐도 절로 고향이 생각난다고 한다.

나무는 때로 향수에 젖게 한다. 댕강나무는 북한에서 내려온 사람들에게는 향수를 느끼게 하는 나무이다. 특히 평안도 맹산과 성천 지역에는 댕강나무가 많이 자생하여 이 지역에서 살던 사람들은 댕강나무만 봐도 절로 고향이 생각난다고 한다. 댕강나무라는 이름은 줄기를 분지르면 '댕강댕강' 하는 소리가 난다고 해서 붙여졌다고 한다.

낙엽활엽관목으로 높이는 약 2m이다. 밑에서 여러 개의 줄기가 올라오는데, 줄기에는 6개의 골이 있어 육조목(六條木)이라고도 한다. 가지의 속은 하얀색을 띤다. 마주나는 잎은 길이가 3~7㎝로 바소꼴이며 양 끝은 좁아진다. 잎의 앞면은 맥을 따라서 털이 나 있으며, 잎 가장자리는 톱니가 나 있다.

꽃은 5월에 흰색 또는 옅은 홍색으로 잎겨드랑이 또는 가지 끝에 달린다. 꽃대 하나에 꽃이 세 개씩 핀다. 꽃이 진 다음에 꽃받침이 남아 있어서 처음 본 사람은 이를 꽃으로 착각하기도 한다.

댕강나무 열매

댕강나무 수피

열매는 벌어지지 않고 그 안에 종자가 하나 있다. 열매는 9월에 익는다.

평안남도 맹산에 많이 야생하며, 2002년 강원도 영월의 동강 부근에서도 군락지가 처음으로 발견되기도 하였다. 주로 해발 250m 정도의 산기슭 양지쪽에서 자란다. 꽃향기가 좋아 관상용으로도 이용되고, 향수의 재료로도 쓰인다. 털댕강나무, 섬댕강나무, 줄댕강나무, 주걱댕강나무 등 유사 종이 많다. 중국산 댕강나무와의 교잡으로 태어난 꽃댕강나무가 있는데, 6월부터 피기 시작한 꽃이 11월까지 이어져 오래 꽃을 감상할 수가 있다.

또 2012년에는 강원도 정선의 석회암 지대에서 긴털댕강나무가 세계 최초로 발견되었다. 긴털댕강나무는 잎의 표면은 털댕강나무와 비슷하나, 잎 뒷면과 꽃대에 긴 털이 달린 점이 다르고 꽃도 1개월 정도 먼저 핀다. 꽃말은 평안함이다.

번식법

종자로 번식하는 것은 거의 불가능하여 새로 자란 가지를 꺾꽂이한다.

078 열매를 들꿩이 잘 먹는다는

덜꿩나무

Viburnum erosum Thunb.

과 명	인동과	꽃	5월
형 태	낙엽활엽관목	열 매	9~10월

덜꿩나무 잎

덜꿩나무 꽃

나무 열매는 사람이 먹기도 하지만 야생에서는 주로 새가 먹는다. 덜꿩나무 열매 역시 사람이 먹을 수 있지만, 새들의 먹이로 알맞다. 들꿩이 잘 먹는다고 하여 덜꿩나무라는 이름을 얻었다고 한다.

나무 열매는 사람이 먹기도 하지만 야생에서는 주로 새가 먹는다. 덜꿩나무 열매 역시 사람이 먹을 수 있지만, 새들의 먹이로 알맞다. 특히 들꿩이 잘 먹는다고 하여 덜꿩나무라는 이름을 얻었다고 한다. 꿩이 되려다 나무가 되었다는 흥미로운 이야기도 전한다.

낙엽활엽관목으로 높이는 2m이다. 어린 가지에는 성모가 빽빽이 난다. 잎은 마주나며 달걀 모양 또는 거꾸로 세운 달걀 모양이다. 잎은 길이 4~10㎝, 너비 2~5㎝로 가장자리에 톱니가 있다. 앞면에 별 모양으로 갈라진 잔털이 조금 있고, 뒷면은 빽빽하다. 가막살나무와 잎이 매우 흡사한데, 이때는 열매를 보고 구분하는 것이 편하다. 덜꿩나무는 열매가 성기게 열리며 보통 아래로 늘어지나, 가막살나무는 열매가 잎 위로 빽빽이 뭉쳐난다.

꽃은 5월에 가지 끝에 흰색으로 달리며, 꽃받침조각은 달걀 모양의 원형이다. 열매 역시 달걀 모양의 원형으로 9~10월에 빨갛

덜꿩나무 열매(미성숙)

덜꿩나무 열매(성숙)

덜꿩나무 수피

게 익는다. 종자는 양쪽에 홈이 있다.

유사 종으로 가새덜꿩나무, 개덜꿩나무, 털설구화 라나스 등이 있는데, 이 중 꽃과 잎 그리고 열매가 가장 아름다운 것은 털설구화 라나스이다. 이 나무는 높이가 2m로 작아 정원수로 알맞으며, 생울타리용으로도 알맞다.

원산지는 우리나라로 우리나라와 일본, 중국 등지에 분포한다. 해발 1,200m 이하의 산기슭 숲 속이나 숲 가장자리에서 자란다. 추위에 매우 강하며 건조에도 잘 버티는 수종이다. 어린순과 열매는 식용하며, 나무는 땔감으로 쓴다. 열매는 주로 새가 먹는다.

한방에서는 잎과 줄기를 선창협미(宣昌莢迷)라고 하고, 열매를 선창협미자(宣昌莢迷子)라고 하여 간질과 기미, 주근깨 등에 약재로 사용한다.

번식법

포기나누기와 종자 번식이 가능하다. 종자는 보통 2년가량 땅속에 묻어두었다가 이른 봄에 파종한다. 꺾꽂이로 번식할 때는 그 해에 자란 가지를 꺾어 심어야 한다.

079 노르웨이가문비에서 이름이 와전된

독일가문비

Picea abies (L.) H. Karst.

과명	소나무과	꽃	5월
형태	상록침엽교목	열매	10월

독일가문비 새잎

독일가문비 잎

재질이 좋아 건축재, 펄프재, 보트와 맥주통의 재료로 사용하며, 피아노의 공명판이나 바이올린, 기타의 몸체를 만드는 데에도 쓰인다.

가문비나무의 한 종류로 독일이라는 명칭이 붙었지만, 본래는 노르웨이가문비(Norway Spruce)이다. 노르웨이가 독일로 바뀐 데에는 일본이 한몫을 했다. 1920년대에 이 품종을 우리나라에 들여오면서 당시 제1차 세계대전에서 독일과 동맹을 맺고 있던 일본이 독일을 우대하는 의미로 붙였다. 다른 이름으로는 긴방울가문비가 있다. 흥미로운 것은 속명으로 사용되는 *abies*가 이 나무에서는 종소명으로 쓰인다는 사실이다.

상록침엽교목으로 높이 60m이고 지름은 3m에 이른다. 수형은 전체적으로 원추형을 하고 있으며, 적갈색의 수피는 얇은 비늘 조각으로 벗겨진다. 잎은 바늘 모양이며 횡단면이 사각상의 선형으로 길이는 2~2.5㎝이고, 끝이 뾰족하다. 꽃은 5월에 피는데, 수꽃은 황갈색이며 암꽃은 연한 자주색이다. 전년도 가지 끝에 달린다. 열매는 길이 10~15㎝로 긴 원추형을 이루는데, 가지처럼 아래로 드리워지는 것이 특징이다. 색깔은 녹황색으로 10월

에 익는다.

가문비나무 종류들이 대개 그렇듯 이 나무 역시 재질이 좋아 목재로 많이 이용된다. 건축재, 펄프재, 보트와 맥주통의 재료로 사용하며, 피아노의 공명판이나 바이올린, 기타의 몸체를 만드는 데에도 쓰인다. 또한 풍치수, 관상수, 기념수로도 많이 심는다. 이렇게 용도가 많은 까닭에 유럽 일대에서는 조림용으로 많이 심는데

독일가문비 암꽃

독일가문비 수꽃

독일가문비 열매

독일가문비 전년도 열매

독일가문비 수피

특히 독일에서는 중요한 경제림의 역할을 한다. 흑림(黑林)이라고 해서 산마다 울창한 숲을 이루고 있으며, 나무 대부분을 직접 사람들이 심어서 키운 것으로 유명하다.

유럽 원산으로 우리나라에는 서울 남산 등 전국 곳곳에서 제법 자라고 있는데, 덕유산자연휴양림 내의 독일가문비 숲은 2010년 산림청이 시행한 아름다운 숲 전국대회에서 '천 년의 숲'으로 지정되기도 했다. 음지와 한지를 가리지 않고 잘 자라지만, 뿌리가 깊지 않아 장마 후나 강풍이 불 때는 뽑히는 사례도 꽤 많은 편이다. 어린나무는 크리스마스트리로 자주 이용된다.

번식법

번식은 실생으로 한다. 봄에 파종해 키운 묘목으로 번식한다. 비옥한 땅을 좋아하며 천근성 수종으로 뿌리가 얕게 내리는 것이 특징이다. 공해에는 아주 약해 도심에서 키우기는 어려운 편이다.

080 좋지 않은 냄새가 나는

돈나무

Pittosporum tobira (Thunb.) W. T. Aiton

과 명	돈나무과	꽃	5~6월
형 태	상록활엽관목	열 매	10~12월

돈나무 새잎

돈나무 잎

잎과 수피, 뿌리에서 좋지 않은 냄새가 나며, 열매에서는 끈적끈적한 점액질이 있어 파리 같은 곤충들이 날아와 지저분하다. 그래서 똥낭 혹은 똥나무라고 불렀다.

이름을 들으면 마치 돈이라도 열리는 나무처럼 여기지나, 유래를 보면 전혀 다르다. 이 나무는 제주도에 자라는데, 잎과 수피, 뿌리에서 좋지 않은 냄새가 나며, 열매에서는 끈적끈적한 점액질이 있어 파리 같은 곤충들이 날아와 지저분하다. 그래서 똥낭 혹은 똥나무라고 불렀는데, 일제강점기 때 일본인 학자가 똥을 발음하지 못하고 돈이라고 해서 돈나무가 되었다고 한다.

학명은 *Pittosporum tobira*인데, 여기에서 tobira(とびら)는 일어로 문, 문짝이라는 뜻이다. 일본에서는 문에 나뭇가지를 매달아 귀신을 쫓는 미신이 있는데 이것이 학명에 고스란히 반영된 것이다. 섬엄나무, 똥나무, 섬음나무, 음나무, 갯똥나무, 해동 등으로도 불린다.

상록활엽관목으로 높이는 2~3m 정도이고 가지에 갈색 털이 있다. 잎은 혁질로 가지 끝에서 돌려나고 긴 도란형이다. 가장자

돈나무 암꽃

돈나무 수꽃

돈나무 열매(미성숙)

돈나무 열매(성숙)

리는 밋밋하고 뒤로 말리면서 반원형의 수관을 이루는데 수형이 아름답다. 꽃은 양성으로 가지 끝에 취산화서를 이루며 흰색에서 점차 황색으로 되고 향기가 나며 5~6월에 핀다. 열매는 삭과로 털이 있으며 10~12월에 익는데 3갈래로 갈라지며, 붉은 점액에 싸인 씨가 잔뜩 들어 있다.

돈나무 수피

우리나라와 일본, 중국, 타이완 등지에 분포한다. 우리나라에서는 남부지방의 양지바른 바닷가나 낮은 산기슭, 메마른 바위틈, 들판에 자란다.

목재는 습기에 강해서 고기 잡는 도구를 만드는 데 쓰며, 잎은 가축 사료로 쓴다. 상록수이어서 방화용, 방풍용으로 사용하고 내조성과 공해에 강하며 맹아력도 좋아 도심지나 해안이나 섬 지방의 공원에 심기에 적합하다. 그러나 추위를 견디지 못하여 한지 월동에는 약하다.

한방에서는 줄기와 꽃을 중풍, 종기, 골절, 관절염, 결막염, 고혈압, 동맥경화, 아토피나 습진, 혈액순환, 천식, 치통 등을 치료하는 데 사용한다. 줄기, 잎, 꽃은 햇볕에 말려 사용한다.

번식법

실생과 삽목으로 번식한다.

081 꽃과 열매가 찔레꽃을 닮은

돌가시나무

Rosa wichuraiana Crep. ex Franch. & Sav.

과 명	장미과	꽃	5~6월
형 태	반상록활엽 포복성 관목	열 매	9~10월

돌가시나무 새잎

돌가시나무 잎

꽃을 보면 꼭 찔레꽃이다. 하얀 꽃도 그렇지만 열매도 흡사하다. 찔레꽃이 땅 위에 꼿꼿하게 서서 자라는 반면, 돌가시나무는 땅 위를 기듯 자라는 점이 크게 다르다.

꽃을 보면 꼭 찔레꽃이다. 하얀 꽃도 그렇지만 열매도 흡사하다. 그러나 찔레꽃이 땅 위에 꼿꼿하게 서서 2m가량 자라는 반면, 돌가시나무는 땅 위를 기듯 자라는 점이 크게 다르다.

반들가시나무, 대도가시나무, 붉은돌가시나무, 대마도가시나무, 긴돌가시나무, 홍돌가시나무, 땅가시나무, 땅찔레나무, 용가시나무 등 다양한 이명이 있다. 가시나무라는 이름은 붙었으나, 장미과에 속하며, 도토리가 열리는 참나무과의 가시나무와는 종이 다르다.

전체에 가시가 많은 반면에 털은 없다. 어긋나는 잎은 7~8개의 작은 잎으로 구성된 깃꼴겹잎이다. 작은 잎은 달걀을 거꾸로 세운 듯한 모습이거나 넓은 달걀 모양이다. 잎끝이 뭉뚝하고 밑부분은 둥글다. 잎 가장자리에 굵은 톱니가 있는 것이 특징이다. 흰색의 꽃은 지름이 약 4㎝이며, 가지 끝에 1~5개 정도 달린다. 꽃잎은 잎과 비슷한 모양으로 끝이 오목하며, 꽃받침조각은 바소꼴

돌가시나무 꽃

돌가시나무 열매

이다. 열매는 가을에 붉게 익는데 모양은 둥글다.

반상록활엽 포복성 관목으로 바닷가에서 잘 자란다. 우리나라와 일본, 타이완, 중국 등지에 분포한다. 꽃향기가 좋아 관상용으로 심는다. 특히 햇볕만 좋으면 꽃이 계속 피며, 열매도 여름까지 계속 열리므로 관상 가치가 높은 수종으로 여겨진다. 뿌리는 약재로 이용된다.

번식법

가지를 이용한 삽목과 뿌리나누기로 번식한다. 종자는 9월경에 받아 바로 뿌리거나 종이에 싸서 냉장고에 보관 후 이듬해 봄에 뿌린다.

082 꽃이 통째로 떨어지는

동백나무

Camellia japonica L.

과 명	차나무과	꽃	12~4월
형 태	상록활엽소교목	열 매	9~10월

붉은 동백을 보면 이제 봄이 곧 온다는 생각을 갖게 된다. 여기에서 백(柏) 자는 흰(白) 눈 속에서도 자라는 나무(木)라는 뜻으로, 겨울에도 잎이 푸르고 꽃이 피는 상록수임을 나타낸다.

바람이 차가운 이른 봄 가장 먼저 꽃 소식을 전하는 꽃이 바로 동백이다. 오죽하면 겨울 동(冬) 자를 써서 동백(冬柏)이라고 할까. 붉은 동백을 보면 이제 봄이 곧 온다는 생각을 갖게 된다. 여기에서 백(柏) 자는 흰(白) 눈 속에서도 자라는 나무(木)라는 뜻으로, 겨울에도 잎이 푸르고 꽃이 피는 상록수임을 나타낸다.

보통 진한 붉은색의 동백꽃만을 생각하는데, 재배품종은 꽃 모양이나 빛깔이 다양하며 꽃이 활짝 만개하거나 반쯤 피는 등 품종이 아주 다양하다. 그러나 품종 대부분은 하늘을 쳐다보는 꽃은 없고 옆이나 아래를 보고 피어난다. 통꽃이기 때문에 꽃이 질 때 한 잎 한 잎 떨어지지 않고 꽃잎 하나 상하지 않은 꽃송이가 통째로 떨어진다. 제주도에서는 그런 동백꽃의 모습이 마치 머리가 잘려 나가는 것과 비슷하다고 해서 춘사(椿事) 또는 춘수락(春首落)이라고 표현한다. 그래서 '동백은 나무 위에서 100일 피고, 땅 위

동백나무 새잎

동백나무 잎

동백나무 꽃

동백나무 열매(미성숙)

동백나무 열매(성숙)

에서 100일 핀다'라는 말이 생겨났다. 땅에 떨어진 꽃도 오래도록 남아 처연한 아름다움을 주곤 한다.

동백, 뜰동백나무, 뜰동백으로도 불리며, 한자로는 홍산차(紅山茶), 동백목(冬柏木), 동백(冬柏)으로 쓴다. 특이한 것은 이름에 차를 뜻하는 차(茶) 자를 붙인 것인데, 이는 이 동백나무가 차나무과이기 때문이다.

상록활엽소교목으로 높이는 7m 정도이고 작은 가지는 홍갈색

이다. 잎은 어긋나고 타원형 및 긴 타원형으로 예저(銳底: 밑 모양이 좁아지면서 뾰족한 것)이며 파상의 잔톱니가 있다. 꽃은 양성화로 가지 끝에 1개씩 피며 꽃잎은 5~7장으로 12~4월에 핀다. 열매는 구형의 삭과로 9~10월에 익고 3개로 갈라지며 씨는 암갈색이다.

동백꽃은 벌과 나비의 힘을 빌리지 않고 꽃가루 수정을 한다. 꽃에 화밀(花蜜)이 많아 동박새라는 새의 힘으로 수정을 한다. 동백꽃은 동박새에게 꿀을 먹이고 동박새는 동백꽃의 꽃가루를 날라다주어 꽃가루받이를 시켜주는 공생관계이다. 이렇게 새를 이용해 수분하는 꽃을 조매화(鳥媒花)라고 한다.

황해도의 대청도가 북방한계로 주로 남쪽 해안가에 자란다. 습기가 있는 비옥한 땅을 좋아하고 추위에 약하여 추운 지방에서는 잘 자라지 못하나, 해풍과 내염에 강해 따뜻한 남쪽 섬 지방이나 바닷가에서 잘 자란다. 대청도의 동백나무는 자생

동백나무 씨앗

동백나무 겨울눈

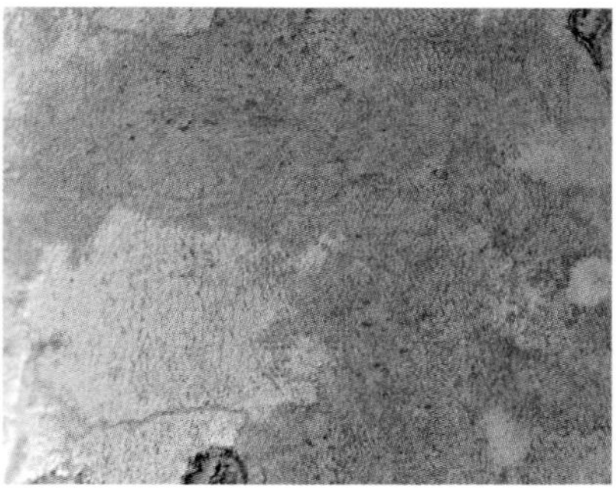
동백나무 수피

북한지에 자라고 있는 것으로 천연기념물 제66호로 지정되어 있으며, 충남 서천의 마량리 동백나무 숲은 천연기념물 제169호로 지정되어 보호되고 있다.

동백나무 숲은 유명한 곳이 꽤 많은데, 고창 선운사 동백나무 숲은 천연기념물 제184호, 강진 백련사 동백나무 숲은 천연기념물 제151호로 지정되었으며, 통영 충렬사 동백나무, 부산 가덕도 자생동백나무 군락, 제주도 위미 동백나무 군락 등도 잘 알려진 동백나무들이다.

상록수로 공해에도 강하여 생울타리용으로 심기에 적합한 나무이며, 방화용이나 방풍용으로도 좋다. 목재는 황갈색으로 공예품, 가구재, 공업유지용, 신탄재로 쓰인다. 열매에서 짠 동백유는 여성의 머릿기름, 등잔불, 식용유, 화장품의 원료, 기계의 윤활유 등 다용도로 사용된다. 꽃은 지혈, 소종, 장염, 어혈 등에 약으로 쓴다. 꽃말은 신중, 허세부리지 않음이다.

번식법

번식은 꺾꽂이와 실생으로 한다.

083 봄철 최고의 산나물

두릅나무

Aralia elata (Miq.) Seem.

과 명	두릅나무과	꽃	8~9월
형 태	낙엽활엽관목 또는 소교목	열 매	10월

두릅나무 싹

두릅나무 새잎

두릅나무 잎

두릅은 알싸하면서도 단맛이 나고 향이 그윽하다. 어린순을 데쳐서 먹기도 하지만 튀김, 산적, 부침, 전골, 장아찌 등 다양하게 요리할 수 있다.

두릅은 봄날 미각을 돋워주는 나물로 유명하다. 어린순을 따서 초고추장에 찍어 먹는데 새순이 다 올라와 억세어졌을 때는 그중 보드라운 것을 따서 살짝 데친 후 껍질을 벗겨 속살을 나물로 해 먹으면 오히려 연한 순보다 더욱 향이 강하고 맛있다.

두릅은 나무두릅과 땅두릅의 두 종류가 있는데, 일반적으로 두릅하면 나무두릅을 말한다. 잎자루에 가시가 돋아 있고 잎의 앞과 뒷면에 가는 털이 나 있는 것으로 땅두릅과 구분을 위해 참두릅이라고도 한다. 그 외에도 개두릅이 있는데, 흔히 음나무라고 부르며 잎과 잎자루에 가시가 없다. 나무두릅은 강원도에서, 땅두릅은 강원도와 충북지방에서 많이 재배된다.

두릅나무 이름은 목두채(木頭菜)에서 둘훕이 유래되었고 다시 두릅으로 변한 것이다. 두채는 나무줄기의 끝에서 나오는 어린순이 마치 머리처럼 나오는 것을 비유하여 이름을 붙였다. 드릅나무, 참두릅나무, 참두릅, 참드릅 등으로도 불리며, 한자명은 늙은 까

두릅나무 꽃

두릅나무 열매

마귀 발톱 같은 가시가 있다 하여 자노아(刺老鴉), 용의 비늘과 같다 하여 자룡아(刺龍芽)로 불리기도 한다.

낙엽활엽관목 또는 소교목으로 높이는 3~5m이고 수피는 회색이며 줄기에 가시가 많다. 잎은 어긋나며 기수 2회 우상복엽이며 엽축과 소엽에 가시가 있다. 소엽은 넓은 난형 및 타원상의 난형으로 가장자리에 큰 톱니가 있고 뒷면은 회색으로 맥 위에 털이 있다. 꽃은 양성화로 흰색이며 가지 끝에서 나오는 산형상의 원추화서로 8~9월에 흰색으로 핀다. 열매는 구형으로 5개의 능선이 있고 10월에 검은색으로 익는다.

우리나라와 중국, 일본, 만주, 사할린 등지에 분포한다. 우리나라에서는 전국의 양지바른 산기슭이나 골짜기, 자갈밭에서 잘 자란다. 이런 곳에 자라는 식물들은 거의 햇빛을 좋아하거나 척박하고 건조지에서 잘 견디는 식물들인데 붉나무, 산초나무, 부처손 등이 있다.

두릅은 알싸하면서도 단맛이 나고 향이 그윽하다. 어린순을 데쳐서 먹기도 하지만 튀김, 산적, 부침, 전골, 장아찌 등 다양하게

두릅나무 겨울눈

두릅나무 수피

요리할 수 있다. 쇠고기와 함께 꼬챙이에 꿴 뒤 밀가루를 묻힌 후 달걀로 옷을 입혀 지지거나 구워 먹기도 한다. 이를 목두채적이라고 한다.

재목은 기구재로 사용한다. 두릅의 뿌리에는 아랄로사이드, 비타민 A, B, C가 들어 있다. 잎에는 헤데라게닌, 단백질, 지방, 당질, 회분, 인, 칼슘, 섬유질, 철분, 비타민 C, B_1, B_2, 니아신 등이 들어 있다. 한방에서 총목(楤木)이라고 하며 새순을 목두채(木頭菜), 뿌리껍질을 근피(根皮), 줄기 껍질을 총목피(楤木皮)라고 해서 약재로 쓰인다. 이 중 뿌리껍질은 당뇨병과 위장병에 쓰며, 잎과 뿌리 · 과실은 건위제, 간장질환 등에 사용한다. 그 외에도 신경안정, 통증, 염증, 위염, 간염, 관절염, 양기부족 등에 사용한다. 꽃말은 애절, 희생이다.

번식법

번식은 실생과 삽목, 뿌리나누기 등으로 한다.

084 잎을 달여 차로 마시는

두충

Eucommia ulmoides Oliv.

과 명	두충과	꽃	4~5월
형 태	낙엽활엽교목	열 매	9~10월

두충 새순

두충 잎(앞면)

두충 잎(뒷면)

두충은 옛날 중국에서 두중(杜仲)이란 사람이 이 나무의 껍질을 복용하고 도를 터득했다는 데서 유래된 이름이다. 두중, 당두중(唐杜仲), 사중(思仲), 사선(思仙)이라고도 한다.

두충은 옛날 중국에서 두중(杜仲)이란 사람이 이 나무의 껍질을 복용하고 도를 터득했다는 데서 유래된 이름이다. 두중, 당두중(唐杜仲), 사중(思仲), 사선(思仙)이라고도 한다. 흔히 사철나무를 두중, 동청이라고 하기도 해서 헷갈리는데, 서로 다른 종이다. 사철나무가 한방에서 두충을 대신해 쓰기도 하다 보니 혼동을 가져왔을 뿐이다. 그래서 두충을 당두중이라고 해서 확실하게 구분하기도 한다.

낙엽활엽교목으로 높이는 10m 이상이고 지름이 30㎝ 정도이다. 줄기는 곧게 자라며 많은 가지를 내고 수피는 갈색이 도는 회백색이다. 잎은 어긋나고 난상의 타원형으로 가장자리에는 잔거치가 있다. 암수딴그루로 꽃은 잎보다 먼저 나오는데 당년도 가지의 기부에 모여 달리며 화피가 없고 4~5월에 핀다. 열매는 혁질의 긴 타원형 날개가 있는 시과로 9~10월에 익는다. 잎과 열매를 찢으면 실이나 고무 같은 점질의 흰색 실이 길게 늘어난다.

중국 특산종으로 우리나라에서는 산과 들에 자란다. 비옥하고 습기가 있는 사질양토를 좋아하며 추위에 강하고 그늘에서도 잘 자라며 바닷가나 도심지에서도 잘 자란다.

보양의 생약으로서 놀라운 효과가 알려졌다. 중국에서는 2,000년 전부터 강장제로 사용해왔다고 하며, 고려 문종 때에는 왕의 병을 치료하기 위해 송나라로부터 들여왔다는 기록도 있다. 우리나라에서는 약 30년 전부터 남부지방을 중심으로 많이 재배하고 있다.

성분은 고무질, 구타페르카, 수지, 회분 등을 함유하고 있으며, 맛은 맵고 달며 약성은 따뜻하고 독성이 없다. 한방에서는 나무껍질을 보약, 강장제로 쓰고 항염증, 진정, 허리 · 무릎 등 골격의 무력감 및 통증, 진통, 고혈압, 남녀의 음하습과 가려움증, 대뇌를 튼튼하게 하는 데, 요의가 잦고 힘이 없고 나른한 데 등에 쓴다. 민간에서는 잎을 달여서 신경통, 고혈압에 쓰고 차로도 복용한다.

약용식물로 심는 나무이며 공원수로도 심는다. 나무의 목심은

두충 암꽃

두충 수꽃

두충 열매

두충 씨앗

두충 수피

옛날에 나막신을 만드는 중요한 재료로 쓰였으며, 특히 다리가 아픈 데 좋다고 한다. 북한 평양의 대성동에 있는 두충은 높이 12~13m, 가슴둘레 1.1m 이상으로 북한의 천연기념물로 지정되어 있다.

번식법

실생으로 번식한다.

085 시원한 그늘을 만들어주는

등

Wisteria floribunda (Willd.) DC.

과 명	콩과	꽃	5~6월
형 태	낙엽활엽덩굴성 목본	열 매	9~10월

등 잎

천연기념물로 지정된 것이 몇 개 있는데, 그중 유명한 것은 서울 삼청동 국무총리 공관의 등이다. 수령이 900년 정도로 추정되며 천연기념물 제254호로 지정되었다.

등(藤)은 무더운 여름철 시원한 그늘을 만들어준다. 흐드러지게 핀 등꽃은 당면을 섞어 떡을 만들어 먹는데 이를 등라병(藤萝餠)이라 한다. 어린잎이나 꽃도 먹는다. 특히 꽃으로 만든 화채는 등화채(藤花菜)라고 부른다.

등은 나무지만 칡과 같이 다른 식물을 감고 오르는 덩굴성 목본이다. 다화자등(多花紫藤)에서 유래된 이름으로 참등나무, 조선등나무, 왕등나무, 연한붉은참등덩굴이라고도 한다. 낙엽활엽덩굴성 목본으로 길이는 16m 정도이고 작은 가지는 회갈색이다. 잎은 어긋나며 13~19개의 소엽으로 된 기수 우상복엽이며, 소엽은 난상의 타원형으로 길이는 4~8㎝이다. 꽃은 정생 또는 액생하며 길이 30~40㎝의 총상화서에 달린다. 연한 자주색으로 5~6월에 잎과 같이 핀다. 열매는 보드라운 털로 덮였는데, 아래는 넓고 기부로 갈수록 좁아지는 꼬투리 열매로 9~10월에 익는다.

우리나라와 일본, 중국에 분포한다. 우리나라에서는 경남과 전남, 충남 등 일부 지역에 자생한다. 비옥한 계곡이나 산기슭에서

잘 자라고 건조하고 척박한 곳과 바닷가에서도 잘 자란다. 추위와 공해에도 강해서 우리나라 전국의 공원이나 정원에 많이 심는다.

등은 쓰임새가 매우 많다. 등의 줄기로 만든 베개는 등침(藤枕)이라 하여 여름에 낮잠을 잘 때 베고 자면 좋고, 등나무로 만든 술잔은 등배(藤杯)라 한다. 등으로 종이를 만들 수도 있는데 이 종이를 등지(藤紙)라 한다. 또 줄기가 단단해 지팡이로 사용하는데, 조선의 영조도 등으로 지팡이를 사용했다고 한다. 몇 년 전에는 등으로 만든 가구도 유행했는데, 이는 우리나라에 자라는 나무가 아니라 인도네시아산의 라탄(rattan)이라는 나무로 만든 것이다.

등 꽃봉오리

등은 천연기념물로 지정된 것이 몇 개 있는데, 그중 유명한 것은 서울 삼청동 국무총리

등 열매

등 줄기

등 수피

공관의 등이다. 수령이 900년 정도로 추정되며 줄기 밑동 둘레는 2.42m나 되는 거목으로 천연기념물 제254호로 지정되었다. 경주시 오류리의 등은 용처럼 구불구불한 줄기를 가지고 있어 용등이라고 한다. 천연기념물 제89호로 지정되었는데, 꽃을 말려 신혼부부의 금침에 넣어주면 금실이 좋아지고 나무의 삶은 물을 마셔도 금실이 좋아진다는 전설이 전해지는 나무이다. 꽃말은 환영이다.

번식법

번식은 실생과 삽목, 접목 등으로 한다.

086 색소폰 같은 꽃을 피우는

등칡

Aristolochia manshuriensis Kom.

과명	쥐방울덩굴과	꽃	5~6월
형태	낙엽활엽덩굴성 목본	열매	9~11월

등칡 덩굴손

꽃은 U자형으로 꼬부라진 통상화(筒狀花)로 달린다. 통상화는 꽃잎 전체 또는 그 밑부분이 붙어서 대롱 모양으로 되어 끝만 겨우 째진 꽃부리로 백일홍이나 쑥갓 따위의 꽃이 좋은 예이다.

낙엽활엽덩굴성 목본으로 길이 10m까지 자란다. 새로 자라는 가지는 녹색이지만, 줄기는 잘게 갈라지면서 회갈색으로 바뀌고 코르크질화된다. 꽃은 잎과 마주 달리고 U자형으로 꼬부라진 통상화(筒狀花)로 달린다. 통상화는 꽃잎 전체 또는 그 밑부분이 붙어서 대롱 모양으로 되어 끝만 겨우 째진 꽃부리로 백일홍이나 쑥갓 꽃이 그 예이다. 꽃은 상반부가 3개로 갈라져 있으며, 바깥쪽은 연한 녹색이고 안쪽 중앙부는 황색으로 5~6월에 핀다. 꽃은 색소폰같이 생겼다. 열매는 삭과로 긴 타원형이며, 6개의 능선이 있고 9~11월에 익는다.

우리나라와 중국 동북부, 우수리 강 등지에 분포한다. 우리나라에서는 중부 이북 해발 350~900m의 산기슭과 계곡에 자생한다. 추위에 강하며 양지와 음지를 가리지 않고 잘 자라나 건조한

등칡 꽃

등칡 열매

등칡 수피

땅에서는 잘 자라지 못한다. 공해에 잘 견디고 맹아력도 강하며 바닷물에도 강하여 도심지나 바닷가에서도 잘 자란다.

한방에서는 줄기를 관목통(關木通)이라 하여 화를 풀고 심장을 튼튼하게 하며 진통, 이뇨, 종기에 사용한다. 약재로 사용할 때는 가을과 겨울에 채취한 줄기의 껍질을 벗기고 햇빛에 말려 사용한다. 그러나 뿌리에는 독이 있으며 잎이나 줄기, 열매를 많이 복용하면 신장에 부작용이 생기므로 적당량만을 먹어야 한다. 꽃이 특이하고 아름다워 관상용이나 퍼걸러(pergola)의 시설 소재로 심는다.

번식법

가을에 종자를 채취하여 노천매장 후 봄에 파종하여 키운 묘종으로 번식한다.

087 줄기를 꺾으면 딱 하고 총소리가 나는

딱총나무

Sambucus williamsii var. *coreana* (Nakai) Nakai

과 명	인동과	꽃	5~6월
형 태	낙엽활엽관목	열 매	9~10월

딱총나무가 영화에 등장한 것은 지극히 당연한 것 같다. 서양에서는 이 나무가 마법사의 나무로 알려져 마법 지팡이를 만드는 재료라고 믿어왔기 때문이다. 생존력이 강하여 부활의 상징으로도 여겨졌다.

영화 〈해리포터〉에 죽음의 성물인 딱총나무 지팡이가 나온다. 세상에서 가장 강력한 이 지팡이를 지닌 자는 수많은 마법사를 제압할 수 있는데, 주인이 여러 번 바뀌며 이야기를 더욱 흥미롭게 만든다. 특히 자신의 것으로 만들려면 전에 가지고 있던 사람을 없애야 한다는 설정 또한 기발하다. 이 지팡이는 마지막에 해리포터가 주인이 되는데, 해리포터는 딱총나무 지팡이의 강력한 힘을 원하지 않아 지팡이를 아무도 찾지 못하게 하였다.

딱총나무가 영화에 등장한 것은 지극히 당연한 것 같다. 왜냐하면 서양에서는 이 나무가 마법사의 나무로 알려져 있어 마법 지팡이를 만드는 재료라고 믿어왔기 때문이다. 또 생존력이 강하여 부활의 상징으로도 여겨졌다. 북독일에서는 어린 딱총나무 가지를 잘라 죽은 자의 치수를 재는 것이 관습이었고, 영구차를 모는 사람은 채찍 대신 딱총나무 막대기를 사용했다고 한다. 리투아니

딱총나무 잎

딱총나무 꽃봉오리

딱총나무 꽃

아에서는 집안에 누군가가 심하게 아프면 딱총나무 아래에서 저승의 신에게 제사를 지냈다고 한다.

우리나라에서는 줄기를 꺾으면 딱 하고 총소리가 나서 딱총나무라고 했으며, 이 나무의 가지로 딱총을 만들어서 놀기도 했다.

낙엽활엽관목으로 높이는 3m이다. 덩굴처럼 자라는 것이 특징이며 나무껍질은 갈색 또는 회갈색이다. 어린 가지는 연초록빛을 띤다. 잎은 마주나고 장타원형으로 생긴 작은 잎은 5~7개로 길이

딱총나무 열매

5~14㎝, 너비 3~6㎝이다. 꽃은 5~6월에 가지 끝에 황록색으로 달린다. 둥근 열매는 9~10월에 붉게 익는다.

우리나라, 일본, 중국 등지의 그늘지고 습한 산골짜기에서 자란다. 새순은 나물로 먹으며, 잎과 줄기는 염료 재료로 사용한다. 또 약재로도 사용되는데, 뼈가 부러졌을 때 줄기와 잎, 뿌리를 달여 먹으면 효과가 있다. 한방에서는 뼈를 붙여준다고 해서 접골목이라고 부른다. 꽃은 차로도 마실 수 있다.

번식법

종자 및 삽목, 분주로 번식한다. 종자는 2년 동안 노천매장하였다가 봄에 파종한다.

088 빗자루 만들던

땅비싸리

Indigofera kirilowii Maxim. ex Palib.

과명	콩과	꽃	5~6월
형태	낙엽활엽관목	열매	10월

땅비싸리 새잎

땅비싸리 잎

수십 년 전만 해도 시골에서는 땅비싸리로 빗자루를 만들곤 했다. 땅비싸리는 빗자루로 사용하는 나무라는 뜻이다. 땅을 덮을 만큼 무성하게 자라 '땅'이 앞에 붙었다.

요즘은 플라스틱 빗자루가 대세지만, 수십 년 전만 해도 시골에서는 땅비싸리로 빗자루를 만들곤 했다. 땅비싸리는 빗자루로 사용하는 나무라는 뜻이다. 땅을 덮을 만큼 무성하게 자라 '땅'이 앞에 붙었다. 지역에 따라 부르는 이름이 많아서 젓밤나무, 땅비수리, 논싸리, 고려땅비사리, 완도당비사리, 좀땅비싸리, 민땅비싸리, 땅비수리, 민땅비수리라고도 한다. 또 한자명은 조선정등(庭藤), 화귀람(花鬼藍)이다.

낙엽활엽관목으로 높이는 1m 정도이고 잎은 어긋나며 7~11개의 소엽으로 된 기수 1회 우상복엽이다. 소엽은 난상 타원형 및 타원형이다. 양면에 약간의 겹털이 누워 있다. 꽃은 액생하는 총상화서에 달리며 5~6월에 보라색으로 피기 시작해 6월까지 계속하여 핀다. 열매는 원주형의 협과로 10월에 황갈색 또는 적갈색으로 익는다.

우리나라와 일본, 중국, 만주 등지에 분포한다. 우리나라에서

는 함북을 제외한 전국의 해발 50~700m의 산기슭 이하 양지바른 곳에 자생한다. 햇빛이 잘 드는 곳에서 잘 자라고 척박한 땅에서도 잘 자란다. 맹아력이 강해 뿌리에서도 맹아가 많이 생겨 숲 속의 도로변이나 숲 가장자리에 군락을 이루며 자란다. 그러나 이식에는 약해 옮겨 심는 것은 좋지 않다.

꽃이 아름다워 관상용으로 심으며 농어촌에서 각종 생활도구를 만드는 데 요긴하게 쓰인다. 비록 꽃은 작지만 무성하게 피어 밀원식물로 이용되기도 한다. 새순이나 어린 꽃은 나물로도 해 먹고, 뿌리는 생약으로 사용한다. 뿌리를 한방에서는 산두근, 고두근이라 하는데 성질은 차고 쓰며 독은 없으며 해독, 소종, 기침, 구내염, 각종 종기에 사용하며 개나 뱀에 물렸을 때도 사용한다.

번식법

번식은 실생이나 뿌리나누기로 한다.

땅비싸리 꽃 무리

땅비싸리 열매

089 줄기에 때가 많은 듯한

때죽나무

Styrax japonicus Siebold & Zucc.

과 명	때죽나무과	꽃	5~6월
형 태	낙엽활엽소교목	열 매	9~10월

때죽나무 잎

노가나무, 족나무, 왕때죽나무, 때쭉나무라고도 하며, 종처럼 생긴 흰 꽃이 아래를 보고 피어 영어로는 snowbell로 불린다.

때죽나무는 열매껍질에 독성이 있어 옛날에 열매를 찧어 물에 풀어 물고기를 잡았는데, 물고기가 떼로 죽는다고 해서 떼죽나무라 하던 것이 때죽나무로 바뀌었다는 유래가 있다. 또 사포닌 성분이 들어 있어서 비누로도 썼는데, 기름때를 죽 뺀다고 하여 때죽나무라고 했다는 설도 있고, 다갈색의 줄기가 마치 때가 많은 것처럼 보여 때죽나무라고 했다는 설도 있다. 열매가 회색으로 반질반질해서 마치 스님이 떼로 몰려 있는 것 같다 하여 떼죽나무라고 불렀다는 설도 있다. 노가나무, 족나무, 왕때죽나무, 때쭉나무라고도 하며, 한자명은 제돈과(齊墩果), 야말리(野茉莉)이다. 종처럼 생긴 흰 꽃이 아래를 보고 피어 영어로는 snowbell로 불린다.

낙엽활엽소교목으로 높이는 10m 정도이다. 밑에서 많은 줄기를 내는데 줄기는 흑갈색으로 세로로 줄이 나 있으며, 어린줄기에는 수피가 세로로 일어난다. 잎은 어긋나고 좁은 달걀 모양이다. 꽃은 양성화로 2~5개가 액생으로 총상화서에 달리는데 종처럼 생긴 흰 꽃이 아래를 보고 5~6월에 일제히 핀다. 열매는 난상

때죽나무 꽃

때죽나무 열매

때죽나무 벌레집

때죽나무 수피

원형의 핵과로 긴 자루에 주렁주렁 매달리며 9~10월에 회녹색으로 익는다. 씨는 갈색으로 1~2개가 들어 있다.

우리나라와 일본, 중국, 필리핀 등지에 분포한다. 우리나라 황해도 이남의 해발 100~1,600m 사이의 산 중턱 이하 양지에서 자란다. 땅이 깊은 사질 양토에서 잘 자라며 추위와 공해에 강하다.

여름철 가지 끝에 작은 바나나처럼 생긴 것을 볼 수 있는데, 이것은 열매가 아니라 때죽납작진딧물의 충영이라고 하는 진딧물 집이다. 벌레가 벌레처럼 보이면 살아남기 어려워 열매 모양을 하

고 있는 것으로 이 벌레의 생존전략이다. 〈동의보감〉에 따르면 때죽나무에 달리는 진딧물집을 화상에 붙이면 즉효가 있다고 한다.

종 모양의 흰 꽃과 향기 좋은 열매가 아름다워 조경수로 심는다. 목재는 세공품, 기구재, 장기 알, 지팡이, 양산자루, 목기를 만드는 데 사용된다. 열매는 기름을 짜서 등잔불 기름과 머릿기름으로 사용하였으며, 꽃은 향기가 좋아 향수의 원료로 사용하였다. 줄기에 흠집을 내어 흘러나오는 유액은 처음에는 우윳빛이지만 차츰 황색 덩어리로 변한다. 이 유액에는 안식향산과 바닐린이 함유되어 있어 달콤한 향기를 내는데 예로부터 향료로 널리 쓰였다. 가지는 빗물을 정수하는 데 쓰기도 했는데, 특히 물이 귀한 제주도에서 많이 썼다.

한편 약재로도 훌륭한 수종으로 〈본초강목〉에 의하면 악한 것을 없애고 요사한 기운을 잠재운다는 뜻으로 안식향(安息香)이란 이름을 붙였다고 하며, 〈동의보감〉에는 악기(惡氣)를 쫓는 데 쓴다고 적혀 있다. 종교의식에서 훈향으로도 쓰였고 화장품 등의 방부제로 이용되었다. 거담제, 진통제, 궤양 등을 치료하는 약재로도 썼다. 꽃은 매마등(買麻藤)이라 하는데 화를 풀어주고 풍을 몰아내며 습한 것을 없애고 생리작용을 활성화해준다고 한다. 한편 민간에서는 꽃을 인후통이나 치통에, 잎과 열매는 풍습에 썼다. 그러나 약한 독성이 있으므로 다량 복용하면 목과 위장장애를 일으킨다고 한다.

번식법

번식은 꺾꽂이나 실생으로 한다.

090 떡 찔 때 시루에 까는

떡갈나무

Quercus dentata Thunb.

과 명	참나무과	꽃	4~5월
형 태	낙엽활엽교목	열 매	9~10월

떡갈나무 새잎

떡갈나무 잎

갈잎은 가랑잎이라는 뜻이며, 특히 떡갈나무의 잎을 뜻한다. 그래서 떡갈나무를 흔히 가랑잎나무라고도 한다. 떡갈나무라는 이름은 떡을 찔 때 시루에 잎을 까는 나무라는 데에서 유래한다.

엄마야 누나야 강변 살자
뜰에는 반짝이는 금모래 빛
뒷문 밖에는 갈잎의 노래
엄마야 누나야 강변 살자
엄마야 누나야 강변 살자

이 노래는 누구나 다 아는 동요 〈엄마야 누나야 강변 살자〉이다. 셋째 줄의 '갈잎의 노래'에서 갈잎은 흔히 갈댓잎으로 생각하기 쉽다. 그러나 갈잎은 국어사전에도 나오듯 가랑잎이라는 뜻이며 특히 떡갈나무의 잎을 뜻한다. 그래서 떡갈나무를 흔히 가랑잎나무라고도 한다.

떡갈나무라는 이름은 떡을 찔 때 시루에 잎을 까는 나무라는 데에서 유래한다. 잎이 두터워 일본에서도 찹쌀떡을 싸서 먹는 습관이 있다. 그렇게 하면 잎의 향긋한 냄새와 잎에 묻은 진딧물 오줌의 달짝지근한 맛이 배어서 떡 맛이 좋다. 또한 피톤치드의 핵심

물질인 테르펜의 살균효과가 미생물의 생육을 억제해 떡이 상하지 않게 하는 효과도 있다고 한다.

낙엽활엽교목으로 높이는 20m이고 지름이 70㎝이다. 수피가 두꺼워서 산불에 강하고 줄기는 곧게 자라며 작은 가지는 조밀하다. 잎은 도란형으로 가장자리는 파도 모양으로 갈라지며 잎자루는 짧고 혁질이며 뒷면에 갈색 털이 밀생한다. 수꽃은 새 가지에서 길게 늘어지고, 암꽃은 위로 곧게 나오며 4~5월에 핀다. 각두는 견과를 1/2 이상 감싸며, 포린은 뒤로 젖혀지며 적갈색이고 견과는 난형으로 9~10월에 익는다.

떡갈나무 잎(앞면)

떡갈나무 잎(뒷면)

떡갈나무 암꽃

떡갈나무 수꽃

떡갈나무 열매

떡갈나무 겨울눈

떡갈나무 수피

떡갈나무 씨앗

우리나라와 중국, 타이완, 몽골, 일본 등지에 분포한다. 우리나라는 전국 해발 800m 이하의 산기슭과 산 중턱에 자생하며, 해변의 야산이나 섬에서도 볼 수 있다. 비옥하고 깊은 땅에서 잘 자랄 뿐만 아니라 건조한 곳에서도 잘 자란다. 생장은 느리지만, 공해에는 강하다.

목재는 재질이 거칠며 단단하고 무거우나 잘 갈라진다. 탈취제, 건축재, 식용 등으로 사용하며 또한 수피가 두꺼워서 방화용으로도 적합하다. 떡갈나무의 피톤치드는 특히 내장의 세균들을 멸균시키는 효능이 있다고 한다. 한방에서는 열매를 곡실, 줄기껍질을 곡피라 하여 몸속의 독을 배출시키고 위장을 튼튼하게 하며 치질, 장출혈, 설사에 쓴다.

번식법

가을에 종자를 채취하여 노천매장한 후 이듬해 봄에 파종한다.

091 열매가 앵두처럼 생긴

뜰보리수

Elaeagnus multiflora Thunb.

과 명	보리수나무과	꽃	4~5월
형 태	낙엽활엽관목 또는 소교목	열 매	5~6월

뜰보리수 잎

보리수나무, 왕보리수나무는 토종이지만, 뜰보리수는 일본에서 들여온 것이다. 한여름에 빨갛게 익는 열매가 마치 작은 앵두 같은 느낌을 주는 것이 특징이다.

보리수나무 종류는 원예종으로 심어지는데, 이 수종은 뜰에 많이 심는다고 하여 뜰보리수라는 이름을 얻었다. 그만큼 야생에서는 많이 자라지 않는다. 보리수나무, 왕보리수나무는 토종이지만, 뜰보리수는 일본에서 들여온 것이다. 한여름에 빨갛게 익는 열매가 마치 작은 앵두 같은 느낌을 주는 것이 특징이다. 왕보리수나무는 이에 반해 열매가 가을에 익는다.

빨간 열매가 미각을 자극해 따 먹는 이가 많지만, 덜 익은 상태이므로 매우 시고 떫다. 그래서 맛이 없다고 여길지 모르겠으나, 좀 더 익어 붉은색이 검어져 갈 때 따 먹으면 훨씬 맛이 좋다.

높이가 2~4m 정도밖에 안 되며 수피는 흑갈색이다. 어린 가지는 적갈색의 비늘털로 덮여 있는 것이 특징이다. 어긋나는 잎은 긴 타원형을 이룬다. 잎 양 끝은 좁고 길이는 3~10㎝이다. 잎 가장자리는 밋밋한 편이다. 봄에 연한 노란색 꽃이 잎겨드랑이에 한두 개씩 달린다. 꽃에는 흰색과 갈색의 털이 난다. 핵과의 열매는 긴 타원형으로 길이는 1.5㎝이다. 5~6월에 붉게

뜰보리수 꽃

뜰보리수 열매

뜰보리수 수피

익으면 약간 떫기는 하지만, 식용할 수가 있다.

낙엽활엽관목 또는 소교목으로 일본이 원산이다. 우리나라 남부지방과 일본, 중국 해안가, 타이완 등지에 분포한다. 관상용이나 과수용으로 심으며, 한방에서 열매를 목반하(木半夏)라고 하여 약재로 사용한다.

최근에는 항산화, 미백, 항염 효과가 있는 성분이 발견돼 화장품 특히 피부질환이나 염증이 있는 경우에 사용하는 연구가 진행되고 있다. 일반인들은 잘 익은 열매를 따서 잼을 만들어 먹기도 하고, 천식이 있는 사람들은 열매를 말려 가루로 만들어 두었다가 물에 타서 마시기도 한다.

번식법

번식은 꺾꽂이와 포기나누기, 실생으로 한다.

092 송진이 많은

리기다소나무

Pinus rigida Mill.

과 명	소나무과	꽃	5월
형 태	낙엽활엽교목	열 매	이듬해 9~10월

리기다소나무 새순

리기다소나무 잎

리기다소나무 잎차례

송진이 다른 소나무에 비해 많은 편이라서 영어 이름 자체도 pitch pine이다. pitch가 바로 송진 또는 수지라는 뜻이다.

당신을 처음 만났을 때
당신은 한 그루 리기다소나무 같았지요.
푸른 리기다소나무 가지 사이로
얼핏얼핏 보이던 바다의 눈부신 물결 같았지요.

정호승 〈리기다소나무〉 중에서

소나무라고 하면 백송이니 해송이니 하는 말은 많이 들었을 테지만, 리기다소나무는 약간 낯설 것이다. 리기다(rigida)라는 이름도 생소하기만 하다. 생장속도가 빠른 까닭에 전국의 산에 많이 심어졌다. 여기에서 '리기다'라는 말은 '질긴, 빳빳한'의 뜻을 지닌 rigid에서 유래한다.

최근에는 이 소나무를 베어내고 있다. 외래식물로 빨리 자라는 반면에 줄기에 옹이가 많아 재목으로서 쓸모가 없기 때문이다. 옛날 같으면 땔감으로도 썼지만, 오히려 운반하려면 운반비도 만만치 않다.

리기다소나무는 송진이 다른 소나무에 비해 많은 편이라서 영어 이름 자체도 pitch pine이다. pitch가 바로 송진 또는 수지라는 뜻이다. 야구경기를 보면 투수가 가끔 마운드에 놓인 흰 주머니를 만지작거리는 것을 볼 수 있는데, 이것을 로진백(rosin bag)이라고 한다. 여기에서 rosin은 pitch와 같은 말로 송진을 분말로 만들어 놓은 것을 이른다. 리기다소나무를 강엽송, 송절이라고 부르며, 세잎소나무나 삼엽송이라고도 한다.

리기다소나무 암꽃

리기다소나무 수꽃

리기다소나무 열매

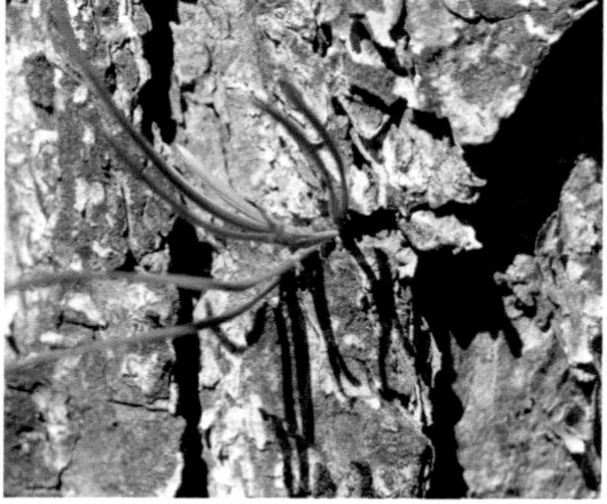

리기다소나무 수피

상록침엽교목으로 높이는 25m에 이르고 지름이 90㎝ 정도까지 자란다. 가지가 넓게 퍼지고 원줄기에서도 짧은 가지가 나와 잎이 달릴 정도로 싹트는 힘이 강한 편이다. 수피는 적갈색으로 깊게 갈라지며, 침엽은 3개씩 속생하는데 딱딱하면서도 조금씩 비틀려 있다.

암수한그루로 5월에 꽃이 핀다. 수꽃은 원기둥 모양으로 노란빛을 띤 자주색으로 피며, 암꽃은 달걀 모양으로 새순 위에 핀다. 열매는 난상 원추형으로 길이 3~9㎝이고 가지에 달려 있으며, 실편에 가시 모양의 돌기가 보인다. 종자는 난상 삼각형으로 이듬해 9~10월에 갈색으로 익는다.

북아메리카의 대서양 연안이 원산지로, 우리나라에는 1907년경에 처음 들어왔다고 한다. 특히 1970년대에 전국의 산에 많이 심어져 민둥산 일색이던 전국의 산을 울창한 숲으로 변화하였으나, 외래 수종을 식재하게 되어 자생 수종의 서식지에 영향을 미쳤다. 비록 금강소나무나 다른 나무처럼 재목으로서는 가치가 적지만, 그동안 산사태를 막고 땔감으로도 꽤 유용하게 이용된 나무이다.

번식법

번식은 실생으로 한다. 척박한 토양에서도 잘 자라며 습지나 건조한 곳에서도 잘 견디는 편이다. 또 송충이의 피해도 작은 편이고 솔잎혹파리에도 강하다.

093 풀 중에는 산삼, 나무 중에는 마가목

마가목

Sorbus commixta Hedl.

과 명	장미과	꽃	5~6월
형 태	낙엽활엽소교목	열 매	9~10월

마깨낭, 은빛마가목이라고도 한다. 예로부터 약효가 뛰어나다고 알려졌는데, 풀 중에는 산삼이 최고이듯 나무 중에는 마가목을 으뜸으로 쳤다.

마가목 잎

독특한 이름의 마가목은 한자명인 마아목(馬牙木)에서 유래한다. 싹이 나오는 모양이 말의 이빨처럼 생겼다고 해서 붙여진 것으로 마깨낭, 은빛마가목이라고도 한다. 예로부터 약효가 뛰어나다고 알려졌는데, 풀 중에는 산삼이 최고이듯 나무 중에는 마가목을 으뜸으로 쳤다. 흥미로운 것은 이 마가목으로 말채찍을 만들어 말을 때리면 말이 곧 쓰러져 죽는다고 믿었으며, 귀신을 쫓거나 중풍을 한 번에 고친다고도 믿었다.

낙엽활엽소교목으로 높이는 6~8m 정도이고 어린 가지와 겨울눈에는 털이 없고 겨울눈에는 끈적거리는 성분이 있다. 줄기는 거칠고 독특한 냄새가 나는데, 나뭇가지를 흔들면 더욱 독특한 냄새가 난다. 잎은 어긋나며 소엽은 9~13개로 피침형으로 표면은 녹색이고 뒷면은 연녹색이다. 잎 가장자리에 길고 뾰족한 톱니가 있다. 꽃은 복산방화서로 꽃차례에는 털이 없고 5~6월에 흰색으로 피며, 열매는 9~10월에 홍색으로 익는다.

우리나라에서는 중부 이남에 자란다. 습기가 있고 자갈이 섞여 있는 사질양토에서 잘 자란다. 그늘에서도 잘 자라고 공해에도 강하여 도심지 도로변의 공원수로 심기에 적합하다.

마가목은 꽃과 열매가 아름답고 가을엔 단풍까지 들어서 관상용으로 많이 심으며 약용으로도 심는다. 한방에서는 열매와 수피를 주로 풍열, 양기부족 등에 사용하며, 열매는 차로 이용하기도 한다. 최근에는 이 나무가 중풍과 고혈압, 신경통 등 성인병에 좋다는 소문이 나서 나무껍질이 수난을 당하고 있다. 한편 목재는 지팡이를 만드는 데 쓰인다.

번식법

실생으로 번식한다.

마가목 꽃

마가목 열매(미성숙)

마가목 열매(성숙)

마가목 수피

094 꽃이 바람개비를 연상케 하는

마삭줄

Trachelospermum asiaticum (Siebold & Zucc.) Nakai

과 명	협죽도과	꽃	6~7월
형 태	상록활엽덩굴성 목본	열 매	10~11월

마삭줄 새잎

마삭줄 잎

꽃은 하얗게 피어서 점점 노란빛으로 바뀐다 다섯 장의 꽃잎이 마치 바람개비처럼 돌려나는 모습이 재미있다. 꽃말이 바람개비, 하얀 웃음이라니 실로 적절한 표현이다.

상록식물은 잎이 사철 내내 푸른 식물을 말한다. 하지만 상록식물 중에도 단풍이 드는 것이 꽤 된다. 단지 낙엽이 되어 떨어지지 않을 뿐이다. 활엽식물인데, 겨울이 되면 조건에 따라서 붉은 빛깔이나 노란빛, 갈색으로 적절하게 바뀐다. 이 잎은 떨어지지 않고 겨울을 지내고 봄이 되면 다른 새순이 연하게 나온다.

마삭줄은 협죽도과의 덩굴성 식물로 삼으로 꼰 밧줄 같다고 해서 마삭(麻索)줄이라고 한다. 마삭나무, 겨우사리덩굴, 마삭덩굴, 마살풀이라고도 한다. 전체 길이가 5m 정도까지 뻗는데, 재미있는 것은 줄기가 땅에 닿으면 그곳에 뿌리를 내리며, 다른 물체에 닿으면 그 물체에 붙어 위로 올라간다. 잎은 타원형 또는 달걀 모양으로 마주나며 잎의 표면은 짙은 녹색으로 윤기가 흐르고 뒷면은 털이 있기도 하고 없기도 하다.

꽃은 6~7월에 하얗게 피어서 점점 노란빛으로 바뀐다. 다섯 장의 꽃잎이 마치 바람개비처럼 돌려나는 모습이 재미있어 입가에

웃음이 지어진다. 꽃말이 바람개비, 하얀 웃음이라니 실로 적절한 표현이다.

꽃은 지름 2~3㎝ 내외이며 열매는 10~11월에 길이 1.2~2.2㎝로 2개씩 달린다. 꼬투리처럼 생긴 긴 열매가 활처럼 굽어 달리는데, 바람개비처럼 생긴 꽃에서 활 같은 모양의 열매를 맺다니 신기하고 재미나다.

돌과 바위를 휘감는다고 해서 낙석등(絡石藤)이라는 생약명을

마삭줄 꽃

마삭줄 열매(미성숙)

마삭줄 열매(성숙)

마삭줄 씨앗

마삭줄 수피

가지고 있는데, 여름에 잎이 붙은 줄기를 베어 햇빛에 말려서 해열, 강장, 진통 및 통경에 사용한다. 꽃과 열매를 감상할 수 있어 관상용으로 키우기도 한다. 원산지는 우리나라로 우리나라 전역과 일본 등지에 분포한다.

번식법

꺾꽂이나 휘묻이로 하는데 봄이나 여름철에 아주 잘되는 편이다. 물에 꽂아 뿌리를 내릴 경우 물을 자주 갈아주는 것이 좋다. 흙에 바로 삽목할 경우 비료 성분이 없는 흙을 사용하는 것이 좋다.

095 잘 쓰면 명약, 잘못 쓰면 독초

만병초

Rhododendron brachycarpum D. Don ex G. Don

과 명	진달래과	꽃	6~7월
형 태	상록활엽관목	열 매	9월

만병초 잎

만병초 꽃

만병초로 만든 지팡이는 중풍을 예방한다고 알려져 있어 예로부터 어르신들의 지팡이를 만들기도 했다. 아누이족들은 만병초의 잎을 말아 담배 대신 피웠다고 한다.

말 그대로 만병(萬病)을 치료하는 풀이라 하여 붙여진 이름이다. 주로 잎이 약재로 사용되는데 자양강장, 이뇨제, 신장염, 고혈압, 감기, 불임증, 관절염, 거풍, 불임, 발기부전, 강장, 류머티즘, 월경불순, 해열 등 쓰임새가 매우 많다. 그러나 호흡중추를 마비시키는 안드로메도톡신이라는 유독 성분이 들어 있어 잘못 사용하면 식도가 타는 듯이 아프고 구토와 설사를 하므로 주의를 요한다.

들쭉나무, 뚝갈나무, 홍만병초, 붉은만병초, 흰만병초, 큰만병초, 홍뚜깔나무 등으로도 불리며, 중국에서는 석남화(石南花), 칠리향(七里香), 향수(香樹)라고 한다.

상록활엽관목으로 높이는 4m 정도이고 작은 가지는 갈색이다. 꽃은 10~20개가 가지 끝에 모여 달리고 흰색 또는 연한 황색으로 6~7월에 핀다. 열매는 삭과로 9월에 익는다.

우리나라와 중국, 일본 등지에 분포한다. 우리나라에서는 지리

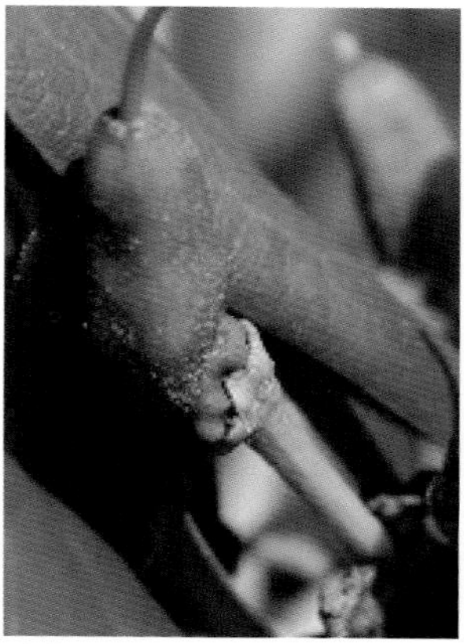

만병초 열매

만병초 수피

산, 울릉도, 강원도 및 북부지방의 해발 700~2,200m 사이의 고산지대에 자생한다. 이렇게 고산지대에 자라면서도 상록인 점이 독특하다. 공중습도가 높고 비옥한 땅을 좋아하며 추위에 강하지만, 공해에 약하며 생장속도가 느리다.

약재로도 유명하지만 꽃이 아름다워 관상용으로도 많이 심으며, 이 나무로 만든 지팡이는 중풍을 예방한다고 알려져 있어 예로부터 어르신들의 지팡이를 만들기도 했다. 야누이족들은 만병초의 잎을 말아 담배 대신 피웠다고 한다. 그러나 워낙 독성이 강해 민간에서는 식용보다는 가축을 목욕시켜 해충을 죽이거나 무좀약 등으로 사용했다. 꽃말은 위엄, 존엄이다.

번식법

번식은 꺾꽂이와 실생으로 한다.

096 말발굽 닮은 열매를 맺는

말발도리

Deutzia parviflora Bunge

과 명	범의귀과	꽃	5~6월
형 태	낙엽활엽관목	열 매	9월

열매가 말발굽 모양으로 생겨서 말발도리라고 한다. 추위와 공해에 강하며 건조한 땅이나 습지를 가리지 않고 아무 곳에서나 잘 자라며 꽃이 아름답다.

낙엽활엽관목으로 높이는 2m이고 밑부분에서 많은 줄기가 올라와 덤불을 형성하며 작은 가지는 녹갈색으로 성모(星毛)가 있다. 잎은 난형 및 난상의 타원형으로 마주나며 뒷면에 성모가 있다. 꽃은 산방화서를 이루며 꽃잎은 5개로 갈라지며 흰색으로 5~6월

말발도리 잎

말발도리 꽃

말발도리 열매

말발도리 수피

에 핀다. 가지 끝 새순이 나오는 데에서 꽃이 나오는 것이 특징이다. 열매는 삭과로 성상모(星狀毛)가 있으며 9월에 익는다. 말발도리라는 이름은 열매가 말발굽 모양으로 생겨서 붙여졌다.

우리나라와 중국 등지에 분포한다. 우리나라에서는 제주도를 제외한 전국 산지의 계곡이나 바위틈에 자란다. 추위와 공해에 강하며 토양을 가리지 않아 건조한 땅이나 습지를 가리지 않고 아무 곳에서나 잘 자란다. 꽃이 아름다워 생울타리용, 차폐용, 절개지의 녹화용으로 심기에 적합하다. 꽃말은 애교이다.

번식법

온실 안에서 이끼 위에 씨를 뿌려 발아시켜 심거나, 새로 자란 가지를 삽목으로 번식한다.

097 붉은 열매가 예쁜

말오줌때

Euscaphis japonica (Thunb.) Kanitz

과 명	고추나무과	꽃	5월
형 태	낙엽활엽소교목	열 매	9~10월

말오줌때 새싹

말오줌때 새잎

나뭇가지를 꺾으면 오줌처럼 지린내가 나고, 옛날에는 줄기로 말채찍을 만들었다고 한다. 그래서 자연스럽게 말오줌때라는 이름이 붙었다.

나무도 의사 표시를 한다. 특히 상처가 났을 때는 이상한 냄새를 품어내 더 이상 건드리지 말라는 무언의 아우성을 쳐댄다. 이 나무도 나뭇가지를 꺾으면 오줌처럼 지린내가 나고, 옛날에는 줄기로 말채찍을 만들었다고 한다. 그래서 자연스럽게 말오줌때라는 이름이 붙은 것이다. 칠선주나무, 나도딱총나무라고도 부른다.

고추나무과에 속하는 낙엽활엽소교목으로, 높이는 약 3~8m에 달한다. 마주나는 잎은 홀수 1회 깃꼴겹잎이며, 길이는 25㎝ 정도이다. 작은 잎은 5~11개 사이가 달리는데, 바소꼴의 달걀 모양이거나 달걀 모양을 이루고 있다. 잎의 가장자리에 톱니가 난다.

꽃은 5월에 황색으로 원추꽃차례를 이룬다. 꽃잎은 다섯 장이다. 열매는 9~10월에 골돌과로 익는데 붉은빛이 돈다. 벌어져 보이는 열매의 속은 연한 분홍빛이며 까맣고 반질반질한 구슬 같은 씨앗이 드러나 꽤 보기에 좋다.

어린잎은 나물로 먹고, 열매와 뿌리 등은 약재로도 쓰인다. 특

말오줌때 잎차례

말오줌때 꽃

히 종자는 생리불순과 부인의 허기허열의 치료에 좋고, 뿌리는 설사와 이질, 편두통, 관절통의 치료에 도움이 된다고 알려져 있다. 또한 빨간 열매와 검은 씨앗이 탐스러워 조경수나 공원수로 잡목림에 이용하기 좋다.

산기슭이나 바닷가에서 자라며, 우리나라와 일본, 타이완, 중국 등지에 분포한다. 난대 기후대에서 자라고 배수가 잘되는 사질양토에서 잘 자란다.

번식법

가을에 종자를 채취하여 직파하거나, 노천매장하였다가 봄에 파종한다.

말오줌때 열매

말오줌때 어린 가지와 겨울눈

말오줌때 수피

098 가지가 말채찍으로 쓰이는

말채나무

Cornus walteri F. T. Wangerin

과 명	층층나무과	꽃	5~6월
형 태	낙엽활엽교목	열 매	9~10월

봄에 나오는 가느다란 가지가 말채찍으로 쓰인다고 해서 말채나무라고 한다. 또 옛날에 용감한 장수가 쓰던 말채찍을 땅에 꽂아 놓았더니 이 나무가 자랐다고도 한다.

봄에 나오는 가느다란 가지가 말채찍으로 쓰인다고 해서 말채나무라고 한다. 또 다른 설로는 옛날에 용감한 장수가 장렬하게 전사했는데, 그가 쓰던 말채찍을 땅에 꽂아 놓았더니 이 나무가 자랐다고도 한다. 막깨낭, 말채목, 빼빼목, 피골목, 홀쭉이나무, 뫼조나무, 설매목이라고도 한다.

낙엽활엽교목으로 높이는 10m이고 지름은 50㎝이며 수피는 흑갈색으로 갈라진다. 잎은 어긋나며 난형 및 타원형이고 표면에 털이 약간 있으며 뒷면은 백록색으로 털이 나 있고 측맥은 3~5쌍이 뚜렷하다. 꽃은 가지 끝에 취산화서를 이루며 5~6월에 피며 털이 있다. 열매는 둥근 핵과로 9~10월에 검은색으로 익는다.

우리나라와 중국 등에 분포한다. 우리나라에서는 전국의 해발 100~1,200m의 산야와 계곡에 자생한다. 궁궐이나 왕릉 주변에 많이 심기도 했다. 햇빛을 좋아하지만, 그늘에서도 잘 자란다. 추위를 잘 견디고 맹아력도 강하나, 생장은 느린 편이다.

말채나무 새잎

말채나무 꽃

말채나무 열매(미성숙)

말채나무 열매(성숙)

말채나무 씨앗

말채나무 수피

꽃과 열매가 아름다워 도심의 가로수나 공원수로 심는다. 목재는 재질이 좋아 기구재, 건축재, 조각재 등으로 쓰인다. 한방에서는 열매와 수피를 흉막염, 신장염, 각혈, 지사제로 사용한다. 이뇨 작용이 있어 민간에서는 살을 빼는 데 사용하기도 한다.

번식법

번식은 삽목과 실생으로 한다.

099 꿀이 많은

망개나무

Berchemia berchemiifolia (Makino) Koidz.

과 명	갈매나무과	꽃	6~7월
형 태	낙엽활엽교목	열 매	9~10월

망개나무 잎

희귀 수종으로, 가지는 농기구와 땔감으로 많이 쓰이고, 꿀은 양도 많고 질도 좋아 중요한 밀원식물로 이용된다.

살배나무, 메답싸리, 멧대싸리, 모이대싸리 등으로도 불린다. 낙엽활엽교목이며 높이는 15m 정도이다. 가지는 적갈색으로 늘어지고 작은 피목이 산재한다. 잎은 어긋나고 긴 타원형 및 난상 긴 타원형이며, 가장자리는 밋밋하거나 뚜렷하지 않은 파상의 톱니가 있다. 꽃은 양성화로 가지 끝의 엽액에 달리는 취산화서 또는 총상화서를 이루며 6~7월에 황록색으로 핀다. 열매는 핵과로 좁고 긴 타원형으로 9~10월에 붉은색으로 익는다.

우리나라, 중국과 일본에도 분포하는데, 희귀 수종으로 천연기념물로 지정하여 보호하고 있는 나무이다. 햇빛이 들고 습기가 있는 땅에서 잘 자라며 추위에 강해 중부지방에서도 월동이 가능하다. 충북 보은의 속리산 망개나무는 높이가 12m, 둘레는 80㎝로 천연기념물 제207호로 지정되어 있으며, 이 나무의 껍질을 달여 먹으면 아들을 낳을 수 있다는 소문이 퍼져 수난을 겪었다. 충

망개나무 꽃

망개나무 어린 열매

망개나무 열매

망개나무 수피

북 제천의 송계리 망개나무는 천연기념물 제337호로, 충북 괴산의 사담리 망개나무는 천연기념물 제266호로 각각 지정되었다.

희귀 수종으로 관상수, 공원수로 심는 나무이며, 목재는 재질이 좋고 가공성이 좋아 농기구재, 조각재 등으로 쓰인다. 특히 가지는 농기구와 땔감으로 많이 쓰이고, 꿀은 양도 많고 질도 좋아 중요한 밀원식물로 이용된다.

번식법

번식은 실생으로 한다.

100 매의 발톱처럼 예리한 가시를 지닌

매발톱나무

Berberis amurensis Rupr.

과 명	매자나무과	꽃	4~5월
형 태	낙엽활엽관목	열 매	9~10월

줄기와 잎에 매의 발톱처럼 날카로운 가시가 3개씩 달려 있어서 매발톱나무라고 한다. 미나리아재비과의 여러해살이풀인 매발톱꽃도 있지만, 전혀 다른 종이다.

줄기와 잎에 매의 발톱처럼 날카로운 가시가 3개씩 달려 있어서 매발톱나무라고 한다. 미나리아재비과의 여러해살이풀인 매발톱꽃도 있지만, 전혀 다른 종이다.

낙엽활엽관목으로 높이는 2m 정도이고 수피는 회색으로 표면이 세로로 갈라지며 밑에서 많은 줄기가 올라온다. 작은 가지는 황회색으로 길이 1~3㎝의 잎 같은 가시가 나 있다. 잎은 어긋나며 도란상의 타원형으로 잎 가장자리에 불규칙한 잔톱니가 있다. 꽃은 담황색이고 밑으로 처지는 총상화서로 달리며 4~5월에 핀다. 열매는 타원형의 장과로 9~10월에 붉은색으로 익는다.

우리나라와 일본, 중국, 만주, 우수리 등지에 분포한다. 우리나라에는 중부 이북의 해발 100~1,900m에 자생한다. 습기가 있는 사질양토를 좋아하고 양지와 음지를 가리지 않고 잘 자란다. 추위에는 강하나, 공해에는 약하다.

열매와 뿌리껍질을 채취하여 그늘에 말렸다가 달여 복용하면

매발톱나무 잎

매발톱나무 꽃

매발톱나무 어린 열매

매발톱나무 열매(성숙)

매발톱나무 줄기에 난 가시

매발톱나무 수피

염증, 건위, 간 질환 등에 좋으며, 베르베린, 옥시칸틴 등의 성분이 있어 항암 효과도 있다. 열매에는 비타민 C가 많이 들어 있어 잼을 만들거나 즙을 내어 먹을 수 있다. 한편 속껍질은 노란색 염료로 사용한다. 꽃과 열매가 아름다워 조경용으로 심으며, 가시가 나 있어 생울타리용으로 심기에 적합하다. 꽃말은 승리의 맹세이다.

번식법

실생으로 번식한다.

101 이른 봄에 꽃을 피우는

매실나무

Prunus mume (Siebold) Siebold & Zucc.

과 명	장미과	꽃	2~4월
형 태	낙엽활엽소교목	열 매	6~7월

매실나무 새잎

매실나무 잎

추위를 무릅쓰고 피는 매화는 선비의 불굴의 정신을 뜻한다고 하여 예로부터 사군자로 추앙받은 나무이기도 하다.

나막신 신고 뜰을 걸으니 달은 날 따르고,
매화 곁을 몇 번이나 서성여 돌았던고.
밤 깊도록 오래 앉아 일어설 줄 몰랐더니
옷깃 가득 향기 스미고 달그림자 몸에 닿네.

이황의 〈도산월야영매(陶山月夜詠梅)〉 중에서

조선 중기 대학자 퇴계 이황은 매화를 사랑하였다. 추위를 견디며 곱게 피는 꽃이 선비의 표상이기 때문이다. 사군자, 매난국죽 중 하나가 아니던가. 위 시는 그가 지은 〈도산월야영매(陶山月夜詠梅)〉 중 일부로, 그는 임종할 때도 "매화에게 물을 주어라"라고 했다고 전해진다.

중국 위나라 조조에 얽힌 고사성어 중 망매지갈(望梅止渴)이라는 것이 있다. 조조의 군사들이 행군하던 중 물을 찾지 못해 목말라 허덕이고 있었다. 이때 조조가 갑자기 '저 너머에 커다란 매실나무 숲이 있다'고 외쳤다고 한다. 그러자 군사들은 매실의 신맛

매실나무 꽃

을 떠올렸고, 입안에 침이 고여 갈증을 이겨내고 기운을 냈다는 이야기이다.

매실은 생각만 해도 새콤한 신맛이 입안에 도는데, 재미있는 것은 매실의 매(梅) 자가 본래는 모(某) 자였으며, 매(梅)는 어머니가 되는 것을 알린다는 뜻이 숨어 있다고 한다. 한자 속에도 어미 모(母) 자가 들어 있듯, 옛날에 여자가 갑자기 매실이 먹고 싶어지면 임신을 떠올리곤 했다. 어쨌든 매실나무는 간단히 매(梅)라고도 하고 춘매(春梅), 천지매(千枝梅)라고도 한다.

매화는 아주 이른 봄에 꽃을 피우기로 유명해 흔히 설중매(雪中梅)라는 별칭으로도 불릴 정도이다. 이황의 시에서도 소개했듯 추위를 무릅쓰고 피는 매화는 선비의 불굴의 정신을 뜻한다고 하여 예로부터 사군자로 추앙받은 나무이기도 하다. 물론 사랑을 상징해 시나 그림의 소재로도 많이 등장한다. 매화 하면 동양의 꽃으로도 유명한데, 원산지도 일본과 중국을 동시에 꼽는다. 다만 우리나라는 이들 국가로부터 도입된 것이고 자생하지는 않았던 것으로 보인다.

낙엽활엽소교목으로 높이는 6m 정도이며 둘레는 60㎝이다. 잎은 어긋나고 난형으로 가장자리에는 잔톱니가 나 있다. 꽃은 전년도 엽액에 1개 또는 2개가 잎보다 2~4월에 먼저 피고 연한 녹색

으로 은은한 향기가 강하다. 꽃잎은 도란형으로 연분홍색을 띤다. 꽃이 예뻐 가정에서는 관상수나 풍치수 용도로 심는다.

매실에는 사과산, 구연산, 호박산, 주석산 등이 많이 함유되어 있어 피로회복과 입맛을 돋우는 데 좋다. 열매에 들어 있는 구연산은 해독과 살균작용이 있어 식중독에 사용하면 좋은데, 구연산은 신이 내린 기적의 물이라는 식초의 주성분이다.

매실의 생약명은 오매(烏梅)이다. 약용으로 쓸 때는 덜 익은 녹색의 열매를 이용하는데 지사제, 곽란제, 건위제, 구충제, 해열제로 이용한다. 또 기침을 멎게 하고, 가래를 삭이거나 설사를 멎게 하며, 회충을 없애고 위 기능을 도와준다.

그러나 아주 익지 않은 열매를 청매라 하는데, 씨 속에 아미그달린이란 미량의 청산 배당체의 성분이 있으므로 날것으로 먹으면 중독을 일으킬 수도 있다. 매실은 산이 많으므로 치아를 상하

매실나무 청매

매실나무 황매

매실나무 씨앗

매실나무 수피

게 하고 허열이 나기 때문에 생것보다는 독을 제거한 매실주, 매실절임 등으로 만들어 먹는 것이 좋다. 매실주는 덜 익은 열매로 술을 담가 먹는데 피로회복 등에 좋다. 요즘에는 매실 음료도 많이 개발되어 있다.

장성 백양사는 300년 전부터 스님들이 매화를 많이 가꿔온 곳으로 유명하다. 1863년에 대홍수가 나자 절을 100m 정도 북쪽으로 옮기며 홍매와 백매 한 그루씩 옮겨왔는데, 백매는 죽고 홍매만 남았다고 한다. 이 매실나무는 천연기념물 제486호로 지정되어 있다. 고목이 기품 있고 꽃이 아름다우며 향기도 좋아 호남오매(湖南五梅) 중 하나로 손꼽힌다. 꽃말은 고격, 기품, 인내, 맑은 마음이다.

번식법

실생으로 번식하거나 묘목을 대목으로 접목하는 방법으로 번식한다. 봄 해빙 직후나 가을 낙엽 직후에 심는다.

102 산초나무와 닮은

머귀나무

Zanthoxylum ailanthoides Siebold & Zucc.

과 명	운향과	꽃	5월
형 태	낙엽활엽교목	열 매	9~10월

머귀나무 새순

머귀나무 잎

언뜻 보면 산초나무처럼 생겼으나, 잎도 크고 나무도 훨씬 크게 자란다. 머구낭, 머귀남, 머귀낭 등으로도 불린다.

언뜻 보면 산초나무처럼 생겼으나 잎도 크고 나무도 훨씬 크게 자란다. 머구낭, 머귀남, 머귀낭 등으로도 불린다. 오동나무도 예전에는 머귀나무로 불리기도 했으나 서로 다른 종이다. 또 머귀나물로 불리는 머위와도 물론 다르다.

높이는 15m이다. 가지는 굵으며 회색이다. 줄기 대부분이 세 가닥으로 갈라지곤 한다. 가지에는 길이 5~7㎜의 가시가 난다. 어긋나는 잎은 1회 깃꼴겹잎이며 작은 잎은 19~23개 정도 달린다. 작은 잎은 넓은 바소꼴로 가장자리에 선상의 잔톱니가 난다. 잎의 뒷면은 희다. 5월에 2가화(암꽃과 수꽃이 각각 다른 그루에 따로 피는 꽃) 꽃이 피는데, 우산 모양의 원추화서를 이룬다. 열매는 삭과로 9~10월에 익는다. 열매 속의 검은 종자는 매운맛을 낸다.

낙엽활엽교목으로 산지에서 자란다. 우리나라의 울릉도와 남부지방의 섬, 중국, 일본, 타이완, 필리핀 등지에 분포한다. 유사 종으로 가시가 없는 민머귀나무와 잎 크기가 작은 좀머귀나

무가 있다.

열매는 기름을 짜는 데 사용되며, 목재는 기구재와 조각재로 쓰인다. 과실과 수피는 약재로 이용된다. 감기와 말라리아 치료에 효과가 있다고 알려져 있다.

번식법

가을에 익은 종자를 채취하여 1월 중 노천매장 후 이듬해 봄에 파종한다. 일부 종자는 2년 뒤에 발아한다.

머귀나무 꽃

머귀나무 열매

머귀나무 씨앗

머귀나무 수피

103 겨우 내내 아름다운

먼나무

Ilex rotunda Thunb.

과 명	감탕나무과	꽃	5월
형 태	상록활엽교목	열 매	10월~이듬해 2월

먼나무 잎(앞면)

먼나무 잎(뒷면)

누군가가 "저 나무는 먼나무냐?" 하고 물어봐서 이름이 먼나무가 되었다는 재미있는 이야기가 전해진다. 그러나 이 나무의 껍질이 먹물같이 검어서 붙여졌다는 이야기가 더 설득력이 있다.

먼나무, 특이한 이름이다. 제주도 지역에 많이 자라는데, 누군가가 이 나무를 보고 "저 나무는 먼나무냐?" 하고 물어봐서 나무 이름이 먼나무가 되었다는 재미있는 이야기가 전해진다. 그러나 이 나무의 껍질이 먹물같이 검어서 붙여졌다는 이야기가 더 설득력이 있다. 제주도에서는 먹물을 '먹낭'이라고 하는데, 먹낭이 '먼'으로 바뀐 것으로 생각된다. 한편 나무가 감탕나무와 비슷하나, 약간 작아서 좀감탕나무라고도 한다.

상록활엽교목으로 높이는 10m 정도이고 수피는 회갈색이며 작은 가지는 능각이 있고 홍갈색이다. 잎은 어긋나고 혁질이며 타원형 및 긴 타원형으로 가장자리는 밋밋하고 뒷면 맥은 돌출되어 있다. 꽃은 암수딴그루로 새 가지에서 액생하는 취산화서에 몇 개씩 모여 달린다. 꽃잎은 도란상의 원형이며 5월에 황백색으로 핀다. 구형의 열매는 붉은색으로 10월에서 이듬해 2월에 익는다.

먼나무 암꽃

먼나무 수꽃

먼나무 열매

우리나라와 일본, 타이완, 중국 등지에도 분포한다. 우리나라에서는 제주도, 보길도의 해발 700m 이하에 자생한다. 습기가 있는 비옥한 사질양토를 좋아하고 양지와 음지에서 모두 잘 자라지만, 추운 곳과 건조한 곳에서는 잘 자라지 못한다. 내조성과 공해에도 강해 도심지나 바닷가에서도 잘 자란다.

남쪽 지방에 주로 가로수, 정원수, 관상수로 심는다. 목재는 조각재나 기구재 등의 용도로 사용한다. 서귀포 서홍동에 있는 먼나무는 높이 6.5m, 지름 1.4m로 본래 한라산에 자라던 것을 1949년 4·3사건을 끝낸 기념으로 당시 병사들의 주둔지에 옮겨 심었다고 한다. 현재 제주도기념물 제15호로 지정되어 있다. 그러나 서홍동 마을 안길에 자생하는 먼나무가 더 크고 수령도 오래되어 논란의 여지가 있다. 마을에 있는 먼나무는 높이는 9.5m, 지름 90㎝, 수령은 140~200년으로 우리나라에서 가장 큰 먼나무로 평가된다.

번식법

번식은 열매의 과육을 제거한 후 직파한다.

먼나무 수피

104 열매가 대추와 비슷한

멀구슬나무

Melia azedarach L.

과 명	멀구슬나무과	꽃	5~6월
형 태	낙엽활엽교목	열 매	9~10월

멀구슬나무 잎

열매가 대추와 비슷한데, 그 속에 든 딱딱한 씨앗으로는 염주를 만들었다. 그래서 목구슬나무라고도 한다. 말구슬나무는 이 나무 이름의 제주도 방언이다.

멀구슬나무는 열매가 대추와 비슷하다. 열매 속에 든 딱딱한 씨앗으로는 염주를 만들었다고 해서 목구슬나무라고도 한다. 멀구슬나무는 제주도 방언으로 구주목, 구주나무, 말구슬나무 등으로도 불리며, 한자로는 연수(練樹), 고련목(苦練木)이라고 한다.

낙엽활엽교목으로 높이는 15m 정도이고 수피는 암갈색으로 잘게 갈라진다. 잎은 2~3회 기수 우상복엽으로 호생하며 길이는 80㎝이다. 소엽은 난형 및 타원형이며 가장자리는 톱니 모양이다. 꽃은 가지 끝에 다수의 작은 꽃이 원추화서로 달리는데, 5~6월에 자주색으로 핀다. 열매는 핵과로 타원상의 구형으로 긴 자루에 주렁주렁 달린다. 9~10월에 옅은 황색으로 익는데 잎이 떨어진 뒤에도 계속 달려 있다.

우리나라와 일본, 서남아시아, 타이완 등지에 분포한다. 햇빛을 좋아하여 추위에는 약하지만, 공해에는 강하다.

멀구슬나무 꽃

멀구슬나무 열매(미성숙)

멀구슬나무 열매(성숙)

가로수, 정원수, 약용으로 심는다. 특히 제주도에서는 집집마다 이 나무를 심어 딸 시집보낼 때 장롱을 만들어주는 풍습이 전해진다. 목재는 가구재, 기구재, 운동구재, 악기재의 용도로 이용되며, 열매는 식용하거나 기름을 짜는 데 사용되고 좀약으로도 쓰인다.

〈동의보감〉에 의하면 열매는 약재로도 사용된다고 한다. 열이

많이 나고 답답한 것을 낫게 해주며, 오줌을 잘 통하게 해주는 효능이 있다고 한다. 또 배 속에 든 세 가지 기생충을 제거해준다고도 기록되어 있다. 줄기는 구충제나 피부병 치료제로, 잎은 화장실에 두어 구더기를 방지하는 데 사용되며, 즙을 내어 살충제로도 쓴다. 인도에도 멀구슬나무와 비슷한 인도멀구슬나무가 있는데, 이 나뭇가지를 잘라 칫솔로 사용하면 치석을 없애는 데 효과가 높다고 한다.

번식법

번식은 실생으로 한다.

멀구슬나무 겨울눈

멀구슬나무 씨앗

멀구슬나무 수피

105 열매가 꿀처럼 단

멀꿀

Stauntonia hexaphylla (Thunb.) Decne.

과 명	으름덩굴과	꽃	5~6월
형 태	상록활엽덩굴성 목본	열 매	10월

멀꿀 새잎

멀꿀 잎

멀꿀은 제주 방언에서 유래된 이름으로, 열매의 속살 맛이 꿀과 같다고 하여 붙여진 것이다. 제주도에서는 멍꿀, 멍줄이라 부르며, 완도에서는 먹나무, 멍나무라 부르기도 한다.

멀꿀은 제주 방언에서 유래된 이름으로, 열매의 속살 맛이 꿀과 같다고 하여 붙여진 것이다. 그러나 열매 속의 과육은 으름과 같이 씨앗이 대부분을 차지하고 과육은 얼마 되지 않는다. 그래서 먹기에도 상당히 불편하다. 으름처럼 벌어지지 않으나, 맛은 으름보다 맛있다. 제주도에서는 멍꿀, 멍줄이라 부르며, 완도에서는 먹나무 또는 멍나무라 부르기도 한다.

상록활엽덩굴성 목본이며 길이는 15m 정도이고 1년생 줄기는 털이 없고 녹색으로 왼쪽으로 감아 올라가는 습성이 있다. 잎은 혁질로 장상복엽이고 소엽은 5~7장으로 이루어졌으며, 두껍고 타원형이다. 꽃은 액생하는 총상화서에 달리는데, 연한 황백색 바탕에 안쪽에 적갈색 선이 있으며 5~6월에 핀다. 열매는 타원형의 장과로 적갈색으로 10월에 익으며, 과육은 황색으로 달리는데 단맛이 난다. 종자는 검은색으로 열매에 100개 이상 들어 있다.

우리나라와 일본, 중국, 타이완 등지에 분포한다. 우리나라의

전남, 경남, 충남 등 남부지방의 해발 700m 이하의 계곡이나 숲속의 양지바르고 습기가 많은 곳에 자생한다. 따뜻한 남쪽 지방의 습기가 있는 사질토양에서 잘 자라고 양지와 음지에서 모두 잘 자라며 바닷가에서도 잘 자란다. 추위에는 약하여 추운 중부지방에서는 잘 자라지 못하나 맹아력은 강하다.

주로 정원수로 이용하기도 하고 분재나 꺾꽂이용으로 사용한다. 상록인 데다 꽃과 열매가 아름다워서 관상수로 많이 심는 수

멀꿀 꽃봉오리

멀꿀 암꽃

멀꿀 수꽃

멀꿀 열매

멀꿀 씨앗

멀꿀 수피

종이다. 한방에서는 뿌리와 줄기를 인후염, 진해, 해열, 소염 등에 사용하며 회충, 편충을 구제하는 약으로도 쓴다. 줄기는 질겨서 작은 바구니 같은 기구 등을 만들기도 한다. 전남 고흥에서는 대량 번식에 성공하여 도로변이나 절개지 등에 많이 심는다. 남부지방의 도심지에서도 쉽게 볼 수 있다. 꽃말은 애교, 즐거운 나날이다.

번식법

번식은 꺾꽂이, 실생, 뿌리나누기, 접목 등으로 한다.

106 산기슭, 논밭둑에 기며 자라는

멍석딸기

Rubus parvifolius L.

과 명	장미과	꽃	5월
형 태	낙엽활엽덩굴성 관목	열 매	6~7월

멍석딸기 새잎

우리나라 산야에서 흔하게 볼 수 있는 딸기나무이다. 제주도에서는 멍석딸기를 콩탈이라고도 부르며, 지방에 따라 멍딸기, 번둥딸나무, 멍두딸, 수리딸나무라고도 한다.

우리나라 산야에서 흔하게 볼 수 있는 딸기나무이다. 원예종이 들어오기 전에는 산딸기와 함께 멍석딸기를 많이 먹었는데, 줄기나 잎, 열매 주위, 꽃에 작은 가시가 많이 나 있어 열매를 딸 때 찔리기도 한다.

원예종 딸기는 그 역사가 200년 정도이다. 남미 칠레의 야생 딸기와 북미 버지니아의 토종 딸기를 교배해 품종개량을 통해 얻은 종자가 퍼진 것으로 알려져 있다. 그런데 이 원예종이 개발된 배경이 흥미롭다. 제국주의시대 스페인의 식민지 칠레를 염탐하려고 보낸 프랑스의 스파이가 딸기 연구가처럼 위장을 하고 활동했다. 그는 칠레 곳곳에 있는 야생 딸기를 스케치하고 종자나 포기도 수집해 겉에서 보면 영락없는 딸기 연구가였다. 그의 연구를 바탕으로 하여 유럽에서 딸기 교배를 시도해 오늘날 식탁에 오르는 큼지막한 딸기가 탄생하게 되었다는 것이다.

제주도에서는 멍석딸기를 콩탈이라고도 부르며, 지방에 따라 멍

딸기, 번둥딸나무, 멍두딸, 수리딸나무라고도 한다. 높이가 30㎝ 정도로 옆으로 퍼지며 자란다. 이렇게 퍼지는 줄기와 잎들이 마치 멍석처럼 펼쳐져 멍석이라는 이름을 붙인 모양이다.

줄기에 갈고리 모양의 작은 가시가 난다. 잎은 어긋나며 작은 잎이 3개로 이루어지는데, 어린잎은 5개인 것도 흔하다. 작은 잎은 거꾸로 세운 달걀 모양이거나 원형의 달걀 모양을 이룬다. 잎 뒷면에 흰 털이 밀생하며, 가장자리에는 톱니가 난다. 꽃은 5월에

멍석딸기 잎(앞면)

멍석딸기 잎(뒷면)

멍석딸기 꽃

멍석딸기 열매

분홍색으로 위를 향해 핀다. 꽃자루에도 가시가 있으며, 꽃잎은 5장으로 이루어져 있다. 열매는 6~7월에 붉은색으로 1.2~1.5㎝의 크기로 둥글게 익는데, 맛이 좋은 편에 속한다.

낙엽활엽덩굴성 관목으로 산록 이하의 낮은 지대에서 잘 자란다. 우리나라가 원산지이며 일본의 오키나와, 타이완, 중국, 오스트레일리아에도 서식한다. 내한성과 내건성이 강하고 산기슭이나 논, 밭둑에서 기어가듯 자라는 것이 특징이다. 열매를 식용하며 약재로도 사용된다.

번식법

2~3월에 가지삽목을 하거나, 3~4월경 뿌리삽목으로 번식한다.

107 멋진 가로수로 되살아난 화석식물

메타세쿼이아

Metasequoia glyptostroboides Hu & W. C. Cheng

과 명	낙우송과	꽃	4~5월
형 태	낙엽침엽교목	열 매	10~11월

메타세쿼이아 잎

세쿼이아는 세계 각국에서 화석으로 발견되었는데, 우리나라 포항에서도 화석이 발견되었다. 미국에서는 자생지 일대를 세쿼이아국립공원으로 선정해 보호하고 있다.

쭉쭉 뻗은 모습, 울창한 가지 아래로 시원한 그늘, 가을이면 노란 갈색으로 물드는 메타세쿼이아가 늘어선 가로수 길은 여간 운치 있는 것이 아니다. 나무가 자라는 모습이 원시적인데, 실제로 메타세쿼이아는 화석으로만 발견되던 나무였다. 그러나 1940년대에 중국의 양쯔강 상류인 쓰촨성과 후베이성에서 발견되어 세상을 놀라게 했다. 메타세쿼이아란 '후에(meta) 발견된 세쿼이아(sequoia)'라는 뜻이다.

메타세쿼이아는 세계 각국에서 화석으로 발견되었는데, 중생대 백악기로부터 신생대 제3기 사이에 북반구에 널리 퍼져 무성하게 자라던 나무이다. 우리나라에서도 포항에서 화석이 발견되었다. 살아 있는 것은 미국 캘리포니아 주에 남아 있고, 세쿼이아라는 이름은 현지 인디언 부족인 체로키족의 추장 이름에서 딴 것이라고 한다. 개체 수가 적은 반면 수령이 4,000~5,000년이나 되는 것이 있어 미국에서는 자생지 일대를 세쿼이아국립공원으

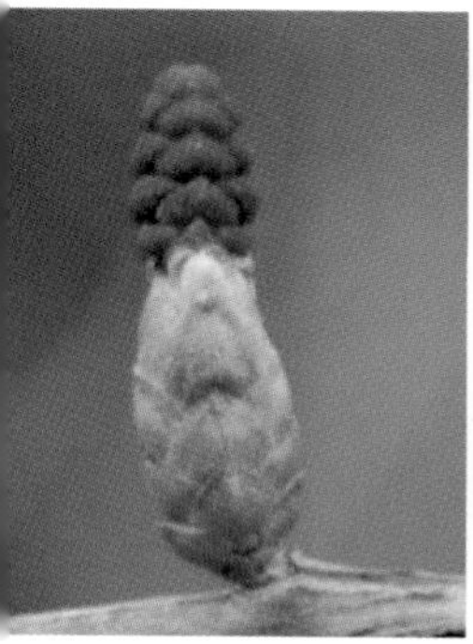
메타세쿼이아 암꽃

메타세쿼이아 수꽃(개화 전)

메타세쿼이아 수꽃

메타세쿼이아 열매(미성숙)

메타세쿼이아 열매(성숙)

로 선정해 보호하고 있다. 하지만 메타세쿼이아와 세쿼이아는 다른 나무이다.

학명은 *Metasequoia glyptostroboides*로 *glyptostroboides*는 조각 무늬가 있다는 뜻의 glyptos와 구과를 뜻하는 stroboides의 합성어이다. 이는 조각 모양의 구과가 달리는 나무라는 의미이다. 한자로는 수삼(水杉)이라고 하며 영어 이름은 dawn redwood이다.

낙엽침엽교목으로 높이는 35m이고 지름은 2m까지 큰다. 수피는 적갈색이며 얇고 세로로 갈라지고 길게 벗겨진다. 나무의 모양은 원추형이다. 잎은 선형으로 마주나며, 길이는 10~25㎜, 너비

는 1.5~2㎜이다. 밑부분은 둥글며 끝이 뾰족하고 날개 모양으로 두 줄로 배열된다. 꽃은 양성화로 4~5월에 피는데, 수꽃은 작은 가지 끝에 이삭처럼 달리고, 암꽃은 작은 가지에 1개씩 달린다. 열매는 구형으로 아래로 처지고 씨는 도란형으로 날개가 있으며 10~11월경에 익는다.

메타세쿼이아 수피

메타세쿼이아는 이용가치가 매우 높다. 생장이 빠르면서도 수형이 원추형으로 아름다워 세계 곳곳에 가로수로 많이 심어지는데, 칠엽수, 개잎갈나무와 함께 세계 3대 가로수로 일컬어진다. 우리나라에는 1970년대부터 담양과 남이섬 등 곳곳에 심어졌다. 도심지인 창경궁과 동묘에도 심어졌으나, 대기오염에는 약한 편이다.

중국이 원산지로 관상용, 가로수용으로 심으며 재질이 연하고 부드러워 주로 펄프용재로 사용된다. 또 섬유원료, 가구, 연필로 만드는 데에도 유용하다. 담양의 메타세쿼이아 가로수 길은 8.5km로 2006년 건설교통부 선정 '한국의 아름다운 길 100선'에서 최우수상을 수상했다.

번식법

번식은 실생이나 꺾꽂이로 한다. 가로수로 많이 심지만, 공해에는 약한 편이다.

108 씨로 염주를 만들던

모감주나무

Koelreuteria paniculata Laxmann

과 명	무환자나무과	꽃	6~7월
형 태	낙엽활엽소교목 또는 교목	열 매	9~10월

모감주나무 새순

모감주나무 잎

별명으로 염주나무라고도 한다. 꽈리 모양의 열매 안에 까맣고 단단한 씨가 들어 있는데, 이 씨로 염주를 만들어 붙여진 것이다.

모감주나무란 이름은 불교와 인연이 깊다. 불교에서 부처의 깨달음이나 참다운 깨달음을 묘각(妙覺)이라 하며, 불교에서 심오한 이법(理法)을 묘법(妙法)이라 한다. 묘각에 염주를 의미하는 주(珠)를 붙여서 묘각주나무 또는 묘감주나무로 부르다가 현재의 이름으로 바뀐 것이다. 그 흔적은 경남 거제 한내리의 모감주나무 군락에서 찾을 수 있는데, 현지에서는 묘감주나무라고 부른다.

별명으로 염주나무라고도 한다. 꽈리 모양의 열매 안에 까맣고 단단한 씨가 들어 있는데 이 씨로 염주를 만들어 붙여진 것이다. 영명은 golden rain tree라고 이름을 붙였는데, 이 나무의 꽃 모양이 마치 황금 비가 내린 듯하다 하여 붙여진 것이다.

한자명은 보리수(菩提樹), 난수(欒樹)이다. 보리수라는 이름은 이 열매로 염주를 만들어서 붙여진 이름이며, 난수는 서양에서는 이 나무의 꽃을 황금 비로 보았지만, 중국에서는 마치 실이 엉켜 있는 모습으로 보여 붙여진 것이다.

낙엽활엽소교목 또는 교목으로 높이는 10m 정도이고 잎은 어긋나며, 7~15개 소엽으로 된 기수 우상복엽으로 가장자리가 결각상으로 불규칙한 둔한 톱니가 있다. 꽃은 가지 끝에 달리며 원추화서를 이루며 노란색으로 6~7월에 핀다. 열매는 꽈리 같은 주머니 모양의 삭과로 9~10월에 익으며, 씨는 둥글고 검은색으로 약간 광택이 난다.

우리나라와 중국, 타이완, 일본 등지에 분포한다. 충남 안면도, 백령도를 중심으로 한 서해안 및 경남 등 주로 해안가에 자생하는데 독도와 울진에도 자생하고 있다. 척박한 곳에서도 잘 자라고 추위와 공해에 강하며 바닷바람에도 강하여 주로 섬이나 바닷가에 잘 자란다. 예전에는 절이나 마을 부근에서 많이 볼 수 있었던 나무이다.

충남 태안의 안면도 방포 해안에는 500여 그루의 모감주나무 군락이 자리하고 있으며, 천연기념물 제138호로 지정되어 있다. 경북 포항의 발산리 모감

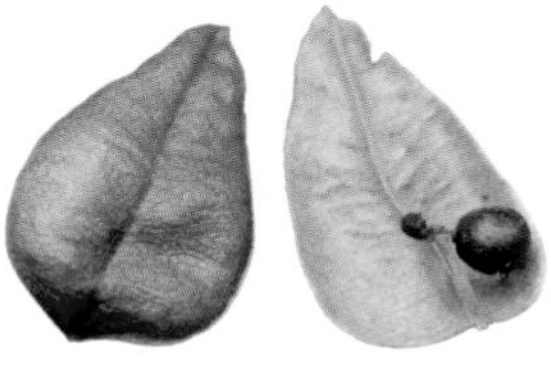

모감주나무 열매 속에 든 씨앗

모감주나무 꽃

모감주나무 열매

주나무 역시 천연기념물 제371호로 지정되었으며, 거제 한내리의 모감주나무 군락은 경남기념물 제112호로 지정되었다.

모감주나무 수피

꽃과 열매가 아름다워 정원수용으로 심는다. 열매로 만드는 염주는 옛날엔 고승만 사용할 수 있을 만큼 고급 염주로 쳤다. 한방에선 꽃을 난화(欒花), 뿌리를 난수근(欒樹根)이라 하여 눈병, 요도염, 종기, 소화불량, 안질이나 간염 등을 치료하는 데 쓴다. 민간요법으로 눈병, 종기에 꽃을 달여 마시고 소화불량, 간염, 치질, 요도염 등에 뿌리를 달여 마신다. 잎과 꽃은 염료로도 사용한다. 꽃말은 자유로운 마음, 기다림이다.

번식법

번식은 실생과 꺾꽂이로 한다.

109 생김새, 향기, 과육에 세 번 놀라는

모과나무

Chaenomeles sinensis (Thouin) Koehne

과 명	장미과	꽃	5월
형 태	낙엽활엽소교목 또는 교목	열 매	9~10월

모과나무 잎

지방기념물로 지정, 보호하고 있는 모과나무는 네 그루가 있다. 이 중 순창 강천사의 모과나무는 수령 300년으로 강천사의 스님이 심었다고 하는데, 아직도 꽃이 피고 열매가 열린다.

예로부터 사람들은 모과를 보고 세 번 놀란다고 한다. 우선 너무나 못생겨서 놀라고, 다음으로는 못생긴 과일에서 향기가 많이 나 놀라며, 마지막으로 향기에 취해 모과를 먹으려고 입을 대보지만 한입도 베어 물 수 없다는 것에 한 번 더 놀란다는 것이다. 이런 못난 과일 때문에 '모과나무 심사'라는 말도 생겨났다. 모과나무처럼 뒤틀리어 성질이 심술궂고 순수하지 못한 마음을 비유하는 말이다.

모과는 목과(木瓜)에서 유래된 이름으로 '나무에 열리는 참외'라는 뜻인데, 목의 받침 ㄱ이 탈락하여 모과가 되어버린 경우이다. 목과(木瓜), 목계(木季) 등으로도 불린다.

낙엽활엽소교목 또는 교목으로 높이는 10m이고 지름 80㎝ 정도이다. 작은 가지는 가시가 없으며 어릴 때는 털이 있고, 수피는 붉은 갈색을 띠며 얼룩무늬가 있고 비늘 모양으로 벗겨진다. 줄

모과나무 암꽃

모과나무 수꽃

기의 껍질이 매끄럽고 조각조각 떨어지며 줄기에 골이 지고 혹 같은 것이 만져지는 독특한 모양을 하고 있다. 잎은 어긋나고 타원상의 난형으로 양 끝이 좁으며 가장자리에는 뾰족한 잔톱니가 있는데 어린잎은 선형으로 뒷면에 털이 있다가 점차 없어진다. 꽃은 5월에 연한 붉은빛으로 가지 끝에 1개씩 달린다. 열매는 긴 타원형으로 목질화되었으며, 9~10월에 녹색에서 익으면 노란색으로 변한다. 향기가 매우 좋아 천연 방향제로 사용하는데 벌레 먹고 못생긴 모과일수록 향기가 짙다.

중국이 원산이다. 우리나라에서는 자생하지 않고 전라남북도, 경기도에 많이 심어졌으며, 그 외에 가정의 정원이나 과수원에 심어 관상용이나 약용으로 쓰곤 했다. 햇빛이 잘 들고 습기가 있는 비옥한 땅에서 잘 자라고 추위를 잘 견디며 맹아력과 공해에도 강하다.

잎과 가지를 달여 마시면 토사곽란, 각기, 소화불량, 구역질, 담등에 효과가 있다. 모과에는 타닌, 사과산, 구연산, 비타민 C, 칼

모과나무 어린 열매

모과나무 열매(성숙)

슘, 철분 등의 성분이 들어 있어 감기, 진해, 거담, 천식, 기관지염, 신경통 등에 약용으로 쓴다. 그러나 너무 많이 먹으면 산기가 많아서 치아와 뼈가 약해질 수 있으니 적당량만을 먹어야 한다.

열매는 과실이지만 목질화되었으며 시고 떫어서 직접 먹지는 못하고 얇게 썰어 꿀이나 설탕에 저몄다가 차로 마신다. 약용으로 이용하거나 술을 담가 먹기도 사용한다. 특히 모과수 또는 모과숙(木瓜熟)이라 하여 껍질을 벗긴 모과를 푹 삶아 끓인 꿀에 담가서 삭힌 음식으로 해 먹는다. 또 모과정과(木瓜正果)는 모과를 삶아서 으깨어 받쳐서 꿀과 물을 넣고 되직하게 끓여낸 과자류이다. 떡으로도 만들어 먹는데 모과를 푹 쪄서 껍질을 벗기고 속을 뺀 다음 가루로 만들어서 녹말을 섞고 꿀을 넣어서 끓여 만들며, 이 떡을 모과편이라 한다.

모과나무는 지방기념물로 지정, 보호하고 있는 나무만 네 그루가 있다. 이 중 마산 의림사 모과나무는 수령 250년으로 높이는 10m, 둘레는 3.3m이며 경남기념물 제77호이다. 의령 충익사 모

모과나무 수피

과나무는 수령이 500년이나 되는데, 높이는 의림사 모과나무보다 작아 8.5m, 둘레는 3m로 경남기념물 제83호로 지정되었다. 순창 강천사 모과나무는 높이가 20m로 매우 크며 수령은 300년이다. 강천사의 스님이 심었다고 하는데, 아직도 꽃이 피고 열매가 열린다. 전북기념물 제97호로 지정되었다.

꽃과 열매가 아름다워 정원수로 심으며 열매는 식용, 약용, 향료용으로 심는다. 목재는 우산자루나 상을 만드는 데에 쓴다. 재질이 치밀하고 광택이 있어 가구재로 쓴다. 〈흥부전〉에 나오는 화초장이 바로 모과나무로 만든 장이다.

번식법

실생으로 번식한다.

110 꽃은 아름다우나 향기는 없는

모란

Paeonia suffruticosa Andrews

과 명	작약과	꽃	5월
형 태	낙엽활엽관목	열 매	7~8월

부귀화(富貴花)라고 부르는데 이 꽃이 부귀와 풍요를 상징하기 때문이다. 예전에는 병풍에 모란을 많이 그렸는데, 이를 모란병(牡丹屛)이라 해서 집안에 경사스러운 일이 있을 때 병풍을 치곤 했다.

모란이 피기까지는

나는 아직 나의 봄을 기다리고 있을 테요.

모란이 뚝뚝 떨어져 버린 날

나는 비로소 봄을 여읜 설움에 잠길 테요.

김영랑의 〈모란이 피기까지는〉 중에서

많은 사람이 암송하는 김영랑의 시이다. 사실 모란이라는 명칭은 작약과 헷갈리기도 한다. 작약을 모란이라고 부르기도 하고, 한자로는 목단(牧丹)이라고 쓰기도 하니까 말이다. 하지만 작약과 모란은 다른 종류이며, 목단은 모란의 한자명이다. 또 부귀화(富貴花)라고 부르는데 이 꽃이 부귀와 풍요를 상징하기 때문이다. 그래서 예전에는 병풍에 모란을 많이 그렸는데, 이를 모란병(牡丹屛)이라 해서 집안에 경사스러운 일이 있을 때 병풍을 치곤 했다.

모란 어린순

모란 잎

모란 꽃봉오리

모란 꽃

모란 열매(성숙)

모란 열매(성숙)와 씨앗

그러나 향기가 나지 않는 꽃으로 재미있는 이야기가 전해진다. 옛날 중국의 한 노인이 모란 모종과 모란 꽃이 그려진 그림을 얻어왔는데, 손자가 보고는 꽃에 향기가 없을 것이라고 했다. 왜 그러냐고 물으니 나비와 벌이 없기 때문이라는 것이다. 그 후 노인이 모종을 심어서 키워내니 꽃은 아름답지만 정말 향기가 없었다고 한다.

낙엽활엽관목으로 높이는 1.5m 이상이고 밑에서 많은 줄기가 올라와 넓은 수형을 이루는데 줄기의 직경이 15㎝인 것도 있다.

모란 수피

잎은 2회 3출 복엽으로 길이 20~25㎝이며, 소엽은 넓은 난형으로 3~5개로 갈라지며 뒷면에는 잔털이 있고 흰빛을 띤다. 꽃은 양성화로 가지 끝에 달리며 꽃받침 잎은 5장으로 녹색이며 꽃잎은 5개로 자홍색 또는 흰색으로 5월에 핀다. 열매는 골돌로 긴 원형이며 황갈색 털이 밀생하고 7~8월에 익으며 종자는 구형으로 검은색이다. 뿌리는 굵고 희다. 어린싹이 돋아날 때는 붉은빛을 띠며 잎과 동시에 꽃봉오리가 함께 자란다.

햇빛이 드는 사질양토에서 잘 자라나 건조한 곳에서는 잘 자라지 못하며 추위에는 강하다. 모란은 중국 서부 원산으로 우리나라는 1,500년 전에 약용식물로 도입되었다고 한다.

모란꽃은 꽃꽂이용으로 이용하거나, 꽃이 아름다워 관상수로 많이 심는다. 뿌리껍질은 약용으로 이용하는데 소염, 두통, 요통, 건위, 지혈 등에 쓴다. 꽃말은 부귀이다.

번식법

작약을 대목으로 하여 9월에 근접 또는 뿌리나누기로 번식한다. 근접이란 접목의 일종으로 벌레의 해(害)에 대하여 또는 생리적으로 저항성이 있는 종류의 뿌리를 이미 성장한 나무에 접목하여 나무를 젊게 하는 방법이다.

꽃이삭 속에 숨은 꽃들이 한가득

모람

Ficus oxyphylla Miq. ex Zoll.

과 명	뽕나무과	꽃	7~8월
형 태	상록활엽덩굴성 목본	열 매	10월~이듬해 1월

모람 잎(앞면)

모람 잎(뒷면)

7~8월에 잎겨드랑이에 둥근 열매처럼 생긴 꽃이삭이 한두 개 달리는데, 그 속에 자잘한 꽃이 많이 붙는다. 겉에서 보면 꽃이 감춰져 있어 보이지 않으므로 은화과 식물이라고 한다.

모람은 뽕나무과의 상록활엽덩굴성 목본으로 우리나라 남해안과 제주도에 주로 분포한다. 줄기는 2~5m 정도이며, 가지에 돋는 공기뿌리로 다른 물체에 붙어 올라가며 자란다. 잎은 어긋나고 두꺼우며 바소꼴 또는 타원상 바소꼴로 가장자리가 밋밋하고 털이 없으나 뒷면은 흰빛이 돌며 잎맥이 튀어나온다. 잎자루는 7~20㎜로 잔털이 있다.

암수딴그루로 7~8월에 잎겨드랑이에 둥근 열매처럼 생긴 꽃이삭이 한두 개 달리는데, 그 속에 자잘한 꽃이 많이 붙는다. 겉에서

모람 덩굴줄기

모람 열매

보면 꽃이 감춰져 있어 보이지 않으므로 은화과 식물이라고 한다. 열매는 10월~이듬해 1월에 자흑색으로 둥글게 익는데, 지름은 1㎝ 정도이고 단맛이 있어 식용할 수 있다.

식물은 우리에게 많은 것들을 준다. 의식주는 기본이고, 약이 되기도 하고, 생활에 도움이 되는 갖가지 물건을 만드는 재료가 되기도 한다. 모람이라는 식물도 최근 항균성 천연 방부 비닐 재료로 개발되어 눈길을 끈다. 모람의 수피 등에서 추출한 성분으로 특수 방부 비닐을 만들어 이 비닐로 과일이나 음식을 포장하면 오랫동안 신선하게 보관할 수 있다는 것이다. 또한 잎과 줄기에서 추출한 성분을 활용해 만든 과자와 빵은 항당뇨, 항바이러스 효과가 있다고 한다.

번식법

휘묻이와 포기나누기, 종자로도 번식할 수 있으나, 꺾꽂이가 가장 유용하다. 이른 봄 새싹이 나기 전이나 6~7월에 줄기를 15㎝ 내외로 잘라 아래 잎을 따버리고 꽂아두면 뿌리가 잘 내린다. 종자 번식은 가을에 익은 열매를 따서 으깨어 종자를 분리해 직파한다.

112 봄을 맞이하는 꽃

목련

Magnolia kobus DC.

과 명	목련과	꽃	3~4월
형 태	낙엽활엽교목	열 매	9~10월

목련 잎

목련(木蓮)은 나무에 피는 연꽃이라 하여 붙여진 이름이다. 흔히 봄을 맞이하는 꽃이라 하여 영춘화(迎春花)라고 부르는데, 물푸레나무과의 영춘화하고는 다르다.

목련(木蓮)은 나무에 피는 연꽃이라 하여 붙여진 이름이다. 연꽃은 불교를 상징하는데, 목련 역시 불교에서 많이 쓰인다. 사찰 문에 창살로 표현된 여섯 장 꽃잎의 무늬는 바로 목련을 형상화한 것이다. 서양에서도 목련은 여러 상징물로 쓰이는데, 흔히 팝콘에 비유하기도 한다. 목련을 흔히 봄을 맞이하는 꽃이라 하여 영춘화(迎春花)라고 부르는데, 물푸레나무과의 영춘화하고는 다르니 혼동하지 말아야 한다.

목련은 종류가 매우 많다. 제주도에만 자생하는 목련, 흰 꽃이 피는 백목련 등이 있다. 이 밖에도 자주색 꽃이 피는 자목련은 봄이 끝나가는 시기에 핀다고 하여 망춘화(忘春花)라고 부르기도 한다. 산목련인 함박꽃나무, 일본목련, 꽃이 크고 상록성인 태산목도 목련의 일종으로 이들은 잎이 난 뒤에 꽃이 피는 특징을 가졌다.

위의 여러 목련 중에서 목련과 함박꽃나무만이 우리나라에 자생한다. 그런데 우리가 흔히 볼 수 있는 목련은 중국이 원산지인

백목련을 말한다. 우리나라의 자생 목련은 제주도 한라산에 자라며, 꽃잎 안쪽이 붉은색을 띠는 것이 특징이다. 꽃잎은 6~9장으로 향기가 매우 진하다. 3~4월에 흰 꽃이 피며 열매는 9~10월에 익는다.

낙엽활엽교목으로 높이는 20m이고 지름이 1m로 수피는 회백색이다. 수피가 조밀하게 갈라지고 작은 가지는 연한 녹색이다. 잎은 도란상의 타원형으로 잎자루에 흰색 털이 있다. 꽃은 잎보다 먼저 3~4월에 흰색으로 피지만 기부는 연한 홍색이다. 열매는 골돌과로 원추형이며 씨는 타원형으로 하얀 실 같은 것이 붙어 있는

목련 꽃봉오리

목련 꽃

목련 열매(미성숙)

목련 열매(성숙)

데 9~10월에 익는다.

우리나라와 일본에 분포하며, 우리나라에서는 전역에 자란다. 습기가 있는 땅을 좋아하는데 그늘에서는 꽃이 잘 피지 못하나 추위와 공해에는 강하다.

목련은 북쪽을 향해 꽃을 피우는 성질이 있는데, 그래서 예로부터 임금을 향한 충절을 상징하기도 했다. 이렇게 꽃이 북향이 되는 것은 햇볕을 많이 받은 남쪽 화피 껍데기의 세포가 북쪽보다 빨리 자라 꽃이 북쪽으로 기울기 때문이라는 설이 있다. 또 꽃이 상당히 매혹적이지만, 진화가 덜 된 원시적인 상태로 겉씨식물과 같은 완벽한 씨방은 없다. 그래서 열매가 씨를 완전히 감싸지 못해 씨앗이 일부 밖으로 드러나기도 한다.

한방에서는 꽃봉오리를 신이(辛夷), 꽃을 옥란화(玉蘭花)라 하는데 콧병과 축농증에 특효약이라고 한다. 꽃봉오리와 수피와 잎에는 정유 외에도 여러 가지 성분이 들어 있어 기침, 이뇨, 고혈압, 염증, 가래, 두통, 치통, 생리통 등에 사용한다. 줄기의 수피에는 유독 성분이 함유되어 있으므로 적당량만을 먹어야 하며, 또한 기력이 없고 땀을 많이 흘리는 사람이나 빈혈이 있는 사람은 먹지 말아야 한다. 꽃말은 고귀함이다.

목련 수피

번식법

실생으로 번식한다.

113 잎이 무소의 뿔을 닮은

목서

Osmanthus fragrans Lour.

과 명	물푸레나무과	꽃	9~10월
형 태	상록활엽소교목	열 매	이듬해 2~3월

목서(木犀)는 나무에 달린 잎이 무소의 뿔처럼 생겼다고 해서 붙은 이름이다. 목서 종류로는 금목서, 은목서, 구골나무, 박달목서가 있다.

목서(木犀)는 나무에 달린 잎이 무소의 뿔처럼 생겼다고 해서 붙은 이름이다. 목서 종류로는 금목서, 은목서, 구골나무, 박달목서가 있다. 이 중 은목서는 꽃의 색깔이 은빛이 난다 하여 붙여진 이름이다. 그리고 금목서는 꽃과 껍질이 금빛을 띠는데, 보통 목서라고 하면 대개는 은목서를 말한다. 한자명은 은계(銀桂)라고도 한다.

상록활엽소교목으로 높이는 3~8m이고 수피는 갈색 또는 엷은 황회색이다. 잎은 혁질이며 가장자리에 톱니가 있다. 꽃은 3~5개가 엽액에 모여 달리고 꽃받침은 술잔 모양이며 흰색으로 9~10월에 핀다. 열매는 타원형의 핵과로 이듬해 2~3월에 익는다.

중국 원산으로 우리나라에서는 경남, 전남지방의 따뜻한 곳에서 잘 자란다. 배수가 잘되는 비옥한 사질양토에서 잘 자라며 추위와 공해에는 약하다.

목서(은목서) 잎

목서(은목서) 잎차례

목서(은목서) 꽃

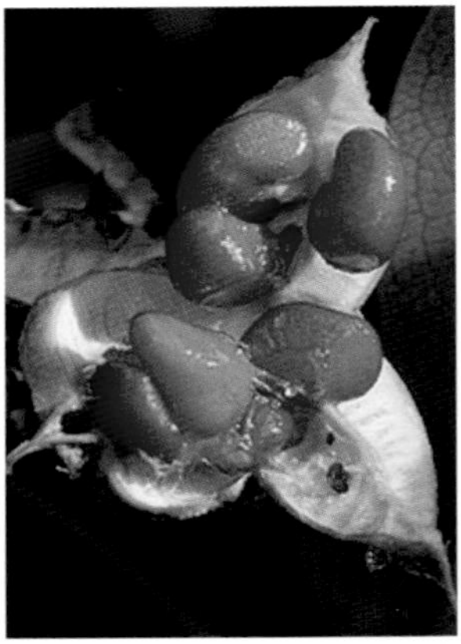

목서(은목서) 열매

목서(은목서) 수피

꽃이 아름답고 향기로워 관상용, 생울타리용으로 심는다. 목재는 조각재로 이용된다. 1984년 광주 진압에 성공한 당시 국방부 장관이 광주시청 앞에 심은 나무를 '전두환 나무'라고 하는데, 이 나무가 바로 은목서로 2011년에 고사하였다. 한편 목서 꽃가지는 옛날 선비들의 놀이기구로도 사용되었다고 한다. 꽃가지를 돌리다가 북소리를 멈출 때 꽃가지를 가진 사람이 시를 한 수 짓고 벌주를 마셨다고 전해진다. 수건돌리기의 유래가 혹시 여기에서 비롯된 것은 아닐까 생각된다.

번식법

번식은 꺾꽂이, 뿌리나누기, 휘묻이로 한다.

무궁화

Hibiscus syriacus L.

과 명	아욱과	꽃	7~8월
형 태	낙엽활엽관목 또는 소교목	열 매	10월

무궁화 잎

무궁화 꽃은 한 나무에 2,000~3,000송이가 약 100일간 피고 지고를 반복한다. 오늘 핀 꽃은 그날 저녁 시들고 내일은 다시 다른 꽃이 피는 것이다. 끊임없이 이어서 핀다고 해서 무궁화(無窮花)다.

일제강점기 때 일제는 우리나라 꽃인 무궁화를 없애려고 안달이 났다. 지방 곳곳에 자라는 무궁화 뽑기에 혈안이 되어 있었다. 이때 오히려 무궁화 묘목을 심고, 무궁화 노래를 만들어 보급한 이가 있었으니 바로 애국지사 남궁억(1863~1939) 선생이다. 언론인이자 교육자, 독립운동가였던 남궁억 선생은 고향인 홍천에서 무궁화 운동을 벌이다 1933년 일제에 체포되어 2년간 옥고까지 치렀다. 오늘날 강원도 홍천은 무궁화의 메카로 불리는데, 남궁억 선생의 공로를 기리는 의미가 깊다.

무궁화는 꽃이 피는 특징 때문에 붙여진 이름이다. 무궁화 꽃은 한 나무에 2,000~3,000송이가 약 100일간 피고 지고를 반복한다. 놀라운 것은 무궁화 꽃이 단 하루만 피고 사라진다는 것이다. 즉 오늘 핀 꽃은 그날 저녁 시들어 사라지고 내일은 다시 다른 꽃이 피는 것이다. 그렇게 끊임없이 이어서 핀다고 해서 무궁화(無窮花)다.

❶❷ 무궁화 꽃

우리나라 꽃이지만 학명에는 *syriacus*라고 되어 있다. 그리고 이집트의 아름다운 신 히비스를 닮았다 하여 *Hibiscus*와 함께 학명을 이루고 있다. 그렇지만 원산지를 인도나 중국으로 보는 학자가 많다. 목근(木槿), 흰무궁화, 단심무궁화, 근화(槿花), 목근피(木槿皮), 순화(舜花) 등으로도 불리며, 영어명은 rose of sharon(샤론의 장미)인데, 샤론은 성경에 나오는 이스라엘의 평야 이름으로 가나안에서 최고의 복지로 손꼽힌다.

무궁화에 대한 기록 중 가장 오래된 것은 신라 때로 최치원이 당나라에 보낸 국서에 근화향(槿花鄕)이라고 썼다. 이후 우리나라를 근역(槿域)이라고 부르기도 했다. 또 고려 때 이규보가 지은 문집에는 무궁화의 무궁이 無窮이냐 無宮이냐로 논란이 있었다고 나온다. 또 한 가지 흥미로운 일화는 당나라 현종이 양귀비의 환심을 사려고 꽃이란 꽃은 모두 궁궐에 심게 했는데, 유독 이 나무만 꽃을 피우지 않아 '궁에 없는 꽃'이라고 해서 무궁화(無宮花)라고 했다는 것이다. 이런 일화를 가져와 '우리 민족이 중국에 굽히

지 않는 기상'을 나타낸 것으로 해석하기도 한다. 무궁화는 한자이지만 중국에는 보이지 않고 단지 〈산해경〉에 한국에 훈화초(薰華草)가 있다고 밝히고 있다.

인도 북부와 중국 북부지방에 걸쳐 자라는 나무로 우리나라와 싱가포르, 홍콩, 타이완 등지에서 심어 재배한다. 우리나라는 평남 및 강원도 이남의 깊은 산을 제외한 전역에 심어 자란다. 맹아력이 강하고 생장속도도 빠르다. 공기 정화력도 뛰어나 아황산가스, 자동차 매연에도 강하며 한지에서도 잘 자라고 침수에도 강하다. 이식도 용이한 전천후 나무라고 할 만하다.

낙엽활엽관목 또는 소교목으로 높이는 2~4m이고 줄기는 밑에서 여러 개가 올라와 자라며 수피는 회색이다. 잎은 어긋나고 삼각상의 난형으로 가장자리가 크게 3갈래로 갈라지며 결각상 거치가 있다. 꽃은 정단에 단생 또는 액생하고 한여름인 7~8월까지 계속해서 담자색으로 핀다.

일제강점기 때 수난을 당한 무궁화는 해방 뒤부터 서울대학교

무궁화 열매

무궁화 꼬투리

무궁화 씨앗

무궁화 수피

농과대학에서 우리나라 토양에 맞게 개발하여 보급하고 있는데 새로운 품종만 해도 100가지가 넘는다. 무궁화 하면 크게 3종으로 배달계, 아사달계, 단심계가 있으며, 그중 홑꽃이고 순백색인 배달계가 우리나라 국화이다.

무궁화는 관상용, 약용으로 심는데, 한방에서는 껍질을 목근(木槿)이라 하여 이질, 옴, 피부병에 쓴다. 또 종자는 목근자(木槿子)라 하여 담천이나 해수, 편두통에 사용하며, 꽃은 목근화(木槿花)라 하여 이질이나 복통에, 잎은 종기에 쓴다. 서양에서도 약용으로 사용해 '약용장미'라고도 불렀다.

번식법

번식은 실생과 꺾꽂이로 한다.

115 꽃이 숨어 잘 보이지 않는

무화과나무

Ficus carica L.

과 명	뽕나무과	꽃	6~7월
형 태	낙엽활엽관목 또는 소교목	열 매	8~10월

고대 로마에서는 바쿠스라는 주신이 무화과나무에 열매가 많이 달리는 방법을 가르쳐 주었다고 하며, 그런 까닭에 다산의 상징으로 통한다. 꽃말은 다산이다.

무화과(無花果)란 꽃이 없는 과일이란 뜻인데, 꽃이 필 때 꽃받침과 꽃자루가 긴 타원형의 주머니처럼 비대해지면서 작은 꽃들이 씨방 속으로 들어가 버리고 꼭대기만 조금 열려 있어서 꽃을 잘 볼 수 없어 붙여진 것이다. 학명에서 *carica*는 열대식물 파파야(학명:*carica papaya*)에서 유래되었다. 영어로는 common fig라고 하며, 한자로는 선도(仙桃)라고도 불린다.

낙엽활엽관목 또는 소교목으로 자라며 높이는 2~7m이다. 수피는 회백색에서 점차 회갈색으로 변하며 가지를 많이 친다. 잎은 어긋나며 두껍고 손바닥 모양으로 3~5개로 깊게 갈라지는데, 표면은 거칠고 뒷면은 잔털이 나 있으며 5개의 맥이 뚜렷하다. 꽃은 엽액에 은두화서로 달리는데 화탁(花托) 내에 작은 꽃들이 많이 형성되어 수꽃은 상부에, 암꽃은 하부에 달리며 6~7월에 핀다. 여기에서 화탁이란 줄기에 꽃잎, 꽃받침 등 꽃의 모든 기관이 붙는

무화과나무 잎(앞면)

무화과나무 잎(뒷면)

무화과나무 잎차례

무화과나무 열매

부위를 뜻한다. 열매는 은화과로 도란형이고 육질상으로 8~10월 에 흑자색 또는 황록색으로 익는다.

아라비아 서부 및 지중해 연안이 원산으로 우리나라와 유럽, 중국, 일본 등지에서 재배된다. 우리나라는 1927년경 도입되어 남부의 따뜻한 곳에 심어졌다. 비옥한 땅에서 잘 자라며 추위에 약하여 충청도 이남에서 잘 자란다. 특히 전남 영암은 우리나라 무화과 생산량의 90%를 차지할 정도로 많이 재배하는 지역이다.

열매는 육식의 소화를 돕는 물질이 들어 있어 소화가 잘되며 또

무화과나무 겨울눈

무화과나무 수피

한 변비에도 좋다. 고대 이집트나 로마, 이스라엘에서는 강장제로 먹거나 암과 간장병 등을 치료하는 데 약으로 썼다고 한다. 특히 고대 로마에서는 바쿠스라는 주신이 무화과나무에 열매가 많이 달리는 방법을 가르쳐 주었다고 하며, 그런 까닭에 다산의 상징으로 통한다. 생식하거나 잼을 만들어 먹기도 하고 각종 요리재료로 사용한다. 잎은 회충 등의 구제약으로 쓰며 신경통의 약재로도 쓴다. 꽃말은 다산이다.

번식법

새로 난 가지를 잘라 꺾꽂이로 번식한다.

116 근심을 없애준다는

무환자나무

Sapindus mukorossi Gaertn.

과 명	무환자나무과	꽃	5~6월
형 태	낙엽활엽교목	열 매	10월

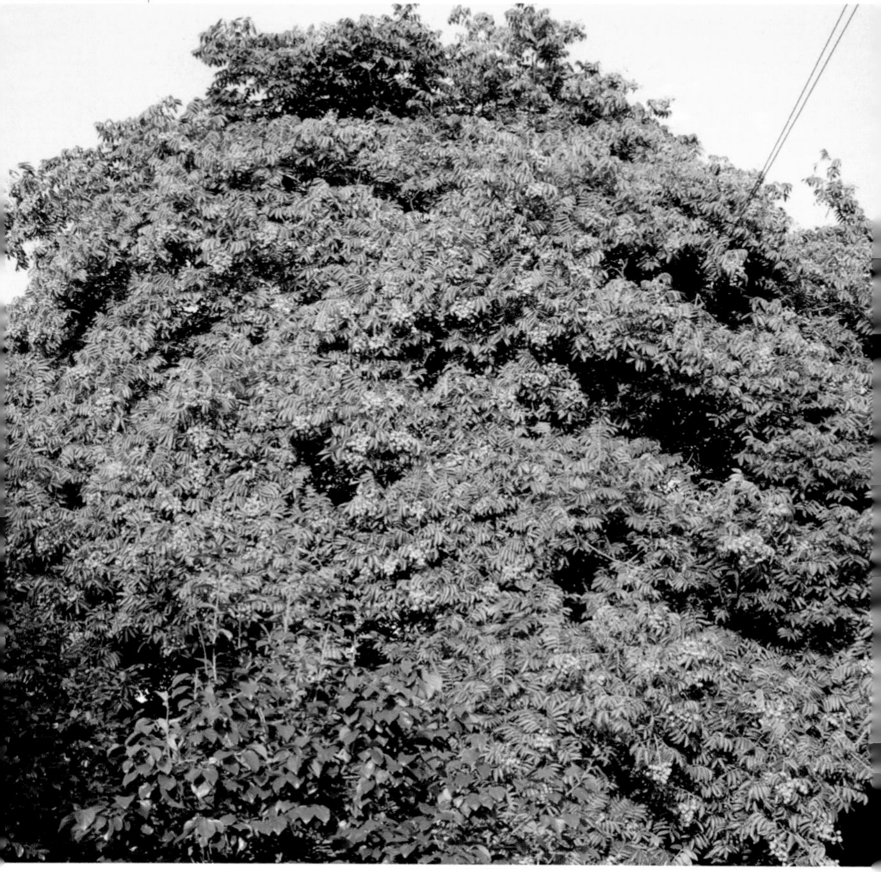

근심을 없애주는 나무가 있다면 정말 얼마나 좋겠는가. 이 나무에서 나는 열매로 염주를 꿰는데, 근심과 걱정이 있을 때나 번뇌가 찾아들 때마다 염주 알을 한 알 한 알 돌리며 잊는 것이다.

근심을 없애주는 나무가 있다면 정말 얼마나 좋겠는가. 걱정거리가 있을 때마다 늘 가까이 두고 잊으면 되니 말이다. 그런데 바로 이 무환자나무가 그렇다. 이 나무에서 나는 열매로 염주를 꿰는데, 근심과 걱정이 있을 때나 번뇌가 찾아들 때마다 염주 알을 한 알 한 알 돌리며 잊는 것이다. 무환자(無患子)라는 이름은 바로 근심을 없애는 열매라는 뜻이다. 또 다른 설로는 이 나무를 집에 심으면 자녀에게 우환이 미치지 않는다고 해서 무환자라고 했다고도 한다. 염주를 만든다 해서 염주나무, 또는 껍질을 비누처럼 사용한다고 해서 비누나무라고도 불린다. 제주도에서는 도욱낭 또는 더욱낭으로도 불리고 있다.

무환자나무 잎(앞면)과 열매

무환자나무 잎(뒷면)

무환자나무 암꽃

무환자나무 수꽃

무환자나무 열매

무환자나무 수피

무환자나무 씨앗

낙엽활엽교목으로 높이는 15m이고 줄기는 곧고 길게 자란다. 수피는 회색이 도는 갈색이다. 가지는 굵고 비스듬하게 뻗으며 자랄수록 구불구불 비틀어지는데 마치 버들잎 모양이다. 잎은 우상복엽으로 어긋나게 달리는데 작은 잎은 12~14개씩 긴 타원형으로 뒷면에 주름이 있고 가장자리는 밋밋하다. 꽃은 5~6월에 노란빛이 도는 연녹색으로 핀다. 열매는 10월에 작은 공 모양으로 익는데 열매가 익으면 황갈색이 되며 껍질은 반투명하다. 열매 속에는 검고 둥근 씨앗이 1개 들어

있으며 속살이 비어 있어 흔들면 움직인다.

우리나라와 일본, 타이완, 중국, 인도 등지에 분포한다. 우리나라에서는 전라도, 경상도, 제주도의 산기슭 습한 곳이나 인가 근처의 산성 토양에 잘 자란다. 비옥한 토양을 좋아하나 추위에 약해 숲 속이나 그늘진 곳에서는 잘 자라지 못한다. 전남 진도 초하리의 무환자나무는 수령 600년으로 전남기념물 제216호로 지정되었는데, 정월 대보름이 되면 마을 사람들이 이 나무 아래에서 달 구경하면서 풍년을 기원했다고 한다.

가로수, 정원수, 공원수로 심으며 목재는 기구재로 쓰이고, 씨는 염주를 만든다. 또 과거에는 열매껍질을 비누로 쓰기도 했고, 요즘에도 비누 원료를 얻기도 한다. 목재를 향나무처럼 태우기도 하는데, 이는 이 나무가 귀신을 쫓는다고도 믿기 때문이며, 목침을 만들어 베는 풍습 역시 우환을 없애고 사악한 기운을 쫓아내기 위해서라고 한다.

한방에서 뿌리를 무환근, 줄기 껍질을 무환수피, 잎을 무환자엽, 열매를 무환자, 열매껍질을 무환자피, 씨앗의 속살을 무환자중인이라 하는데 해열, 통증, 지혈, 종기, 소화불량, 천식 등에 사용한다. 〈동의보감〉에는 열매는 맛이 달고 독이 없으며 오장육부의 나쁜 기운을 없애고 마음을 안정시킨다고 되어 있다. 민간요법으로 독사나 독충에 물렸을 때 잎을 생으로 찧어 바른다. 그러나 열매를 많이 먹으면 변비가 생기므로 주의해야 한다.

번식법

번식은 실생으로 한다.

117 오리나무 중 가장 흔한

물오리나무

Alnus sibirica Fisch. ex Turcz.

과 명	자작나무과	꽃	4월
형 태	낙엽활엽교목	열 매	10월

오리나무는 종류가 상당히 많은데, 그중에서 물오리나무는 산지에서 자라기 때문에 흔히 산오리나무로도 불린다.

오리나무는 그 종류가 상당히 많은데, 그중에서 물오리나무는 산지에서 자라기 때문에 흔히 산오리나무로도 불린다. 한자로는 산적양(山赤楊)으로 오리나무가 붉은색 염료를 만드는 재료로 사용된 데에서 유래한다. 이 밖에도 털물오리나무, 산오리나무, 산오리, 민물오리나무, 참오리나무 등으로도 불린다.

여러 오리나무 중에서 가장 흔한 수종으로 잎이 둥글며, 잎 가장자리에 이중의 톱니를 갖고 있는 것이 특징이다.

낙엽활엽교목으로 높이는 20m이고 지름이 60㎝로 줄기가 곧아 수형은 원추형이다. 수피는 회갈색으로 평활하다. 잎은 넓은 난형으로 겹톱니가 있으며 5~8개로 얕게 갈라지는데 잎의 표면은 회백색이다. 수꽃은 2~4개가 가지 선단에 달리며, 암꽃은 수꽃 밑에 3~5개씩 모여 달리고 4월에 꽃이 핀다. 과수(果穗 : 이삭처럼 자잘한 열매가 달린 모양)는 타원형이며 좁은 날개가 있는 소견과이며 흑갈색으로 10월에 익는다.

물오리나무 잎

우리나라와 일본, 중국 동북부, 러시아 등지에 분포한다. 사방조림 수종으로 햇빛을 좋아하며, 어릴 때는 햇빛을 더 많이 필요로 하고 추위를

물오리나무 암꽃

물오리나무 수꽃

물오리나무 열매

물오리나무 수피

잘 견디며 건조한 곳에서도 잘 자란다. 뿌리에는 뿌리혹박테리아를 갖고 있어 공중의 질소를 스스로 직접 양분으로 이용하도록 바꿔주는 근류균이 공생하여 땅속의 영양분을 만들어주는 비료목이기도 하다.

목재는 조직이 치밀하고 견고하여 기구재, 토목용재로 쓰며 잎은 가축의 사료로, 껍질과 열매는 염료로 사용한다.

번식법

실생하거나 접목 또는 뿌리나누기 등으로도 번식한다.

118 가지를 물에 풀면 푸른 물이 나오는

물푸레나무

Fraxinus rhynchophylla Hance

과 명	물푸레나무과	꽃	5월
형 태	낙엽활엽교목	열 매	9월

물푸레나무 잎

우리나라에 유명한 물푸레나무가 몇 그루 있다. 경기도 파주의 무건리 물푸레나무와 화성의 전곡리 물푸레나무는 각각 천연기념물로 지정되어 보호를 받고 있다.

가지를 꺾어 물에 넣으면 가지에서 푸른 물이 우러나와 물이 푸르게 된다는 데에서 물푸레나무라고 한다. 쉬청나무, 떡물푸레나무, 광능물푸레나무, 민물푸레나무, 광릉물푸레 등으로도 불리며, 한자명은 목창목(木倉木)이다.

낙엽활엽교목으로 높이는 10m 정도이다. 줄기에 불규칙한 연한 갈회색 얼룩무늬가 가로로 있으며 작은 가지는 회갈색이다. 잎은 마주나며 3~7개의 소엽으로 된 기수 우상복엽이고, 소엽은 난형 및 넓은 난형으로 가장자리는 밋밋하거나 파상의 톱니가 있다. 꽃은 대부분 암수딴그루이나 간혹 암수한그루인 잡성이다. 꽃은 새 가지에서 액생하는 원추화서에 달리며, 수꽃은 2개의 수술이 있고 암꽃은 2~4개의 꽃잎과 수술 및 암술이 있으며 5월에 핀다. 열매는 피침형의 시과로 9월에 갈색으로 익는다.

물푸레나무 꽃봉오리

물푸레나무 꽃

물푸레나무 열매

물푸레나무 씨앗

우리나라와 중국, 일본 등지에 분포한다. 우리나라에는 전국의 해발 100~1,600m의 산기슭이나 중턱 골짜기 등에 자생한다. 수분이 있고 비옥한 땅을 좋아한다. 어려서는 그늘을 좋아하나, 크면서 햇빛을 좋아하는 나무로 추위에 강하다.

목재는 단단하고 결이 고와 고급 공예제품, 가구재, 악기재, 총대나 도낏자루 등을 만드는 데 쓴다. 또한 탄성이 좋아 회초리, 야구방망이, 도리깨 등을 만드는 데 사용된다. 그 외에 기구재, 가구

물푸레나무 어린 수피

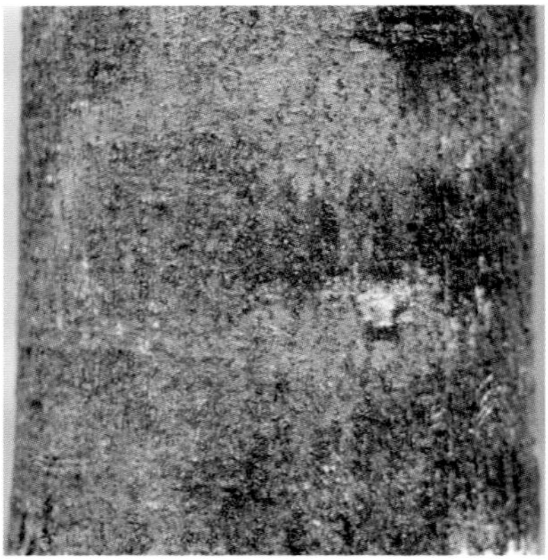
물푸레나무 수피

재 등을 만드는 데 쓰인다. 약재로도 쓰여 〈동의보감〉에 따르면 수피는 눈병 약으로 쓰며, 수피를 태운 재는 염료로 쓴다고 한다. 그 밖에 약용으로 소염, 장염 등에 쓴다고 되어 있다.

우리나라에 유명한 물푸레나무가 몇 그루 있다. 경기도 파주의 무건리 물푸레나무는 수령이 150년, 높이가 13.5m, 지름이 2.7m로 천연기념물 제286호로 지정되었으며, 화성의 전곡리 물푸레나무는 수령이 350년, 높이가 20m, 둘레는 4.7m로 천연기념물 470호로 지정되어 있다. 꽃말은 겸손, 열심이다.

번식법

번식은 실생으로 한다.

119 미국에서 들여온 버들

미루나무

Populus deltoides Marsh.

과 명	버드나무과	꽃	3~4월
형 태	낙엽활엽교목	열 매	5월

미루나무 잎

'미국에서 들여온 버들'이라는 뜻으로 미류(美柳)라고 부르던 것이 '미루'로 되었다. 양버들과 함께 포플러로 불리면서 20세기 초부터 우리나라 각지에 심어진 나무이다.

미루나무는 '미국에서 들여온 버들'이라는 뜻으로 미류(美柳)라고 부르던 것이 '미루'로 되었다. 흔히 포플러라고도 하지만, 포플러는 양버들과 잡종으로 병충해로 인해 잎이 빨리 떨어지는 단점을 개선한 개량 나무이다. 양버들과 함께 포플러로 불리면서 20세기 초부터 우리나라 각지에 심어졌다. 목재를 얻기 위해 강변과 산자락 등의 공터에 조림용으로 많이 심어 놓았는데 아직도 서울 시내에는 그 당시 심어진 미루나무들이 군데군데 남아 있다.

낙엽활엽교목으로 높이는 30m 정도이고 지름이 1m이다. 수피는 차츰 세로로 터지면서 흑갈색으로 된다. 잎은 난상의 삼각형 및 넓은 난형으로 잎 가장자리에 안으로 굽은 톱니가 있다. 암수딴그루로 수꽃은 40~60개의 수술이 달리고 암꽃의 암술은 3~4개로 3~4월에 핀다. 열매는 3~4개로 갈라지며 5월에 익는데 씨는 솜털에 싸여 있다.

미루나무 열매

미루나무 수피

미루나무 특징 중 하나는 개화기와 결실기가 짧은 것인데, 3~4월에 꽃이 피고 곧바로 5월에 열매가 익는다. 단 능수버들은 4월이 개화기, 5월이 결실기이며 콩버들은 4~5월이 개화기, 6~7월이 결실기이다.

버드나무과에 속하며 원산지는 미국이다. 생장이 빠르고 이식이 잘되어 가로수로 많이 심었으나, 요즘에는 거의 심지 않는다. 목재는 성냥개비, 펄프재로 사용된다.

번식법

꺾꽂이로 번식한다.

120

열매가 부채처럼 생긴

미선나무

Abeliophyllum distichum Nakai

과 명	물푸레나무과	꽃	3~4월
형 태	낙엽활엽관목	열 매	9~10월

미선나무 잎

미선나무 꽃봉오리

열매 모양이 부채처럼 생겨 꼬리 미(尾) 자와 부채 선(扇) 자를 붙여 미선나무라고 하며, 한자명은 씨의 모양이 둥근 부채 같다 하여 단선(團扇)이라고 붙였다.

미선나무는 우리나라 특산종으로 환경부 멸종위기 야생식물 2급으로 지정되어 보호되는 희귀식물이다. 전 세계에 충북 괴산군, 진천군, 영동군 등에서만 자라는 나무이지만 학명, 영어명, 한자명 모두 우리나라의 국명, 지명이 표기되어 있지 않다.

열매 모양이 부채처럼 생겨 꼬리 미(尾) 자와 부채 선(扇) 자를 붙여 미선나무라고 하며, 한자명은 씨의 모양이 둥근 부채 같다 하여 단선(團扇)이라고 붙였다.

낙엽활엽관목이며 높이는 1m 정도이다. 가지는 끝이 처지며 자줏빛이 돌고 골속은 계단상이며 작은 가지는 사각형이다. 잎은 마주나며 2줄로 달린다. 잎의 모양은 난형 및 타원상의 난형이고 가장자리는 밋밋하다.

꽃은 총상화서로 달리며 흰색 혹은 분홍색으로 3~4월에 잎보다 먼저 핀다. 꽃이 개나리꽃과 비슷하나 개나리꽃에는 향기가 없는 반면 미선나무 꽃은 향기가 뛰어나다. 열매는 시과로 원상의 타원형으로 부채처럼 생겼으며 9~10월에 끝이 오목하게 익는다.

우리나라에서만 자라는 특산종으로 꽃이 무척 아름다운데 분

미선나무 꽃

미선나무 열매(미성숙)

미선나무 열매(성숙)

미선나무 수피

홍색, 상아색, 푸른색의 품종이 있다. 습기가 있는 비옥한 땅에서 잘 자라지만 건조한 땅에서는 잘 자라지 못하며 추위에는 강하다. 자생지는 대부분 천연기념물로 지정되어 있다. 괴산군 송덕리 미선나무 자생지는 제147호, 괴산군 추점리 미선나무 자생지는 제220호, 괴산군 율지리 미선나무 자생지는 제221호로 지정되었으며, 영동군 매천리 미선나무 자생지는 제364호로, 전북 부안 미선나무 자생지는 제370호로 지정 보호되고 있다.

꽃과 열매가 아름다운 데다 세계적으로 희귀 수종이어서 관상용으로 심으며, 또한 관목이어서 생울타리용으로 심기에 좋다.

번식법

번식은 꺾꽂이와 실생으로 한다.

121 덩굴줄기가 미역 고갱이처럼 생긴

미역줄나무

Tripterygium regelii Sprague & Takeda

과 명	노박덩굴과	꽃	6~7월
형 태	낙엽활엽덩굴성 목본	열 매	8~9월

미역줄나무 잎

미역줄나무 꽃

미역줄나무는 덩굴의 뻗음이 미역 고갱이처럼 튼튼하여 붙여진 이름이다. 또는 나무의 잎몸이 넓고 줄기가 덩굴로 자라는 모양이 미역줄기와 같다고 하여 붙여졌다고도 한다.

미역줄나무는 덩굴의 뻗음이 미역 고갱이처럼 튼튼하여 붙여진 이름이다. 고갱이는 초목의 줄기 속에 있는 연한 심을 말한다. 실제로 산간지방에서는 고갱이를 국처럼 끓여 먹는데, 미역국과 흡사하다. 또한 이 나무의 잎몸이 넓고 줄기가 덩굴로 자라는 모양이 미역줄기와 같다고 하여 붙여졌다고도 한다. 메역순나무라고도 하며, 한자명은 곤명산해당(昆明山海棠)이다.

낙엽활엽덩굴성 목본으로 줄기는 2m 이상이다. 가지는 적갈색이고 돌기가 밀생하며 5줄의 능선이 있다. 잎은 어긋나며 넓은 난형 및 타원형이고 가장자리에 둔한 톱니가 있으며 뒷면 맥 위에 털이 있다. 잎자루는 적갈색인데 마르면 잎과 같이 검은색으로 변한다. 꽃은 새로 난 가지 끝이나 잎 사이에 원추화서로 달리고 흰색으로 6~7월에 핀다. 열매는 시과로 연한 녹색이지만, 붉은빛이 돌고 끝이 오목한 3개의 날개가 있으며 8~9월에 익는다.

우리나라와 중국, 일본에 분포한다. 전국의 해발 200~2,200m

미역줄나무 열매

미역줄나무 수피

사이의 산 중턱이나 산꼭대기에 덤불로 자생한다. 추위와 공해에 강하고 맹아력도 강하여 전국의 척박한 땅이나 절개지의 녹화용으로 심기에 적합하다. 자연친화적 녹화 효과는 물론 아름다운 꽃도 감상할 수 있어 좋다.

꽃과 열매가 아름다워 열매가 달린 가지를 꽃꽂이용으로 이용한다. 뿌리, 줄기 및 꽃을 한방명으로 뇌공등(雷公藤)이라 하여 소염, 해독에 쓰며 살충제로도 사용한다. 최근 미국 국립보건원에서는 미역줄나무의 뿌리가 류머티스성 관절염 치료에 효과적이라는 연구 결과를 내놓기도 했다.

번식법

번식은 실생이나 뿌리나누기로 한다.

122 우리 민족과 친숙한

박달나무

Betula schmidtii Regel

과 명	자작나무과	꽃	5~6월
형 태	낙엽활엽교목	열 매	9~10월

박달나무 잎

박달나무 열매

나무가 워낙 단단하여 '도깨비를 박살내는 나무'라고 하여 박살나무라 부르다 박달나무로 바뀌었다는 유래가 있다.

해방 뒤인 1948년 박재홍이 불러 서민들의 가슴을 촉촉하게 울린 〈울고 넘는 박달재〉는 충북 제천에 있는 고개 박달재에 얽힌 노래이다. 박달재는 조선시대 천등산과 지등산이 이어진 마루라는 뜻에서 '이등령'으로 불리는 고개였는데 박달선비와 금봉낭자의 로맨스가 전해오면서 박달재가 됐다고 한다. 또 박달나무가 많이 자라서 붙여졌다고도 한다. 제천과 경계를 이루는 경상도 문경에도 박달나무가 많이 자라서 40년 전만 해도 박달나무로 홍두깨나 방망이를 만드는 가구가 20여 곳이나 되었다.

박달나무는 나무가 워낙 단단하여 '도깨비를 박살내는 나무'라고 하여 박살나무라 부르다 박달나무로 바뀌었다는 유래가 있다. 단목(檀木), 박달목(朴達木) 등으로도 불린다.

낙엽활엽교목으로 높이는 30m이고 지름이 1m로 수피는 흑회색이다. 작은 가지는 털이 있고 가로로 된 줄무늬가 있으며 흰색의 점이 있다. 꽃은 5~6월에 핀다. 열매는 타원형으로 위를 향한 상태로 열리고 날개가 거의 없으며 9~10월에 익는다.

우리나라와 중국, 일본 등지에 분포한다. 우리나라에서는 전국의 해발 200~2,000m의 깊은 산에 자생하는데, 예전에는 주변에서 쉽게 볼 수 있었으나 요즘에는 보기는 어려운 나무가 되었다. 나무의 재질이 좋은 데다 쓰임새가 많아 많은 사람이 잘라다 썼기 때문이다.

옛날에는 수레바퀴를 박달나무로 만들어 썼으며, 껍질로는 질 좋은 종이를 만들었다. 또 쓰임새가 워낙 많아 활목판본, 윷가락, 팽이, 북채, 다듬잇방망이, 수레바퀴, 참빗, 곤봉 등의 생활도구를 만들었다. 어릴 때 갖고 놀던 나무팽이 중 으뜸은 바로 박달나무로 만든 것인데, 다른 팽이와 부딪칠 때 최고였다.

곡우 때 나무줄기에 상처를 내어 수액을 받아 마시기도 하는데 1,000년 전 신라 화랑이 수련 중 갈증이 심해 물을 찾아 뛰어가다 나무에 걸려 넘어졌고, 그때 부러진 나뭇가지에서 물이 흘러나와 마셨다는 유래도 전한다. 지리산의 약수제가 그 전설을 이어온 유풍이다.

번식법

실생으로 번식한다.

박달나무 줄기

박달나무 수피

123 사철 푸른 나무로 섬을 지키는

박달목서

Osmanthus insularis Koidz.

과 명	물푸레나무과	꽃	11~12월
형 태	낙엽활엽소교목	열 매	이듬해 5~6월

박달목서 잎

박달목서 잎차례

거문도와 제주도에만 서식한다. 박달나무처럼 단단하고 잎 가장자리에 가시가 있어 박달목서라는 이름을 얻었다.

거문도와 제주도에만 서식한다. 박달나무처럼 단단하고 잎 가장자리에 가시가 있어 박달목서라는 이름을 얻었다. 거문도에 서식하는 것들은 그나마 형편이 낫지만 제주도의 박달목서는 멸종위기에 몰려 있다. 서귀포의 범섬에 1그루, 한경면 용수리에 3그루가 서식하는데, 모두 수나무라서 더 이상 번식하기 어려운 처지에 놓여 있다.

이에 2010년 여미지식물원이 주축이 되어 박달목서 살리기 프로젝트를 벌여 대량 증식에 성공하였는데, 한경면 고산리에 150그루를 심어 새로운 자생지를 복원하고 있다. 과연 박달목서가 숲을 이룰 수 있을지 기대가 된다.

물푸레나무과의 상록활엽교목으로 높이는 15m에 이른다. 가지는 회색이며, 작은 가지는 다소 편평한 편이다. 마주나는 잎은 긴 타원형 또는 달걀 모양이며, 길이는 7~12㎝이다. 잎 가장자리는 밋밋하나 어린 가지에서는 다소 톱니가 있다. 꽃은 11~12월에 잎겨드랑이에 흰색으로 모여 달리며, 꽃잎은 십자가 또는 네

박달목서 꽃

박달목서 열매(미성숙)

박달목서 열매(성숙)

박달목서 수피

잎클로버 모양이다. 꽃은 작지만 향기는 짙은 편이다. 열매는 이듬해 5월에 검은색으로 익는다. 열매의 길이는 1.5~2.5㎝이다. 우리나라와 일본, 타이완에 분포한다. 제주도의 자생지를 찾아보면 토양이 빈약하여 풀이 거의 없을 정도이다. 이에 비해 거문도의 자생지는 형편이 나은 편이다.

번식법

종자나 꺾꽂이로 한다. 종자 파종은 열매가 익었을 때 채취하여 과육을 제거한 후 나무그늘 아래에 직파하면 가을에 발아하지만 추운 곳에서는 월동이 어렵다.

124 소외와 은거의 나무

박쥐나무

Alangium platanifolium var. *trilobum* (Miq.) Ohwi

과 명	박쥐나무과	꽃	5~7월
형 태	낙엽활엽관목	열 매	9월

경상도에서는 셔츠의 깃과 비슷하다고 해서 남방잎이라고도 부른다. 옛날 선비들이 은거하거나 유배생활을 하는 곳에서 많이 심어졌는데, 그래서 소외와 은둔의 나무라 할 만하다.

박쥐나무라는 이름은 넓고 큰 잎 모양이 박쥐가 날개를 편 것 같아 붙여진 이름이다. 경상도에서는 셔츠의 깃과 비슷하다고 해서 남방잎이라고도 부른다. 누른대나무, 털박쥐나무, 과목(瓜木), 팔각풍(八角楓)이라고도 한다. 옛날 선비들이 은거하거나 유배생활을 하는 곳에서 많이 심어졌는데, 그래서 소외와 은둔의 나무라 할 만하다.

낙엽활엽관목으로 높이는 3~4m 정도이다. 줄기는 밑에서 여러 개가 올라와 수형을 만들며 수피는 심회색으로 수피가 벗겨진다. 잎은 어긋나며 사각상 원형으로 길이와 너비가 각각 8~18㎝이며, 윗부분이 3~5개로 얕게 갈라지고 양면에 짧은 털이 있다. 꽃은 1~4개씩 액생하는 취산화서로 달리며 8개의 꽃잎은 선형으로 뒤로 말린다. 꽃은 5~7월에 피는데 꽃잎이 용수철처럼 말린 모습이 매우 독특하다. 열매는 핵과로 난상 원형이고 9월에

박쥐나무 새잎

박쥐나무 잎(뒷면)

박쥐나무 꽃봉오리

박쥐나무 꽃

짙은 흰색으로 익는다.

우리나라와 중국, 일본 홋카이도에 분포한다. 우리나라에서는 전국의 해발 1,200m 이하의 산야에 자생한다. 습기가 있는 땅을 좋아하는데 주로 숲의 돌 지대에서 야생으로 자라는 나무이다.

꽃과 잎이 관상가치가 있어 관상용, 조경용으로 심는다. 새순은 나물로 해 먹으며 수피는 섬유자원으로 이용된다. 한방에서는

박쥐나무 열매

박쥐나무 수피

뿌리를 팔각풍근(八角楓根)이라고 하여 중풍의 예방, 중풍 때문에 생긴 몸의 마비, 어혈, 통증, 요통 등에 사용한다. 열매는 사지마비, 타박상에 사용한다.

번식법

번식은 실생으로 한다. 또는 가을에 새로 나온 가지를 이용하여 삽목한다.

125 밥알을 튀겨놓은 듯한 꽃이 피는

박태기나무

Cercis chinensis Bunge

과 명	콩과	꽃	4월
형 태	낙엽활엽관목 또는 소교목	열 매	9~10월

박태기나무 잎

박태기나무 잎차례

밥알을 튀겨서 붙여놓은 것처럼 줄기에 다닥다닥 붙어 있어서 밥튀기라고 부르다가 박태기로 바뀐 것이니 정겨운 나무로 볼 수 있다.

꼭 사람 이름 같지만 유래를 보면 밥알을 튀겨서 붙여놓은 것처럼 줄기에 다닥다닥 붙어 있어서 밥튀기라고 부르다가 박태기로 바뀐 것이니 정겨운 나무로 볼 수 있다. 소방목, 밥태기꽃나무, 구슬꽃나무라고도 한다. 또 한자명은 소방목(蘇方木), 만조홍(滿條紅), 자형(紫荊) 등이다.

이 나무는 성서에도 등장한다. 본래 흰 꽃이 피었는데, 예수를 팔아넘긴 제자 유다가 나중에 후회를 하며 목을 멘 나무가 바로 박태기나무였다. 그래서 그 후로 꽃 색깔도 자주색으로 바뀌었다고 전해진다.

낙엽활엽관목 또는 소교목으로 높이는 3~5m 정도이고 수피는 회갈색이다. 작은 가지에는 피목이 많고 골속은 사각상이다. 잎은 한 장씩 심장 모양으로 어긋나게 달린다. 꽃은 적게는 7~8개, 많게는 20~30개씩 모여 달리며 자홍색으로 4월에 잎보다 먼저 핀다. 열매는 콩깍지 모양의 협과로 9~10월에 익는다. 종자는

박태기나무 꽃봉오리

박태기나무 꽃

박태기나무 열매

편평한 타원형으로 황록색이다.

우리나라에 재식하며 중국에 분포한다. 햇빛을 좋아하고 척박한 땅에서 잘 자라며 추위에도 강하다. 콩과 식물은 크게 네 개의 아과(亞科)로 나뉘는데, 박태기나무를 그 네 개의 아과(亞科) 중 하나인 실거리나무과로 분류하기도 한다. 우리나라에는 300년경에 도입하여 중부 이남의 해발 400~800m 지역에 심어진 것

박태기나무 수피

으로 추정된다.

꽃이 화려하고 아름다워 관상용으로 심는다. 도시에서도 아파트 화단이나 공원 등지에서 흔하게 볼 수 있다. 수피는 약용으로 사용되는데 피를 맑게 하고 혈액순환, 해열, 통증, 부인병 등에 효과가 있다고 한다. 또 껍질을 달인 물은 생리통이나 신경통 등에 효능이 있다고 알려져 있다.

번식법

번식은 실생이나 뿌리나누기로 한다.

126 우리나라 3대 과실수 중 하나

밤나무

Castanea crenata Siebold & Zucc.

과 명	참나무과	꽃	5~6월
형 태	낙엽활엽교목	열 매	9~10월

우리네 생활과 밀접한 나무로 대추, 감과 함께 3대 과일수 중 하나다. 특히 관혼상제에는 꼭 등장하며, 혼례 때 폐백에서 자식을 많이 낳으라는 의미로도 쓰인다.

예로부터 중요한 과실의 하나로 이용된 나무로 밥 대용으로 많이 먹었다고 해서 밥나무로 불리다 밤나무가 되었다는 설이 있다. 그만큼 우리네 생활과 밀접한 나무로 대추, 감과 함께 3대 과일수 중 하나다. 특히 관혼상제에는 꼭 등장하며, 제사상에는 빠지지 않고, 혼례 때 폐백에서 자식을 많이 낳으라는 의미로도 쓰인다.

밤나무는 산에 심은 뒤 내버려두어도 잘 자라는 편이어서 옛날부터 많이 심어져 왔다. 북한에는 약밤나무가, 중부지방에는 한국밤나무가 재래종으로 많이 자란다. 요즘에는 충남 공주가 주 생산지로 유명하나, 예전에는 과천과 시흥 등지에서 밤이 많이 나 옛 책에 "밤의 크기가 먹는 배만 하다"고 씌어 있기도 하다.

밤나무 하면 율곡 선생의 일화가 유명하다. 임진왜란을 대비하며 십만양병설을 주장할 때 밤을 중요한 식량 자원으로 추천했다고 전해진다.

밤나무 잎

밤나무 암꽃

밤나무 수꽃

밤나무 열매(미성숙)

밤나무 열매(성숙)

한자로는 율목(栗木), 율자(栗子)라고 하며, 초여름에 피는 꽃에서 나는 특유한 냄새는 '양향(陽香)'으로 불린다. 영어로는 chestnut라고 해서 밤알을 꺼내 먹는 것은 마치 큰 상자(chest) 속의 물건을 꺼내 먹는 것같이 어렵다는 의미로 붙여진 것이다.

낙엽활엽교목으로 높이 15m 이상, 지름 1m까지 자란다. 수피는 세로로 갈라지고 작은 가지는 자줏빛이 도는 적갈색이며 털이 났다가 없어진다. 잎은 어긋나고 측지에는 두 줄로 배열

되며 가장자리는 침 같은 톱니가 있고 측맥은 17~25쌍이다. 수꽃은 직립으로 피고 암꽃은 수꽃 밑에 대개 3개씩 모여 달리며 가시 같은 총포로 싸이고 5~6월에 핀다. 견과는 가시 같은 총포 안에 1~3개가 들어 있는데 9~10월에 익는다. 열매가 밑부분 전부를 차지하며 윗부분에는 흰색 털이 나 있다.

밤송이는 특이하게 가시를 잔뜩 달고 있는데 이는 외부의 적으로부터 자기를 보호하기 위한 장치로 살아가기 위한 생존 전략이기도 하다. 이 밤송이 안에 밤이 1개에서 3개까지 들어 있다.

밤에는 탄수화물, 단백질, 비타민과 칼슘, 철, 나트륨 등의 무기질이 골고루 들어 있고 비타민 B_1은 쌀보다 4배 많이 들어 있다. 한방에서는 율자(栗子)라 하여 위와 장을 튼튼하게 하고 신장에 좋으며 혈액순환, 지혈 등에 사용된다. 또 밤꽃에는 알긴산이라는 성분이 있어 심한 설사나 이질, 혈변 등에 쓰며, 잎은 타닌을 함유하고 있어 가려움증을 낫게 한다.

이 밖에도 습진, 두드러기, 농가진, 땀띠 등에는 밤 잎을 진하

밤나무 씨앗

밤나무 수피

게 달인 물로 씻어내거나 천에 묻혀 습포하면 좋다. 생선뼈가 목에 걸렸을 때는 밤의 속껍질을 태운 가루를 삼켜버리면 생선뼈가 내려간다. 구토를 하여 입이 말랐을 때나 변을 볼 때 피가 나올 때 밤 껍질을 끓여 물을 우려내어 마시면 좋다. 익히지 않은 생밤은 장거리 여행에서 오는 차멀미나 뱃멀미에 효과가 있는 것으로 알려졌으며 특히 태음인에게 효과가 크다고 한다. 그러나 생밤을 한꺼번에 많이 먹으면 설사를 할 수도 있으며, 삶은 밤을 많이 먹으면 장내의 수분 함수율이 떨어져 변비에 걸릴 수 있으니 적당히 먹어야 한다.

목재도 다양하게 사용되는데 사당이나 위패를 만들고, 기구재, 가공재, 조각재, 건축재 등의 용도로 사용된다. 천마총에서 발견된 목책이나 영국의 웨스트민스터 사원의 목재로 사용되었고, 서양에서는 술통으로도 많이 이용되었다. 또 철도 침목으로도 많이 이용되는데, 목재에 들어 있는 타닌 성분이 방부제 역할을 해 잘 썩지 않아 수명이 매우 길다고 한다.

우리나라와 중국, 일본 등지에 분포한다. 우리나라에서는 해발 100~1,100m에서 자란다. 햇빛이 잘 들고 배수가 잘되는 비옥한 산기슭에서 잘 자라지만, 건조지에서는 잘 자라지 못하며 공해와 맹아력은 강하다. 꽃말은 호화로움, 정의, 공평, 포근한 사랑 등이다.

번식법

실생으로 번식한다. 특히 3월에 비가 내리는 것을 기다려 식재하는 것이 좋다. 접목해야 굵은 밤을 얻을 수 있다.

127 해마다 여러 층의 가지가 새로 자라는

방크스소나무

Pinus banksiana Lamb.

과 명	소나무과	꽃	5월
형 태	상록침엽교목	열 매	이듬해 10월

방크스소나무 잎

한 가지 흥미로운 것은 솔방울이다. 소나무가 종자를 발아시키기 위해서는 반드시 솔방울이 터져야 하는데, 고온에서만 솔방울이 터지는 특징을 갖고 있다.

독특한 이름을 가진 소나무이다. 방크스는 영국왕립식물원의 후원자였던 요셉 뱅크스(Josep Banks) 경의 이름에서 유래한다. 영어 이름은 Jack pine인데, 잭이라고 하면 우리나라의 철수처럼 흔한 남자 이름이다. 영국인 학명과 이름이 붙은 소나무이지만, 원산지는 북아메리카로 흔히 미국단엽송이라고도 불린다.

상록침엽교목으로 높이는 25m이고 지름은 50㎝ 정도 자란다. 가지가 수평으로 퍼지고 해마다 여러 층의 가지가 새로 자라나는 것이 이 나무의 가장 큰 특성이다. 수피는 암갈색이며 두껍고 박편처럼 떨어진다.

침엽은 2개씩 뒤틀려 나오는데 길이가 2~4㎝로 매우 짧아 다른 소나무와 쉽게 구분이 된다. 특히 리기다소나무의 잎 모양과 비슷하지만 리기다소나무의 침엽수는 3개이며, 잎의 길이가 7~18㎝로 방크스소나무보다 3.5배 이상이나 길다. 회색빛을 띤 이 열매가 상당히 강인해 오랫동안 벌어지지 않고 매달려 있

방크스소나무 잎차례

방크스소나무 새순

방크스소나무 암꽃

방크스소나무 수꽃

방크스소나무 열매(미성숙)

방크스소나무 전년도 열매

다. 씨는 흑색을 띠며 삼각상의 난형으로 이듬해 10월에 익는다.

한 가지 흥미로운 것은 솔방울이다. 소나무가 종자를 발아시키기 위해서는 반드시 솔방울이 터져야 하는데, 방크스소나무의 경우 산불 같은 고온에서만 솔방울이 터지는 특징을 갖고 있다. 따라서 이 나무의 종자를 얻으려면 솔방울을 채취해 고온으로 처리해야 한다.

대개 소나무류가 햇빛을 좋아하듯 방크스소나무도 햇빛을 좋아하나 건조하고 척박한 땅에서도 잘 견디고 추위에도 강해 사방조림용으로 많이 심는다. 우리나라에는 동해안의 영일사방지구 내에서 꽤 좋은 생육을 보이고 있다. 공원의 경관수, 경계수, 녹화조림용, 관상용, 건축재 등의 용도로 사용되긴 하지만, 재질이 약해 이용가치는 떨어지는 편이다.

번식법

번식은 실생으로 한다. 종자를 얻으려면 열매를 뜨거운 물에 넣었다가 햇빛에 말려야 한다. 이것을 파종하여 키운 묘목을 심으면 된다.

방크스소나무 수피

128 과일의 으뜸, 꿀의 아버지

배나무

Pyrus pyrifolia var. *culta* (Makino) Nakai

과 명	장미과	꽃	4월
형 태	낙엽활엽교목	열 매	9~10월

배나무 새순

배나무 잎

옛사람들은 배를 과일의 으뜸이라는 뜻으로 과종(果宗)이라 부르며, 꿀의 아버지라 하여 밀부(蜜父)라 부르기도 하였다.

옛말에 '배 먹고 이 닦기'라는 말이 있다. 이 말은 배도 먹고 이도 닦는다는 뜻으로 일거양득과 같은 의미이다. 배에는 다른 과일에는 없는 돌세포가 들어 있어 이를 닦는 효과를 내어 나온 말이다. 또 '배 썩은 것은 딸을 주고 밤 썩은 것은 며느리 준다'는 속담도 있는데, 이는 자기 태생의 자식은 언제나 남의 자식보다 아낀다는 뜻이다. 배의 과실은 다른 과실보다 더 맛있고 좋다고 하여 옛사람들은 배를 과일의 으뜸이라는 뜻으로 과종(果宗)이라 부르며, 또한 꿀의 아버지라 하여 밀부(蜜父)라 부르기도 하였다.

배를 뜻하는 한자 梨는 이로울 이(利)와 나무 목(木)이 합쳐진 글자이다. 배나무 열매인 배는 막힘이 없이 밑으로 잘 내려가는 성질이 있는데, 배에 병이 났을 때 먹는 과일이라는 뜻으로 배나무라 했다고 알려져 있다. 쾌과(快果)라고도 하는데 이는 상쾌한 과일이라는 뜻이다. 그러나 너무 많이 먹으면 설사를 하기도 한다. 이는 배가 변을 무르게 하는 작용을 하기 때문인데, 대변이 묽게

배나무 꽃봉오리

배나무 꽃

나오는 사람은 먹지 않는 것이 좋다.

낙엽활엽교목으로 높이는 7~20m 정도이고 줄기는 곧게 자란다. 줄기 껍질은 붉은빛이 도는 회갈색이다. 잎은 타원형으로 어긋나며 잎자루가 길고 끝이 꼬리처럼 뾰족하다. 꽃은 4월에 5장으로 둥글고 가늘며 긴 꽃술이 사방으로 갈라져 나온다. 열매는 9~10월에 둥글고 황금색으로 익는데 열매 속살에는 돌세포가 뭉쳐 있다.

배에는 비타민 B_1, B_2, C, 칼슘, 인, 마그네슘, 요오드, 단백질, 사과산, 구연산, 포도당, 과당, 자당, 알부틴, 타닌, 탄수화물 등이 들어 있다. 한방에서 배의 살을 가리켜 성질은 찬데 변과 오줌을 순하게 하고 열을 내리게 하며 해수, 번열(煩熱), 갈증에 좋다고 한다. 번열이란 몸에 열이 몹시 나고 가슴 속이 답답하여 괴로운 증세를 이른다. 뿌리, 줄기 껍질, 가지, 잎, 열매껍질 모두 약으로 쓰는데, 소화불량, 진정작용, 편도선염, 기침감기, 천식, 당뇨 등에 효과가 있다.

목재는 가구재, 조각재, 공예재 등으로 쓴다. 야생종으로 돌배

배나무 열매

배나무 수피

나무와 콩배나무, 남해배나무, 문배나무가 있다. 재배하는 개량 품종으로는 일본종, 서양종, 중국종의 3종이 있다.

번식법

가을에 종자를 채취하여 노천매장한 후 이듬해 봄에 파종하거나 접목으로 번식한다.

NOTE | 돌배와 먹골배

오늘날 우리가 먹는 배는 개량종으로 예전에는 돌배였다. 돌배는 가을에 익는데, 크기가 지름 3㎝ 정도에 불과하다. 물론 이 열매는 먹을 수가 있다. 한편 먹골배라는 이름은 맛이 좋아서 붙여졌다. 묵동의 옛 이름인 먹골에서 따온 것으로 이 지역의 토양이 모래가 많아 유달리 달고 맛있는 배가 열려 붙여진 것이다. 일제강점기 때부터 태릉과 남양주 등지에서 많이 재배되어 남양주에서는 매년 가을 먹골배축제도 열린다.

129 꽃이 100일간 피는

배롱나무

Lagerstroemia indica L.

과 명	부처꽃과	꽃	7~9월
형 태	낙엽활엽소교목	열 매	10월

배롱나무 새잎

배롱나무 잎

초본식물에도 백일홍이 있는데, 보통 백일홍 하면 초본을 가리키므로 목백일홍이라고 한다. 하나의 꽃이 지면 다른 꽃이 피어서 전체적으로 꽃이 100일 동안이나 피어 붙여진 이름이다.

꽃이 100일을 간다고 해서 백일홍(百日紅)이라고도 한다. 초본식물에도 백일홍이 있는데, 보통 백일홍 하면 초본을 가리키므로 목백일홍이라고 한다. 배롱나무라는 이름은 백일홍에서 유래한 것으로 생각된다. 꽃이 100일간이나 간다고는 하지만, 하나의 꽃이 지면 다른 꽃이 피어서 전체적으로 꽃이 100일 동안이나 피어 붙여진 이름이다.

수피는 연한 홍자색으로 껍질이 벗겨진 자리는 희며 편평하고 매끄러우며, 간질이듯 줄기를 긁으면 나뭇가지가 움직여서 흰색 간질나무라고도 하며, 충청도 일부 지방에서는 간지럼을 잘 타는 나무라 하여 간지럼나무라고 부른다. 간지럼을 타는 나무는 한자로 파양수(怕癢樹)라고 한다. 일본 사람들은 사루스베리(猿滑り : さるすべり)라 하여 원숭이도 미끄러지는 나무라 부르는데, 수피가 매우 미끄러워 붙여진 이름이다. 이 밖에도 자미화(紫微花), 자금화(紫金花)라고도 한다.

배롱나무 꽃(진분홍색)

배롱나무 꽃(흰색)

배롱나무 열매(미성숙)

배롱나무 열매(성숙)

낙엽활엽소교목으로 높이는 5m 정도이고 수피는 갈색 또는 연한 홍자색이다. 껍질이 벗겨진 자리는 흰색 또는 황백색으로 반질거리고 잔가지는 네모져 있다. 잎은 두껍고 마주나며 타원형 및 도란형이고 뒷면에는 맥을 따라 털이 있다. 꽃은 가지 끝에 원추화서로 달리며 홍색 또는 흰색으로 7~9월에 핀다. 열매는 삭과로 넓은 피침형 갈색이며 10월에 익는다.

중국 원산으로 우리나라에서는 중부 이남의 사원 및 마을 부근

에 관상용으로 심어진다. 한여름인 7~9월 늦은 여름에 꽃이 핀다고 해서 게으름뱅이나무라는 별명도 있다. 그만큼 추위를 싫어하는 수종이다. 햇빛이 들고 습기가 있는 비옥한 땅을 좋아하나 추위에는 약해 중부 이북지방에서는 월동이 어렵다. 또한 조해에는 약하지만 침수에는 강하다.

꽃이 아름다우며 꽃 피는 기간도 길어 정원수, 관상수 용도로 심는다. 목재는 기구용, 세공물로 사용하며, 잎과 뿌리를 약으로 쓴다. 백일해와 기침에 좋으며 대하증, 불임증에 좋다고 한다. 경상북도에서는 꽃을 좋게 보고 도화(道花)로 지정했지만, 제주도에서는 수피가 뼈만 남아 앙상한 듯하고 붉은 꽃이 마치 피 같다고 하여 불길한 나무라며 심지 않는다고 한다.

강릉 오죽헌의 죽헌 배롱나무는 이율곡 선생이 애지중지하던 나무라고 한다. 수령이 450년은 넘었음을 짐작할 수 있다. 부산 양정동의 배롱나무는 수령이 800년으로 추정되며, 높이는 8.3m, 지름은 0.9m로 천연기념물 제168호로 지정되어 있다.

꽃말은 '떠나는 벗을 그리워하다'이다.

번식법

번식은 꺾꽂이와 실생으로 한다.

배롱나무 수피

130 가짜 꽃으로 곤충을 유인하는

백당나무

Viburnum opulus var. *calvescens* (Rehder) H. Hara

과 명	인동과	꽃	5~7월
형 태	낙엽활엽관목	열 매	9월

꽃이라고 해야 좁쌀만 한 것들을 달고 있으니 열매를 맺기 위해 새로운 전략을 짜야 하는데, 꽃보다 크고 예쁜 가짜 꽃을 꽃 주변에 붙여서 곤충들을 유인한다. 바로 무성화를 달고 있는 것이다.

백당나무 잎

백당나무 잎차례

나무들의 생존전략은 눈물겹다. 어떻게든 종족을 보존하기 위해 주어진 환경에서 최선을 다해야 하는 것이다. 자잘한 꽃을 피우는 나무들은 곤충들에게 선택될 여지가 적으니 더욱 노력해야 한다. 백당나무도 그중 하나이다. 꽃이라고 해야 좁쌀만 한 것들을 달고 있으니 열매를 맺기 위해 새로운 전략을 짜야 하는데, 꽃보다 크고 예쁜 가짜 꽃을 꽃 주변에 붙여서 곤충들을 유인한다. 바로 무성화를 달고 있는 것이다.

무성화를 피우는 나무들에는 산수국이나 털설구화 라나스도 있는데, 백당나무 꽃은 흰색이지만 산수국 꽃은 남색이다. 그리고 털설구화 라나스는 가장자리의 꽃이 상대적으로 큰 점이 백당나무와 차이점이다. 이들을 무성화, 중성화, 꾸밈꽃 등으로도 부른다.

백당나무 꽃

백당나무 열매

낙엽활엽관목으로 높이는 약 3m이다. 나무껍질은 불규칙하게 갈라진다. 잎은 마주나며 끝이 세 개로 갈라진다. 잎의 모양은 달걀 모양이며, 크기는 길이와 너비가 각각 4~12㎝이다. 잎 뒷면 맥 위에 잔털이 있다.

꽃은 5~7월에 흰색으로 산방꽃차례를 이루며 뭉쳐 달린다. 언뜻 보면 꽃 주위에 있는 중성화가 꽃처럼 보인다. 중성화는 5갈래 조각으로 이루어지고 지름은 3㎝이다. 중성화 때문에 꽃이 매우 아름답지만 잎이 떨어져 썩기 시작하면 고약한 냄새를 풍긴다. 꽃차례가 평평한 접시처럼 생겨서 접시꽃나무라고도 한다. 열매

는 핵과로 둥글고 지름 8~10㎜이며 9월에 붉게 익는다.

연말연시가 되면 옷깃에 빨간 '사랑의 열매'를 달기도 하는데, 이 열매는 백당나무의 열매를 보고 만든 것이다. 백당나무의 열매는 겨울철에도 떨어지지 않고 붙어 있어 힘들고 배고픈 야생동물들의 먹이가 된다는 것에 착안한 것이다. 하지만 호랑가시나무의 열매와도 비슷하다.

우리나라와 일본, 사할린, 중국, 헤이룽강, 우수리강 등지에 분포한다. 주로 산지의 습한 곳에서 자란다. 옛날부터 백당나무로 이쑤시개를 만들었으며, 약으로 쓸 때는 탕으로 하거나 가루약으로 사용하는데, 주로 운동계, 순환계 질환 등을 다스린다고 한다.

번식법

종자로 번식한다. 9월에 채취한 종자를 포대나 그물망 등에 넣어 건조시키고 2년간 노천매장하였다가 봄에 파종한다. 또 삽목이나 분주도 잘된다.

백당나무 수피

131 백 냥으로도 사기 힘든

백량금

Ardisia crenata Sims

과 명	자금우과	꽃	5~6월
형 태	상록활엽소관목	열 매	9월~이듬해 2월

백량금 잎

백량금이라는 이름은 빨갛게 익은 열매가 백만 냥의 값어치가 있을 만큼 아름답다고 해서 붙여졌다고 한다. 한방에서는 전체 또는 잎을 상처 난 곳에 찧어 바른다.

백량금이라는 이름은 빨갛게 익은 열매가 백만 냥의 값어치가 있을 만큼 아름답다고 해서 붙여졌다고 한다. 또 일본의 에도 시대에 이 나무가 상당히 고가였기 때문에 백 냥 이하로는 살 수가 없다 하여 붙여졌다는 설도 있다. 왕백량금, 탱자아재비, 큰백량금, 선꽃나무, 그늘백량금 등으로도 불린다. 일본에서는 만냥금(萬兩金)이라고도 하는데, 이는 백량금을 유통시키는 사람들이 백(百)을 만(萬)으로 바꿔 부르면서 이름이 바뀌었다고 한다.

상록활엽소관목으로 높이는 1m 정도이고 줄기에 털이 없다. 뿌리는 3~4개의 굵은 뿌리가 덩이뿌리 모양으로 생긴다. 잎은 어긋나며 타원형 및 피침형으로 톱니 사이에 검은색 선점이 있다. 꽃은 양성화로 줄기 끝에 산형 또는 복산형화서를 이루며, 화관은 5갈래로 갈라지고 열편은 난형이며 담홍색으로 뒤로 젖혀지고 5~6월에 핀다. 열매는 붉은색의 장과로 9월에 익는데, 이듬해 2월까지 떨어지지 않고 달려 있다.

우리나라와 일본, 중국, 타이완, 인도 등지에 분포한다. 우리

백량금 꽃

백량금 열매

백량금 씨앗

백량금 수피

나라에는 남부지방에 자생한다. 그늘에서도 잘 자라며 추위와 공해에는 약하지만 내조성이 강하여 따뜻한 섬지방이나 바닷가에서 잘 자란다. 상록수이며 붉은 열매가 아름다우며 빨간 열매는 오랫동안 나무에 매달려 있어 관상용, 분재용으로 많이 심는다. 한방에서는 전체 또는 잎을 주사근(朱砂根), 주사근엽(朱砂根葉)이라 하여 청혈, 해독, 통증, 편도선염, 류머티즘, 타박상 등에 약으로 쓰며 상처 난 곳에 잎을 찧어 바르면 좋다. 열매는 술을 담가 먹는다. 꽃말은 덕 있는 사람, 부, 재산 등이다.

번식법

번식은 실생으로 한다.

132 은은한 향기가 나는

백리향

Thymus quinquecostatus Celak.

과 명	꿀풀과	꽃	7~8월
형 태	낙엽활엽반관목	열 매	9월

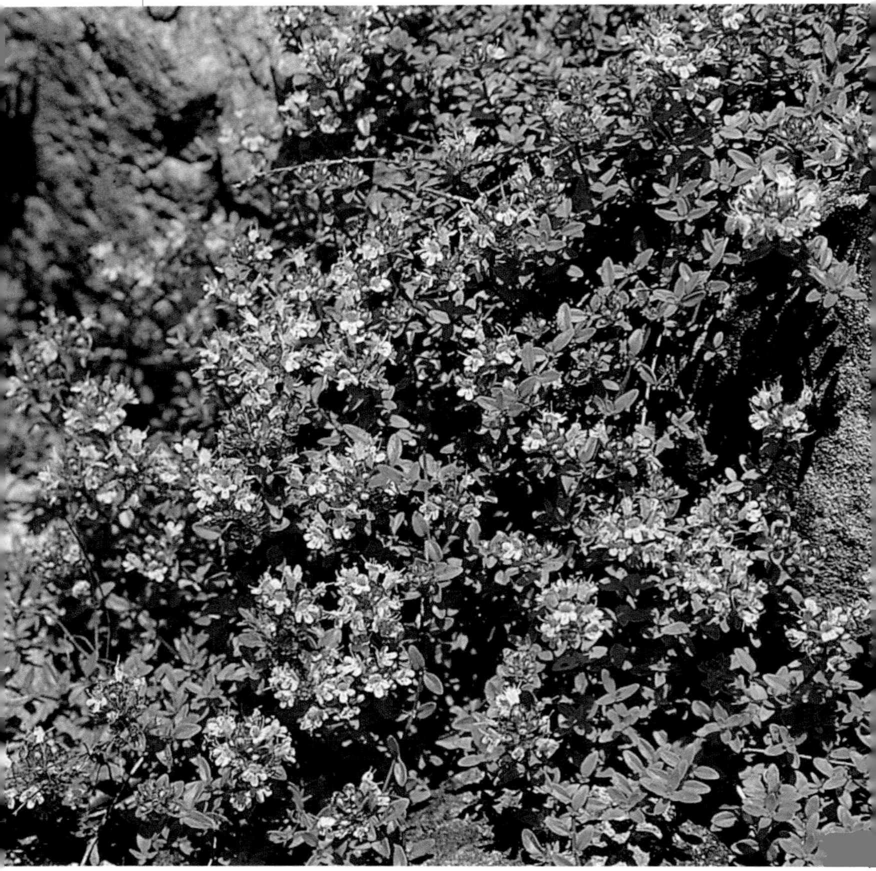

허브 하면 흔히 서양에서 들어온 약이나 향료로 써온 식물들을 말하지만, 실제로 우리나라에 자생하는 허브도 상당히 많다. 허브 타임(thyme)과 비슷한 백리향(百里香)도 그중 하나이다.

허브 하면 흔히 서양에서 들어온 약이나 향료로 써온 식물들을 말하지만, 실제로 우리나라에 자생하는 허브도 상당히 많다. 시중에 판매되는 허브 타임(thyme)과 비슷한 백리향(百里香)도 그중 하나이다. 향이 백 리까지 간다고 해서 백리향이라 하는데, 어느 허브와 견주어도 훌륭한 향과 수형을 자랑한다. 그런데 백리향이라는 뜻이 향이 백 리까지 간다는 것이 아니라 신발에 묻은 향기가 백 리까지 걸어도 가시지 않는다는 뜻이라고 한다.

고산지대에서 만날 수 있는 식물로 얼핏 보면 높이는 7~12㎝ 가량으로 매우 작아 풀처럼 보인다. 그러나 엄연히 꿀풀과에 속하는 낙엽활엽반관목이다. 원줄기는 땅 위로 퍼져나가고 어린 가지가 비스듬히 서며 향기가 난다. 잎은 마주나며 달걀 모양을 한

백리향 잎

백리향 꽃

백리향 꽃 무리

백리향 열매

백리향 줄기

타원형으로 길이 5~12㎜, 너비 3~8㎜이다. 양면에 선점이 있으며 가장자리는 밋밋하고 털이 난다.

꽃은 7~8월에 잎겨드랑이에 2~4개씩 분홍색으로 달리며 지름 7~9㎜, 너비 5㎜이다. 작은 꽃자루는 털이 나며 길이는 약 3㎜이다. 꽃받침에 10개의 능선이 있다. 열매는 작은 견과로서 9월에 짙은 갈색으로 익는다.

향기가 좋아 관상용으로 심으며, 포기 전체에 정유가 있으므로

지초(地椒)라 하여 진해, 진경 등에 약재로 사용한다. 우리나라 특산종으로 우리나라, 일본, 중국, 몽골, 인도에 분포한다. 고산지대가 아닌 평지에서도 잘 자라며 양지식물이지만 반그늘에서도 잘 견디고 추위에도 강한 편이다.

번식법

주로 종자로 번식하지만 꺾꽂이, 뿌리 부분의 포기나누기로도 번식이 용이하다.

NOTE | 천리향과 만리향

천리향과 만리향 모두 향기가 좋은 나무들이다. 천리향은 본래 팥꽃나무과의 서향(瑞香)이 원명이며, 만리향은 전라도 지역에서는 돈나무를 가리키고, 경상도 지역에서는 금목서와 은목서를 달리 부르는 명칭이다.

133 겨울눈이 붓끝처럼 생긴

백목련

Magnolia denudata Desr.

과 명	목련과	꽃	4~5월
형 태	낙엽활엽교목	열 매	9~10월

백목련 잎

이른 봄에 흰 꽃이 커다랗게 피어 매우 화려한데 겨울에 매달려 있는 붓끝처럼 생긴 큰 겨울눈은 관상적 가치를 갖고 있다.

이른 봄에 흰 꽃이 커다랗게 피는 백목련은 매우 화려한데 겨울에 매달려 있는 붓끝처럼 생긴 큰 겨울눈은 관상적 가치를 갖고 있다. 꽃 색깔은 목련과 비슷하지만, 꽃잎이 작고 완전히 벌어지는 목련과 구분하기 위해 백목련이라 부르게 되었다. 우리나라 곳곳에 많이 심어져 있어서 흰색 꽃을 피우는 목련이 우리나라 꽃인 줄 알겠지만 원산지는 중국이다. 우리나라 자생 목련은 꽃잎 안쪽이 붉은기가 돈다. 옥란, 백옥란, 목필이라고도 한다.

낙엽활엽교목으로 높이는 15m이고 지름이 60㎝이다. 수관은 둥글고 수피는 심회백색이며 작은 가지는 회갈색이다. 잎은 도란형 및 도란상의 타원형으로 어긋나며, 표면은 맥 위에 털이 있고 뒷면은 연한 녹색이며 잎줄에 털이 약간 있다. 꽃은 잎보다 먼저 나오고 흰빛으로 4~5월에 가지 끝에 피는데 향기가 짙다. 열매는 홍갈색 원추형의 골돌과로 실편은 목질이며 종자는 난형으로

백목련 꽃봉오리

백목련 꽃

백목련 암술(녹색의 원추형)과 수술(선 모양의 나선형)

백목련 열매(미성숙)

백목련 열매(성숙)

백목련 수피

9~10월에 익는다.

습기가 있고 비옥한 사질양토를 좋아하며 바닷가나 해안지방에서도 잘 자란다. 추위에 강하고 양지와 음지를 가리지 않고 잘 자란다.

한방에서는 뿌리와 줄기 속껍질, 꽃봉오리, 꽃을 거풍, 혈압강하, 지혈, 이뇨, 근육이완, 기침, 가래, 두통, 치통, 생리통, 비후성 비염, 축농증을 치료하는 약재로 사용한다. 민간요법으로 기미나 주근깨, 여드름, 거친 피부에는 꽃봉오리를 소주에 담아 1개월간 숙성시킨 후 마시면 좋다고 한다. 또 코가 자주 막히고 염증이 있을 때는 꽃봉오리를 생으로 찧어 바르면 좋다. 그러나 줄기 껍질에는 사리시포린(salicifoline)이라는 약한 독성이 있으므로 적당량만을 먹어야 한다.

번식법

목련을 대목으로 하여 절접으로 번식한다. 절접이란 '깎기접'이라고도 하는데, 접수의 아랫부분을 쐐기 모양으로 비스듬히 깎은 다음, 대목 옆면의 부름켜가 드러날 정도로 깎은 자리에 접수의 단면을 맞대어 동여매는 방법을 말한다.

134 나무껍질이 하얀 소나무

백송

Pinus bungeana Zucc. ex Endl.

과 명	소나무과	꽃	4~5월
형 태	상록침엽교목	열 매	이듬해 10~11월

보은의 어암리에 있는 백송은 김상진이라는 사람이 정조 17년(1793년) 중국에 갔다가 종자를 얻어와 심은 것이 아직도 자라고 있다. 천연기념물 제104호로 지정되어 보호받고 있다.

흰 소나무라고 해서 백송이라고 불리는 나무로 본래 중국이 원산지이다. 그래서 옛날에 이 나무를 들여왔을 때에는 당송(唐松)이라고도 했다. 수피가 본래부터 흰 것은 아니고 어릴 때는 연한 녹색을 띠지만 자라면서 회백색으로 변한다. 표면이 버즘나무처럼 나무껍질이 얇게 박편(薄片)으로 벗겨지는 것이 특징이다. 백골송, 흰소나무, 백피송(白皮松), 백과송(白果松)이라고도 하며, 학명에서 *bungeana*는 러시아의 식물연구가 벙기(Bunge)의 이름에서 유래한다. 영어 이름은 lacebark pine이다.

백송의 특징은 생장속도가 아주 느리고 공해에 약하다는 점이다. 그래서 전국에 오래된 백송이 드문 편이며, 100년 이상 된 나무의 경우 천연기념물로 지정해 보호할 정도이다. 특이한 것은 서울에 천연기념물로 지정된 백송이 몇 그루 있다는 점인데, 공기가 나쁜 도심에서 겨우겨우 생을 견뎌내고 있다.

백송 새순

백송 잎

백송 암꽃

백송 수꽃

백송 열매

백송 전년도 열매

이 중 서울 재동 백송이 단연 최고로 높이가 15m, 지름이 2.1m나 된다. 가지가 사방으로 넓게 퍼지는 것이 특징인데 동쪽 5m, 서쪽 8m, 남쪽 7m, 북쪽 7m까지 펼쳐져 있다. 본래는 통의동 백송보다 작은 규모였으나 통의동 백송이 1992년 폭풍에 쓰러져 죽은 뒤 국내 최고의 백송 자리를 차지했다. 수령 600년 정도로 추정되며 천연기념물 제8호로 지정되었다. 서울 수송동 조계사에 자라는 백송은 높이 10m, 가슴둘레 1.64m로 천연기념물 제9호이며, 서울 원효로에 자라는 백송은 높이 10m, 지름 2m로 천연기념물 제6호이다.

백송 수피

이 밖에도 천연기념물로 지정된 백송이 몇 그루 더 있는데, 흥미로운 것은 이들 대부분이 중국에서 가져와 심은 것이라는 것이다. 특히 충북 보은 어암리에 있는 백송은 김상진이라는 사람이 정조 17년(1793년) 중국에 갔다가 종자를 얻어와 심은 것이 아직도 자라고 있다고 해서 연대를 분명하게 알 수 있는 나무이다. 높이가 11m에 지름이 1.8m로 천연기념물 제104호로 지정되어 보호받고 있다.

상록침엽교목으로 높이는 15m 이상까지 크고 지름은 1.7m 이상 큰다. 줄기는 많이 갈라지며 수피는 흰색의 얇은 조각으로 벗겨진다. 침엽은 3개씩 속생하며 꽃은 4~5월에 핀다. 수꽃은 긴 타원형이고 암꽃은 달걀 모양이다. 열매는 원추상의 난원형으로 이듬해 10~11월에 익는다. 씨는 도란형으로 황갈색의 줄이 있으며 불완전한 날개가 있다.

소나무과에 속하며 중국 베이징 부근이 원산지이다. 나무껍질의 빛깔이 우아해 예로부터 절과 정원에 기념수나 관상수로 심었으나 워낙 자라는 속도가 늦고 공해에 약하다는 단점이 있다.

번식법

번식은 실생으로 한다. 종자를 발아시키기는 쉬우나 이식이 어려워 많이 심지는 않는다.

135 오뉴월에 흰 꽃이 가득 피는

백정화

Serissa japonica (Thunb.) Thunb.

과 명	꼭두서니과	꽃	5~6월
형 태	상록활엽관목	열 매	7월

실제로 오뉴월에 꽃이 피면 흰 꽃이 녹색 잎을 다 가릴 정도로 뒤덮는다. 오뉴월에 눈이 온 듯하다고 해서 유월설(六月雪)이라는 이름도 있다.

옆에서 보면 흰 꽃이 고무래 정(丁) 자처럼 보인다고 해서 백정화(白丁花)라고 한다. 하늘에 별이 꽉 차 있다는 뜻의 만천성(滿天星)이라는 멋진 이름도 있으며 두메별꽃, 백마골이라고도 불린다. 실제 오뉴월에 꽃이 피면 흰 꽃이 녹색 잎을 다 가릴 정도로 뒤덮는다. 오뉴월에 눈이 온 듯하다고 해서 유월설(六月雪)이라는 이름도 있다.

백정화 잎

상록활엽관목으로 높이는 1m 정도이다. 높이가 작은 반면 가지는 여러 갈래로 갈라져 수형이 아름답다. 마주나는 잎은 긴 타원형으로 길이는 2㎝이며, 가장자리가 밋밋하다. 꽃은 5~6월에 잎겨드랑이에 피는데, 새하얀색은 아니고 연한 홍색을 띤다. 7월에 핵과의 열매가 익는다.

중국 남부가 원산지이며 타이완과 중국 남부에서 인도차이나 반도에 이르기까지 분포한다. 울타리용 또는 관상용

백정화 꽃

으로 심으며, 밀원식물로도 이용된다. 꽃이 예뻐 원예품종으로 개발되었는데, 겹꽃이나 만첩꽃 그리고 잎에 반점이 있는 것 등이 있다.

번식법

꺾꽂이와 포기나누기로 번식한다. 뿌리가 잘 나는 편이며, 햇빛이 잘 들면서 통풍이 잘되는 곳에서 잘 자란다.

136 강가에 가지를 축 늘어뜨리며 서 있는

버드나무

Salix koreensis Andersson

과 명	버드나무과	꽃	4월
형 태	낙엽활엽교목	열 매	5월

버드나무 잎

버드나무 하면 우리나라 토종 나무로 많은 이야기가 숨어 있다. 흔히 칫솔질을 하는 것을 양치질이라고 하는데, 이는 옛날에 버드나무 가지인 양지(楊枝)에서 유래한 것이다.

강가에 가면 버드나무가 가지를 축축 늘어뜨리고 서 있는 풍경을 쉽게 보게 된다. 워낙 물가를 좋아하는 나무라서 햇빛이 잘 드는 강가에는 늘 그렇게 버드나무가 줄지어 서 있다. 시원한 그늘도 만들어주고 뿌리가 얽히고설켜 강둑을 보호해주기도 하니 일거양득이다.

버드나무 하면 우리나라 토종 나무로 많은 이야기가 숨어 있다. 흔히 칫솔질하는 것을 양치질이라고 하는데, 이는 옛날에 버드나무 가지인 양지(楊枝)에서 유래한 것이다. 특히 스님들이 수행을 할 때 부드러운 버드나무 가지를 준비했다가 양치를 했다. 이는 석가모니가 탁발이나 수행하러 다니며 지참해야 하는 18종 도구 중 하나로 그 역사가 깊다.

불교 속의 버드나무는 또 있다. 양류관음(楊柳觀音)이라는 보살은 버드나무 아래 바위에 앉아 있거나 오른손에 버드나무 가지를

버드나무 암꽃

버드나무 수꽃

들고 있는 보살로, 버드나무가 바람에 나부끼는 것처럼 자비심이 많으며 중생의 소원을 들어준다는 의미를 지닌다.

버드나무 하면 또한 이별을 상징하는 나무이기도 하다. 대개 옛날에는 강가나 나루터에서 이별을 하곤 했는데, 근처에 자라는 버드나무 가지를 꺾어주며 이별을 아쉬워했다. 이러한 것을 절류(折柳) 또는 절지(折枝)라고 하며, 이 말은 '떠나는 이를 배웅한다'는 의미로 바뀌었다. 좀 더 파고들어가 보면 버드나무는 죽은 이를 보낼 때의 이별도 상징한다. 염을 할 때 시신의 입에 저승 밥을 넣어주는 숟가락을 바로 버드나무로 만들었다.

버드나무 하면 또 기생과 관련이 깊다. 노류장화(路柳牆花)라는 말은 길가의 버드나무 가지처럼 누구나 꺾을 수 있는 울타리에 핀 꽃이라는 뜻인데, 이는 바로 창부를 뜻한다. 화류계(花柳界)라는 말 속에 든 버드나무 역시 마찬가지 의미이다.

낙엽활엽교목으로 높이는 20m이고 지름이 80㎝로 수피는 암갈색이다. 잎은 피침형인데 어긋나고 앞면은 녹색으로 털이 없으며 뒷면은 흰빛을 띤다. 암수딴그루이며 수꽃은 타원형으로 털이 있고 암꽃의 포는 난형이며 녹색으로 털이 있다. 꽃은 4월에 잎

과 함께 핀다. 난형의 열매는 5월에 익는다.

우리나라가 원산지이다. 전국 해발 50~1,300m의 산과 강가나 냇가, 개울가에 자생하는데, 우리나라 이외에 만주에도 분포한다. 햇빛과 물을 좋아하여 햇빛이 드는 물가에서 잘 자란다. 저습지와 척박한 토양에서도 잘 자라며 또한 뿌리가 얕게 자라는 수종이기도 하여 황폐한 하천변의 녹화나 방수림으로 적합하나 그늘에서는 잘 자라지 못한다.

예로부터 연못이나 우물가에 버드나무를 심어두면 물을 정화시키는 기능이 있어 이롭지만, 하수도 옆에는 심지 말라 하였는데 버드나무 뿌리가 물을 따라 하수도를 막기 때문이다. 약용식물로 잎과 가지는 진통제, 해열제로 쓰며, 목재의 재질은 가볍고 연하며 독이 없어 고약을 다지는 데 쓰고, 도마 등의 각종 기구나 가구를 만드는 데 사용된다.

번식법

1년생 웃자란 가지를 꺾꽂이하면 쉽게 뿌리를 내려 번식시킬 수 있으며 실생으로도 번식한다.

버드나무 열매

버드나무 수피

137 봄을 수놓는 꽃나무

벚나무

Prunus serrulata var. *spontanea* (Maxim.) E. H. Wilson

과 명	장미과	꽃	4~5월
형 태	낙엽활엽교목	열 매	6~7월

벚나무 잎

꽃잎은 4~5월에 피어 있다가 바람이 부는 봄, 마치 흰 눈이 내리듯 후드득 떨어져 내린다. 열매는 버찌라 하여 생으로 따 먹는다.

현재 창경궁은 한때 동물원과 식물원이 있던 곳으로 창경원이라고 불렸다. 일제강점기 때 일본인들이 우리나라 궁궐을 격하시키기 위해 일반인들을 위한 시설을 만들었던 것이다. 그리고 그때 심은 것이 일본 국화인 벚나무이다. 창경원은 1970년대까지 서울의 중요 관광지로 손꼽혔고, 1980년대에 동물원이 과천으로 이전하고 나서야 창경궁으로 본래의 모습을 되찾았다. 그리고 이때 일제강점기 때 심었던 벚나무를 모두 베어버렸다.

당시만 해도 벚나무 하면 일본 꽃이라 모두 싫어했지만 요즘엔 다르다. 이미 1908년 프랑스 타케(taquet) 신부가 한라산 북쪽 관음사 부근의 숲 속에서 왕벚나무를 발견함으로써 제주도가 자생지임이 처음으로 알려졌고, 이후에도 지리산 화엄사 근처에서도 자생지가 발견되었다. 이에 비해 일본에서는 아직 자생지가 발견되지 않았으니 일본 꽃이라고 하기에는 무리가 있겠다. 전국 곳곳에 벚나무가 많이 심어져 해마다 봄이면 벚꽃 축제를 여는 곳

벚나무 꽃

벚나무 열매

이 한두 곳이 아니다.

벚나무 이름의 유래는 미상이나 벚나무의 열매 버찌를 줄여서 부른 데에서 비롯된 것으로 추정된다. 산벚나무, 참벚나무 등으로도 불리며 한자로는 산앵화(山櫻花)라고도 한다.

우리나라와 일본, 중국에 분포한다. 우리나라에는 전 지역의 산지에 자라며 주로 전남, 경남, 함북에 많이 분포한다.

낙엽활엽교목으로 높이는 20m이고 수피는 암자색이다. 꽃은 2~3개가 산방상 총상 및 산형상으로 달리며 연분홍이나 흰빛으로 핀다. 꽃잎은 도란형이며 끝부분이 凹형으로 4~5월에 피어 있다가 바람이 부는 봄, 마치 흰 눈이 내리듯 후드득 떨어져 내린다. 열매는 둥글며 6~7월에 흑자색으로 익는데 버찌라 하여 생으로 따 먹는다. 열매를 이용하기 위한 원예품종이 많이 개발되고 있다.

나무껍질이 암자색을 띠며 매우 반질거리고 피목(皮目)이 가로로 줄을 그은 듯 죽죽 나 있다.

양지를 좋아하며 한지에서도 잘 견딘다. 벚나무 중 산벚나무는 공기 정화력은 강하나 공해에 약하며, 왕벚나무와 올벚나무

도 공해에 약하다.

버찌는 한자로 흑앵(黑櫻)이라 하는데, 차로 만들어 마시기도 하며 양주에 버찌를 곁들여 마시면 풍미가 있어 좋다. 또 버찌소주라 하여 버찌의 즙을 소주에 타서 마시면 소주의 독한 맛을 부드럽게 하며 버찌 향도 은은히 난다. 이렇게 하면 버찌에 있는 비타민도 같이 마시게 되어 건강에도 이롭다. 한편 버찌편은 버찌를 체에 걸러 냄비에 담고 꿀과 녹말을 타서 뭉근한 불에 조려 굳힌 음식으로 앵병(櫻餠)이라고도 한다.

꽃이 아름다워 가로수, 관상용으로 심는다. 특히 가로수로 많이 심어져 있다.

열매는 식용, 약용으로 쓰인다. 목재는 가구재를 만드는 데 사용된다. 줄기 속껍질은 앵피(櫻皮)라 하여 진해, 기침, 두드러기 등에 약으로 쓰며 열매는 식용하거나 술을 담가 먹는다. 꽃말은 결백, 정신의 아름다움이다.

번식법

실생과 접목으로 번식한다.

벚나무 씨앗

벚나무 수피

138 봉황이 둥지를 트는

벽오동

Firmiana simplex (L.) W. F. Wight

과 명	벽오동과	꽃	6~7월
형 태	낙엽활엽교목	열 매	10월

벽오동 잎

오동나무 하면 예로부터 신비의 나무로 봉황이 둥지를 튼다고 알려져 있는데, 봉황이 나타나면 천하가 태평하다고 믿었기 때문에 사람들은 벽오동을 심곤 했다.

벽오동을 심은 뜻은 봉황새를 보려고 했는데
내가 심은 탓인지 기다려도 아니 오고,
밤중쯤 일편명월만 빈 가지에 걸렸구나.

이 시조는 조선후기 노래집인 〈화원악보〉에 실린 작자 미상의 작품이다. 오동나무 하면 예로부터 신비의 나무로 봉황이 둥지를 튼다고 알려져 있는데, 여기서 오동나무는 그냥 오동나무가 아니라 바로 벽오동을 말한다. 봉황이 나타나면 천하가 태평하다고 믿었기 때문에 사람들은 벽오동을 심곤 했다. 특이하게도 영어 이름으로는 phoenix tree라고 하는데, 이집트 신화에 나오는 불사조이니 봉황새와 어느 정도 의미가 상통한다. 또 다른 이름으로는 청오동나무, 청동(青桐), 동마수(桐麻樹), 오동자(梧桐子)라고도 하며, 잎이 커서 Chinese parasol tree(중국 파라솔나무)라는 다른 영어 이름도 있다.

낙엽활엽교목으로 높이는 15m 정도이고 지름 50㎝이다. 줄기

벽오동 꽃

벽오동 열매

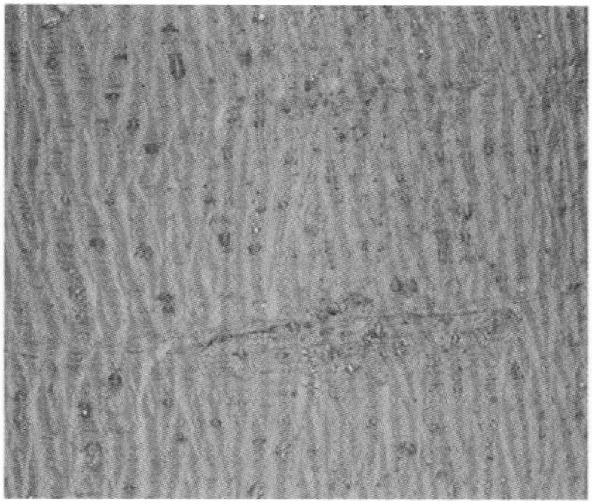
벽오동 수피

의 수피는 벽색이며 작은 가지는 녹색이다. 줄기에도 엽록소가 있어서 광합성 작용을 한다.

잎은 장상으로 3개로 갈라지며 꽃은 원추화서로 달린다. 꽃잎은 없고 6~7월에 황백색으로 핀다. 열매는 꼬투리 모양의 삭과로 5갈래이며, 보트 모양으로 갈라진다. 10월에 익는데 과피의 가장자리에 2~4개의 씨가 달린다.

우리나라에 재식하고 중국, 일본, 타이완 등지에 분포한다. 우리나라에서는 중부 이남에 심어 자란다. 추위에 약하여 추운 지방에서는 동해를 입기 쉬우나 바닷바람과 공해에는 강해 따뜻한 지방의 해안가나 도심지의 가로수, 정원수, 공원수로 심으면 좋다.

벽오동의 푸르고 곧게 뻗은 줄기는 절개와 선비의 정신을 상징하는 나무라 하여 서당이나 향교 근처에 심었다. 재목은 단단하고 결이 고와 거문고나 비파를 만드는데 벽오동으로 만든 거문고를 사동(絲桐)이라 했다. 껍질에서 채취한 섬유를 동마(桐麻)라고 하여 베옷으로 짜 입었다. 또 수액은 제지용의 풀로 쓰고 열매는 구워서 먹기도 한다.

한방에서는 종자를 오동자(梧桐子), 뿌리를 오동근, 줄기 껍질을 오동백피, 꽃을 오동화라 하여 기를 잘 돌게 하고 염증, 통증, 진정작용, 위장병, 자양강장 등에 사용한다. 씨는 지방유, 카페인, 단백질이 들어 있어 볶아서 차나 커피 대용으로 마시면 좋으며 기름을 짜서 식용유로 사용한다. 민간요법으로 장이나 자궁의 출혈, 생리불순, 타박상에 뿌리를 달여서 마시며, 치질은 달인 물로 찜질을 하면 좋다고 알려져 있다.

번식법

번식은 실생으로 한다.

139 꽃 색깔이 바뀌는

병꽃나무

Weigela subsessilis (Nakai) L. H. Bailey

과 명	인동과	꽃	4~5월
형 태	낙엽활엽관목	열 매	9~10월

우리나라 특산종 중에는 희귀식물도 많지만 어디서나 잘 자라는 흔한 식물도 많다. 병꽃나무도 우리나라 특산종으로 세계에서 우리나라에만 자생한다.

우리나라 특산종 중에는 희귀식물도 많지만 어디서나 잘 자라는 흔한 식물도 많다. 어느 산에 가도 볼 수 있는 병꽃나무도 우리나라 특산종으로 세계에서 우리나라에만 자생한다.

낙엽활엽관목으로 높이는 3m 정도이다. 연한 잿빛을 띠는 줄기에 얼룩무늬가 있는 점이 독특하다. 잎은 마주나고 잎자루는 거의 없다. 잎의 모양은 달걀을 거꾸로 세운 모양의 타원형 또는 넓은 달걀 모양으로 끝이 뾰족하다. 잎 양면에 털이 있고 뒷면 맥 위에는 퍼진 털이 있다. 잎 가장자리에는 작은 톱니가 난다.

꽃은 4~5월에 노랗게 피며 점점 붉어진다. 잎겨드랑이에 한두 개씩 달리는데, 꽃의 모양이 병처럼 생겨서 병꽃나무라는 이름을 얻었다. 꽃받침은 5개로 갈라지며 털이 나 있다. 열매는 바나나처럼 길게 구부러지며 길이는 1~1.5㎝로서 9~10월에 성숙하여 2개로 갈라지고 종자에 날개가 있다.

주로 산지의 중턱 아래에서 서식하나 내한성과 내염성, 내공해

병꽃나무 잎

병꽃나무 꽃

병꽃나무 열매

병꽃나무 수피

성, 내음성을 갖춰 어디서든 잘 자라 관상용으로도 좋은 수종이다. 생약명은 고려양로(高麗楊櫨)로 반그늘에 말리거나 생것을 약으로 쓴다. 간염으로 인한 황달과 소화 불량, 식중독에 효과가 있다고 한다. 꽃말은 전설이다.

번식법

삽목 또는 분주, 실생으로 번식한다. 삽목은 봄부터 여름 사이에 나온 새 가지를 이용한다.

140 열매가 군것질거리가 되기도 했던

보리밥나무

Elaeagnus macrophylla Thunb.

과 명	보리수나무과	꽃	10~11월
형 태	상록활엽덩굴성 목본	열 매	이듬해 3~4월

먹을 것이 귀했던 시절, 보릿고개에 먹는 밥이나 마찬가지니 보리밥이라는 이름이 붙여졌다. 빨간 열매가 먹음직스럽기는 하지만 시큼하면서도 떫은맛이 나곤 한다.

보리가 익을 무렵 빨갛게 열매를 맺는 보리밥나무는 어린이들 군것질거리로 이용되곤 했다. 먹을 것이 귀했던 시절, 보릿고개에 먹는 밥이나 마찬가지니 보리밥이라는 이름이 붙여졌다. 빨간 열매가 먹음직스럽기는 하지만 시큼하면서도 떫은맛이 나곤 한다. 이는 다른 보리수나무 열매들과 마찬가지이다.

보리밥나무는 봄보리수나무, 보리똥나무, 봄보리똥나무라고도 하며 울릉도에서는 뽈뚜나무라고도 한다. 뽈뚜는 울릉도에서

보리밥나무 새순

보리밥나무 잎(앞면)

보리밥나무 잎(뒷면)

보리밥나무 꽃

보리밥나무 열매

보리밥나무 씨앗

보리밥나무 수피

이 나무의 열매를 이르는 말로, 어린아이들의 군것질거리는 물론 술로 담가 먹기도 했다.

높이가 2~3m 정도밖에 안 되는 덩굴성 목본으로 수피는 암갈색이다. 어린 가지에 연한 갈색의 비늘털로 덮여 있는 것이 특징이다. 어긋나는 잎은 둥근 달걀 모양을 이룬다. 잎 양면에 은백색 비늘털이 뒤덮여 있다가 나중에 앞면의 털은 사라진다. 잎 가장자리는 밋밋한 편이다. 10~11월에 꽃이 잎겨드랑이에 몇 개씩 달린다.

황백색으로 된 꽃받침은 화관상으로 종처럼 생긴다. 핵과의 열매는 타원형으로 이듬해 봄인 3~4월에 붉게 익는다. 열매의 길이는 1.5~1.7㎝이다.

상록활엽덩굴성 목본으로 주로 바닷가의 계곡에서 많이 자란다. 원산지는 우리나라로 남부지방과 울릉도, 대청도 등과 일본, 타이완 등지에 분포한다. 관상용이나 과수용으로 심으며, 꽃말은 결혼, 부부의 사랑, 해탈 등이다.

번식법

번식은 꺾꽂이와 포기나누기, 실생으로 한다.

141 열매가 보리를 닮은

보리수나무

Elaeagnus umbellata Thunb.

과 명	보리수나무과	꽃	5~6월
형 태	낙엽활엽관목	열 매	9~10월

보리수나무 잎

보리수나무 꽃

열매 모양이 보리와 비슷하다고 해서 붙여진 이름이다. 열매가 달리는 모양을 보고 못자리를 내거나, 보리 수확량을 점쳤으며, 팥 모양 같기도 하여 팥의 수확량을 점치곤 했다.

보리수나무는 열매 모양이 보리와 비슷하다고 해서 붙여진 이름이다. 초가을쯤에 붉은색 열매가 열리는데 맛이 달콤하여 어린 아이의 간식거리로 사랑을 받았던 추억 어린 나무이기도 하다. 열매가 달리는 모양을 보고 못자리를 내거나, 보리 수확량을 점쳤으며, 팥 모양 같기도 하여 팥의 수확량을 점치곤 했다. 지방에 따라 부르는 이름이 다양해 볼네나무(제주도), 보리장나무(전남), 보리화주나무, 보리똥나무(경상도), 산보리수나무 등이 있다.

낙엽활엽관목으로 해발 1,200m 이하의 산과 들에서 자생한다. 높이는 3~4m 정도이고 가지에는 가시가 있고 작은 가지는 은백색 또는 갈색이다. 잎은 어긋나며 타원형 및 난상의 긴 타원형이고 뒷면에 은백색 비늘털이 밀생하며 잎자루는 흰색이다.

암수딴그루로 꽃은 새 가지 엽액에서 1~7개가 산형상으로 달

보리수나무 열매

보리수나무 수피

리는데, 흰색에서 황색으로 변하며 5~6월에 핀다. 열매는 둥근 장과로 은백색의 비늘털로 덮여 있으며 9~10월에 붉은색으로 익는다.

우리나라와 일본, 중국, 인도 등지에 분포한다. 우리나라에서는 황해도 이남에 자생한다. 건조하고 척박한 땅에서도 잘 자라나 그늘에서는 잘 자라지 못하며 추위와 공해에 매우 강하다.

꽃이 아름다워 관상용과 밀원식물용으로, 또 식용으로 심는다. 목재는 농기구나 연장, 지팡이를 만드는 데 쓴다. 약용으로도 사용되어 자양강장, 진해, 지혈, 지사 등에 효과가 있다고 한다. 열매는 보리밥, 보리똥으로 불리며, 달콤하여 식용하고 잼 등을 만들어 먹으며 술로 담가 먹기도 한다. 질소를 고정하는 비료목이기도 하다. 꽃말은 부부의 사랑, 결혼이다.

번식법

번식은 꺾꽂이와 포기나누기, 실생으로 한다.

142 덩굴줄기지만 다른 물체를 감지 않는

보리장나무

Elaeagnus glabra Thunb.

과 명	보리수나무과	꽃	10~11월
형 태	상록활엽덩굴성 목본	열 매	이듬해 4~5월

보리장나무 잎(앞면)

보리장나무 잎(뒷면)

보리장나무는 덩굴볼레나무, 볼네나무, 덩굴보리수나무라고도 한다. 덩굴성 목본이지만 다른 물체를 감지 않고 자라는 것이 특징이다.

보리 또는 보리수 이름이 붙은 나무는 크게 두 가지로 나뉘는데, 부처님이 도를 깨우쳤다는 뜻의 보리수(菩提樹)가 있고, 보리가 익을 무렵에 빨간 열매를 맺는다고 해서 붙여진 보리수(甫里樹)가 있다. 후자의 보리수는 '보리'라는 동네에서 많이 난다고 해서 붙여졌다는 설도 있는데, 보리는 한자로 甫里라고 하여 혹시 보길도가 아닌가 하는 추측도 하게 만든다. 〈조선왕조실록〉에도 연산군 시대에 전라도 감사에게 "동백나무 5~6그루와 보리수의 익은 열매를 올려보내라"는 기록이 나온다.

보리장나무 꽃

보리장나무 어린 열매

보리장나무 열매(성숙)

보리장나무는 덩굴볼레나무, 볼네나무, 덩굴보리수나무라고도 한다. 덩굴성 목본이지만 다른 물체를 감지 않고 자라는 것이 특징이다.

높이는 2m가량이며 줄기에는 가시가 나 있다. 어긋나는 잎은 긴 타원형 모양이며, 잎 양 끝이 좁다. 잎 가장자리는 물결 모양이며 비늘털이 있으나 앞면의 털은 사라진다.

10~11월에 흰색 꽃이 잎겨드랑이에 몇 개씩 달린다. 핵과의 열매는 타원형으로 길이는 1~1.8㎝이다. 이듬해 봄에 붉게 익으며 적갈색 비늘털로 덮인다.

상록활엽덩굴성 목본으로 뿌리혹박테리아가 있어서 척박한 토양에서도 잘 생존한다. 내염성과 내조성이 강해 주로 제주도를 비롯한 남쪽 지방의 섬이나 해안지방에 주로 생육한다. 우리나라와 일본, 중국 등지에 분포한다. 열매는 식용으로 이용된다.

보리장나무 수피

번식법

번식은 꺾꽂이와 포기나누기, 실생으로 한다.

143 재미있는 전설이 전하는

복분자딸기

Rubus coreanus Miq.

과 명	장미과	꽃	5~6월
형 태	낙엽활엽관목	열 매	7~8월

복분자딸기 잎

복분자딸기 꽃봉오리

고창 복분자주는 지역특산물로 이름 높다. 주민들이 선운산에 자생하던 야생 복분자딸기를 밭에 옮겨 심은 뒤 열매를 따 술을 담가 먹으면서 알려졌다.

복분자(覆盆子)는 말 그대로 소변 줄기가 요강을 뒤집는다고 해서 붙여진 이름이다. 여기에는 전설이 하나 전해진다. 옛날 신혼부부가 있었는데, 남편이 이웃 마을에 갔다 오다 길을 잃고 산을 헤맸다. 그는 하도 배가 고파 우연히 덜 익은 산딸기를 따 먹고 허기를 달랬다. 겨우 길을 찾아 집에 돌아왔는데, 다음 날 일어나 소변을 보다가 깜짝 놀라고 말았다. 요강단지가 뒤집혔던 것이다. 그래서 남편이 먹은 그 산딸기를 복분자라고 했다는 것이다.

낙엽활엽관목으로 높이는 3m 정도로 줄기는 아래로 뻗는다. 작은 가지는 적갈색이고 백분으로 덮여 있다. 잎끝은 뾰족하고 큰 잎자루에는 가시가 있다. 잎은 우상복엽으로 어긋나고 소엽은 난형 및 타원형이다. 꽃은 5~6월에 가지 끝에 산방화서에 달리는데 연한 붉은빛으로 핀다. 열매는 난형의 취합과로 7~8월에 홍흑색으로 익는다.

복분자딸기 꽃

복분자딸기 열매

복분자딸기 수피

우리나라와 중국에 분포한다. 일본에서도 재배는 하나 공식적인 약재로는 우리나라와 중국에서만 취급한다. 우리나라에서는 황해도 이남의 해발 50~1,000m 사이의 계곡과 산기슭에 자란다. 건조하거나 습한 조건에 관계없이 햇빛이 잘 드는 곳에서는 잘 자라는데 주로 산기슭, 폐경지, 화전지 주변 등의 양지에서 잘 자란다.

열매는 항산화물질인 폴리페놀 함량이 높아 노화방지, 간 기능

향상, 여성 불임증 · 신장기능 개선, 피를 맑게 해주는 효능이 있다. 한방에서는 덜 익은 푸른색의 열매를 말려 사용하는데 유정(遺精), 자양강장, 신체허약, 피로회복, 발기부전에 특효가 있다. 특히 술로 많이 만들어 먹는데, 피로회복이나 식욕증진에도 효과가 있다.

식용 및 약용으로 재배하며 생울타리용으로도 심는다. 특히 고창 복분자주는 지역특산물로 이름 높다. 이곳의 복분자딸기는 1960년대 선운산 부근에 사는 주민들이 선운산에 자생하던 야생 복분자딸기를 밭에 옮겨 심은 뒤 6~9월경 열매를 따 술을 담가 먹으면서 알려졌고, 1990년대 중반에 전국적으로 유명해졌다.

번식법

실생 또는 삽목하거나 포복경(기는줄기)을 이용한 포기나누기로 번식한다.

NOTE | 딸기의 종류

복분자딸기는 산딸기의 한 종류이다. 딸기는 약 20종류가 있는데 크게 산야에 나는 것과 남부지방, 특히 섬 등에 나는 것으로 대별된다. 산야에 나는 것으로는 산딸기, 멍덕딸기, 줄딸기(덩굴딸기, 덤불딸기), 멍석딸기(번둥딸기, 멍딸기)와 그 변종인 청멍석딸기, 복분자딸기 등이 있다. 섬 등지에 나는 것으로는 겨울딸기(땅줄딸기, 왕딸기, 늘푸른줄딸기), 수리딸기, 장딸기(땃딸기), 가시딸기(섬가시딸기), 맥도딸기와 그 변종인 거제딸기, 곰딸기(붉은가시딸기, 수리딸기), 섬딸기, 거문딸기(꾸지딸기, 왕갯딸기)가 있다.

144

봄날 피는 복사꽃이 아름다운

복사나무

Prunus persica (L.) Batsch

과 명	장미과	꽃	4~5월
형 태	낙엽활엽소교목	열 매	8~9월

복사꽃이 아름답게 피는 시절을 도요시절(桃夭時節)이라고 하는데, 처녀가 시집가기에 알맞은 '꽃다운 시절'이라는 뜻이다. 봄날 여성의 마음을 흔들기에 충분하다.

복숭아만큼 흥미로운 이야기가 많은 과일도 드물다. 먼저 자주 먹는 과일이면서도 제사상에 올리지 않는 것은 복사나무가 귀신을 쫓는다는 데에서 기인한다. 옛날 복숭아는 요즘처럼 달콤하기보다는 시큼해서 먹고 나서도 시원치 않아 귀신도 무서워했다는 이야기가 생겼다.

복사꽃이 아름답게 피는 시절을 도요시절(桃夭時節)이라고 하는데, 이는 처녀가 시집가기에 알맞은 '꽃다운 시절'이라는 뜻이다. 화사하게 핀 연분홍 복사꽃은 따뜻한 봄날 여성의 마음을 흔들어 놓기에 충분하다.

복사나무 열매를 복숭아라고 하는 것은 본래 열매에 털이 많아 털복숭이라고 하던 것이 변한 것으로 본다. 한자명은 도(桃), 도화수(桃花樹), 선과수(仙果樹) 등이다. 여기에서 도(桃) 자는 나무 목(木)과 조짐 조(兆)를 합친 글자로, 복숭아를 반으로 쪼개 갈라짐을 보고 점을 친 데에서 유래한다.

낙엽활엽소교목으로 높이는 6m 정도이다. 잎은 어긋나고 피침형이며 가장자리에 둔한 잔톱니가 있다. 꽃은 1개씩 잎보다 먼저 연분홍색으로 핀다. 열매는 핵과로 털이 많으며 난상의 원형으로 8~9월에 등황색으로 익는다.

학명에는 원산지가 페르시아로 되어 있지만 중국이 원산지이다. 실크로드를 따라 페르시아로 건너간 것이 유럽으로 전해졌다고 한다. 본래 우리나라에는 자생하지 않는 나무로 도입된 것은 적어도 2000년은 되었을 것으로 생각된다.

복사나무 잎

복사나무 꽃

복사나무 열매

복사나무 수피

햇빛을 좋아하여 그늘에서는 잘 자라지 못하나 추위를 잘 견디어 추운 중부지방에서도 심어 자라고 있으나 간혹 겨울에 얼어 죽기도 한다.

복숭아의 가장 안쪽에 있는 씨를 도인(桃仁)이라 하고 열매는 도실(桃實)이라 한다. 우리 몸에도 복숭아와 관련된 이름이 있다. 발목의 복사뼈는 모양이 복숭아를 닮아 붙인 이름이며, 목젖의 편도는 복숭아의 한 종류인 편도를 닮아 붙인 것이다. 편도 열매는 복숭아 비슷한데 익으면 터져서 속에 든 열매를 먹는다.

번식법

실생으로 번식한다.

145 단풍 빛이 으뜸인

복자기

Acer triflorum Kom.

과 명	단풍나무과	꽃	4~5월
형 태	낙엽활엽교목	열 매	9~10월

복자기 잎

복자기 잎(왼쪽), 복장나무 잎(오른쪽)

가을에 드는 단풍 중에서도 가장 으뜸이라고 할 만한 것이 바로 복자기이다. 색이 곱고 가장 붉은빛이 돌아 단풍 빛이 으뜸으로 가히 '단풍의 왕자'라고 할 만하다.

가을에 드는 단풍 중에서도 가장 으뜸이라고 할 만한 것이 바로 복자기이다. 색이 곱고 가장 붉은빛이 돌아 단풍 빛이 으뜸으로 가히 '단풍의 왕자'라고 할 만하다.

나도박달이라고도 부르며 가슴박달, 산참대, 개박달나무라고도 한다. 나무가 단단하고 견고하여 차축을 만드는 데 사용되어 우근자(牛筋子)라고도 한다. 수피에서 타닌을 채취하여 염색에 이용하여 색수(色樹)라고도 한다.

낙엽활엽교목으로 높이는 10m 정도이고 수피는 황갈색이며 작은 가지는 붉은색이 돈다. 잎은 마주나고 3개의 소엽으로 된 복엽이며, 소엽은 긴 난형 및 타원상의 피침형이다. 잎의 가장자리에 털과 함께 2~4개의 큰 톱니가 있고, 뒷면 맥 위에 흰빛의 억센 털이 있다. 보통 암수딴그루이나 간혹 암수한그루로 가지 끝의 산방화서에 3개가 달리며 4~5월에 핀다. 열매는 회백색의 시과로 날개는 예각 또는 둔각으로 나란히 벌어지고 9~10월에 익는다.

복자기 암꽃

복자기 수꽃

복자기 열매

복자기 겨울눈

복자기 수피

우리나라와 중국 동북부에 분포한다. 우리나라에서는 중부 이북 깊은 산의 해발 100~1,300m에 자생한다. 그늘진 곳과 건조지에서 잘 자라고 추위에 강하며 생장은 더딘 편이다.

단풍이 붉고 아름다워 조경용이나 관상용으로 심어진다. 목재는 치밀하고 무거워 고로쇠나무와 같이 가마, 배의 키, 소반, 이남박 같은 집기, 체육관이나 볼링장의 바닥재, 건축재, 악기, 운동기구, 가구재로 사용된다. 또 고로쇠나무처럼 수액을 마시기도 하는데, 당류와 아미노산, 광물질 등의 성분이 많아 해수, 천식으로 가래가 나올 때 마시면 효과가 높다.

번식법

번식은 실생으로 한다.

146 술에 취한 듯 붉게 피는

부용

Hibiscus mutabilis L.

과 명	아욱과	꽃	8~10월
형 태	낙엽활엽반관목	열 매	11월

양귀비와 더불어 아름다운 여인에 비유하는 꽃이다. 흰 꽃이 점차 붉어져서 술에 취해가는 듯하다고 해서 취부용(醉芙蓉)이라고도 한다.

양귀비와 더불어 아름다운 여인에 비유하는 꽃으로 부용자(芙蓉姿)가 있다. 이는 '아름다운 여자의 몸맵시'라는 뜻으로 부용의 꽃이 아름다워 붙여진 이름이다. 흰 꽃이 점차 붉어져서 술에 취해가는 듯하다고 해서 취부용(醉芙蓉)이라고도 하며 산부용, 땅부용, 부용화(芙蓉花)라고도 한다. 또 연꽃을 부용이라고도 해서 이를 구분하기 위해 연꽃은 수부용(水芙蓉), 부용은 목부용(木芙蓉)으로 부르기도 한다.

부용이 우리나라 역사에 처음 등장하는 것은 조선 숙종 때 발간한 〈산림경제〉이다. 이 책에서 중국의 목부용을 언급했는데, 우리나라에는 1700년경 이전에 도입한 것으로 추정된다. 향이 좋아 혼행 때 신부의 하인인 족두리하님이 향에 꽂아 들고 가기도 했는데, 이것을 부용향(芙蓉香)이라 한다. 또 꽃이 화사해 그림으로도 자주 그려졌다. 특별히 부용을 그린 휘장을 부용장(芙蓉帳)이라 하는데 규방에 어울렸다.

부용 잎

부용 꽃봉오리

부용 꽃(진분홍색)

부용 꽃(연분홍색)

부용 꽃(흰색)

중국 원산으로 낙엽활엽반관목으로 높이는 1~3m이다. 작은 가지, 꽃자루, 화통, 잎자루에 성상모가 밀생한다. 잎이 어긋나고 손 모양으로 5갈래로 갈라지며 끝이 뾰족하고 둔한 톱니가 있다. 꽃은 가지 선단에 액생하고 한여름인 8~10월에 담홍색으로 핀다. 꽃의 크기가 무궁화보다 크다. 열매는 11월에 구형의 삭과로 익으며 씨는 흑갈색이다. 부용의 꽃 색깔은 아침에는 흰색 또는 연분홍색으로, 점심에는 진분홍색으로, 저녁에는 붉은 분홍색으로 바뀌다가 시드는 것으로 알려져 있다.

부용 열매

부용 수피

우리나라에 재식하고 중국, 일본에 분포한다. 미국부용도 있는데, 이는 아욱과의 여러해살이풀로 잎이 둥근 타원형이다. 부용은 햇빛이 잘 들고 습기가 있고 비옥한 땅을 좋아하며 추위에 강하고 섬이나 바닷가에서도 잘 자란다.

꽃이 아름다워 도로변이나 공원에 관상용으로 심는다. 약용식물로 한방에서는 흰 꽃을 목부용화라 하여 해수, 출혈, 백대하에 사용하며, 뿌리껍질은 목부용근이라 하여 종기, 해열, 가래나 기침 등에 사용된다. 생잎은 짓찧어 피부병이나 화상 등의 상처에 바르며, 꽃가루는 한지에 빛을 내는 데 쓰기도 한다. 북한에서는 꽃술을 떼어내어 끓는 물에 데쳐서 고추장을 찍어 먹는다고 한다. 꽃말은 섬세한 아름다움, 매혹, 정숙한 여인, '행운은 반드시 온다' 등이다.

번식법

번식은 실생과 꺾꽂이, 뿌리나누기로 한다.

147 꽃이 분꽃을 닮은

분꽃나무

Viburnum carlesii Hemsl.

과 명	인동과	꽃	4~5월
형 태	낙엽활엽관목	열 매	10~11월

분꽃나무 잎

분꽃나무 잎차례

잎과 꽃이 분꽃가루를 바른 것처럼 부드럽고, 꽃향기가 여인들의 분 향기와 비슷하다고 해서 붙여진 이름인 듯하기도 하다. 분꽃나무의 향을 맡으면 여인의 향기가 느껴진다.

꽃부리 바깥은 붉고 안쪽은 흰 것이 분꽃을 닮았다고 하여 분꽃나무라고 하며, 한자로 분화목(粉花木)이라고 한다. 하지만 잎과 꽃이 분꽃가루를 바른 것처럼 부드럽고, 꽃향기가 여인들의 분 향기와 비슷하다고 해서 붙여진 이름인 듯하기도 하다. 분꽃나무의 향을 맡으면 여인의 향기가 느껴진다고 하여 여자화(女子花)라고도 한다.

낙엽활엽관목으로 높이는 2m이다. 새로 난 가지는 붉은 녹색이었다가 점차 붉은 갈색으로 바뀌며 나중에는 회갈색으로 된다. 작은 가지와 겨울눈에는 털이 빽빽이 난다. 잎은 마주나고 달걀 모양 또는 원형이다. 잎의 길이는 3~10㎝이고 양면에 별 모양으로 갈라진 털이 나며 뒷면에는 털이 빽빽하다. 잎의 가장자리에는 불규칙한 톱니가 있다.

148 고산에 사는 무과송

분비나무

Abies nephrolepis (Trautv. ex Maxim.) Maxim.

과 명	소나무과	꽃	4~5월
형 태	상록침엽교목	열 매	9~10월

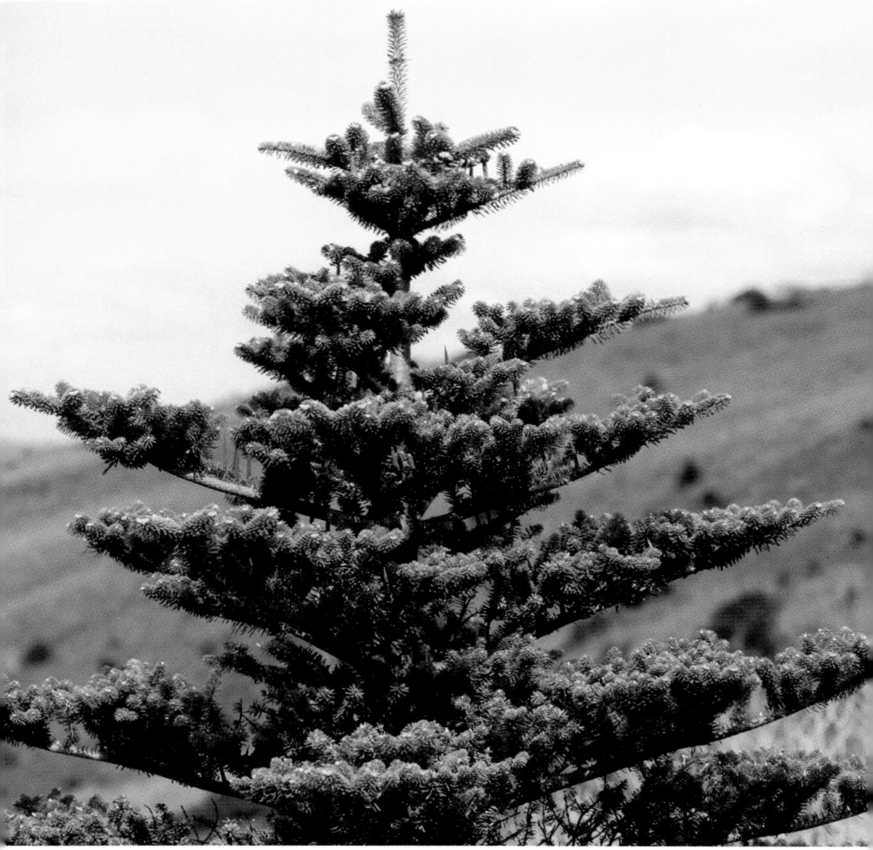

전나무와 흡사하게 생겼으나 나무껍질이 희다고 해서 분피(粉皮)나무라 불리다가 분비나무로 되었을 것으로 생각된다.

전나무와 흡사하게 생겼으나 나무껍질이 희고 잎끝이 오목하게 들어가 있는 점이 다르다. 나무껍질이 희다고 해서 분피(粉皮)나무라 불리다가 분비나무로 되었을 것으로 생각된다. 한자로는 백회(白檜), 백대송(白大松), 무과송(無果松) 등으로 부르며, 영어로는 East siberian fir, 즉 동시베리아 전나무라 불린다. 특히 무과송이라는 이름은 이 나무가 솔방울을 잘 열지 않고, 열린다고 해도 꼭대기 부근에 달린다고 해서 붙여진 이름이다.

고산지대에 자라는 수종으로 높이는 25m이고 지름은 75㎝에 이른다. 암수한그루로 꽃은 4~5월에 자주색으로 핀다. 열매는 난상의 원주형으로 포린은 드러나지 않고 종자는 도란상의 삼각형으로 녹갈색이다. 열매는 9~10월에 익으며, 날개가 달려 있다.

전체적으로 우리나라 특산종인 구상나무와 흡사하여 두 나무를 구분하기가 어렵다. 분비나무는 솔방울의 비늘 끝이 곧바르게 되어 있는 반면, 구상나무는 갈고리처럼 뒤로 휜 것이 차이점이

분비나무 잎

분비나무 암꽃

분비나무 수꽃

분꽃나무 꽃

분꽃나무 어린 열매

분꽃나무 열매(성숙)

꽃은 4~5월에 잎과 동시에 피며, 연분홍색으로 취산꽃차례를 이룬다. 꽃은 지름 1~1.4㎝로 향기가 강한 편이고, 꽃받침은 5개로 갈라진다. 열매는 10~11월에 검은색으로 익으며 식용하고, 지름 1㎝이며 타원형이다.

우리나라, 일본 등지에 분포한다. 산기슭 양지에서 자란다. 관

분꽃나무 수피

상용으로 심으며 내한성과 내염성이 강해 도시나 해안가에서도 잘 자라며, 특히 도시에서는 공원수로 잘 어울리는 품종이다.

번식법

종자 및 삽목, 분주로 번식한다. 가을에 채취한 종자를 2년간 노천매장하였다가 이른 봄에 파종한다. 좋은 품종을 증식하려면 봄에 삽목하는 것이 낫다.

NOTE | 분꽃

한해살이풀로 여름철에 흔하게 볼 수 있다. 꽃 색깔이 노란색, 분홍색, 흰색 등 다양한데, 까만 씨앗 속에 든 흰 가루는 옛날에 화장용으로 얼굴에 발랐다고 하여 분꽃이라는 이름이 붙었다.

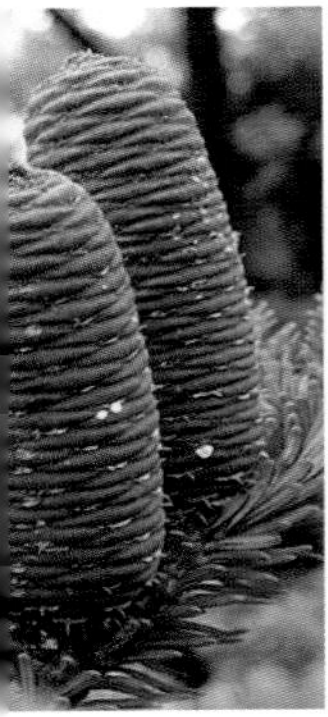

분비나무 열매

분비나무 겨울눈

분비나무 수피

다. 두 나무 모두 나이를 상당히 먹어도 솔방울이 잘 달리지도 않을뿐더러, 설령 달린다 하여도 높다란 꼭대기에만 달리는 특징을 지니므로 더욱 구분이 가지 않는다.

분비나무는 몽골, 중국, 러시아 등지에 분포한다. 우리나라에서는 해발 700m 이상 아고산지대의 산 중턱과 산꼭대기에서 무리지어 자란다. 수형이 아름다워 관상수, 공원수, 크리스마스트리용으로 심는다. 성장이 느린 편이나 재질이 치밀하여 건축재, 가구재, 펄프용재 등의 용도로 심는다. 목재는 가볍고 연하며 거친 편이고 광택은 강하며 향기는 약한 편이다. 그러나 탄성이 좋아 가열하면 잘 구부러지는 특성이 있는 등 가공성이 좋다.

번식법

번식은 실생으로 한다. 공중 습도가 높고 토심이 깊은 부식질이 풍부한 곳을 좋아하는 특성이 있다. 그러나 공해에 약하기 때문에 도심에서는 조경수로 적합하지는 않다.

149 나무껍질 속이 붉은

붉가시나무

Quercus acuta Thunb.

과 명	참나무과	꽃	5월
형 태	상록활엽교목	열 매	이듬해 10월

붉가시나무 새잎

붉가시나무 잎(앞면)

붉가시나무 잎(뒷면)

줄기가 곧게 자라면서도 가지가 많으며 잎이 무성하여 전체적인 모양이 장중한 느낌을 준다. 가히 숲의 제왕이라는 표현이 어울리는 수종이다.

가시나무 하면 가시나무새가 떠오른다. 〈가시나무새〉는 호주의 작가 콜린 매컬로의 소설로, 로마 가톨릭 신부인 랠프 드 브리카사르트와 매기 클레어리의 평생에 걸친 사랑과 고뇌를 소재로 하고 있다. 원제는 〈The Thorn Birds〉 즉 가시나무새이다. 인간의 나약함과 강인함, 사랑과 야망, 배신과 용서, 인륜과 천륜 사이의 갈등을 가시가 있는 나무에 사는 새에 비유하여 큰 인기를 얻었다.

일생에 단 한 번만 운다는 전설의 새, 가시나무새는 단 한 번 울기 위해 가시나무를 찾아 숲을 헤맨다. 그러다 결국 가시나무를 발견하면 가장 길고 날카로운 가시에 찔려 붉은 피를 흘리며 생명이 끝나는 순간까지 운다. 그 울음은 상상을 초월하는 고통의 소리요, 무엇으로도 낼 수 없는 지상 최고의 아름다운 소리이다. 그리고 가시나무새는 죽는다. 이러한 가시나무새는 먼 옛날

붉가시나무 암꽃

붉가시나무 수꽃

붉가시나무 열매(1년생)

붉가시나무 열매(2년생)

부터 켈트족에게 전설로 전해져온다. 인생의 가장 아름답고 가장 순수하며 위대한 가치는 가장 처절한 고통에서 피어난다는 것을 의미한다.

앞에서 몇 종류 알아보았듯 붉가시나무 역시 참나무과 가시나무의 한 종류이다. 목재의 빛깔이 붉기 때문에 붉가시나무라는 이름이 붙었다. 높이는 약 20m이며, 지름이 60㎝로 가시나무 종류 중에는 비교적 큰 나무이다. 줄기가 곧게 자라면서도 가지가 많으며 잎이 무성하여 전체적인 모양이 장중한 느낌을 준다. 가히 숲의 제왕이라는 표현이 어울리는 수종이다.

붉가시나무 겨울눈

붉가시나무 수피

수피는 녹색과 회색을 띤 검은색이다. 작은 가지에 갈색 털이 나나 2년생에 들어가면 털이 없다. 대신 검은 자주색 피목이 원형 또는 타원형으로 생기곤 한다. 어긋나는 잎은 긴 달걀 모양이거나 긴 타원형이며, 처음에는 갈색 털로 덮이나 곧 사라진다. 암수딴그루로 5월에 꽃이 피는데, 암꽃은 위에 선 채 달리며 수꽃은 어린 가지 밑부분에서 밑으로 처지게 핀다. 이듬해 가을에 맺는 열매는 타원형 또는 넓은 타원형으로 견과이다. 열매의 크기는 대략 2㎝이다.

상록활엽교목으로 주로 양지바른 산기슭과 계곡에서 자란다. 우리나라와 일본, 중국 남부 등지에 분포한다. 우리나라에서는 제주도 등 남부지방의 섬에서 자란다. 전남 함평 기각리의 붉가시나무는 천연기념물 제110호 지정하여 보호하고 있는 나무로 북한계선에 있다.

번식법

가을에 종자를 채취하여 노천매장한 후 이듬해 봄에 파종한다.

150 열매에 소금 성분이 있는

붉나무

Rhus javanica L.

과 명	옻나무과	꽃	7~9월
형 태	낙엽활엽소교목	열 매	10월

붉나무 잎(앞면)

붉나무 잎(뒷면)

열매가 익어서 갈라지면 붉은 가종피(假種皮)에 싸여 있던 종자에서 소금 성분이 나오는데, 옛날 소금을 구할 수 없었던 산간벽지에서는 이 열매의 짠맛을 우려내어 소금 대용이나 간수로 썼다.

가을에 단풍이 마치 불이 붙은 듯하다고 해서 붉나무라고 부른다. 지방에 따라 오배자나무, 굴나무(경상도), 뿔나무(강원도), 불나무(전남)로 부르기도 하며, 오배자수(五倍子樹), 염부목(鹽膚木), 산오동(山梧桐)이라고도 한다. 여기에서 염부목은 이 나무에 소금 성분이 들어 있기 때문에 붙여진 것으로, 열매가 가을에 익어서 갈라지면 붉은 색깔의 가종피(假種皮)에 싸여 있던 종자에서 소금 성분이 나오는데 백분(白粉)으로 싸여 있다. 옛날 소금을 구할 수 없던 산간벽지에서는 이 열매의 짠맛을 우려내어 소금 대용이나 간수로 썼다.

한편 오배자수라는 이름은 잎줄기, 새잎, 어린순에 오배자벌레가 기생하여 혹같이 생긴 벌레집을 만드는데, 이를 오배자라고 해서 붙여진 것이다.

한방에서는 뿌리껍질을 염부자근, 줄기 껍질을 염부수백피, 잎

을 염부엽, 열매를 염부자라 하여 오배자와 함께 지혈, 해열, 염증, 지사, 해독 등을 치료하는 데 사용한다.

낙엽활엽소교목으로 높이는 7m 정도이고 수피는 심갈색이며 작은 가지에 털이 있다. 잎은 어긋나고 기수 우상복엽이며 소엽은 7~13개이고 난상의 타원형이다. 잎의 가장자리에 톱니가 드문드문 나 있으며 엽축에 날개가 있다. 꽃은 암수딴그루로 7~9월에 황백색으로 핀다. 수꽃 꽃차례는 길고 암꽃 꽃차례는 짧게 핀다. 열매는 편구형의 핵과로 10월에 황적색으로 익는데 황갈색

붉나무 암꽃

붉나무 수꽃

붉나무 열매

붉나무 오배자

의 잔털이 덮여 있으며 시고 짠맛이 난다.

우리나라와 중국, 일본, 타이완, 히말라야 등지에 분포한다. 전국의 해발 100~1,300m의 산기슭 양지에 자생한다. 햇빛이 들고 건조한 땅에서 잘 자라며 추위와 공해에도 강하다.

가을에 단풍이 붉게 물드는 나무로 조경용, 약재용, 염료용으로 심는다. 봄에 나오는 어린순은 나물로 해 먹기도 하고 염료로도 사용한다. 오배자는 약재로 이용된다. 치통, 입병, 부인병, 기침, 가래, 이질, 설사, 종기, 치질, 편도선염, 연주창에 효과가 있으며, 최근에는 항암제로 개발하여 수출까지 하고 있다. 불교에서는 붉나무를 호마목(護摩木)이라 하여 마귀로부터 보호해준다고 믿어 승려들이 짚고 다니는 지팡이를 만드는 데 사용한다. 일본에서도 사람이 죽으면 관 속에 붉나무의 지팡이를 함께 넣어 화장을 하고 붉나무로 만든 도구로 뼈를 줍는다고 한다.

번식법

번식은 실생이나 꺾꽂이로 한다.

151 좋은 향으로 유혹하는

붓순나무

Illicium anisatum L.

과 명	붓순나무과	꽃	3~4월
형 태	상록활엽소교목	열 매	10월

붓순나무 새잎

붓순나무 잎

학명의 *Illicium*은 유혹한다는 뜻으로 향이 뛰어난 나무의 특성을 담고 있다. 붓순나무라는 이름은 아무래도 붓 모양으로 생긴 잎에서 유래하는 것으로 생각된다.

붓순나무는 생가지를 꺾어 부처님 앞에 꽂는 데 사용되는 나무이다. 흔히 귀신을 쫓는 나무로도 알려져 있는데, 일본에서는 산소 옆에 심어 잡귀가 얼씬거리지 못하게 한다고 하며, 관 속에 넣는 풍습도 있다.

비슷한 종으로 중국에 팔각(八角)이라는 나무가 있다. 팔각의 열매는 향신료로 음식에 넣기도 하고 약재로도 사용되지만, 붓순나무 열매는 독성이 있으므로 사용하지 않는다. 가끔 중국 팔각과 혼동해 붓순나무 열매를 음식에 넣었다가 중독을 일으키기도 하는 것은 그 때문이다.

학명의 *Illicium*은 유혹한다는 뜻으로 향이 뛰어난 나무의 특성을 담고 있다. 붓순나무라는 이름은 아무래도 붓 모양으로 생긴 잎에서 유래하는 것으로 생각된다. 이 밖에도 가시목, 발갓구, 말갈구와 같은 이름으로도 불린다.

붓순나무 꽃

붓순나무 열매(미성숙)

붓순나무 열매(성숙)

높이는 5m로 수피는 어두운 회색빛을 띤 갈색이다. 어린 가지는 녹색이며 평활하지만 나이가 많아지면 세로로 얕게 갈라진다. 어긋나는 잎은 혁질로 딱딱하며 긴 타원형을 이룬다. 잎의 양끝은 급하게 뾰족해지며 가장자리는 밋밋하다. 3~4월에 녹색을 띤

붓순나무 씨앗

붓순나무 수피

흰색의 꽃이 잎겨드랑이에 1개씩 달린다. 골돌과로 된 열매는 안쪽 껍질이 바람개비 모양으로 8각을 이루며 배열한다. 종자는 타원형으로 노란빛을 띤 갈색이며 광택이 있다.

상록활엽소교목으로 우리나라와 일본, 타이완, 중국 등지에 분포한다. 우리나라에서는 진도와 완도, 제주도가 서식지이다. 내한성이 약해 연평균기온이 12℃ 이상인 곳에서만 월동한다. 습기가 부족한 곳에서도 잘 자라며 음지에서도 자란다.

정원수로 적합하며, 목재는 부드러우면서도 촉감이 좋아 염주알이나 주판알, 양산대 등으로 이용된다. 꽃말은 일편단심이다.

번식법

꺾꽂이나 종자로 번식한다. 그해에 난 가지를 꺾어 심거나, 가을에 수확한 종자를 노천매장해두었다가 이듬해 봄에 심는다.

152 줄기가 뽀얀

비목나무

Lindera erythrocarpa Makino

과 명	녹나무과	꽃	4~5월
형 태	낙엽활엽교목	열 매	9~10월

비목나무 새순

비목나무 잎

나무의 가지를 꺾으면 한약 같은 냄새가 나 약재로 사용되는 것을 짐작할 수 있다. 봄에 나오는 어린잎을 데쳐 물에 담갔다가 떫은맛을 우려낸 뒤 나물로 해 먹기도 한다.

비목나무는 줄기가 뽀얗다고 하여 뽀얀나무 또는 백목(白木)이라고 부르다가 비목나무로 바뀌었다고 한다. 보얀목, 윤여리나무 등으로도 불리고 홍과산호초(紅果山胡椒), 홍과조장(紅果約樟)이라고도 한다.

낙엽활엽교목으로 높이는 15m이다. 수피는 황백색이고 노목의 수피는 작은 조각으로 떨어진다. 작은 가지는 담황갈색으로 피목이 뚜렷하다. 잎은 어긋나고 도피침형 및 도란상의 피침형이다. 잎의 밑부분이 쐐기 모양으로 점점 좁아져 뾰족하게 된다. 암수딴그루로 꽃은 액생하고 산형화서에 달리는데, 타원형의 연한 노란색으로 4~5월에 핀다. 열매는 붉은색의 구형으로 9~10월에 익는다.

우리나라와 중국, 일본, 타이완 등지에 분포한다. 우리나라는 황해도 이남의 해발 150~1,200m의 양지바른 산기슭에 자생

비목나무 암꽃

비목나무 수꽃

비목나무 열매

한다. 추위에 약하고 건조한 땅에서는 잘 자라지 못하며 공해에 약하다.

비목나무 수피

이 나무의 가지를 꺾으면 방향성의 한약 같은 냄새가 나 약재로 사용되는 것을 짐작할 수 있는데, 한방에서 가지와 잎은 해열, 거풍, 지혈, 염증, 타박상, 중풍, 관절통에 사용한다. 민간요법으로 중풍, 관절, 근육통, 소화불량, 산후조리 등에 열매를 달여 마시면 좋다고 하며, 봄에 나오는 어린잎을 데쳐 물에 담갔다가 떫은맛을 우려낸 뒤 나물로 해 먹기도 한다. 또 최근 연구한 바에 의하면 한라산 비목나무 껍질에서 분리한 성분이 항암 효과가 있는 것으로 밝혀져 관심을 끌고 있으며, 약품으로서는 물론 미백 효과가 뛰어나 화장품 소재로도 좋은 것으로 밝혀졌다.

목재는 재질이 단단하고 치밀하며 갈라지지 않아 기구재, 나무못, 가구재 등의 용도로 사용한다. 꽃과 열매가 아름다워 관상수나 정원수로 심는다.

번식법

번식은 실생으로 한다.

153 강원도 동강에 국내 최대 군락지가 있는

비술나무

Ulmus pumila L.

과 명	느릅나무과	꽃	3~4월
형 태	낙엽활엽교목	열 매	5~6월

비술나무 어린잎

비술나무 잎

경북 영양의 석보면에는 시무나무와 비술나무 숲이 있는데, 수령 100~300년 정도 되는 나무가 숲을 이루고 있어 천연기념물 제476호로 지정되었다.

개느릅나무, 느릅나무, 떡느릅나무, 비슬나무, 해력사(海力斯)라고도 부른다. 낙엽활엽교목으로 높이는 15m 정도이며 지름이 1m이다. 수피는 흑회색이며 조각조각 갈라진다. 어린 가지는 회백색으로 밑으로 늘어진다. 잎은 어긋나고 타원형 및 긴 타원형으로 가장자리에 겹톱니가 있다. 꽃은 양성화로 3~4월에 피고 열매는 시과로 너비가 길이보다 넓다. 종자는 중앙부에 들어 있고 5~6월에 익는다. 가을에 낙엽이 지면 가지가 회색으로 변하면서 이듬해에도 계속 회색빛을 유지하는 것이 특징이다.

우리나라와 중국, 만주, 몽골, 시베리아 동부에도 분포한다. 우리나라에는 중부 이북의 해발 200~1,300m에 걸쳐 계곡과 산기슭에서 자란다. 땅이 깊고 습기가 있으며 배수가 잘되는 사질양토를 좋아하고 추위에 강하여 우리나라 전역에서 잘 자란다. 음지나 양지를 가리지 않고 잘 자라며 내조성과 공해에 강하여 도심지나 바닷가에 심기에 적합하다. 또한 병충해에 강하고 이식성이 좋으며 느릅나무류 중에서 생장속도가 가장 빨라 녹지조

비술나무 열매

비술나무 열매(근경)

비술나무 수피

성용으로 적합하다.

강원도 동강에 국내 최대 군락지가 발견되었으며, 대구 청룡산에서도 2,000여 그루가 넘는 군락지가 발견되었다. 경북 영양의 석보면에는 시무나무와 비술나무 숲이 있는데, 방풍림과 수해방비를 목적으로 17세기에 심어졌다. 수령 100~300년, 높이 10~22m, 가슴둘레 20~200㎝ 정도 되는 나무가 숲을 이루고 있어 천연기념물 제476호로 지정되었다. 한편 북한에도 천연기념물로 지정된 것이 있는데, 갑산의 비술나무는 높이 22m, 밑동둘레 7.2m의 크기이다.

어린싹은 나물로 해 먹으며 뿌리껍질은 약재로 이용한다. 나무껍질은 음식물에 점질을 가하는 데 쓰고 잎은 사료로 쓴다. 씨는 땅에 떨어지면 즉시 싹이 트는 특징이 있다. 목재는 변재가 흰색이고 심재는 암홍색으로 질이 좋고 무거우며 탄력성이 좋아 가구재, 건축재, 선박재, 기구재 등으로 사용된다.

번식법

실생으로 번식한다.

154 목재와 열매가 유용한

비자나무

Torreya nucifera (L.) Siebold & Zucc.

과 명	주목과	꽃	4~5월
형 태	상록침엽교목	열 매	이듬해 9~10월

제주도 구좌읍 평대리 비자림은 수령 500~800년 비자나무가 2,800여 그루나 자라는 세계 최대의 비자나무 숲으로 유명하다.

비자나무에서 '비'는 한자로 榧인데, 이는 비자나무의 특징을 잘 보여주는 것 같다. 우선 잎이 아닐 비(非) 자를 꼭 빼닮았다. 그리고 상자와 같은 목재로 사용되어 나무 목(木)에 대(나무) 상자 비(匪)를 붙인 것이다. 산에서 나는 삼나무라고 해서 야삼(野杉), 무늬가 아름다워 문목(文木)으로도 부른다. 속명 *Torreya*는 19세기 미국의 식물학자 존 토레이(John Torrey)를 기념하여 붙여진 것이며, 종명 *nucifera*는 '딱딱한 껍질을 가졌다'는 뜻이다.

잎은 바늘 모양으로 뒷면에 황백색의 공기구멍이 양쪽에 늘어서 있다. 꽃은 4~5월에 핀다. 수꽃은 달걀 모양이며 갈색의 포로

비자나무 잎

비자나무 잎(앞면)

비자나무 잎(뒷면)

비자나무 암꽃

비자나무 수꽃

비자나무 열매

비자나무 씨앗

비자나무 겨울눈

싸여 있고 암꽃은 가지 끝에 2~3개씩 달린다. 열매는 도란형 혹은 타원형으로 이듬해 9~10월에 익고 종자는 타원형이다.

비자나무는 상록침엽교목으로 암수딴그루이다. 전북 내장산, 전남 해안 및 제주도에 분포한다. 제주도 제주시 구좌읍 평대리 비자림은 수령 500~800년 비자나무가 2,800여 그루나 자라 단일 수준으로는 세계 최대의 비자나무 숲으로 유명하며, 천연기념물 제374호로 지정되었다. 이 제주도 비자나무는 품질이 워낙 좋아서 원나라에서는 궁궐 재목으로 사용하기 위해 공출해갔다고 한다. 또 목재가 부드러우면서도 습기에도 강해 옛날에는 선박용 목재로도 많이 사용했다. 특히 나이테가 아주 촘촘해 바둑판으로도 쓰인다. 목재뿐만 아니라 열

비자나무 수피

매도 아주 유용하게 사용되었다. 약간 떫으면서도 고소한 맛이 나는데 식용으로 먹거나 구충약으로 사용하기도 하고, 기름이 많아 열매를 짜서 식용유나 머릿기름 등으로 사용했다. 가지나 잎을 태워 모기를 쫓기도 했다.

제주도 비자림 이외에도 전남 해남 연동리의 비자나무 숲, 백양사의 비자나무 분포 북한지대, 고흥 포두면의 비자림, 강진 병영면의 수령 500년 된 비자나무, 진도 임회면의 비자나무 등이 천연기념물로 지정되어 있다. 상록수라서 관상수와 공원수로 어울린다. 꽃말은 소중, 사랑스러운 미소 등이다.

번식법

봄에 씨앗을 뿌려 싹을 키운 묘목을 심어 번식한다. 특별히 비료를 주지 않아도 잘 자라지만 통풍이 잘 안 되면 그을음병이 발생하기도 하므로 통풍을 잘 해줘야 한다.

NOTE | 제주도 비자림의 사랑나무 연리목

제주도 비자림에는 연리목이 있다. 두 나무가 가까이 자라다가 맞붙은 것을 연리목이라고 하는데, 연리목은 어떻게 이루어질까? 두 나무가 맞닿으면 서로의 껍질을 압박하고 세포막이 엉켜서 하나가 되는 것이다. 그래서 연리목은 남녀간의 변치 않은 사랑을 상징한다.

155 열매가 비파를 닮은

비파나무

Eriobotrya japonica (Thunb.) Lindl.

과 명	장미과	꽃	10~11월
형 태	낙엽활엽소교목	열 매	이듬해 5~6월

비파나무의 이름은 열매 모양이 서양배 또는 현악기인 비파 모양으로 노랗게 익는다고 해서 붙여졌다.

비파나무의 이름은 열매 모양이 서양배 또는 현악기인 비파 모양으로 노랗게 익는다고 해서 붙여졌다.

낙엽활엽소교목으로 높이는 10m이다. 작은 가지는 황갈색이고 연한 갈색 털이 밀생한다. 잎은 혁질이고 피침형 및 타원상의 긴 난형이며 가장자리에는 치아상 톱니가 드문드문 나 있고 뒷면에 갈색 털이 밀생한다. 꽃은 가지 끝에 원추화서를 이루며 꽃차례에 연한 갈색 털이 밀생하고 흰색으로 10~11월에 핀다. 열매는 구형 및 타원형으로 이듬해 5~6월에 황금색으로 익는다.

비파나무 잎(앞면)

비파나무 잎(뒷면)

비파나무 꽃

비파나무 열매

비파나무 씨앗

비파나무 수피

우리나라와 중국, 일본에 분포한다. 원래 중국 중동부에서 자라던 것이 일본으로 도입되어 많은 원예품종이 만들어져 높은 평가를 받고 있는데, 일본의 몇몇 우량 품종이 지중해 지역과 그 밖의 지역으로 퍼져나갔다. 사질양토에서 점토까지 여러 종류의 흙에서 잘 자라며 3~4년 후면 열매를 맺는다. 우리나라에서는 일본에서 도입하여 남부지방의 길가나 정원수로 심는다.

비파나무는 정원수나 식용의 용도로 심는다. 아열대 지역에서는 소규모로 재배하여 시장에 내다 팔기도 한다. 열매는 노란색에서 청동색까지 다양한데 열매껍질은 단단하고 서양배나 서양자두 같다. 과육은 흰색을 띠고 있거나 오렌지색을 띠고 있으며 즙이 많다. 이것을 통조림으로 만들거나 직접 식용한다. 씨는 3~4개 들어 있으며 상큼한 신맛이 난다. 잎은 비파엽이라고 해서 건위, 진해, 이뇨제로 쓰인다. 꽃말은 현명, 온화이다.

번식법

대개 씨로 번식하지만 상업용 나무는 우수한 품종을 접붙여서 심는데, 대목은 꺾꽂이로 자란 어린 비파나무를 쓰거나 마르멜로(장미과의 낙엽소교목)를 이용한다.

156 오디 열매를 먹으면 방귀가 나온다는

뽕나무

Morus alba L.

과 명	뽕나무과	꽃	4~5월
형 태	낙엽활엽교목	열 매	6~7월

뽕나무 암꽃

뽕나무 수꽃

어린 시절 뽕나무 열매인 오디를 따 먹은 기억이 있을 것이다. 오디를 많이 먹으면 소화가 잘되어 방귀가 뽕 하고 나온다고 해서 나무 이름을 뽕나무라고 했다는 이야기가 전해진다.

어린 시절 농촌에서 자란 이들은 대개 입가를 검게 물들이며 뽕나무 열매인 오디를 따 먹은 기억이 있을 것이다. 오디에는 비타민 A, B_1, D와 당분, 호박산배당체, 펙토오스 등이 들어 있어 위의 소화기능을 촉진시켜며 배변을 순조롭게 하는 효능이 있다. 그런데 이 오디를 많이 먹으면 소화가 잘되어 방귀가 뽕 하고 나온다고 해서 나무 이름을 뽕나무라고 했다는 이야기가 전해진다.

상수(桑樹), 백수(白樹), 가상(家桑), 지상(地桑), 오듸나무, 새뽕나무, 오디나무 등으로도 불린다. 뽕나무 상(桑) 자는 갑골문자에 나오는 것으로 가지가 부드러운 것을 본뜬 것이다. 상유(桑楡)는 뽕나무와 느릅나무로 황혼, 만년, 노년을 뜻하며 상재(桑梓)는 뽕나무와 가래나무로 부모를 그리워한다는 뜻으로 즉 부모 공경을 뜻한다.

낙엽활엽교목으로 높이는 15m 정도이고 수피는 황갈색이다. 잎은 넓은 난형으로 가장자리는 톱니가 있다. 꽃은 암수딴그루로

4~5월에 핀다. 열매는 취화과로 구형 또는 타원형으로 6~7월에 보라색, 검은색으로 익는다.

온대 · 아열대 지방이 원산으로 우리나라와 중국에 식재한다. 전국에서 양잠용으로 많이 기르는 나무이다. 뽕잎을 먹고 자란 누에는 한 마리에서 약 1km의 명주실을 짜낼 수가 있다고 한다. 또 누에는 당뇨를 다스리는 데 특효로 알려져 있으며, 누에똥도 농작물의 거름이나 약재로 쓰인다. 이처럼 뽕나무는 잎부터 뿌리까지 그리고 누에와 번데기까지 버릴 것이 없는 매우 유용한 나무이다.

〈동의보감〉에 오디는 보약으로 기록되어 있으며 배고픔을 달래주는 열매라 하였다. 특히 오디에 들어 있는 안토시안 성분은 노화예방에 좋으며, 루틴 성분은 모세혈관을 튼튼하게 하여 뇌졸중을 예방한다고 알려져 있다. 한방에서도 오디를 상심(桑椹) 또는 상실(桑實)이라 하는데, 오디를 계속 먹으면 흰머리가 검어지고 늙지 않는다고 한다. 특히 오디를 말려 꿀과 섞어서 환으로 만들어 먹거나 술을 담가 장복하면 몸을 보한다고 한다. 또 뿌리를 상근

뽕나무 열매(성숙)

뽕나무 수피

(桑根), 줄기 껍질을 상근백피(桑根白皮), 가지를 상지(桑枝), 잎을 상엽(桑葉), 열매를 상실(桑實)이라 하여 폐기천식, 건위, 복만, 부종, 이뇨, 간장, 신장, 해열, 토사, 구내염, 경풍(驚風) 등에 쓴다. 뽕잎은 생잎에서 흰색 즙이 나오는데, 이를 상엽즙 또는 상엽자라고 해서 상처를 치료하는 데 이용하기도 한다. 이 잎을 뽕잎차로 달여 먹기도 하고 습진이나 월경통에 쓰기도 한다. 목재는 경대나 종기구, 악기 등 세공품을 만드는 재료로 쓰인다. 꽃말은 지혜이다.

양잠 농가에 가서 누에가 뽕잎을 먹는 모습을 보면 한쪽부터 야금야금 파먹어 들어가는데, 이 모습을 초잠식지(稍蠶食之) 또는 잠식(蠶食)이라고 한다.

우리나라에는 뽕나무와 관련된 지명이 상당히 많다. 그중에서도 서울의 잠실과 잠원동은 예전부터 뽕나무를 많이 재배하던 곳이라서 붙여진 명칭이다. 잠원동에 있는 잠실뽕나무는 수령 600년이나 고사목이다. 본래 조선시대 왕가의 잠소(蠶所)로 뽕나무를 재배하여 농민들에게 시범을 보이던 곳이었으며 잠원동이란 동명도 이에서 비롯된다. 한강 변에 있는 이 나무는 이미 죽었지만 조선 초기의 것으로 유서가 깊어 서울시기념물 제1호로 지정되었다. 강원도 정선의 봉양리 뽕나무는 두 그루로 수령 500년이며 강원기념물 제7호로 지정되었다. 경북 상주의 은척면 뽕나무는 수령 300년으로 경북기념물 제1호로 지정된 나무이다.

번식법

6월에 종자를 채취하여 직파하거나 꺾꽂이로 번식한다.

157 구한말에 들어온 대표 과실수

사과나무

Malus pumila Mill.

과 명	장미과	꽃	4~5월
형 태	낙엽활엽소교목	열 매	9~10월

사과나무 새잎

사과나무 잎

씨앗에서 자연 발아된 나무는 13년 후에 꽃을 피우며 열매가 매우 작게 달린다. 따라서 큰 열매를 얻으려면 아그배나무나 야광나무를 대목으로 접을 붙여야 한다.

사과 하면 아주 오랜 옛날부터 우리가 먹어온 과일처럼 여겨진다. 그러나 오늘날 우리가 주로 먹는 사과는 구한말에 처음 들어왔으며, 1901년 선교사를 통해 들여와 원산에 심은 것이 첫 재배라고 한다. 이후 1906년에 서울 뚝섬에 원예모범장을 개설하고 여러 개량종을 심은 뒤에 전국에 퍼졌다고 한다.

본래 사과는 고대 그리스와 로마에서 재배되어 유럽에 퍼졌으며, 17세기에 미국에 전파되어 더욱 개량되었다. 한편 동양에서도 중국에서 1세기경에 재배한 기록이 있다. 그러나 동양의 사과는 능금이며, 그것이 우리나라와 일본에 전파된 것으로 본다.

사과나무 이름의 유래는 미상이나 한자 사과(沙果)를 보자면 물이 잘 빠지는 모래땅에서 잘 자라는 과일나무라 하여 붙여진 이름으로 추측할 수 있다. 능금나무, 시과, 임과(林果)라고도 하며, 한자로는 평과(苹果)라고도 한다.

낙엽활엽소교목으로 높이는 10m 정도이고 작은 가지는 자주색이다. 잎은 타원형으로 가장자리에 둔한 톱니가 있다. 꽃은 짧은

사과나무 꽃봉오리

사과나무 꽃

가지에 3~7개씩 산형으로 달리며 연한 홍색으로 4~5월에 핀다. 열매는 타원형으로 양 끝이 오목한 모양으로 9~10월에 익는다.

유럽 남동부 및 서아시아 원산으로 우리나라에는 오래전에 도입하여 심은 유실수이다. 산과 들의 일교차가 크고 경사진 마사토에서 잘 자란다. 씨앗에서 자연 발아된 나무는 13년 후에 꽃을 피우며 열매가 매우 작게 달린다. 따라서 큰 열매를 얻으려면 아그배나무나 야광나무를 대목으로 접을 붙여야 한다.

한방에서 잎을 평과엽, 열매껍질을 평과피라 하는데, 피를 맑게 하고 열을 내려주며 이뇨, 소화불량, 장 운동, 숙취해소 등에 효과가 있다. 민간요법으로는 출산 후 기력이 없을 때 잎을 달여 마시면 좋고 딸꾹질, 소화불량, 기침, 천식, 주독, 고혈압, 당뇨에 열매껍질을 달여 마시면 효과가 있다. 또한 치질, 설사, 장이 안 좋을 때에는 열매를 생으로 갈아 마시면 좋다. 특히 독일에서는 옛날부터 민간요법으로 설사를 치료하는 데 사용되었다. 지금도 설사, 급만성 소화불량, 급성 전염병인 적리(赤痢) 등에 사용된다.

비타민 A, B, C, 펙틴, 사과산, 카페인산, 시트르산, 클로로겐

사과나무 열매(미성숙)

사과나무 열매(성숙)

산, 니코틴산, 과당, 포도당을 함유하고 있다. 산이 많아 위에 자극을 줄 수 있으므로 밤에는 되도록 먹지 않는 것이 좋다. 또 사과 씨에는 청산배당체인 아미그달린과 지방유가 들어 있어 섭취해서는 안 된다.

사과나무 수피

사과나무속 식물은 유럽, 아시아, 북아메리카 대륙에 약 25종이 분포되어 있는데, 재배의 기본종은 유럽 중부지방에 분포되어 있는 원생종을 개량한 것이다. 주로 식용으로 심으며 공원수나 관상수로 심는다.

번식법

번식은 사과나무 대목으로 접목한다.

158 줄기가 사람 피부처럼 매끄러운

사람주나무

Sapium japonicum (Siebold & Zucc.) Pax & Hoffm.

과 명	대극과	꽃	6월
형 태	낙엽활엽소교목	열 매	10월

사람주나무 잎(앞면)

사람주나무 잎(뒷면)

잎의 생김새가 감나무와 비슷하지만, 잎자루와 잎사귀가 맞닿는 곳에 2개의 조그만 돌기가 있고 잎자루를 꺾으면 우윳빛의 즙이 나오는 점이 감나무와 다르다.

나무줄기가 사람 피부처럼 매끄럽고 단풍이 들면 홍조 띤 얼굴처럼 붉으며, 나무줄기가 마치 사람의 몸처럼 생겼다 하여 사람주나무라는 이름이 붙여졌는데, 나무껍질의 색깔이 흰빛을 띠어 백목(白木)이라고도 하며, 여자의 살갗처럼 매끈거려서 여자나무라고도 부른다. 이 밖에도 쇠동백나무, 귀룽목, 아구사리, 신방나무, 산호자나무라고도 한다.

낙엽활엽소교목으로 높이는 6m 정도이고 수피는 녹회백색으로 오래된 줄기는 얇게 갈라지고 밑에서 많은 줄기가 올라와 아름다운 수형을 이룬다. 잎은 어긋나며 타원형 및 도란상 타원형으로 가장자리는 밋밋하고 측맥 끝에 선점이 있다. 잎의 생김새가 감나무와 비슷하지만, 잎자루와 잎사귀가 맞닿는 곳에 2개의 조그만 돌기가 있고 잎자루를 꺾으면 우윳빛의 즙이 나오는 점이 감나무와 다르다. 꽃은 암수한그루로 정생하며 수상 및 총상화서에 달리는데 윗부분에는 많은 수꽃이 달리며, 아랫부분에는 꽃자

사람주나무 꽃

사람주나무 열매

루가 있는 몇 개의 암꽃이 6월에 핀다. 열매는 3개의 과피로 이루어진 둥근 삭과로 10월에 익는다.

우리나라와 일본에 분포한다. 우리나라에서는 황해도 이남의 깊은 산 중턱이나 골짜기에 자갈이 있는 양지바른 곳에 자생하며 백령도, 동해안의 속초, 설악산, 내륙으로는 계룡산까지 분포한다. 습기가 있고 비옥한 땅에서 잘 자라며 추위와 공해에도 강하다.

씨는 그냥 먹거나 기름을 짜는 데 이용한다. 특히 기름은 물건이 썩지 않고 아름답게 보이도록 물건 겉에 바르는 데 사용하거나 등유로 이용한다. 기름이 귀하던 시절에는 동백나무, 생강나무, 쪽동백나무 등과 더불어 기름을 얻을 수 있는 귀중한 나무였으며 특히 도료용으로 쓰임새가 컸다. 가지나 줄기는 땔감이나 숯으로 만들어 쓰는 데 사용한다.

민간요법으로 변이 잘 안 나올 때 열매를 볶아 기름을 짜서 소량씩 먹으면 효과를 볼 수 있으며, 기생충이 있을 때는 말린 뿌리를 달여 마시면 좋다. 또 잎은 살짝 데쳐서 젓국 양념에 버무려 먹는데, 이를 산호자나물이라고 한다.

번식법

번식은 실생으로 한다.

사람주나무 수피

159 사방용으로 심는

사방오리

Alnus firma Siebold & Zucc.

과 명	자작나무과	꽃	3~4월
형 태	낙엽활엽소교목	열 매	10월

사방오리는 산이나 바닷가, 강가 등의 모래나 흙이 떠내려가는 것을 방지하기 위한 사방 공사에 많이 심어 붙여진 명칭이다.

산이나 바닷가, 강가 등의 모래나 흙이 떠내려가는 것을 방지하기 위한 공사를 흔히 사방(沙防) 공사라 하고, 이때는 나무를 많이 심는다. 일본 원산의 오리나무를 사방용으로 많이 심었는데, 그래서 붙여진 명칭이 사방오리이다. 사방오리목(沙防五里木)이라고도 하며, 우리나라에는 1940년경에 도입되어 주로 따듯한 남부지방에 많이 심어졌다.

낙엽활엽소교목으로 높이는 7~10m이고 지름이 30㎝이다. 줄기는 곧지만, 우리나라에는 2~3개로 갈라지는 것이 많다. 수피는 회갈색으로 평활하며 작은 가지에는 털이 나 있다. 잎은 어긋나고 난상 및 장타원상의 피침형으로 끝은 뾰족하며 기부는 원형이고 잎 가장자리는 톱니 모양이며 3~4월에 잎과 함께 꽃이 핀다. 수꽃은 노란색으로 가지 선단에서 밑으로 처지고, 암꽃은 작은 가지 기부에 1개씩 달려 핀다. 좁은 타원형의 씨에는 날개가 달려 있으며 10월에 익는다.

사방오리 잎

사방오리 암꽃

사방오리 수꽃

사방오리 열매(미성숙)

사방오리 열매(성숙)

사방오리 수피

햇빛을 좋아하는 나무로 추위를 잘 견디지 못하여 그늘진 곳과 추운 중부지방에서는 잘 자라지 못한다. 또한 척박한 땅에서 잘 자라고 생장속도도 빠르며 공해에 잘 견디고 맹아력도 강하다. 그래서 도심지, 고속도로 변의 사방조림용으로 심기에 적합하다. 특히 다른 오리나무류와 마찬가지로 공기 중 질소를 고정하여 토양 자체를 비옥하게 만드는 비료목의 기능을 한다.

잎과 나무껍질, 열매는 타닌 성분이 많아 염료용으로 사용하는데 회색, 갈색, 흑색 등을 염색할 때 사용된다. 목재는 기구재 등으로 사용된다.

번식법

봄에 실생으로 한다.

160 꽃이 묘한 향기를 내는

사스레피나무

Eurya japonica Thunb.

과 명	차나무과	꽃	4월
형 태	상록활엽관목	열 매	10~11월

제주 방언에서 유래된 이름으로 인목(獜木)이라고도 한다. 이름이 비슷해 사스래나무와 혼동이 되는데, 사스래나무는 자작나무과로 사스레피나무와 전혀 다른 과의 나무이다.

제주 방언에서 유래된 이름으로 인목(獜木)이라고도 한다. 무치러기나무, 세푸랑나무, 가새목, 섬사스레피나무라고도 하며, 한자명은 영목(柃木) 등이다. 이름이 비슷해 사스래나무와 혼동이 되는데, 사스래나무는 자작나무과로 사스레피나무와는 전혀 다른 과의 나무이다.

상록활엽관목으로 높이는 3m 정도이고 작은 가지는 녹색으로 털이 없다. 잎은 어긋나며 긴 타원형으로 두껍고 가장자리에 거치가 있다. 암수딴그루로 꽃은 전년지의 엽액에 1~3개가 달리고 황록색으로 4월에 핀다. 열매는 구형의 장과로 10~11월에 자흑색으로 익는다.

우리나라와 일본, 중국, 타이완, 인도 등지에 분포한다. 우리나라에서는 전남, 경남, 이남의 해발 1,000m 이하의 숲 속이나 계곡과 해안과 섬 지방에 자생한다. 따뜻하고 햇볕이 잘 드는 곳을 좋아하며, 건조하고 척박한 땅에서도 잘 자라고 내염성도 강하다.

4월이면 황록색의 꽃이 피는데 꽃에서 분뇨 냄새 비슷한 향기

사스레피나무 잎

사스레피나무 잎차례

사스레피나무 꽃줄기

사스레피나무 암꽃

사스레피나무 수꽃

사스레피나무 열매

사스레피나무 수피

로 인해 주변에 화장실이 있는 듯한 착각을 일으키게 한다. 하지만 이 냄새는 꽃가루를 다른 곳으로 옮겨주는 파리를 유혹하기 위한 전략이기도 하다. 한편, 공기를 맑게 해주며 살균 및 피부 진정작용이 있다고 한다.

꽃이 아름답고 척박한 곳에서도 잘 자라 남부지방의 절개지나 사방지의 조림용, 생울타리용, 정원수의 용도로 쓰이고 목재는 기구재로 쓰인다. 가지와 잎으로는 잿물을 내 염색에 사용한다. 또 잎이나 과실은 거풍과 제습, 소종, 지혈 등에 약재로 사용된다.

번식법

번식은 꺾꽂이와 실생으로 한다.

161

약한 바람에도 덜덜 떠는

사시나무

Populus davidiana Dode

과 명	버드나무과	꽃	4월
형 태	낙엽활엽교목	열 매	5월

사시나무 잎

사시나무 암꽃

사시나무 수꽃

'사시나무 떨 듯한다'는 말이 있다. 이는 사시나무의 잎자루가 길고 가늘며 탄력성이 있어서 약한 바람에도 잘 흔들리는데, 이러한 특성에 빗대어 두려워서 오들오들 잘 떠는 사람을 표현한 것이다.

흔히 '사시나무 떨 듯한다'는 말이 있다. 이는 사시나무의 잎자루가 길고 가늘며 탄력성이 있어서 약한 바람에도 잘 흔들리는데, 이러한 특성에 빗대어 두려워서 오들오들 잘 떠는 사람을 표현한 것이다. 〈동의보감〉에도 사시나무에 대해 "약함을 띠고 있어 미풍에도 크게 요동한다. 사람들은 묘지 사이의 빈터에 많이 심는다"고 적혀 있다.

사시나무를 '백양목(白楊木)'이라고 쓰고 있는데, 이 밖에도 황철나무, 바람나무, 당버들나무라고도 부르며, 줄기가 푸른색이면 청양목이라고 부른다. 영어 이름은 David poplar로 중국 식물채집가이며 선교사인 데이비드(A. David)의 이름에서 유래한다. 물론 학명에도 *davidiana*로 붙어 있다.

낙엽활엽교목으로 높이는 10m 이상이고 지름은 30㎝ 정도이다. 줄기는 곧고 가지는 퍼진다. 수피는 회녹색이며 밋밋하다가 점차 얕게 갈라져 흑갈색으로 변한다. 작은 가지는 털이 없고 회

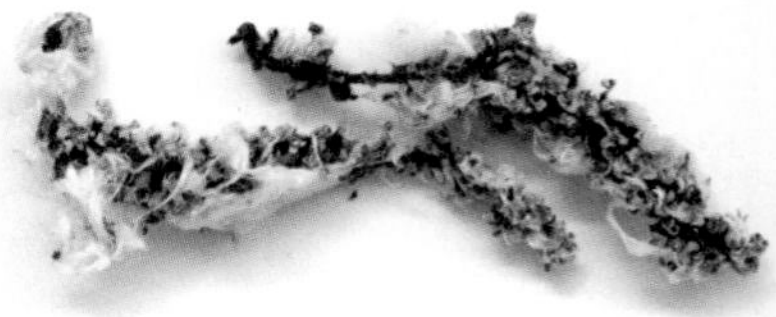

사시나무 열매

사시나무 수피

녹색이다. 잎은 난형 및 타원형이고 잎 가장자리는 파상의 톱니가 있으며, 잎 앞면은 녹색이고 뒷면은 회녹색이다. 암수딴그루이며 수꽃은 보라색으로 늘어지고 암꽃은 자루에 털이 있다. 4월에 잎보다 먼저 꽃이 피며, 긴 타원형 모양의 열매는 5월에 익는다. 종자에는 털이 있다.

우리나라와 중국, 러시아, 몽골 등지에 분포한다. 우리나라에서는 해발 100~1,900m 사이의 비교적 낮은 곳에 자란다. 습기가 있는 사질토양에서 잘 자라며 추위에 강하고 공해에 강하며 맹아력도 좋아 도심지 가로수로 심기에 적합하다. 특히 이 나무의 특징은 산불이 났던 곳이나 개방지 등에 들어가 생육 군락을 이룬다.

나무껍질은 약재, 목재는 성냥과 종이, 조각, 화약 재료로 쓰인다. 수피를 백양목피라 하여 한방에서 생약으로 쓰며, 여름철에 껍질을 벗긴 뒤 푹 삶아 고약처럼 만들어 풍이나 각기병 치료에 쓴다. 또한 잎은 출혈, 치통 등에 사용한다.

번식법

5월에 익은 종자를 채취하여 이듬해 봄에 파종한다.

162

장모 사랑이 담긴 이야기가 전하는

사위질빵

Clematis apiifolia DC.

과 명	미나리아재비과	꽃	6~9월
형 태	낙엽활엽덩굴성 목본	열 매	9~10월

사위질빵 잎

재미난 이름이다. 이름에는 장모의 사위 사랑이 숨어 있다. 질빵풀이라고도 하며, 영어 이름은 aoiifolia virgin's bower로 '처녀의 거처, 처녀의 나무 그늘 쉼터'의 뜻이다.

재미난 이름이다. 이 이름의 유래에 관하여 장모의 사위 사랑이 숨어 있는 이야기가 전한다. 바쁜 농번기에 사위가 처가의 농사일을 거들러 시골에 내려가 지게질을 했다. 이를 본 장모는 사위가 힘든 지게질을 하는 것이 안타까워 다른 일꾼보다 적게 짐을 싣곤 했다. 이를 사람들이 비아냥거리며 놀려대자 장모는 이 나무의 줄기로 지게 질빵을 만들었다. 사실 이 나무줄기는 쉽게 끊어지는데, 그렇게 해서라도 사위의 일을 조금이나마 덜어주려고 한 것이다. 그래서 이 나무의 이름을 사위질빵이라고 부르게 되었다고 한다.

질빵풀이라고도 하며, 한자로는 여위(女萎), 백근초(百根草)라고 한다. 영어 이름은 aoiifolia virgin's bower로 '처녀의 거처, 처녀

사위질빵 꽃

의 나무 그늘 쉼터'의 뜻이다. 학명에서 *Clematis*는 고대 그리스어로 '작은 가지'란 뜻이며, *apiifolia*는 '셀러리 비슷한 모양의 잎'이라는 뜻이다.

낙엽활엽덩굴성 목본으로 길이는 3m 이상이다. 줄기에 세로줄이 있으며 1회 3출 복엽으로 마주나고 짧은 털이 있는데, 소엽은 좁은 난형으로 가장자리에 결각상 톱니가 있다. 꽃잎은 4개이며 새 가지 끝에 취산화서를 이루며 황백색으로 6~9월에 핀다. 수과는 5~6개가 모여 달리고 좁은 난형으로 흰색 털을 갖는 암술대가 있으며 9~10월에 익는다. 으아리와 비슷한데, 으아리는 잎의 가장자리에 톱니가 없어 밋밋하다.

우리나라와 일본, 중국 등지에 분포한다. 우리나라에서는 전국 산야의 해발 50~1,000m 사이의 산기슭과 계곡에서 자생한다. 돌이나 다른 나무를 기어오르는 성질이 있고 햇빛을 좋아하여 그늘에서는 잘 자라지 못하며 추위에는 강하나 공해에는 약하다.

사위질빵 열매

사위질빵 줄기

미나리아재비과의 식물들은 대부분 유독성 식물로서 식용으로 먹을 때는 잎과 줄기를 삶아서 물에 불려 독 성분을 뺀 다음에 말려서 먹어야 한다. 사위질빵 역시 마찬가지이다. 지상부를 여위라고 하여 탈항이나 간질, 말라리아, 임산부 부종, 곽란, 설사 등을 치료하는 데에 쓴다. 또 줄기와 뿌리는 천식이나 기침, 이뇨제, 파상풍 등에 약으로 쓴다. 꽃이 아름답고 조경용이나 시설물 은폐용으로 심기에 적당하다. 꽃말은 비웃음이다.

번식법

가을에 종자를 받아서 뿌리거나 이른 봄에 파종하여 키운다.

163 사철 푸른

사철나무

Euonymus japonicus Thunb.

과 명	노박덩굴과	꽃	6~7월
형 태	상록활엽관목 또는 소교목	열 매	10월

사시사철 푸른 잎을 달고 있다 하여 붙여진 이름이다. 겨우사리나무, 무룬나무, 개동굴나무, 동청목, 넓은잎사철나무, 들축나무, 긴잎사철나무, 무른사철나무, 무른나무, 푸른나무 등으로도 불린다.

사철나무라는 이름은 사시사철 푸른 잎을 달고 있다 하여 붙여진 것이다. 겨우사리나무, 무룬나무, 개동굴나무, 동청목, 넓은잎사철나무, 들축나무, 긴잎사철나무, 무른사철나무, 무른나무, 푸른나무 등으로도 불리며, 한자명은 화두충(和杜沖), 동청위모(冬青衛矛)이다.

상록활엽관목 또는 소교목으로 높이는 3m 정도이고 작은 가지는 녹색이고 능각이 졌다. 잎은 마주나고 혁질로 도란형 및 타원형이며 가장자리에 톱니가 있다. 꽃은 액상하는 취산화서에 5~12개가 달리며 황록색으로 6~7월에 핀다. 취산화서란 화축 끝에 달린 꽃 밑에서 1쌍의 꽃자루가 나와 각각 그 끝에 꽃이 1개씩 달리고, 그 꽃 밑에서 각각 1쌍의 작은 꽃자루가 나와 그 끝에 꽃이 1개씩 달리는 모양을 말한다. 열매는 삭과로 둥글고 10월에 홍적

사철나무 잎

사철나무 꽃

사철나무 열매(미성숙)

사철나무 열매(성숙)

색으로 익는다.

노박덩굴과에 속하며 우리나라와 일본, 중국, 시베리아, 유럽 등지에 분포한다. 우리나라에서는 황해도 이남의 바닷가에 자생한다. 사철 내내 푸른 상록활엽수이며 수세가 강하고 그늘진 곳에서 잘 자란다. 습지와 건조지를 가리지 않고 잘 자라는 데다 공해에 강하고 맹아력도 좋아 우리나라 어느 곳에서나 많이 심어진다.

사철나무 수피

마치 약방의 감초 같은 나무로 조경용으로 많이 심으며 도심지의 구획분리용, 생울타리용 등으로도 심는다.

줄기는 아주 질겨서 껍질을 벗겨 꼬아 줄을 만드는 데 쓴다. 한방에서는 줄기 껍질을 화두충(和杜沖), 뿌리를 조경초(調經草)라 해서 약재로 사용한다. 우리나라와 일본에서는 두충, 동청 등으로 쓰고 있다. 이는 본래 중국에서 강심제로 쓰는 두충과 동청을 사철나무로 대신하다 보니 혼동을 가져온 것이다. 약재로는 생리불순, 어혈, 진정, 진통, 이뇨, 자양강장 등에 효과가 있다고 한다. 꽃말은 '변화가 없다'이다.

번식법

번식은 실생과 꺾꽂이로 한다.

164 산에 나는 가막살나무

산가막살나무

Viburnum wrightii Miq.

과 명	인동과	꽃	5~6월
형 태	낙엽활엽관목	열 매	9~10월

산에 나는 가막살나무라는 뜻이다. 가막살나무는 잎의 양면에 별 모양의 털이 나는 반면, 산가막살나무에는 잎 뒷면에 선점이 있고 맥 위에 잔털이 나며 턱잎이 거의 없다.

산가막살나무라는 이름은 산에 나는 가막살나무라는 뜻으로 묏가막살나무라고도 한다. 가막살나무는 잎의 양면에 별 모양의 털이 나는 반면, 산가막살나무에는 잎 뒷면에 선점이 있고 맥 위에 잔털이 나며 턱잎이 거의 없는 점이 다르다.

산가막살나무 잎

높이는 약 3m이다. 수피는 회갈색이며 어린 가지는 붉은색을 띠다가 자라며 잿빛이 섞인 검은색으로 바뀐다. 마주나는 잎은 넓은 달걀을 거꾸로 세운 모양이며, 길이가 8~14㎝, 너비가 4~9㎝이다. 잎의 양 끝은 뾰족

산가막살나무 꽃

산가막살나무 열매

하며 가장자리에는 톱니가 불규칙하게 난다. 잎 뒷면에는 선점이 있다. 5~6월에 흰색 꽃이 줄기 끝에 취산화서로 달린다. 핵과의 열매는 둥글며 가을에 붉은색으로 익는다.

산가막살나무 수피

낙엽활엽관목으로 우리나라와 일본, 중국, 사할린 등지에 분포한다. 대관령이나 황병산 등 해발 600m 이상 되는 산 중턱에서 자란다. 내한성이 뛰어나 음지에서도 잘 자라나, 공해에는 적응이 뒤처진다. 정원수로 이용된다.

번식법

가을에 채취한 성숙한 종자를 2년간 노천매장한 후 파종한다.

165 산에 피는 작은 개나리

산개나리

Forsythia saxatilis (Nakai) Nakai

과 명	물푸레나무과	꽃	4월
형 태	낙엽활엽관목	열 매	9월

산개나리 잎

산개나리 꽃

산개나리는 바위 곁에 자라는 개나리라는 뜻의 학명에서 유래된 이름이다. 우리나라 특산종으로 현재는 찾아보기 힘들 정도로 극소수만 남아 있다.

산개나리는 바위 곁에 자라는 개나리라는 뜻의 학명(*saxatilis*는 '바위틈에서 사는'이라는 뜻)에서 유래된 이름이다. 우리나라 특산종으로 현재는 찾아보기 힘들 정도로 극소수만 남아 있다. 북한산에 자생한다고 해서 북한산개나리라고 부르기도 했으나 나중에 산개나리로 바뀌었다.

낙엽활엽관목으로 높이는 1m 정도로 개나리에 비해 작은 편이다. 작은 가지는 자줏빛이 돌며 2년생 가지는 회갈색이다. 개나리에 비해 원줄기가 곧게 자라며 암술머리에 털이 있고 잎자루와 잎 뒷면 맥 위에도 털이 있다. 4월에 잎이 나기 전에 노란 꽃이 피며 열매는 시과로 9월에 익는다.

경기도 일원의 산기슭 양지바른 곳에 자생하는데 주로 북한산, 관악산, 수원 화산에 자생한다. 희귀종이라서 국가와 지방자치단체에서 나서서 심고 있는데, 산림청에서는 북한산에, 서울시에서

는 관악산에 많이 심었다. 얼마 전 북한산국립공원 원각사 근처에서 자생지가 발견되어 화제가 된 바 있다. 현재 전북 임실 덕천리에 군락이 있는데, 이곳은 남방한계선으로 학술적인 가치가 커서 천연기념물 제388호로 지정 보호하고 있다.

꽃이 아름다운 데다 우리나라 특산종 및 희귀종이어서 관상용으로 심는다. 꽃과 열매는 술로 담가 먹는다. 한방에서 뿌리는 연교근(連翹根), 줄기와 잎은 연교지엽(連翹枝葉), 열매 말린 것을 연교(連翹)라고 하여 약재로 사용하는데, 한열, 발열, 화농성 질환, 림프선염, 종기, 신장염, 습진 등에 효과가 있다고 한다.

번식법

번식은 꺾꽂이로 한다.

산개나리 말린 열매와 씨앗

산개나리 수피

166 산에서 나는 돌배

산돌배

Pyrus ussuriensis Maxim.

과 명	장미과	꽃	4~5월
형 태	낙엽활엽교목	열 매	9~10월

산돌배라는 이름은 '산에서 나는 돌배'라는 뜻이다. 산돌배 중에는 천연기념물로 지정된 것이 있는데, 경북 울진의 쌍전리 산돌배는 높이 25m, 지름 5.4m, 수령 250년으로 천연기념물 제408호이다.

산돌배는 산돌배나무라고도 하며 배나무, 콩배나무, 위봉배나무, 첨위봉배나무, 가위봉배나무, 돌배나무, 금강산돌배, 털산돌배나무, 백운배나무, 참배, 남해배나무, 문배나무, 들배나무, 취앙네, 청실배, 합실리 등과 같은 배나무 종류들이 있다.

산돌배라는 이름은 '산에서 나는 돌배'라는 뜻이다. 이는 원산지가 우리나라임을 뜻한다. 그러나 영어명은 Chinese pear 또는 Sand pear라고 하여 원산지가 중국으로 나타나 있다.

낙엽활엽교목으로 높이는 10m 정도이다. 가지는 흑갈색으로 잘게 갈라지고 작은 가지는 갈색이다. 잎은 어긋나고 둥근 모양이며 잎의 양면에 털이 없고 침형의 톱니가 나 있다. 꽃은 5~7개씩 산방화서에 달리며 4~5월에 잎과 함께 흰빛으로 핀다. 열매는 둥글고 9~10월에 황색으로 익는데 향기가 있다.

산돌배 새잎

산돌배 잎

산돌배 꽃

산돌배 열매

우리나라와 중국, 일본, 우수리강 등지에 분포한다. 우리나라는 산지 또는 계곡에 자란다. 햇빛과 그늘을 가리지 않고 잘 자라며 추위를 잘 견디며 맹아력과 공해에도 강하다.

공원수, 식용으로 심으며 목재는 기구재, 가구재 등으로 이용된다. 밀원식물로 이용되고 주판알, 염주알 등을 만드는 데도 사용된다. 팔만대장경판의 일부가 돌배나무로 만들어졌다. 또 배는 돌세포가 많이 들어 있어 양치질의 효과를 낼 수 있다. 산돌배는

야생이라 열매가 작고 맛도 없지만 약으로 쓰는데 기침, 담, 변비, 이뇨에 좋다. 〈동의보감〉에도 우리나라 토종 배인 돌배류들은 그 성질이 차가우며 달고 신맛이 있으나, 몸에 열이 나는 것을 없애며 가슴이 답답한 것을 멎게 한다고 적혀 있다. 또한 폐를 보호해주고 기침을 억제하여 감기와 기관지 질환의 치료에 사용한다고 기록되어 있다.

그동안 개량된 배에 밀려 관심이 없다가 웰빙 바람에 우리 토종 먹거리의 관심이 높아지면서 최근에는 돌배 종류의 독특한 향과 기능성이 알려져 우리나라 토종 돌배 종류를 이용한 돌배즙이나 돌배 술 등의 가공품 개발이 이루어지고 있다. 이강주(梨薑酒)는 바로 돌배와 생강, 꿀을 넣어 만든 술이다. 앞으로 야생 돌배는 새로운 건강식품으로 더욱 주목받을 것으로 기대된다.

산돌배 중에는 천연기념물로 지정된 것이 있는데, 경북 울진의 쌍전리 산돌배나무는 높이 25m, 지름 5.4m, 수령 250년으로 천연기념물 제408호이다. 이 나무는 나라에 변고가 있을 때마다 울음소리를 낸다고 한다. 전북 진안의 은수사 청실배나무의 높이는 18m이며 둘레는 2.8m, 수령은 640년으로 천연기념물 제386호로 지정되어 있다.

산돌배 수피

번식법

번식은 실생으로 한다.

167 새콤달콤 맛 좋은

산딸기

Rubus crataegifolius Bunge

과 명	장미과	꽃	5월
형 태	낙엽활엽관목	열 매	6~7월

산딸기는 정감 어린 과일이다. 우리가 흔히 먹는 딸기와는 달리 나무에서 열매가 달리므로 나무딸기라고도 하며 흰딸, 참딸이라는 이름도 있다.

산딸기는 정감 어린 과일이다. 우리가 흔히 먹는 딸기와는 달리 나무에서 열매가 달리므로 나무딸기라고도 하며 흰딸, 참딸이라는 이름도 있다. 산딸기가 달콤새콤해 맛도 있지만 약용으로도 많이 사용되므로 일거양득의 식물이라고 할 만하다. 산딸기를 으깨어 멥쌀가루에 섞어 떡을 해 먹기도 하고, 화채로 만들어 먹기도 한다.

낙엽활엽관목으로 높이는 2m 정도이다. 줄기는 적갈색이며 뿌리에서 싹이 나와 군집을 형성하는 전형적인 관목의 형태로 자란다. 잎은 난형 및 타원형으로 3~5개로 갈라져 있으며 표면에는 털이 없으나 뒷면의 맥 위에는 털이 있다. 잎자루에는 갈퀴 같은 가시가 나 있다. 꽃은 5월에 흰색으로 가지 끝에 복산방화서를 이루며 2~3개가 모여 달린다. 열매는 구형으로 한여름인 6~7월에 황록색으로 익는데 그냥 먹기도 하며, 잼이나 파이 등을 만들어

산딸기 잎

산딸기 잎차례

산딸기 꽃

산딸기 어린 열매

산딸기 열매(성숙)

먹기도 한다.

우리나라와 일본, 중국, 우수리강 등지에 분포한다. 우리나라 전국 산야 또는 화전(火田)지대나 황폐한 곳에 자생하는데 그늘에서는 잘 자라지 못한다. 개방된 곳에서 대군집을 형성하며 자라며, 주로 쑥, 닭의장풀, 싸리 등과 함께 나타나는 특징이 있다. 햇빛을 좋아하여 주로 숲 가장자리 쪽에 자라고 있어 산길을 지나다

산딸기 수피

보면 자주 볼 수 있다.

열매는 따서 바로 먹거나 설탕에 버무려 먹거나 술을 담가 마신다. 유기산, 비타민 C가 풍부해 맛이 달고 새콤하다. 냉장실에 하루 정도 넣어두었다가 설탕에 버무려 먹으면 더욱 맛있다. 열매는 그늘에, 뿌리와 줄기는 햇빛에 말려 사용한다. 특히 한방에서는 덜 익은 열매의 말린 것을 현구자(懸鉤子)라고 하는데, 눈이 밝아지고 가래를 삭이며 술독을 풀어주는 효능이 있다. 갱년기장애, 술을 깰 때, 가래가 나올 때에도 약으로 쓰며, 검은색으로 익는 복분자처럼 자양강장제로 사용하기도 한다.

번식법

실생, 삽목, 포기나누기로 번식한다.

168 열매가 딸기처럼 붉은

산딸나무

Cornus kousa Buerg.

과 명	층층나무과	꽃	6월
형 태	낙엽활엽소교목	열 매	10월

산딸나무 잎

동그랗게 만들어진 꽃차례에 4장의 꽃잎처럼 생긴 흰색의 포가 꽃처럼 보이게 하여 나비나 벌 등을 유혹한다. 이 나무의 독특한 생존법이다.

산딸나무는 열매가 딸기처럼 붉은색으로 익는다고 하여 붙여진 이름이다. 동그랗게 만들어진 꽃차례에 4장의 꽃잎처럼 생긴 흰색의 포가 꽃차례 바로 밑에 십자 형태로 달린 것이 특징인데, 이는 마치 하나의 큰 꽃처럼 보이게 하여 나비나 벌 등을 유혹하려는 이 식물만의 독특한 생존법을 엿볼 수 있다. 꽃 모양이 십자형인 데다가 예수가 이 나무로 만든 십자가에 못이 박혀 운명하였다고 하여 기독교에서는 성스러운 나무로 취급한다. 들메나무, 박달나무, 쇠박달나무, 미영꽃나무, 준딸나무, 소리딸나무, 애기산딸나무, 굳은산딸나무 등 다른 이름도 많으며, 한자명은 사조화(四照花)이다.

낙엽활엽소교목으로 높이는 6~10m 정도이고 가지는 층을 이루며 수평으로 퍼진다. 잎은 마주나며 난형 및 타원상의 난형이다. 잎 뒷면은 회녹색으로 복모가 밀생하며 맥 사이에는 갈색 밀

모가 나 있고 잎맥은 4~5쌍이다. 6월에 피는 꽃은 지난 해 자란 가지 끝에서 두상화서를 이루며, 총포편은 꽃잎처럼 4개가 사방으로 퍼져 달리며 좁은 난형이다. 열매는 취과로 둥글며 10월에 붉은색으로 익는다.

우리나라와 중국, 일본, 유럽 등지에 분포한다. 우리나라에서

산딸나무 꽃과 잎

산딸나무 열매

산딸나무 씨앗

산딸나무 겨울눈

산딸나무 수피

는 중부 이남에 자생한다. 습기가 있고 비옥한 땅에서 잘 자라며 추위에 강하다.

붉은 열매가 아름답고 흰색 포가 독특하여 관상수, 가로수로 심으며 목재는 결이 아름다워 조각재, 가구재, 기구재 등을 만드는 데 사용된다. 생장이 느려 목재가 단단하면서 나이테가 촘촘해 악기를 만드는 데 최고로 치기도 한다. 씨를 감싸는 화탁이 과육으로 자라는데 맛이 감미로워 날것으로 먹는다.

번식법

번식은 실생으로 한다.

169 야생 뽕나무

산뽕나무

Morus bombycis Koidz.

과 명	뽕나무과	꽃	4~5월
형 태	낙엽활엽소교목 또는 교목	열 매	6~7월

옛날에는 뽕나무로 만든 활이 매우 좋은 활로 취급되었는데, 뽕나무로 만든 활과 쑥대로 만든 화살을 상호봉시(桑弧蓬矢)라고 해서 '남자가 뜻을 세우는 일'이라는 의미로 사용했다.

산에서 나는 야생 뽕나무라고 해서 산뽕나무라고 한다. 그러나 산뿐 아니라 논이나 밭둑에도 자라며, 마을에도 자생하는 경우가 흔하다. 뽕나무를 뜻하는 한자는 상(桑)이므로 산상(山桑)이라고도 하고, 그냥 뽕나무라고 부르기도 한다.

낙엽활엽소교목 또는 교목으로 높이는 7~15m 정도이고 지름이 1m로 줄기는 곧게 자란다. 많은 가지가 뻗어 나오며 수피는 황색이다. 잎은 난형 및 난상의 원형으로 끝은 꼬리 모양으로 뾰족하고 가장자리에는 날카로운 거치가 있다. 암수한그루로 수꽃은 새 가지 밑에서 유이화서를 이루며 암꽃은 타원형으로 4~5월에 핀다. 열매는 취화과로 원주형이며 긴 암술대가 남아 있고 6~7월에 붉은색에서 검은색으로 변하면서 익는다.

우리나라와 중국, 일본, 타이완 등지에 분포한다. 햇빛이 잘 들고 척박한 땅에서 잘 자라지만, 그늘에서는 잘 자라지 못하며 추

산뽕나무 잎(앞면)

산뽕나무 잎(뒷면)

산뽕나무 암꽃

산뽕나무 수꽃

산뽕나무 어린 열매

산뽕나무 열매(성숙)

산뽕나무 수피

위에는 강하나 공해에는 약하다. 서양에서는 뽕나무가 봄에 가장 늦게 싹을 틔워 꽃샘추위에 피해를 받을 염려가 없어 기다릴 줄 아는 지혜의 나무로 생각하여 고대 로마인들은 뽕나무를 지혜, 전쟁, 학예의 여신인 미네르바에게 바쳤다고 한다.

봄에 나는 어린 뽕잎은 야생이어서 나물로 해 먹거나 삼겹살을 싸 먹으면 별미일뿐더러 건강식으로 아주 그만이다. 먹을 것이 부족했던 옛날에는 잎을 말렸다 가루를 내어 곡식가루와 섞어 죽을 끓여 먹던 구황식물이기도 하다. 재배하는 뽕나무와 같이 잎은 누에의 사료로 사용되며 수피는 약용, 제지용으로 쓴다.

또한 옛날에는 뽕나무로 활을 만들었는데, 상궁(桑弓) 또는 상호(桑弧)라 하여 매우 좋은 활로 취급되었다. 태종 16년에는 산뽕나무에 보호령을 내려 나라가 위급할 때 쓸 수 있도록 했다는 기록도 있고, 뽕나무로 만든 활과 쑥대로 만든 화살을 상호봉시(桑弧蓬矢)라고 해서 '남자가 뜻을 세우는 일'이라는 의미로 사용했다.

번식법

봄에 새로 나온 가지를 잘라 꺾꽂이하거나 실생, 휘묻이 등으로 번식한다.

170 악마를 쫓는 메이플라워

산사나무

Crataegus pinnatifida Bunge

과 명	장미과	꽃	5월
형 태	낙엽활엽소교목	열 매	9~10월

산사나무 잎

유럽에서는 산사나무를 hawthorn이라고 해서 벼락을 막아준다고 믿었으며, 예수가 수난을 받은 성 금요일에 꽃을 피우는 꽃으로 악마를 막아준다고도 믿었다.

유럽에서 청교도들이 아메리카대륙으로 건너갈 때 탔던 배 이름이 메이플라워(may flower)이다. 번역하자면 '5월의 꽃'인데, 바로 산사나무의 흰 꽃을 뜻한다. 유럽에서는 산사나무를 hawthorn이라고 해서 벼락을 막아준다고 믿었으며, 예수가 수난을 받은 성 금요일에 꽃을 피우는 꽃으로 악마를 막아준다고도 믿었다. 그래서 결혼식에서 들러리들이 산사나무를 들고 신랑 신부에게 나쁜 일이 일어나지 않기를 기원했다. 이런 믿음 때문에 거친 신대륙으로 건너가던 유럽인들을 태운 배 이름을 메이플라워라고 지었던 것이다.

산사나무라는 이름은 산사(山査), 산사목(山査木)에서 유래되었으며 아가위나무, 아그배나무, 찔구배나무, 질배나무, 동배나무, 애광나무라고도 부른다.

낙엽활엽소교목으로 높이는 6m이고 수피는 회갈색이다. 줄기는 회색을 띠며 작은 가지에 예리한 가시가 있다. 잎은 어긋나고

짙은 녹색의 날개 모양이며 깊게 갈라진다. 꽃은 가지 끝에 산방화서를 이루며 5월에 흰색으로 핀다.

열매는 이과로 둥글고 흰색 반점이 있으며 9~10월에 익는다. 우리나라와 중국, 일본, 시베리아 등지에 분포한다. 우리나라 전국의 산기슭에 자라고 특히 전북, 경북 이북의 해발 100~1,250m에 자생한다. 햇빛이 잘 비치고 비옥한 사질양토에서 잘 자라지만, 그늘에서는 잘 자라지 못하며 추위에는 강하다. 심근성의 나

산사나무 꽃

산사나무 어린 열매

산사나무 열매(성숙)

산사나무 수피

무로 뿌리 부근에서 근맹아(根萌芽)가 올라와 산사나무 군락을 이루며 자라는 특징이 있다.

꽃과 열매가 아름다워 정원수나 공원수로 심으며, 열매는 약용 및 식용하고 목재는 가공재로 쓰인다. 목재는 단단하고 치밀하여 목침, 책상, 지팡이, 상자 등을 만드는 데 쓰인다. 열매는 산사주라는 술을 담가 먹는다. 늙고 질긴 닭을 요리할 때 같이 삶으면 살을 부드럽게 만들어주며, 또한 생선을 먹다가 중독되었을 때 해독제로 사용되기도 한다.

한방에서는 열매를 산사자(山査子)라 하여 위를 튼튼하게 하고 장의 기능을 도와주며 식중독, 요통, 백혈병에 좋다고 한다. 또한 한방에서 씨를 발라낸 산사자의 열매를 산사육(山査肉)이라 하여 소화제 등으로 쓴다. 꽃말은 유일한 사랑이다.

번식법

번식은 실생, 포기나누기, 꺾꽂이로 한다.

171 산에 피는 수국

산수국

Hydrangea serrata for. *acuminata* (Siebold & Zucc.) E. H. Wilson

과 명	범의귀과	꽃	6~8월
형 태	낙엽활엽관목	열 매	9~10월

산수국 새순

산수국 잎

산수국은 산에 사는 수국이란 뜻인데, 수국이 물을 좋아하는 성질을 가졌듯 산수국 역시 산에 물이 많은 곳에서 자란다. 꽃이 모여 달리는 것이 꼭 국화 같다고 해서 산수국이라고도 한다.

아, 찬물이 맑게 갠 옹달샘 위에
산수국꽃 몇 송이가 활짝 피어 있었습니다.
나비같이 금방 건드리면
소리 없이 날아갈 것 같은
꽃 이파리가 이쁘디 이쁜
산수국꽃 몇 송이가 거기 피어 있었습니다.

김용택의 〈산수국꽃〉 중에서

산수국은 산에 사는 수국이란 뜻인데, 수국이 물을 좋아하는 성질을 가졌듯 산수국 역시 산에 물이 많은 곳에서 자란다. 꽃이 모여 달리는 것이 꼭 국화 같다고 해서 산수국이라고도 한다. 털이나 털수국 또는 털산수국이라고도 한다.

낙엽활엽관목으로 높이는 1m 정도이다. 밑에서 많은 줄기가 나와 군집을 이루며 사는 식물로 작은 가지에 잔털이 나 있으며,

산수국 꽃봉오리

산수국 꽃

산수국 열매

물이 있는 바위틈이나 계곡에서 잘 자란다. 잎은 타원형 및 난형으로 마주나며 가장자리에 예리한 톱니가 있고 양면 맥 위에 털이 나 있다.

꽃은 6~8월에 가지 끝에 큰 산방화서를 이루며 흰색 또는 청백색으로 핀다. 가장자리의 무성화는 지름 2~3㎝로 3~5개의 푸른빛이 도는 엷은 홍색인 꽃잎 같은 꽃받침 잎으로 되어 있다. 이는 벌이나 나비를 유인하기 위한 산수국의 특별한 전략이다. 진짜 유성화는 가운데에 수북하게 자리 잡고 있다. 열매는 삭과로 도란형

이고 9~10월에 짙은 갈색으로 익는다.

우리나라와 일본, 타이완에 분포한다. 우리나라에서는 경기도 및 강원도 이남의 해발 200~1,400m에서 자생한다. 그늘진 곳과 추운 곳에서도 잘 자라며 공해에도 강해 도심지 공원수나 경계를 요하는 곳에 심거나 큰 나무 밑에 심으면 잘 어울리는 관상수이다. 꽃이 아름다워 관상용으로 심으며 꽃꽂이의 소재로도 사용된다.

한방에서 생약명은 수구, 수구화로 뿌리, 잎, 꽃 모두를 약으로 쓰는데 해열, 심장병 등에 사용된다. 잎은 단맛이 있어 수국차로 만들어 마신다. 꽃말은 변덕, 고집, 차가운 당신 등이다.

번식법

종자 번식으로는 안 되어 삽목이나 분주로 번식해야 한다.

산수국 수피

172 잎보다 꽃이 먼저 피는

산수유

Cornus officinalis Siebold & Zucc.

과 명	층층나무과	꽃	3~4월
형 태	낙엽활엽소교목	열 매	9~10월

이른 봄에 잎보다 먼저 꽃을 피운다. 대개 잎이 나기 전 꽃이 먼저 피는 나무들은 무엇보다도 열매를 먼저 맺겠다는 의지를 나타낸 것이다.

산수유란 이름은 산에 나는 수유라는 뜻이다. 층층나무과에 속하며 개나리, 생강나무와 함께 노란 꽃을 피워 봄을 알리는 봄의 전령수(傳令樹)로 이른 봄에 잎보다 먼저 꽃을 피운다. 대개 잎이 나기 전 꽃이 먼저 피는 나무들은 무엇보다도 열매를 먼저 맺겠다는 의지를 나타낸 것이다.

식물들이 꽃을 피워 종자를 맺는 일은 많은 에너지와 영양분을 투자하는 작업이다. 그래서 꽃이 필 때 가지나 잎은 생장하지 못한다. 잎이나 가지를 만들 영양분들이 꽃을 만드는 데 소모하기 때문인데, 그래서 열매를 맺는 나무나 유실수들은 해거리를 한다.

산시유나무, 석조, 육조, 양주, 계족, 초산조 등 다른 이름도 많다. 한자명은 실조아수(實棗兒樹), 홍조피(紅棗皮) 등이다.

낙엽활엽소교목으로 높이는 7m 정도이고 지름은 40㎝로 수피는 벗겨지며 연한 갈색이다. 잎은 마주나며 난상의 피침형 및

산수유 잎

산수유 꽃봉오리

산수유 꽃

산수유 열매

산수유 말린 열매

타원형이다. 잎의 표면에는 털이 약간 있으나, 뒷면에는 털이 많고 특히 맥 사이에 갈색 밀모가 있다. 꽃은 양성화로 20~30개의 산형화서를 이루며 황색으로 잎보다 먼저 핀다. 열매는 붉

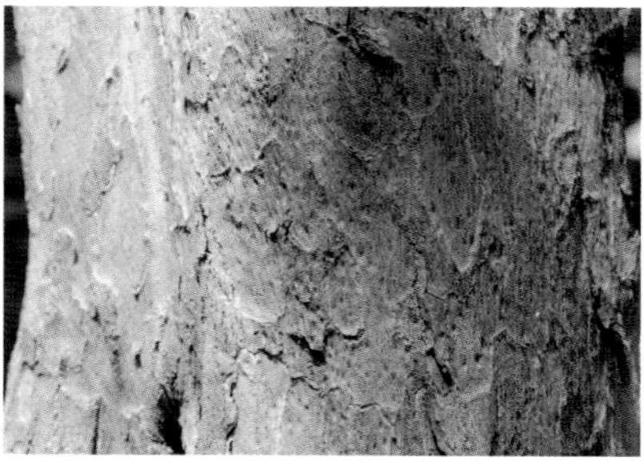
산수유 수피

은색의 긴 타원형 핵과로 9~10월에 익는다.

중국에도 분포하지만 1970년 우리나라의 광릉에서 자생지가

발견되었다. 또 전남의 구례산과 경북의 고하양(古河陽)산에도 분포하는 것으로 알려졌다. 습기가 있고 비옥한 땅을 좋아하고 추위에 강하며 이식력도 좋다.

완숙된 열매의 씨를 빼서 육질을 말린 것을 약용으로 사용하는데, 맛은 시고 약간 달며 약성은 평범하고 독이 없다. 노인들의 허리나 무릎 등에 찬바람이 날 때나 통증이 있을 때 효과가 좋으며, 여성의 월경과다, 월경불순, 유정 그리고 젖먹이의 발육부전이나 지능발달에 좋다. 강장용으로 술을 담가 먹는데 완숙 열매의 씨를 뺀 후 반 정도 말린 것 300g에 소주 한 되와 설탕 300g을 넣은 후 밀봉한다. 이후 3개월 정도 지난 후에 마시는데 주로 저녁에 마시면 정력, 강장에 좋다 한다. 이 외에도 빈혈, 이명, 월경출혈, 야뇨증, 자양강장, 해열, 해수 등에 좋아 만병통치약으로도 불린다. 차와 유정과, 물김치로도 먹는다.

약용 외에도 꽃과 열매가 아름다워 아파트 단지에 관상수나 정원수로 많이 심는다. 특히 지리산 자락에 많이 심으며, 이 나무를 심어 자식들 대학까지 보냈으니 '대학나무'로 유명하다. 한 그루에서 200근이나 되는 열매가 나온다고 한다. 경기도 광주의 곤지암리 신립 장군 묘역 근처에 있는 산수유는 수령 약 200년으로 경기도 보호수로 지정되어 있다. 우리나라에서는 전남 구례 산동면과 경기도 이천의 백사면, 경북 의성군 일대에서 많이 재배되고 있다. 구례와 이천에서는 매년 봄 산수유축제를 열기도 한다.

번식법

번식은 꺾꽂이와 실생(2년 발아)으로 한다.

173 향신료로 쓰이는

산초나무

Zanthoxylum schinifolium Siebold & Zucc.

과 명	운향과	꽃	6~8월
형 태	낙엽활엽관목	열 매	9~10월

산초나무 새잎

산초나무 잎과 줄기에 난 가시

자잘하게 많이 달린 열매는 다산(多産)을 상징한다. 그래서 중국 한나라에서는 황후의 방을 초방(椒房)이라 하여 황후가 많은 아이를 낳기를 기원하기도 했다.

우리가 흔히 여름철 보양식 추어탕에 비린내를 없애기 위해 산초를 넣는데, 산초는 실제로는 초피나무 열매에서 추출한 것이고 산초나무와는 관련이 없다. 산초나무도 향신료로 많이 이용됐기에 그냥 산초라고 불렀을 것으로 추측된다. 산초나무나 초피나무는 생김새도 비슷하고 쓰임새도 비슷해 혼동을 주는데, 초피나무 열매가 향이 훨씬 강해 비린내를 없애는 데에는 최고이다. 경상도에서는 제피라고 부르기도 한다.

산초(山椒)라는 말은 산에서 나는 초(椒)라는 의미를 담고 있다. 분지나무, 산추나무, 상초나무, 상초 등으로도 불린다.

낙엽활엽관목으로 3m 정도의 높이에 작은 가지는 적갈색이며 수피는 흑회색이다. 잎은 기수 1회 우상복엽이며 소엽은 피침형으로 13~21개이다. 줄기와 가시는 서로 어긋나게 달리며 꽃잎과 꽃받침이 구분되어 있다. 초피나무처럼 탁엽(턱잎)이 변한 가시가

밑으로 약간 굽었으며 어긋나게 달린다. 꽃은 6~8월에 암수딴그루로 황록색으로 피며 열매는 둥그스름하며 길게 9~10월에 녹갈색에서 적갈색으로 익는다. 씨는 검은빛으로 광택이 난다.

우리나라와 일본, 중국 등지에 분포한다. 우리나라에서는 함경도를 제외한, 전국의 높은 산을 제외한 전역에 자생한다. 햇빛을 좋아하여 그늘에서는 잘 자라지 못한다.

산초나무 암꽃

산초나무 수꽃

산초나무 열매(미성숙)

산초나무 열매(성숙)

산초나무 씨앗

산초나무는 초피나무와 비슷하지만 잎자루 밑부분에 가시가 1개 달리고 열매가 녹색을 띤 갈색이며 꽃잎이 있는 것이 다르다. 또 산초나무 꽃은 여름에 피고, 초피나무 꽃은 봄에 피는 것도 차이점이다.

추어탕에는 초피나무 열매를 빻은 것을 사용하며, 매운탕이나 생선을 요리할 때에는 산초나무로 만든 향신료도 많이 사용한다. 열매의 기름은 식용유나 조미료로 사용하고 장조림용으로도 사용하며 김치를 담가 먹기도 한다.

자잘하게 많이 달린 열매는 다산(多産)을 상징한다. 그래서 중국 한나라에서는 황후의 방을 초방(椒房)이라 하여 황후가 많은 아이를 낳기를 기원하기도 했다. 또 산초나무는 가시가 무섭게 나 있는데, 이를 통해 귀신을 물리친다고도 전해진다. 실제로 민간에서는 잣과 동쪽으로 향한 측백나무 열매를 넣고 우린 술을 초백주(椒柏酒)라 하여 정초에 마시면 괴질을 물리친다고 한다.

한방에서는 산초 열매껍질을 천초(川椒)라 하여 건위, 정장, 구충, 해독, 소화불량, 기침, 위장약 등으로 사용한다. 민간에서는

산초나무 수피

벌에 쏘이거나 뱀에 물리면 잎과 열매를 소금에 비벼 붙였고, 치통이 심할 때 열매껍질을 씹으면 마취가 되어 통증이 사라졌다. 이는 서양에서도 같아서 이 나무를 영어로 toothache tree라고도 불렀다. 산초나무 잎으로 즙을 내어 상처에 바르면 고름이 빠진다고 하며, 옻이 올랐을 때도 잎을 달여 바르면 효과를 본다고 한다. 또 산초나무를 모기향으로 사용했다. 나무에서 나는 독특한 향이 모기와는 상극으로 산초나무 아래에 평상을 펴놓고 부채질을 하면 모기가 얼씬도 않았다는 것이다. 아직도 깊은 산골에는 옛날 방식대로 산초나무로 모기를 쫓기도 한다.

번식법

번식은 실생으로 한다.

174 열매가 새콤달콤

살구나무

Prunus armeniaca var. *ansu* Maxim.

과 명	장미과	꽃	4월
형 태	낙엽활엽소교목	열 매	6~7월

살구나무 잎

살구나무 잎차례

살구는 황색을 띤 붉은색 과일로 새콤하면서도 달짝지근한 맛이 난다. 살구나무를 뜻하는 한자는 행(杏)인데, 나무(木)에 열매(口)가 주렁주렁 매달려 있는 모습을 상징한다.

살구는 황색을 띤 붉은색 과일로 새콤하면서도 달짝지근한 맛이 난다. 이 과일이 민간에서는 개고기를 먹고 체했을 때 약으로도 사용했는데, 그래서 개를 죽인다는 뜻의 한자 살구(殺狗)에서 유래한다는 흥미로운 이야기가 전한다. 살구나무를 뜻하는 한자는 행(杏)인데, 나무(木)에 열매(口)가 주렁주렁 매달려 있는 모습을 상징한다. 행목(杏木), 행수(杏樹), 행화(杏花)라고도 하고, 간단히 살구라고도 불린다.

옛날에는 의원을 행림(杏林)이라고 했다고 전하는데, 살구나무 숲과 병을 치료하는 직업이 대체 무슨 관련이 있을까? 그것은 바로 중국 오나라의 한 의원이 환자를 치료해주고 그 대가로 살구나무를 받았다고 해서 생긴 말이다.

낙엽활엽소교목으로 높이는 6m 이상이다. 작은 가지는 갈색으로 수피에 코르크질이 발달하지 않는 것이 특징이다. 잎은 난형

및 넓은 타원형으로 가장자리에 불규칙한 톱니가 있다. 꽃은 1개씩 연분홍색으로 4월에 잎보다 먼저 핀다. 열매는 핵과로 구형이고 털이 많으며 6~7월에 황색 또는 황적색으로 익는다.

우리나라와 중국, 몽골, 일본, 미국, 유럽 등지에 분포한다. 중국이 원산지이며, 미국이 세계에서 가장 많이 생산하는 국가이다.

살구나무 꽃

배수가 잘되는 사질양토에서 잘 자라고 추위와 공해에는 강하나 그늘진 곳과 건조지에서는 잘 자라지 못한다. 살구는 매실과 구별할 수가 없을 정도로 비슷한데 과육과 씨로 구분이 가능하다. 살구는 과육과 씨가 잘 분리되지만 매실은 그렇지 않다.

살구나무 열매

살구나무 씨앗

살구나무 수피

한방에서는 열매 속의 씨를 행인(杏仁)이라 하여 약재로 사용한다. 기관지, 천식, 기침, 해수, 진해거담, 호흡곤란, 진통, 진정, 변비에 효과가 있다고 한다. 민간요법으로 말린 살구를 하제로 사용하고, 서양에서는 짐승고기의 요리에 말린 살구를 삶아 넣는다. 〈본초서〉에 따르면 살구는 약간의 독성이 있으므로 과용하면 정신이 흐리고 근육과 뼈를 상하게 한다고 나온다.

식용, 관상용으로 재배하며, 재목은 다듬잇대, 목탁, 기구재, 가구재, 도구재로 쓴다.

번식법

실생 또는 접목으로 번식한다.

175 삼림욕에 좋은

삼나무

Cryptomeria japonica (Thunb. ex. L.f.) D. Don

과 명	낙우송과	꽃	3~4월
형 태	상록침엽교목	열 매	10월

삼나무 새순

일본 최고의 삼림욕장인 다테야마에는 삼나무 숲이 아주 유명한데, 이곳에 법을 어긴 비구니가 신의 노여움을 사서 삼나무가 되었다는 전설이 전해진다.

삼나무 하면 보통 일본을 떠올린다. 서양에서는 아예 삼나무를 일본과 동일시할 정도이다. 일본 조림 면적의 40%가 바로 삼나무인데, 일본 사람들은 예로부터 삼나무로 나막신도 만들고 젓가락이나 창호재, 포장용재는 물론 신사나 가옥도 짓고, 전신주도 세웠다. 그래서 일부 지방에서는 삼나무를 신성시하기까지 한다.

일본 최고의 삼림욕장인 다테야마에는 삼나무 숲이 아주 유명한데, 이곳에 법을 어긴 비구니가 신의 노여움을 사서 삼나무가 되었다는 전설이 전해진다. 또 일본 야쿠시마에는 넓은 면적의 삼나무 천연림이 자라고 있으며, 그 속에는 수령이 2,000~3,000년이나 된 삼나무가 많이 분포해 놀라움을 준다.

삼나무의 학명 *Cryptomeria*는 그리스어로 '숨은'을 뜻하는 cryptos와 '부분'을 뜻하는 meris의 합성어이다. *japonica*는 일본산임을 알려준다. 영어로는 Japanese cedar, 즉 일본삼나무이며, Japanese surgi 또는 sugi라고도 한다. 여기에서 surgi(sugi)

삼나무 잎

삼나무 잎차례

란 일본에서 삼나무를 '수지'라고 하는 데에서 유래한다. 일본유삼(柳杉) 또는 공작송(孔雀松), 숙대나무로도 불린다.

상록침엽교목으로 높이는 40m 이상이고 지름이 1~2m이다. 수피는 적갈색이며 세로로 깊게 갈라진다. 잎은 끝이 예리하고 조밀한 피침 모양인데 약간 굽어 있다. 꽃은 3~4월에 피는데, 수꽃은 짧은 총상화서이며 암꽃은 구형으로 가지 끝에 1개씩 달린다. 열매 길이 2~3㎝ 정도로 적갈색으로 둥글다. 열매조각은 두꺼우며 끝에 뾰족한 돌기가 있다. 열매조각에 씨가 2~6개 들어 있는데, 긴 타원형으로 좁은 날개가 있고 10월에 익는다.

삼나무는 쓰임새가 아주 많다. 일단 나무가 워낙 크게 자라므로 산림녹화용, 생울타리용, 경관용으로 심는다. 또 피톤치드의 방출량이 나무들 중에서 세 번째로 많을 정도로 우수해 삼림욕에 좋다. 목재는 재질이 우수해 건축재, 기구재, 조각재, 악기재 등 다양한 용도로 쓰인다. 옷장을 만들면 좀벌레를 퇴치하고, 집 안에 삼나무로 만든 가구를 들여놓으면 새집증후군의 원인이 되는 포름알데히드 물질을 제거한다고 한다. 껍질로는 지붕을 덮고, 잎

삼나무 암꽃

삼나무 수꽃

삼나무 열매(미성숙)

삼나무 열매(성숙)

은 향이 좋아 향을 만드는 데에 사용된다. 수간에서 추출되는 수지는 송진과 같은 작용을 한다.

한방에서는 줄기와 가지를 삼목(杉木), 뿌리껍질을 삼목근피(杉木根皮) 또는 유삼(柳杉), 잎을 삼엽(杉葉), 열매를 삼자(杉子)라 하여 약재로 사용한다. 통증을 가라앉히고 습한 기운으로 인한 독을 풀어주며 염증을 가라앉히고 간과 신장에 효능이 있다고 한다.

수명이 매우 긴 나무로 양지를 좋아하여 광선 중 70~80%의 수

삼나무 수피

광량이 적당하며, 한지(寒地) 월동에는 약하고 공해에도 약한 단점을 갖고 있지만 습지에는 잘 견딘다. 삼나무는 연간 강수량이 1,200㎜ 이상인 난대지방에서 잘 자란다. 우리나라에는 남부지방에 삼나무 숲이 여러 곳에 있다. 특히 제주도에는 귤 밭의 방풍림으로 많이 심어져 있는데, 제주 조천읍 교래리에서 구좌읍 평대리까지 이어지는 1112도로 가의 삼나무 숲은 각종 영화와 드라마, CF 등을 촬영하는 명소로, 높이 50~60m의 삼나무들이 양쪽 길가에 쭉쭉 뻗어 자라고 있어 관광객들의 발길이 끊이지 않는다. 2002년 건설교통부가 전국에서 가장 아름다운 도로로 선정한 길이다.

번식법

번식은 실생이나 꺾꽂이로 한다. 가을에 종자를 채취하여 밀봉저장해두었다가 파종 1개월 전에 노천매장한 후 봄에 파종한다. 물기가 잘 빠지는 비옥한 토양에 심는 것이 좋다. 햇빛을 좋아하나 공해에는 약하다.

176 가지가 세 갈래인

삼지닥나무

Edgeworthia chrysantha Lindl.

과 명	팥꽃나무과	꽃	3~4월
형 태	낙엽활엽관목	열 매	6~7월

닥나무처럼 종이 원료로 쓰고 가지가 세 갈래라서 삼지닥나무라고 부른다. 서향처럼 향기가 좋으나 꽃이 노랗다고 하여 황서향나무라고도 한다.

닥나무처럼 종이 원료로 쓰고 가지가 세 갈래라서 삼지닥나무라고 부른다. 서향처럼 향기가 좋으나 꽃이 노랗다고 하여 황서향나무라고도 하며 삼아나무, 매듭삼지나무라고도 한다. 한자명은 삼아목(三椏木), 결향(結香), 삼지목(三枝木) 등이다. 종이 원료가 되므로 영어 이름도 paper bush이다.

낙엽활엽관목으로 높이는 1~2m이고 가지는 굵고 황갈색으로 흔히 3개로 갈라지며 작은 가지에 털이 있다. 잎은 어긋나며 넓은 피침형으로 뒷면에 털이 있다. 꽃은 가지 끝에 산형화서로 밑으로 처져 달리며 황색으로 3~4월에 잎보다 먼저 핀다. 열매는 1개의 방에 1개의 씨가 들어 있고 열매껍질에 싸여 있는 수과로 6~7월에 익는다.

중국이 원산지이다. 우리나라에는 전남, 경남 및 제주도에서 제지 원료로 심어 기른다. 습기가 있는 비옥한 땅을 좋아하며, 건조한 땅이나 추운 지방에서는 잘 자라지 못하나 그늘진 곳에서는 잘 자라고 맹아력도 강하며 생장도 빠르다.

삼지닥나무 잎

제지 원료 이외에도 정원수 등의 용도로 심는다. 봄에 꽃이 필 때는 꽃꽂이용으로 쓴다. 지폐용

삼지닥나무 꽃봉오리

삼지닥나무 꽃

삼지닥나무 열매

삼지닥나무 수피

지, 증권용지, 지도용지, 사전용지, 등사원지 등의 원료로 쓰는데, 닥나무보다 고급 용지를 만든다. 한방에서는 어린 가지와 잎을 구피마(構皮麻)라 하여 풍습으로 인한 사지마비 통증, 타박상에 사용한다. 또한 신체가 허약해서 생기는 피부염에도 처방한다.

번식법

번식은 포기나누기와 실생으로 한다.

177 가을에 꽃이 피고 봄에 열매를 맺는

상동나무

Sageretia thea (Osbeck) M. C. Johnst.

과 명	갈매나무과	꽃	10~11월
형 태	낙엽활엽 또는 반상록활엽덩굴성 목본	열 매	이듬해 4~5월

상동나무 잎

상동나무 꽃

상동이라는 이름은 겨울에도 산다고 해서 생동목(生冬木)이라고 하던 것이 생동나무를 거쳐 상동나무가 되었다고 한다.

제주도에서는 예로부터 상동술이라고 해서 상동나무 열매로 술을 빚었다. 5월 하순에서 6월 상순 사이 보리가 익어갈 때 상동나무의 콩알만 한 검은 열매를 채취해 만드는데, 소화를 촉진시키는 데에 좋다. 열매는 맛이 달콤하여 먹을 것이 귀했던 시절에는 아이들이 따 먹기도 했다고 한다.

상동나무는 낙엽활엽 또는 반상록활엽덩굴성 목본이다. 상동이라는 이름은 겨울에도 산다고 해서 생동목(生冬木)이라고 하던 것이 생동나무를 거쳐 상동나무가 되었다고 한다.

높이는 2m에 달한다. 작은 가지에 8개의 모가 난 줄이 있는 것이 큰 특징이며, 갈색의 털이 나는데 끝이 가시로 변하는 것도 독특하다. 어긋나는 잎은 길이가 1~3㎝로 작으며 달걀 모양으로 끝이 둔하고 밑부분이 둥글다. 잎 가장자리에는 잔톱니가 나 있다.

꽃은 가을에 황색으로 가지 끝 또는 그 근처의 잎겨드랑이에서 수상화서를 이루며 달린다. 꽃의 지름은 3.5㎜ 정도이다. 달걀 모양으로 생긴 꽃받침조각은 끝이 뾰족하며 털이 나 있다. 가을에 꽃이 피고 이듬해 늦봄에 열매를 맺는 것은 일반 수종과 정반대이다.

바닷가 산지의 양지바른 곳에서 잘 자란다. 우리나라 흑산도 이남의 섬과 일본, 타이완, 중국, 인도 등지에 분포한다.

열매를 이용해 술을 담가 먹는다. 또 옻닭을 먹고 옻이 올라 고생할 때 잎과 열매를 먹으면 효과가 있다고 하며, 그 밖에도 피부병이나 타박상 등의 약재로도 사용했다. 꽃과 열매가 아름다워 관상용으로도 가꾸며 생울타리용으로도 적합한 수종이다.

번식법

번식은 5월에 익는 종자를 채취하여 심거나 꺾꽂이로 한다.

상동나무 열매

상동나무 수피

178 잎에서 독특한 향이 나는

상산

Orixa japonica Thunb.

과 명	운향과	꽃	4~5월
형 태	낙엽활엽관목	열 매	9~10월

뿌리는 취산양(臭山羊)이라고 하여 감기로 인한 해수와 발열, 인후통을 치료한다. 독특한 냄새 탓에 송장나무로도 불린다.

상산(常山)은 중국의 지명 중 하나로 예로부터 약재가 많이 나는 곳이다. 이러한 지명이 나무에 붙은 것은 이 나무가 약재로 많이 사용되었음을 짐작게 한다. 특히 뿌리는 취산양(臭山羊)이라고 하여 감기로 인한 해수와 발열, 인후통을 치료하며 이질이나 종

기, 학질 등의 치료에도 사용한다. 독특한 냄새 탓에 송장나무로도 불린다.

높이는 1.5~3m이다. 수피는 회색을 띤 갈색이다. 어린 가지에는 약간의 털이 난다. 어긋나는 잎은 한쪽에 2개씩 달리는 것이 매우 특이하다. 잎의 모양은 타원형 또는 거꾸로 세운 달걀형으로 길이는 5~13cm 정도이다. 잎의 끝은 뾰족하고 밑부분은 둥글다. 잎의 가장자리는 밋밋하거나 물결무늬의 톱니가 난다. 잎의 표면은 노란색을 띤 녹색이며 윤이 난다. 잎에서 독특한 향이 나는 것이 특징이다.

꽃은 4~5월에 노란빛이 도는 녹색으로 잎겨드랑이에 달린다. 암수딴그루로 수꽃은 총상화서를 이루며, 암꽃은 1개씩 달린다.

상산 암꽃

상산 수꽃

상산 잎

상산 열매(성숙)

삭과의 열매는 갈색으로 4개로 갈라지며 종자가 터져 나와 멀리 흩어진다. 검은색 종자에는 독성이 있다.

낙엽활엽관목으로 산지에서 자란다. 우리나라와 중국, 일본 등지에 분포한다. 주로 전라도의 산지에서 자란다. 약재로 많이 사용되지만 파리와 같은 해충을 없애주는 나무로도 알려져 있다. 또한 잎과 줄기를 삶아 그 물로 가축을 닦아주면 각종 해충으로부터 가축을 보호할 수 있다고 하며, 재래식 화장실에 넣으면 벌레를 살충하는 효과도 있다고 한다.

상산 수피

번식법

가을에 종자를 채취하여 이듬해 봄에 파종한다.

179 열매가 수랏상에 올랐다는

상수리나무

Quercus acutissima Carruth.

과 명	참나무과	꽃	3~4월
형 태	낙엽활엽교목	열 매	이듬해 9~10월

상수리나무 잎

상수리나무 잎차례

임진왜란 때 의주로 피난 간 선조는 피난 중에 상수리나무의 열매인 도토리로 묵을 쑤어 먹었는데 맛이 좋아 즐겨 찾았다. 수라상에 오른 나무라는 뜻으로 상수리라고 했다는 이야기가 있다.

옛날 가난했던 시절, 상수리쌀이라는 것이 있었다. 상수리나무 열매인 도토리를 삶아 겨울에 얼려두었다가 봄에 녹여 껍질째 말린 뒤 알갱이를 빻아 밥을 해 먹었다. 맛은 가늠하기 어렵지만 요즘으로 친다면 웰빙 식품임이 틀림없다. 실제로 상수리쌀은 설사를 멎게 하고, 장 출혈이나 치질로 인한 출혈에도 좋다고 알려져 있다.

상수리나무라는 이름의 유래가 재미있다. 임진왜란 때 의주로 피난 간 선조는 피난 중에 먹을 만한 음식이 없어 상수리나무의 열매인 도토리로 묵을 쑤어 먹었는데 맛이 좋아 즐겨 찾았다. 그래서 수라상에 오른 나무라는 뜻으로 상수리나무라고 했다는 이야기가 있다. 한자로는 상목(橡木) 또는 상실(橡實)로 불린다.

낙엽활엽교목으로 높이는 30m이고 지름이 1m로 원줄기가 곧

상수리나무 꽃

상수리나무 열매

상수리나무 씨앗

상수리나무 수피

게 올라가 큰 수형을 이루며 곧게 자란다. 잎은 타원상의 피침형이며 가장자리에는 엽침이 발달하고 측맥은 13~18쌍이다. 잎의 표면은 털이 없고 광택이 나며 뒷면에는 단모가 나 있다. 수꽃은 밑으로 처지고 암꽃은 위로 곧게 나오는데 1~3개가 3~4월에 핀다. 각두는 견과를 1/2쯤 둘러싸고 포린은 뒤로 젖혀지며 견과는 긴 타원형으로 이듬해 9~10월에 익는다.

우리나라와 중국, 일본, 인도 등지에 분포한다. 우리나라는 평안도 및 함남 이남의 해발 800m 이하 양지바른 산기슭에 군생한다. 햇빛을 좋아하여 그늘에서는 잘 자라지 못하나 추위에 강하고 건조한 땅에서도 잘 자란다. 공기정화력이 강할 뿐만 아니라 아황산가스에도 강하며 척박한 토양에서도 잘 자란다.

도토리를 맺는 참나무들은 대개 1년에 열매를 맺으나, 상수리나무는 굴참나무와 함께 2년에 열매를 맺는다. 오래 묵어서일까. 이 도토리로 만든 묵은 전분과 타닌 등의 성분이 많아 혈관을 수축시키는 효능이 있어 설사, 치질, 탈항에 좋은 효능을 보여준다고 한다. 또 피톤치드가 많이 배출되어 삼림욕 효과도 좋은데 소

독, 혈관수축, 가려움증 및 진무름 방지, 고혈압 등에도 도움이 된다. 그리고 숯으로 만드는 과정에서 나오는 목초액은 무좀이나 습진에 좋다. 숯 이야기를 조금 더 하자면 숯을 만드는 데 좋은 수종은 소나무, 참나무, 잣나무 순이다.

목재는 거칠고 잘 갈라지며 기구재, 차량재, 갱목, 표고골목, 신탄재 등의 용도로 쓰인다. 열매는 사료로도 쓰며, 잎은 누에를 기를 때 이용하기도 한다. 또 나무에 술의 향기와 맛에 영향을 주는 모락톤이 들어 있어 술통을 만들 때도 이용된다. 꽃말은 번영이다.

번식법

가을에 종자를 채취하여 노천매장한 후 이듬해 봄에 파종한다.

NOTE | 도토리 이야기

도토리 열매가 달리는 도토리나무가 별도로 있는 듯하지만, 참나무과 나무들이 매달고 있는 열매를 총칭한다. 떡갈나무나 졸참나무, 물참나무, 갈참나무, 상수리나무 등등이 바로 도토리를 여는 나무들이다. 이 중 졸참나무의 도토리는 떫은맛이 나지 않으므로 날것으로 먹어도 된다. 도토리의 떫은맛은 타닌 성분 때문인데, 이 성분이 몸에는 상당히 이롭다. 도토리는 묵으로 많이 만들어 먹으며, 장식품을 만들거나 스님이 쓰는 염주를 만들기도 한다.

180 노란 꽃이 산수유 꽃과 비슷한

생강나무

Lindera obtusiloba Blume

과 명	녹나무과	꽃	3월
형 태	낙엽활엽관목 또는 소교목	열 매	9~10월

생강나무 어린잎

생강나무 잎

열매에서 짠 기름은 동백기름처럼 여인들의 머릿기름으로 사용되어 경기도 지방에서는 생강나무 기름을 동백기름이라고 한다. 산골에서는 등잔불의 기름으로도 사용한다.

"닭 죽은 건 염려 마라. 내 안 이를 테니."

그리고 뭣에 떠다 밀렸는지 나의 어깨를 짚은 채 그대로 픽 쓰러진다. 그 바람에 나의 몸뚱이도 겹쳐서 쓰러지며, 한창 피어 퍼드러진 노란 동백꽃 속으로 폭 파묻혀 버렸다.

알싸한, 그리고 향긋한 그 냄새에 나는 땅이 꺼지는 듯이 온 정신이 고만 아찔하였다.

김유정의 〈동백꽃〉 중에서

김유정의 〈동백꽃〉은 농촌을 배경으로 성장기 소년과 소녀의 사랑을 담은 단편소설이다. 여기에서 동백꽃 하면 남쪽 지방에서 주로 피는 붉은 동백꽃을 떠올리게 되는데, 소설 속을 보자면 '노란 동백꽃'이다. 알싸하면서도 향긋한 향기까지 있다면, 이 역시 동백꽃의 향기와는 다르다. 이 소설에서 나오는 동백꽃이란 이른 봄 산수유와 비슷한 노란 꽃들이 피어나는 생강나무를 말한다.

생강나무 암꽃

생강나무 수꽃

동백나무가 자라지 않는 지방에서는 생강나무의 열매로 기름을 짜 동백기름처럼 사용했기에 이 생강나무를 동백나무라고도 불렀으며, 자연히 이 나무에 피는 꽃도 동백꽃이라고 했다.

생강나무 꽃은 어쩌면 그렇게도 산수유와 닮았는지 혼동이 되곤 한다. 꽃잎을 들여다봐야 구분이 되는데, 산수유나무의 꽃잎은 4개로 갈라지는 데 비해 생강나무의 꽃잎은 6개로 갈라진다. 생강나무의 어린 가지는 털이 없고 줄기는 흑회색이다. 산수유나무의 어린 가지는 분록색이고 겉껍질이 벗겨지며 줄기는 연한 갈색으로 벗겨진다.

생강나무라는 이름은 잎과 가지에 방향성 정유를 함유하고 있어 자르면 생강 냄새가 난다 하여 붙여졌다. 일본에서는 양념관목이라고 해서 생강나무를 양념이나 향료로 사용하였는데, 이 역시 이 나무의 특징을 잘 보여준다.

매화처럼 이른 봄에 피는 꽃이라고 해서 황매목(黃梅木), 향려목(香麗木)이라고도 하며 아귀나무, 동백나무, 아구사리, 개동백나무

생강나무 열매

라고도 한다. 중부 이북지방에서는 산동백, 강원도에서는 동박나무라고 부르기도 한다.

낙엽활엽관목 또는 소교목이나 대개 관목상이며 높이는 3~6m 정도이다. 수피는 흑회색이고 작은 가지는 황록색이다. 잎은 윗부분이 3~5개로 갈라져 산(山) 자 모양이거나 원형에 가까운 난형이다. 암수딴그루로 꽃은 3월에 잎보다 먼저 피며, 열매는 구형으로 녹색에서 황색 또는 홍색으로 변하며 9~10월에 자흑색으로 익는다.

우리나라와 일본, 중국 등지에 분포한다. 우리나라의 경우 전국의 해발 100~1,600m에 자생하는데, 계곡이나 바위틈, 개천가, 바닷가에서 잘 자란다. 그늘이나 추운 곳, 건조지에서도 잘 자라며 참나무와 소나무 숲에서도 혼생하며 자라는 것이 특징이다.

이른 봄에 노란 꽃을 피우는 영춘화(迎春花)이며 가을에는 단풍이 아름다워 관상적 가치가 높다. 개화 기간은 30일 이상으로 비교적 길며 향기가 좋고, 꽃과 열매가 아름다워 관상용, 정원용, 향

생강나무 수피

료용으로 심지만 이식 후 활착이 어려운 단점도 있다.

까만 열매로는 기름을 짜는데, 동백기름처럼 여인들의 머릿기름으로 사용되어 경기도 지방에서는 생강나무 기름을 동백기름이라고 한다. 또 산골에서는 등잔불의 기름으로도 사용한다. 어린잎은 말려서 작설차로 마시며, 새순은 나물로 무쳐 먹기도 한다. 한방에서 생강나무의 말린 가지는 황매피라 하여 건위, 복통, 해열에 사용한다.

번식법

번식은 실생으로 한다.

181 경남 통영에 최고령 나무가 있는

생달나무

Cinnamomum yabunikkei H. Ohba

과 명	녹나무과	꽃	6월
형 태	상록활엽교목	열 매	10~12월

생달나무 새잎

생달나무 잎

경남 통영시 산양읍 연화리의 우도(牛島)라는 마을에는 국내에서 가장 나이가 많은 생달나무가 있다. 수령이 400년쯤으로 높이가 20m, 지름이 2m가 넘는 거목이다.

경남 통영시 산양읍 연화리의 우도(牛島)라는 마을에는 국내에서 가장 나이가 많은 생달나무가 있다. 수령이 400년쯤으로 높이가 20m, 지름이 2m가 넘는 거목이다. 지상 1m쯤에서 가지가 다섯 개로 갈라진 모습이 여간 풍성한 것이 아니다. 이 생달나무와 옆의 생달나무 두 그루 그리고 후박나무 한 그루는 통째로 천연기념물 제344호로 지정되어 있는데, 이들은 연화리 서낭목이기도 하다.

수피는 흑회색으로 미끈하며 고목이 되면 벗겨진다. 잎은 어긋나게 달리지만 마주나는 것처럼 아주 가까이에서 어긋난다. 잎의 모양은 긴 타원형으로 질이 두꺼우며 양끝이 뾰족하다. 6월에 노란색을 띤 연한 녹색 꽃이 잎겨드랑이에서 나온 긴 꽃대 끝에 달린다. 꽃이 피는 모양은 산형화서처럼 보이지만 취산화서를 이룬다. 장과의 열매는 타원형으로 생겼으며, 10~12월에 자주색을 띤 검은색으로 익는다.

상록활엽교목으로 우리나라가 원산으로 주로 남부지방의 섬에 생육하며 일본, 중국 등지에 분포한다. 추위와 건조에 약한 편이지만 공해에는 강하다.

목재는 단단하여 가구재로 사용하고, 나무껍질과 열매는 한약재로 사용된다. 특히 수피에서 계피 향이 나 다른 약재와도 잘 어울리므로 수피를 마구 벗겨가는 바람에 수난을 입는 나무들이 많다. 또 열매에서 나오는 기름은 식용할 수 있으며, 빵을 만들 때 사용하기도 한다. 이 밖에도 관상용, 공업용, 신탄재, 밀랍, 건축재, 조경수, 비누 원료로도 쓰인다.

번식법

꺾꽂이와 종자로 번식한다. 가을에 수확한 종자의 과육을 제거한 뒤 심으면 곧 뿌리를 내린다.

생달나무 꽃

생달나무 수피

생달나무 열매

182 우리나라에서 극상림을 이루는

서어나무

Carpinus laxiflora (Siebold & Zucc.) Blume

과 명	자작나무과	꽃	5월
형 태	낙엽활엽교목	열 매	9~10월

서어나무 잎

서어나무가 자라는 곳에는 장수하늘소가 사는데, 장수하늘소의 유충이 죽은 서어나무를 갉아먹고 살기 때문이다.

울퉁불퉁한 모습이 꼭 단단한 근육질의 몸매를 가진 남자처럼 보이는 나무이다. 그래서 영어로는 muscle tree, 즉 근육나무라고도 한다. 그 명칭에 어울리게도 가을이 되면 노란빛과 주홍빛이 오묘하게 배합된 독특한 빛깔의 단풍잎을 만들어내기도 한다. 계절별로 색감이 다르고 수피의 모양도 울퉁불퉁하여 남자의 멋을 느끼게 해준다. 나무 이름의 유래는 확실치 않으나 서쪽에 있는 나무라는 뜻이 아닌가 하며, 그래서 단순히 서나무라고 부르기도 한다. 한자로는 견풍건(見風乾)이라고 한다.

낙엽활엽교목으로 높이는 10~15m이고 지름이 1m이다. 줄기는 옆으로 자라고 수피는 회색으로 울퉁불퉁하며 작은 가지에 털이 없다. 수꽃은 1개씩, 암꽃은 2개씩 밑으로 늘어지면서 5월에 잎보다 먼저 피고 과수는 엉성하게 모여 있다. 과포는 길이 1.5㎝로 3열하며 열매의 포에 싸여 층층이 포개져 있는 모양새로 이삭이나 조의 모양이다. 열매는 소견과로 삼각상의 난형이며 9~10

서어나무 암꽃

서어나무 수꽃

서어나무 열매

월에 익는다.

우리나라와 일본, 중국 등지에 분포한다. 특히 우리나라에서는 극상림을 이루는데, 황해도 이남 해발 100~1,000m에 많이 자생한다. 그 대표적인 곳이 바로 광릉 숲이다. 서어나무가 자라는 곳에는 장수하늘소가 사는데, 장수하늘소의 유충이 죽은 서어나무를 갉아먹고 살기 때문이다. 장수하늘소는 2006년 광릉 숲에

서 암컷 한 마리가 20년 만에 발견된 뒤로 아직 발견되었다는 소식이 없다.

전북 남원 운봉의 행정리에도 서어나무 숲이 있는데, 수백 년 된 서어나무 60여 그루가 모여 있다. 이 숲은 옛날 한 스님의 권유로 조성되었다고 한다. 마을 자체가 사방이 확 트여 겨울이면 차가운 북풍이 몰아치곤 했는데, 풍수상 좋지 않아 병풍을 치듯 나무를 심었다는 것이다. 이 숲은 여러 영화에도 배경으로 등장하며, 2000년 '아름다운 마을 숲' 전국대회에서 대상을 수상했다.

햇빛을 좋아하고 추위에 강하며 건조지에서나 척박한 곳에서도 잘 자라지만, 공해와 맹아력은 약한 편이다. 재질이 좋은 데다 결이 곱고 치밀하며 단단하여 목재는 세공재, 건축재, 기계재, 농기구, 가구재 등의 용도로 사용한다.

번식법

가을에 수확한 종자를 모래와 섞어 매장 저장한 뒤 이듬해 봄에 파종한다.

서어나무 겨울눈

서어나무 수피

183 꽃향기가 천 리 가는

서향

Daphne odora Thunb.

과 명	팥꽃나무과	꽃	4~5월
형 태	상록활엽관목	열 매	5~6월

서향 잎

서향 꽃

향기가 천 리를 간다 하여 천리향(千里香)이라고도 하며, 다른 꽃향기를 뒤덮을 만큼 향기가 강하여 꽃들의 적이라 하여 화적(花賊)이라고도 부른다.

한 여승이 꿈속에서 향기를 좇아가다 보니 극락으로 들어가는 문 앞에 한 그루 나무가 있었는데, 상서로운 향이 나는 나무라고 하여 서향(瑞香)이라고 했다고 한다. 꿈속에서 향기를 맡았다 하여 수향(睡香), 향기가 천 리를 간다 하여 천리향(千里香)이라고도 하며, 다른 꽃향기를 뒤덮을 만큼 향기가 강하여 꽃들의 적이라 하여 화적(花賊)이라고도 부른다. 또 침정화, 침향, 중머리 등의 다른 이름도 있다. 중머리라는 이름은 물이 없으면 잎이 떨어져 동그란 꽃 뭉치만 남아 마치 모습이 중의 머리와 비슷해 붙여졌다고 한다. 영어 이름은 winter daphne이다. 다프네(Daphne)는 아폴로에게 쫓기어 월계수가 된 요정이다. 잎 모양이 월계수 잎과 비슷하여 붙여진 이름이다.

상록활엽관목으로 높이는 2m 정도이고 원줄기는 곧고 가지가 많이 갈라지며 매끄럽고 광택이 난다. 잎은 어긋나고 다소 혁질이

며 타원형 및 타원상의 피침형이다. 꽃은 암수딴그루로 전년도 가지 끝에 두상화서를 이루며 자색 또는 흰색으로 핀다. 향기가 강하며 꽃받침 통은 끝이 4개로 갈라진다. 홍자색으로 4~5월에 꽃이 핀다. 열매는 수과로 5~6월에 익는다.

서향은 건조한 땅과 그늘에서도 잘 자라나, 습지에서는 잘 자라지 못하고 추위와 공해에는 약하여 따뜻한 남쪽 지방에서 잘 자란다. 중국 및 일본이 원산지이다. 우리나라에서는 남부지방에서 관상용으로 심는다. 서향은 대부분 수나무로 열매를 맺지 못하여 번식은 주로 장마철에 꺾꽂이로 한다.

꽃이 아름답고 향이 좋아 관상용으로 심으며, 뿌리와 나무껍질은 약용으로 사용된다. 해열, 이뇨, 염증, 통증, 급성인후염, 가래, 기침, 피부병, 타박상 등에 효과가 있는데, 약한 독성이 있으므로 적당량만 사용해야 한다. 열매에도 독성이 있어 먹으면 입안이 마비되고 구토를 하거나 피 설사를 하므로 절대 먹어서는 안 된다.

번식법

번식은 꺾꽂이와 실생으로 한다.

서향 열매

서향 수피

184 열매 속에 씨앗이 많이 든

석류나무

Punica granatum L.

과 명	석류나무과	꽃	5~6월
형 태	낙엽활엽소교목	열 매	9~10월

전통혼례복인 활옷이나 원삼에는 포도나 석류, 동자(童子) 문양이 많다. 이는 열매가 많이 달리는 것처럼 아들을 많이 낳으라는 의미가 있다.

전통혼례복인 활옷이나 원삼에는 포도나 석류, 동자(童子) 문양이 많다. 이는 열매가 많이 달리는 것처럼 아들을 많이 낳으라는 의미가 있다. 석류의 원래 이름은 안석류(安石榴)이다. 기원전 2세기 한 무제 때 서한에 속했던 안국(安國; 지금의 우즈베키스탄의 부하라)과 석국(石國; 지금의 우즈베키스탄의 타슈켄트)의 머리글자와 울퉁불퉁한 혹과 같은 열매라는 뜻의 류(榴) 자를 붙여서 안석류라고 했던 것이 나중에 석류가 되었다. 여기에서 류(榴)의 뜻은 열매 속에 씨앗이 아주 많이 머무른다는 뜻이다. 석누나무라고도 한다.

낙엽활엽소교목으로 높이는 3~5m 정도이다. 작은 가지는 네모지고 윗부분의 가지는 가시로 되어 있다. 잎은 마주나고 도란형 및 긴 타원형이다. 꽃은 양성으로 가지 끝의 짧은 꽃자루 위에 1~5개씩 달리며 붉은색으로 5~6월에 핀다. 열매는 둥글고 끝에 꽃받침 열편이 있으며 9~10월에 홍황색으로 익는다. 석류의 과실은 화탁(花托)이 발달해 있다. 화탁이란 꽃턱으로 줄기에 꽃잎, 꽃받침 등 꽃의 모든 기관이 붙는 부위를 말

석류나무 새잎(뒷면)

석류나무 잎

석류나무 잎차례

석류나무 꽃

석류나무 꽃(흰색)

석류나무 열매

한다. 열매는 불규칙하게 째져서 담홍색의 씨를 드러낸다. 씨는 매우 신맛이 난다.

이란, 아프가니스탄, 파키스탄이 원산지이다. 우리나라 남부에 재식하고 중부지방에서는 월동이 불가능하며 바닷가에서 잘 자란다. 햇빛이 들고 습기가 있는 비옥한 사질양토를 좋아하는 아열대성 나무이다.

석류는 꽃이 아름다워 관상용으로, 열매는 식용 및 약용으로 심는다. 과즙은 빛깔이 좋아 과일주로 담그거나 농축 과즙을 만들어 음료수나 과자를 만들 때 넣기도 한다. 또 올리브유와 섞어서 오일로도 쓰는데 변비에 좋다고 한다. 이 밖에도 물김치를 만들거나 전을 해 먹기도 한다.

중국과 유럽에서는 오랜 옛날부터 열매껍질을 촌충의 구제약으로 썼다. 껍질 속에는 펠레치에린이라는 물질이 기생충의 충체와 기생충 알을 아사시키는 기능을 한다. 또한 석류 껍질에는 타닌 성분이 들어 있어 장막(腸膜)의 수렴작용을 하여 이질, 설사, 정

석류나무 씨앗

석류나무 수피

장에 효능이 있다. 민간요법으로 대변의 하혈, 자궁하혈, 적대하, 백대하에 석류 껍질 300g을 까맣게 태워 가루로 만들어 한 번에 5g씩 매 식전마다 복용하면 잘 낫는다고 한다. 과육은 편도선, 인후종통에 1일 30~40g을 먹으면 좋은 효과가 있다. 그러나 1년 미만의 아기에게는 좋지 않으므로 사용하지 말아야 한다.

요즘에는 건강식품으로 매우 주목받는 열매이다. 특히 에스트라디올, 에스트론으로 불리는 에스트로겐 계열의 여성호르몬 구조와 거의 같은 호르몬이 다량 들어 있어 여성들에게 큰 인기이다. 이 호르몬은 노인성 치매 알츠하이머병과 우리나라 암 사망 증가율 3위를 차지하는 남성의 전립선암 예방에 좋다.

번식법

번식은 꺾꽂이와 실생, 포기나누기로 한다.

185 섬에서 나는 산국수나무

섬국수나무

Physocarpus insularis (Nakai) Nakai

과 명	장미과	꽃	6월
형 태	낙엽활엽관목	열 매	9월

섬국수나무 잎

섬국수나무 잎차례

섬국수나무는 섬에서 나는 산국수나무라는 뜻으로 우리나라 특산종이다. 국수나무와 비슷하나 꽃 색이 흰색으로, 연한 노란색인 국수나무 꽃과 차이가 있다.

섬국수나무는 섬에서 나는 산국수나무라는 뜻으로 울릉도에서 자라는 우리나라 특산종이지만 서울에서도 볼 수 있다. 섬조팝나무라고도 한다. 전체적으로 국수나무와 비슷하나 섬국수나무의 꽃 색이 흰색으로, 연한 노란색인 국수나무 꽃과 차이가 있다. 참고로 국수나무는 가지를 잘라 벗기면 껍질이 국수같이 얇게 벗겨진다고 해서 붙여진 이름이다.

낙엽활엽관목으로 높이는 1m까지 자라고 밑에서 많은 줄기가 올라와 덤불을 이룬다. 자라는 가지는 암갈색이며 작은 가지는 홍갈색이다. 잎은 어긋나며 넓은 난형이고 가장자리는 깊은 톱니가 있으며, 뒷면 맥 사이에 흰색 털이 나 있다. 꽃은 새 가지 끝에 산방상으로 달리며 6월에 흰색으로 핀다. 열매는 5개씩 달리며 9월에 익는다.

울릉도의 해발 600m 이하에서 자생한다. 바위나 돌 등에서 잘 자라는 식물로 도로변이나 절개지의 녹화에 좋은 수종이며 꽃과

섬국수나무 꽃

섬국수나무 열매

수형이 아름다운 나무이다. 추위에 강하여 서울에서도 자라며 음지나 양지를 가리지 않고 잘 자란다. 척박한 땅에서도 잘 자라고 공해에 강하며, 맹아력도 좋은 편이다.

섬국수나무 수피

꽃이 피는 기간도 길어 주로 조경용이나 관상용으로 심으며 도심지 주택의 생울타리용으로 심어도 좋다.

번식법

번식은 실생으로 한다.

울릉도에 사는

섬잣나무

Pinus parviflora Siebold & Zucc.

과 명	소나무과	꽃	5~6월
형 태	상록침엽교목	열 매	이듬해 9~10월

섬잣나무는 울릉도에 산다고 해서 붙여진 이름이다. 그러나 해풍에는 약한 편이라서 바닷가보다는 해발 500m 내외에 자생한다.

섬잣나무는 울릉도에 산다고 해서 붙여진 이름이다. 그러나 해풍에는 약한 편이라서 바닷가보다는 해발 500m 내외에 자생한다. 우리 이름은 섬잣나무이나 원산지인 일본에서는 침엽이 5개여서 일본오침송(日本五針松)으로 부른다. 영명은 Japanese white pine, 즉 일본백송이다.

상록침엽교목으로 높이는 25m 이상이며 지름은 60㎝ 정도이다. 수피는 암회색이고 암수한그루이다. 잎은 3능형(三稜形)으로 5개씩 속생하며 양면에 4줄의 백색 기공조선이 발달되어 있고 흰색을 띤다. 잎의 길이는 3.5~6㎝, 너비는 1~1.2㎜로 가장자리에 잔톱니가 뚜렷하지 않다. 꽃은 5~6월에 피는데 수꽃은 홍황색으

섬잣나무 새순

섬잣나무 암꽃

섬잣나무 수꽃

섬잣나무 열매(2년생)

로 긴 타원형이며, 암꽃은 난상의 타원형이고 새로 난 줄기 끝에 여러 개가 함께 담록색으로 핀다. 열매는 난상의 긴 타원형이고, 씨는 난상의 원형으로 날개가 달려 있으며 이듬해 9~10월에 익는다.

양지와 음지 모두에서 잘 자라고 건조한 땅에서도 잘 견디지만 습기가 있는 토양을 좋아한다. 추위에 강하여 추운 지방에서도 잘

섬잣나무 겨울눈

섬잣나무 수피

자라는 나무이다. 그러나 성장 속도는 느린 편이어서 일반적으로 곰솔을 대목으로 접을 붙여 번식하는 것이 좋다. 옮겨심기에도 강해 정원수, 공원수로 많이 심는다.

헛가지가 잘 나오질 않아 전체적인 모양이 단정한 느낌을 주는 나무이며 잎은 촘촘하게 나 있고 가지가 수평으로 나오기 때문에 관상적인 가치가 높아 분재용으로 많이 이용된다. 목재는 재질이 좋아 건축재, 기구재, 기계재 등의 용도로 사용된다.

번식법

번식은 실생으로 한다. 생장속도가 느려 곰솔에 접을 붙이는 방식으로 번식하곤 한다. 양지나 음지, 건조한 곳에도 잘 자라지만 바닷바람에는 약한 편이다.

187 세계에서 가장 큰 거목

세쿼이아

Sequoia sempervirens Endl.

과 명	낙우송과	꽃	4~5월
형 태	상록침엽교목	열 매	10~11월

지구상에 자라는 수많은 나무 중에서 가장 크게 자라는 나무이다. 자생지인 미국 캘리포니아에는 높이가 100m, 가슴둘레가 10m가 넘는 세쿼이아가 즐비하다.

지구상에 자라는 수많은 나무 중에서 가장 크게 자라는 나무이다. 자생지인 미국 캘리포니아에는 높이가 100m, 가슴둘레가 10m가 넘는 세쿼이아가 즐비하다. 심지어는 밑동에 구멍을 내 자동차가 지나갈 정도로 큰 나무도 있다. 한 방송에서 가운데 구멍을 뚫은 것이 세쿼이아에게 잔혹하지 않느냐는 보도를 하였는데 나무의 심재에서는 모든 세포가 기능을 상실한 상태이다.

레드우드(redwood)와 빅트리(big tree) 두 종류가 있는데, 레드우드는 이름은 두께 30㎝ 정도의 수피와 심재 부분이 색에서 붉은 빛을 띠어 붙여졌다. 미국삼나무라고도 하며 쥐라기에서 마이오세에 걸쳐서 전 세계에 번성한 화석식물이기도 하다. 캘리포니아주 북서부 태평양 연안에는 레드우드가 숲을 이루고 있는데, 미국은 이 일대를 레드우드국립공원으로 지정했다. 세계에서 가장

세쿼이아 새잎

세쿼이아 잎

큰 나무로 기록된 112m의 레드우드를 포함해, 400~800년생 나무가 즐비하다.

낙우송과에 속하는 상록침엽교목으로 잎은 주목과 비슷하며 길이는 1~3㎝이다. 잎 표면은 녹색, 뒷면은 흰빛이 돈다. 꽃은 단성화이다. 수꽃은 잎겨드랑이에 붙고, 암꽃은 끝에 달린다. 열매는 달걀 모양으로 길이는 2.5~3㎝이고, 10~11월에 검은 갈색으로 익는다. 씨는 타원형으로 날개가 있다.

한편 빅트리는 캘리포니아의 시에라네바다산맥의 서쪽 해발 1,500~2,500m에서 자란다. 높이는 60~90m에 달하고 지름이 3.5~6m에 달한다. 특히 뿌리 근처의 지름은 대략 10m나 된다. 세계에서 가장 오래 사는 나무로도 유명한데, 자생지에는 4,000~5,000년생 빅트리가 여러 그루 자라고 있다. 그러나 개체 수가 적어 자생지는 세쿼이아국립공원으로 지정하여 보호 중이다.

빅트리는 잎이 삼나무와 비슷하며 길이 1㎝ 정도로 나선 모양

세쿼이아 수피

으로 난다. 그러나 성숙하면 가지에 달린 잎은 비늘처럼 된다. 꽃은 단성화이며, 열매는 길이가 5~10㎝, 지름은 3.5~6㎝이다. 열매는 2년 만에 익는데, 그 안에 4~6개의 씨가 들어 있다. 빅트리의 경우 요즘은 다른 속으로 구분하는 경향이 있다.

번식법

실생으로 번식한다.

NOTE | 거대한 나무는 자신의 무게를 어떻게 지탱할까?

나무는 자연계에서 가장 거대한 유기체 중의 하나이다. 해마다 그 부피 및 무게가 증가하는데, 계속 늘어나는 엄청난 무게를 지탱하고 장수하기 위해서는 나무만의 독특한 생존 전략이 필요해지기 마련이다. 극히 일부 세포만 남겨 놓고 대부분의 세포를 생리 기능을 담당할 목적으로 분화시키는 대신 기계적인 지지를 위한 목부세포로 분화시킨다.

188 우리 민족과 함께 살아온

소나무

Pinus densiflora Siebold & Zucc.

과 명	소나무과	꽃	5월
형 태	상록침엽교목	열 매	이듬해 9~10월

소나무 새순

소나무는 우리 민족과 떼려야 뗄 수 없다. 아예 태어날 때부터 금줄이라고 해서 왼새끼줄에 솔가지를 달아 부정을 막았고, 오래 사는 나무라 하여 십장생의 하나로 쳤다.

소나무처럼 우리에게 친근한 나무도 드물다. 우리나라의 대표 수종으로 개체 수에 있어서는 참나무 다음으로 많다. 우리의 역사와 함께 한 나무이거늘 일본인들이 먼저 세상에 알리는 바람에 영어 이름은 Japanese red pine이다. 소나무라는 이름은 한자로 소나무를 뜻하는 송(松)에서 유래된 것으로 보인다. 즉 '솔 + 나무'로 솔나무라 하다가 소나무가 되었을 것으로 생각된다. 해송인 곰솔에 비해 육송이라고도 하고, 남송에 비해 여송, 흑송에 비해 적송이라고 부르기도 한다. 이 밖에도 간단히 솔, 암솔 등으로도 불린다.

소나무는 우리 민족과 떼려야 뗄 수 없다. 아예 태어날 때부터 금줄이라고 해서 왼새끼줄에 솔가지를 달아 부정을 막았고, 오래 사는 나무라 하여 십장생의 하나로 쳤다. 또 앞에 소개한 성삼문의 시조에서 보듯 늘 푸른 모습을 간직해 꿋꿋한 절개와 의

지를 상징했으며, 사군자의 하나로 많은 서화와 시의 소재가 되기도 했다.

봄철 춘궁기에는 구황작물로도 이용되었다. 소나무의 어린 속껍질로 죽을 끓인 송기죽(松肌粥)으로 허기를 면하였고 송기떡과 절편, 송편, 송기정과(松肌正果), 송기개피떡을 만들어 먹기도 했다. 또한 솔잎으로는 송엽주를 만들고 송홧가루를 넣어 송화주를 빚어 마셨으며 꿀물에 송홧가루를 탄 송화밀수, 송홧가루 묻힌 강정, 꿀에 반죽하여 다식판에 박아낸 송화다식을 만들어 먹었

소나무 암꽃

소나무 수꽃

소나무 열매

소나무 전년도 열매

소나무 수피

다. 게다가 송이버섯은 버섯 중의 으뜸으로 친다.

솔잎을 넣어 베개를 만들어 베고 자면 신경쇠약에 좋다고 했고, 한방에서 솔잎은 신경통이나 풍증 치료에 유용하게 사용했다. 송진의 방향 성분은 동맥경화를 예방하고 천식의 발작을 방지하며, 소나무의 테르펜(terpene)은 살균작용을 하기도 한다. 요즘에는 삼림욕으로도 주목을 받는데 피톤치드의 방출량이 상당히 높은 나무이다.

재목으로서는 각종 건축자재와 선박이나 전함을 만드는 용도로 쓰였으며, 특히 금강소나무는 궁궐을 짓는 데 사용되던 최고의 목재로 이름 높다. 금강송은 금강산에서 자란다고 해서 붙여진 소나무로, 곧게 쭉쭉 뻗은 줄기가 기둥으로 쓰기에 좋으며, 나뭇결이 곱고 부드러우면서도 휘지 않는 장점을 지닌다.

한국인이 가장 좋아하는 나무는 소나무로, 소나무 송(松) 자를 붙인 지명이 유난히 많아 전국에 680여 곳에 이른다.

전국의 해발 1,300m 이하에서 자생하는 상록침엽교목으로 높이는 30m 이상이고 지름은 1.5m 이상으로 큰다. 나무껍질은 붉고 박편처럼 떨어지는데 오래된 껍질은 흑갈색으로 바뀌어간다. 침엽은 비틀린 모양으로 2개씩 속생하고 엽초는 2년에 걸쳐 떨어진다.

꽃은 5월에 피는데 수꽃은 긴 타원형으로 20~30개의 황색

꽃이 새 가지에 달리며, 암꽃은 자색을 띠며 난형이다. 열매는 난상 원추형이며 황갈색으로 이듬해 9~10월에 익는다. 실편은 70~100개이고 씨는 타원형으로 흑갈색이다.

소나무는 양지를 아주 좋아하며, 척박한 토양과 건조한 곳, 추운 곳 등 어느 곳에서도 잘 자라는 반면에 공해에는 약한 편이다. 그래서 가로수로는 그다지 심지 않았으나 근래에는 꽤 등장하고 있다.

소나무과는 전 세계에 10과 250종으로 우리나라에는 6속 25종이 분포한다. 소나무는 전국에 유명한 것이 많은데, 그중에서 천연기념물 제103호인 충북 보은의 정이품송이 대표적이다. 속리산 인근에는 천연기념물 제352호로 지정된 소나무도 있는데, 이 나무는 밑에서 두 갈래로 갈라져 암소나무로 불리며 정이품송의 정부인으로 여긴다. 우리나라 이외에는 중국과 일본, 우수리 강 등지에 분포한다.

번식법

번식은 실생으로 한다. 추위나 건조한 곳에서도 잘 견디나 공해에는 약한 편이다.

NOTE | 장관급 소나무 정이품송

충북 보은의 속리산 가는 길에는 높이 15m, 지름 4.7m나 되는 소나무가 있는데, 이 소나무에는 1464년에 세조가 법주사로 행차할 때 가지를 들어 올려 임금이 탄 가마를 무사히 통과하게 했다는 전설이 전해진다. 이에 세조는 지금의 장관급인 정이품의 벼슬을 내린 것이 아예 소나무 이름이 되었다. 수령은 600년 정도로 추정되며, 천연기념물 제103호로 지정되었다.

189 작은 서어나무, 소서목(小西木)

소사나무

Carpinus turczaninowii Hance

과 명	자작나무과	꽃	5월
형 태	낙엽활엽소교목	열 매	10월

소사나무 잎

소사나무 암꽃

소사나무 수꽃

인천 강화도의 마니산(마리산)에 있는 참성단 소사나무는 수령 150년으로 추정되며 천연기념물 제502호로 지정되어 있다. 규모와 아름다움에서 우리나라 소사나무를 대표한다.

서어나무와 비슷한 종이지만 서어나무만큼 크지는 않는다. 서어나무를 한자로 서목(西木)이라고 부르고, 이 나무는 소서목(小西木)이라고 부른다. 쇠사슬나무라고도 한다.

낙엽활엽소교목으로 높이는 10m이다. 수피는 암갈색이며 줄기는 구불구불하게 자라고 작은 맹아들이 돌출되어 있다. 잎은 난형으로 겹톱니가 있으며, 측맥은 10~12쌍이고 뒷면 맥 위에 털이 많이 나 있다. 수꽃은 작은 가지에서 밑으로 처지고, 암꽃은 대가 있으며 포에 암꽃이 2개씩 달리며 5월에 핀다. 열매는 난형의 소견과로 10월에 익는다.

우리나라의 경우 중부 이남의 해안과 강원도 정선에 자생하며 제주도에는 해발 1,000m 이하의 산 중턱에 분포한다. 햇빛을 좋아하며 건조하고 척박한 곳에서도 잘 자라며 추위에도 강하다. 바닷바람에 잘 견디고 맹아력과 공해에도 강하여 바닷가나 도심지

소사나무 열매

소사나무 수피

에서도 잘 자란다.

인천 강화도의 마니산(마리산)에 있는 참성단 소사나무는 수령 150년으로 추정되며 높이 4.8m인데, 천연기념물 제502호로 지정되어 있다. 참성단의 돌단 위에 단독으로 서 있어 한층 돋보이며, 규모와 아름다움에서 우리나라 소사나무를 대표한다. 또한 영흥도에도 수령 130년 안팎의 소사나무 350여 그루가 울창한 숲을 이루고 있는데, 농작물을 보호하기 위해 조성한 인공 방풍림이다.

수형이 아름다워 분재용으로 심고 단풍이 아름다워 공원수나 관상수로도 심는다. 또 분재로 많이 이용되는데, 햇빛이 잘 드는 곳에서 관리하면 보기에 좋다. 분재 종류로는 나무껍질이 흰색에 가까운 백소사나무, 능수버들처럼 가지가 아래로 처지는 능수소사나무, 잎에 황금색 반점이 있는 황금소사나무 등 다양하다. 목재는 기구재 등으로 사용된다.

번식법

가을에 종자를 채취해 바로 파종한다.

190 나무껍질이 쓴

소태나무

Picrasma quassioides (D. Don) Benn.

과 명	소태나무과	꽃	6월
형 태	낙엽활엽소교목	열 매	9월

경북 안동시 송사동 소태나무는 높이 20m, 지름 3.1m로 우리나라에서 가장 크며 천연기념물로 지정되었다. 매년 음력 정월 보름에 마을에서 고사를 지내는 신목이기도 하다.

우리말에 '소태같이 쓰다'는 말이 있다. 이는 맛이 아주 쓸 때 쓰는 말인데, 여기에서 소태는 소의 태를 말한다. 그런데 이 나무의 껍질에 들어 있는 콰시인(quassine) 성분이 매우 써서 소태나무라고 한다. 예전에는 그 성분을 추출해 강장제나 구충제로 사용하기도 했으며, 이것을 아기 젓 떼는 데에도 사용했다. 소태나무 삶은 물을 젖꼭지에 발라 아기에게 몇 번 젖을 빨게 하면 자연스럽게 뗄 수 있었다.

소태나무라는 이름은 고목(苦木)에서 유래된 것이며, 학명 *Picrasma* 역시 쓴맛을 뜻하는 고대 그리스어 picrasmon에서 온 말이다. 한자명인 고련(苦楝)이나 영어 이름 bitter ash, bitterwood 역시 쓴맛에서 유래한다.

낙엽활엽소교목으로 높이는 8m 정도이고 지름이 20㎝까지 자란다. 수피는 적갈색이고 황색 피목이 있다. 잎은 어긋나며 기수

소태나무 잎

소태나무 암꽃

소태나무 수꽃

소태나무 열매

소태나무 수피

우상복엽으로 소엽은 9~15개이고 난형 또는 긴 타원형이고 잎 가장자리에 파상의 톱니가 있다. 꽃은 암수딴그루로 6월에 황록색으로 핀다. 열매는 난형의 핵과로 9월에 진한 자갈색으로 익으며 씨는 흑갈색으로 2~4개가 들어 있다.

우리나라와 중국, 타이완, 인도, 일본 등에 분포한다. 우리나라 전 지역의 해발 100~1,100m에서 자란다. 햇빛이 잘 들고 건조한 땅에서 잘 자라며 추위에 강하다. 경북 안동시 송사동 소태나무는 높이가 20m, 지름 3.1m로 우리나라에서 가장 큰 소태나무로 천연기념물 제174호로 지정되었다. 매년 음력 정월 보름에 마을에서 고사를 지내는 신목이기도 하다.

목재는 단단하고 치밀하여 기구, 조각, 세공품을 만드는 데 사용한다. 수피는 소태껍질이라 하여 약용, 섬유자원으로 사용하며 짚신으로 삼는 데 쓰기도 한다. 한방에서는 수피를 건위, 소화불량, 습진, 옴, 폐결핵, 설사 등의 약재로 쓰며 구충제로도 사용한다.

번식법

번식은 실생으로 한다.

191 줄기에 흰 분말이 붙어 있는

솜대

Phyllostachys nigra var. *henonis* (Bean) Stapf ex Rendle

과 명	벼과
형 태	상록활엽성 목본

솜대 죽순

솜대 잎차례

우후죽순이라는 말이 있듯 성장속도가 대단히 빠르다. 솜대는 줄기에 흰 분말이 붙어 있어서 붙여진 이름이다. 그러나 점차 노란빛을 띤 녹색으로 바뀌어간다.

전 세계에 대나무는 무려 400여 종류나 분포한다. 우후죽순이라는 말이 있듯 성장속도가 대단히 빠른데, 이용가치도 높아 매우 유용한 식물이다. 대나무는 예로부터 '풀도 아닌 것이 나무도 아니고'라는 식으로 많이 표현되어왔다. 특히 생장점이 매우 특이한데, 죽순은 땅속에 있으며 줄기는 밖으로 나와 있다. 하지만 나이테가 없다. 그래서 나무와 풀의 중간 형태로 보는 것이 일반적이다. 우리나라 대나무는 죽순대와 왕대, 솜대가 주종을 이룬다.

솜대는 줄기에 흰 분말이 붙어 있어서 붙여진 이름이다. 그러

솜대 열매

솜대 수피(1년생)

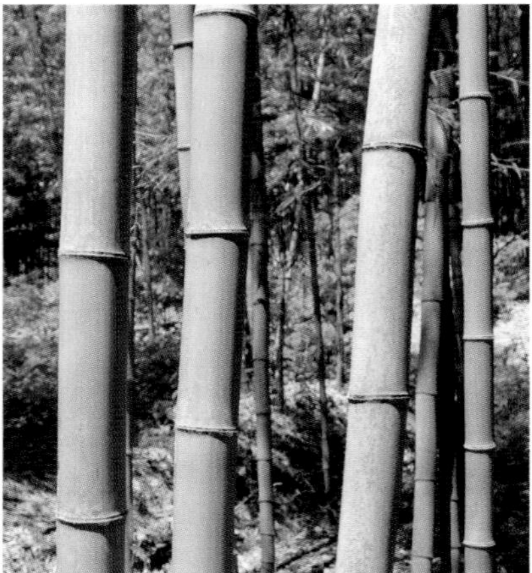

솜대 수피

나 점차 노란빛을 띤 녹색으로 바뀌어간다. 높이는 10m, 가슴둘레는 5~8㎝에 이른다. 마디의 고리는 2개로 모두 높다. 잎은 2~3개씩 달리는 것이 보통이며, 잎의 모양은 바소꼴로 잔톱니가 난다. 4~5월에 나오는 죽순은 붉은빛을 띤 갈색이며, 열매는 공 모

양의 장과로 붉게 익는다. 대략 60년마다 개화를 하는데 피침형의 포 안에 2~5개의 양성화와 단성화가 들어 있다.

솜대는 분죽(粉竹), 감죽(甘竹), 담죽(淡竹)이라고도 부른다. 줄기가 단단하여 죽세공품 재료로 많이 이용되고 죽순은 식용된다. 다른 대나무들처럼 남부지방에 많이 심지만, 드물게 중부지방에서 자라기도 한다.

비슷한 이름으로 자주솜대와 풀솜대가 있지만 전혀 다른 품종이다. 자주솜대는 백합과의 여러해살이풀로 높이가 40㎝이며, 꽃은 다갈색인 우리나라 특산종을 말한다. 풀솜대는 백합과의 여러해살이풀로 높이는 20~50㎝이며, 꽃은 여름에 흰색으로 핀다.

번식법

대나무를 늘리는 방법으로는 무죽에 의한 번식법, 군주에 의한 번식법, 지하경에 의한 번식법이 있으나 보통은 무죽에 의해 번식한다. 보통 1~2년생 대나무 가지를 몇 단 남기고 위를 잘라낸 다음 죽순이 나오기 전에 캐내어 식재한다.

NOTE | 속이 빈 대나무

대나무는 왜 속이 비었을까? 우후죽순과 관련이 깊다. 줄기 벽을 이루는 조직은 빠르게 성장하나 속을 이루는 조직은 느리게 성장해서 속이 비는 것이다. 나이테가 없는 유일한 나무이다.

192 소가 좋아하는 소밥나무

송악

Hedera rhombea (Miq.) Siebold & Zucc. ex Bean

과 명	두릅나무과	꽃	10월
형 태	상록활엽덩굴성 목본	열 매	이듬해 5월

고창 선운사 입구의 삼인리 송악은 많은 덩굴이 암벽을 따라 올라가고 있는 모양이 신기하기만 하다. 남부지방에서는 소가 뜯어먹는다고 '소밥나무'라고도 한다.

벽면이나 땅을 덮는 식물을 흔히 지피(地被)식물이라고 부른다. 대표적으로 잔디가 있는데, 지표식물은 먼지가 날리지 않게 하고 지열도 방지하는 효과가 있다. 나무로는 드물게 송악이 지표식물인데, 덩굴성 목본이라서 지지대에 따라 다양한 수형을 이룰 수가 있는 식물이기도 하다.

고창 선운사 입구의 삼인리 송악은 내륙 분포상 북한계상에 위치한다. 많은 덩굴이 암벽을 따라 올라가고 있는 모양이 신기하기만 하다. 수령은 알 수 없고 천연기념물 제367호로 지정되었다.

남부지방에서는 소가 뜯어먹는다고 '소밥나무'라고도 한다. 담장나무, 큰잎담장나무 등으로도 불리며, 한자명은 능엽상춘등(菱葉常春藤), 상춘등(常春藤) 등이다.

상록활엽덩굴성 목본으로 10㎝ 이상 자라고 뿌리와 가지에서 기근이 나와 다른 물체를 타고 올라가며 작은 가지에 성상 인모가 있다. 잎은 어긋나며 혁질이고 삼각형 또는 난형 및 능형이며,

송악 잎

송악 꽃

송악 열매

송악 수피(소나무에 기어 올라간 모습)

가지의 잎은 3~5개로 얕게 갈라지기도 한다. 꽃은 양성화로 산형화서를 이루며 취산상으로 모여 달리고 녹황색으로 10월에 피며 작은 꽃자루는 성모가 있다. 열매는 둥글며 이듬해 5월에 검은색으로 익는다.

우리나라와 일본, 중국, 타이완, 유럽, 아프리카 등에도 분포한다. 우리나라에는 내륙으로 전북 내장산, 동쪽으로 울릉도, 서쪽으로 인천 앞바다까지 자생한다. 대기습도가 높은 곳과 반그늘진 곳에서 잘 자란다.

지피식물로 절개지나 사면의 복구용으로 적합한 수종이다. 지지하는 물체에 따라 독특한 모양을 만들 수 있어 관상수로 이용된다. 소가 잘 먹어 사료용으로도 쓰이며, 한방에서는 잎과 줄기를 상춘등이라고 해서 지혈, 지경에 사용한다. 꽃말은 신뢰, 우정이다.

번식법

봄에 꺾꽂이를 하여 번식하거나 5월에 씨를 채취하여 씨로 번식하기도 한다.

193 작은 물푸레나무

쇠물푸레나무

Fraxinus sieboldiana Blume

과 명	물푸레나무과	꽃	5월
형 태	낙엽활엽소교목	열 매	9~10월

쇠물푸레나무 잎

쇠물푸레나무 꽃봉오리

재목이 워낙 단단해 야구 방망이 재료로 쓰이는 나무이다. 단단한 까닭에 '쇠'라는 접두어가 붙은 것 같지만 여기에서는 '작다'는 의미이다.

재목이 워낙 단단해 야구 방망이 재료로 쓰이는 나무이다. 단단한 까닭에 '쇠'라는 접두어가 붙은 것 같지만 여기에서는 '작다'는 의미이다. 그래서 앞에 '좀'을 덧붙여 좀쇠물푸레나무라고도 한다. 한자로는 수정목(水精木), 수청목(水青木), 진피수(榛皮樹), 수창목(水蒼木)이라고 한다.

쇠물푸레나무는 물푸레나무보다 잎이 작고 작은 잎이 5~9개로 좀 더 많이 달린다. 물푸레나무 종류들은 가지를 잘라 물에 담그면 물이 파랗게 변한다고 해서 붙여진 이름이다. 물푸레나무는 고대 그리스신화에도 나오는 나무인데, 아킬레스의 창을 이 나무로 만들었다고 한다.

높이는 5~8m 정도로 자라나 대개 물푸레나무보다 작은 편이어서 눈높이에 맞게 꽃이 핀다. 마주나는 잎은 홀수 1회 깃꼴겹잎이다. 작은 잎은 달걀 모양이며 양 끝이 좁다. 잎의 가장자리에 톱니가 있지만 없는 경우도 있다. 5월에 새 가지 끝이나 잎겨드랑

쇠물푸레나무 꽃

쇠물푸레나무 열매

쇠물푸레나무 수피

이에서 흰색 꽃이 원추화서로 잔뜩 달린다. 9~10월에 익는 열매는 붉은 시과로 거꾸로 선 바소꼴이다. 열매의 크기는 2㎝ 정도이다.

낙엽활엽소교목으로 원산지는 우리나라이다. 우리나라 중부지방 이남과 일본 등지에 분포한다. 산 중턱 바위틈이나 계곡에서 잘 자란다. 나무껍질은 약재로 사용된다.

전남 백운산에는 수피가 잿빛을 띤 녹색 또는 갈색의 쇠물푸레나무가 자라는데, 작은 잎의 수가 쇠물푸레나무보다 많은 것이 특색으로 이를 백운쇠물푸레나무라고 한다.

번식법

번식은 꺾꽂이, 뿌리나누기, 휘묻이로 한다.

194 꽃 색이 변화무쌍한

수국

Hydrangea macrophylla (Thunb.) Ser.

과 명	범의귀과	꽃	6~7월
형 태	낙엽활엽관목	열 매	암술이 퇴화됨

수국의 꽃은 마치 칠면조처럼 변화무쌍해 칠변화라고도 한다. 꽃이 피기 시작할 때는 흰색, 점점 꽃이 커지면 청색으로 변해가다 다시 붉은 기운이 돈다. 나중에는 자색으로 변한다.

당나라의 시인 백거이(白居易)가 어느 고을에 관리로 있을 때 바람을 쐬려고 소현사라는 절을 찾았을 때의 일이다. 스님이 반갑게 맞으면서 말했다.

"절에 아름다운 꽃이 피었는데, 아무도 그 꽃의 이름을 모릅니다. 가르쳐주시죠."

백거이가 꽃을 보니 작은 보랏빛 꽃들이 무리를 지어 피어 있었다. 그는 한참이나 넋을 잃고 바라보다 시를 지어주고 떠났다. 시에서 자양화가 곧 수국이다.

선단상(仙壇上)에 심었던 이 꽃이
어느 해에 이 절로 옮겨 왔는가.
비록 이 세상에 있지마는 사람들이 몰라보니
그대와 함께 자양화(紫陽花)라 부르고 싶네.

수국 새순

수국 잎

수국 꽃(초기)

수국 꽃(중기)

수국 꽃(말기)

수국 꽃(파란색)

수국은 중국이 원산지로 자양화 이외에도 분단화(粉團花), 수구화(繡毬花), 팔선화(八仙花) 등으로도 불리며, 분수국이라고도 한다.

수국 하면 국화를 떠올려 초본류로 여겨지나 엄연히 낙엽활엽관목으로 높이는 1m 이상이다. 밑부분에서 많은 줄기가 올라와 둥근 수형을 이룬다.

수국 열매

잎은 난형으로 마주나고, 꽃은 줄기 끝에 크고 둥근 산방화서를 이루는 무성화이다. 꽃받침 잎은 4~5개로 꽃잎 모양이다. 연한 자주색에서 연한 벽색으로 변하며 6~7월에 핀다.

우리나라 중부 이남에 심어 자란다. 반음지식물로 습기가 있는 비옥한 땅에서 잘 자라나, 추위에 약하여 겨울에 대부분의 지상부가 동해를 입는다. 중성의 토양을 좋아하는데 강한 산성 토양에서는 푸른 꽃이 피며 알칼리성 토양에서는 붉은 꽃이 핀다.

수국의 꽃은 마치 칠면조처럼 변화무쌍해 흔히 칠변화라고도 한다. 꽃이 피기 시작할 때는 흰색, 점점 꽃이 커지면 슬슬 청색으로 변해가다 다시 붉은 기운이 돈다. 그러나 나중에는 자색으로 변한다. 이런 수국의 성질을 이용해 토양에 첨가제를 넣으면 다양한 꽃 색깔을 동시에 피울 수도 있다. 한 가지 더 흥미로운 것은 수국의 꽃은 사실 무성화로서 꽃이 아니라 꽃받침으로 산수국처럼 벌이나 나비 같은 곤충을 유인하기 위한 위장술이다.

꽃이 아름다우며 맹아력과 공해에도 강하여 도심지의 공원이나 정원에 심기에 적합하다. 꽃이 아름다워 관상용으로 심으며 꽃은 꽃꽂이용으로 쓴다. 한방에서는 뿌리, 잎, 꽃 모두를 약으로 사용하는데 해열, 심장 강화에 좋다. 잎은 단맛이 있어 수국차로 만들어 마신다. 꽃 색깔이 자주 바뀌는 탓에 꽃말은 '변하기 쉬운 마음'이다.

번식법

종자 번식으로는 안 되어 삽목이나 분주로 번식해야 한다. 옮겨 심을 때는 물기가 많고, 비옥한 땅에 심어야 잘 자란다.

수국 어린 수피

195 꽃향기가 진한

수수꽃다리

Syringa oblata var. *dilatata* (Nakai) Rehder

과 명	물푸레나무과	꽃	4~5월
형 태	낙엽활엽관목	열 매	9월

수수꽃다리 잎

수수꽃다리 꽃봉오리

꽃차례의 모양이 수수 이삭과 비슷하며 수수 꽃이 달리는 나무라 하여 붙여진 이름이다. 꽃봉오리의 모양이 못 머리처럼 생기고 향이 매우 강해 정향(丁香)이라고도 한다.

나무 이름이 아주 예쁘다. 꽃차례의 모양이 수수 이삭과 비슷하며 수수 꽃이 달리는 나무라 하여 붙여진 이름이다. 꽃봉오리의 모양이 못 머리처럼 생기고 향이 매우 강해 정향(丁香)이라고도 한다. 이 밖에도 개똥나무, 넓은잎정향나무 등으로도 불린다.

라일락처럼 생겨서 라일락이라고도 하나 잎이 라일락보다 더 크고 색이 더 진하며 껍질은 회갈색을 띠고 있다. 그러나 실제로는 라일락과 수수꽃다리를 구별하기가 매우 힘든데, 특히 우리나라 수수꽃다리를 서양인이 가져가 품종 개량한 라일락은 더욱 구분하기 어렵다.

낙엽활엽관목으로 높이는 3m 정도이다. 줄기는 많이 갈라지고 작은 가지는 회갈색으로 털이 없다. 잎은 마주나고 넓은 난형 및 난형이다. 꽃은 전년도 가지 끝에 원추화서를 이루며 꽃대에 선상의 돌기가 있고 연한 자주색으로 4~5월에 핀다. 열매는 삭과로

수수꽃다리 꽃

수수꽃다리 열매

수수꽃다리 수피

타원형이며 9월에 익는다.

우리나라와 중국에 분포한다. 우리나라에는 주로 황해도 이북 지방의 석회암 지대에 자생한다. 습기가 있는 사질양토에서 잘 자라고 추위와 공해에 강하며, 병충해와 맹아력도 강하여 옮겨 심어도 잘 사는 편이다.

꽃이 아름답고 향기가 좋아 관상수, 공원수의 용도로 이용하며, 목재는 조각재로 사용된다. 꽃의 향기는 강하고 좋아 향수의 원료로 이용된다. 약재로 사용되는 정향은 수수꽃다리를 포함한 유사식물들을 모두 포함하는 명칭으로, 비장과 위를 따뜻하게 하고 성 기능을 강화시키며 종기나 술독, 풍독을 없애는 데 유용하다. 꽃말은 우애이다.

번식법

번식은 꺾꽂이, 뿌리나누기, 실생으로 한다.

196 실처럼 늘어진 가지가 멋있는

수양버들

Salix babylonica L.

과 명	버드나무과	꽃	3~4월
형 태	낙엽활엽교목	열 매	5~6월

실처럼 늘어뜨린 버드나무 가지는 여간 멋있는 것이 아니다. 물에 닿을 듯 말 듯 강가에 축축 늘어져 바람이 불면 살랑살랑 흔들린다.

옛말에 '유실무실오동실(有實無實梧桐實)이요, 유사무사양유사(有絲無絲楊柳絲)'라는 말이 있다. 오동나무 열매와 버드나무에서 나오는 실은 있으나 마나 하다는 뜻이다. 그러나 실처럼 늘어뜨린 버드나무 가지는 여간 멋있는 것이 아니다. 물에 닿을 듯 말 듯 강가에 축축 늘어져 바람이 불면 살랑살랑 흔들린다.

능수버들은 천안삼거리에 많고, 능소라는 처녀 이름에서 유래한다는 설이 있듯, 수양버들도 몇 가지 유래가 있다. 이 나무가 유난히 양쯔 강 하류에 많이 자라는데, 이는 수나라 양제가 대운하를 만들면서 백성들에게 이 나무를 많이 심게 했기 때문이다. 그래서 수양버들이라는 설이 있다. 하지만 한자로는 수나라 양제라는 뜻이 아니라 드리운(垂) 버들(楊)이라는 의미이다. 중국 수양산 근처에 많이 자라서 수양버들이라고 했다는 설도 있고, 조선의 수

수양버들 잎

수양버들 암꽃

수양버들 수꽃

수양버들 열매

수양버들 수피

양대군 이름을 따서 수양버들이 되었다는 이야기도 전해진다. 학명에는 바빌로니카(*babylonica*)가 붙어 있는데, 이는 중동의 고대 도시 바빌론에서 유래한 말이다. 아마도 바빌론에도 이 나무가 상당히 많았던 모양이다.

수양버들은 낙엽활엽교목으로 높이는 18m 정도, 지름이 80㎝로 우리나라 전국의 마을 주변에서 흔히 볼 수 있다. 줄기는 곧

고 굵은 가지가 많은데, 가지는 흑갈색 또는 적자색으로 털이 없다. 전체적인 수형은 원형을 이룬다. 잎은 피침형으로 양면에 모두 털이 없고 뒷면은 흰빛을 띠며 가장자리에 잔톱니가 있다. 암수딴그루로 꽃은 3~4월에 잎보다 먼저 또는 잎과 동시에 녹황색으로 핀다. 수꽃은 2개의 수술이 있으며 암꽃은 암술이 1개 있으며 털이 있다. 열매는 원추형의 삭과로 5~6월에 익는다.

물가나 습지에 주로 자라는데, 추위와 공해에 강하고 맹아력이 좋으며 생장속도도 빨라 도심지의 가로수로 심기에 적합하다. 5~6월경에 다 익은 종자의 솜털이 날아다니면 주변이 지저분해지며, 기계 등을 취급하는 곳에서는 고장의 원인이 되기도 한다. 목재는 건축용이나 각종 기구재로 쓰이며, 가지와 잎, 꽃, 뿌리, 나무껍질, 열매 등 나무의 대부분이 약재로 이용된다. 꽃말은 사랑의 슬픔이다.

번식법

5~6월 중에 성숙된 종자를 채취하여 바로 저습지에 씨를 뿌려 발아시킨 묘목을 심거나, 1년생 가지로 꺾꽂이를 해서 번식한다.

NOTE | 수양버들의 전설

그리스신화에 의하면 태양의 신 아폴론의 이륜차에서 파에톤이라는 아가씨가 떨어져 죽자, 동생인 헬리아데스가 죽음을 애도하며 수양버들로 변했다고 한다. 수양버들의 길게 늘어진 가지는 파에톤의 눈물이라고 하며, 수양버들이 습기를 좋아하는 것도 이 눈물 때문이라고 한다. 이 때문인지 꽃말은 '사랑의 슬픔'이 되었다.

197 염분이 있는 바닷가에서도 잘 자라는

순비기나무

Vitex rotundifolia L.

과 명	마편초과	꽃	7~9월
형 태	낙엽활엽덩굴성 목본	열 매	9~11월

순비기나무 새잎

순비기나무 잎

해녀가 바닷물에서 나와 숨비소리를 내며 뭍을 바라보면 바닷가의 바위틈에 피어 있는 순비기나무의 보랏빛 꽃이 보였던 것일까. 순비기나무는 바로 숨비소리에서 유래한다는 설이 있다.

제주도 해녀들이 물질하러 바닷속에 들어갔다 나오면 '휘이익' 하고 가쁘게 숨소리를 내는데, 이 소리를 제주도에서는 숨비소리 또는 숨비기소리라고 한다. 해녀가 바닷물에서 나와 숨비소리를 내며 뭍을 바라보면 바닷가의 바위틈에 피어 있는 순비기나무의 보랏빛 꽃이 보였던 것일까. 순비기나무는 바로 숨비소리에서 유래한다는 설이 있다. 이를 뒷받침하는 것이 이 나무의 열매가 물질 후 찾아오는 두통을 치료하는 데 효과가 있다고 하는 것이다.

낙엽활엽덩굴성 목본으로 높이는 20~80㎝로 작다. 줄기는 비스듬히 지면을 향해 자라고 전체에 회백색의 잔털이 있다. 잎은 마주나며 길이가 2~5㎝, 너비가 1.5~3㎝이다. 잎은 달걀 모양이며 두텁고 표면에는 잔털이 많이 있으며, 회색빛이 돌고 뒷면은 은백색이다.

꽃은 7~9월에 자주색으로 가지 끝에 길이 4~7㎝의 꽃줄기에

순비기나무 잎차례

순비기나무 꽃

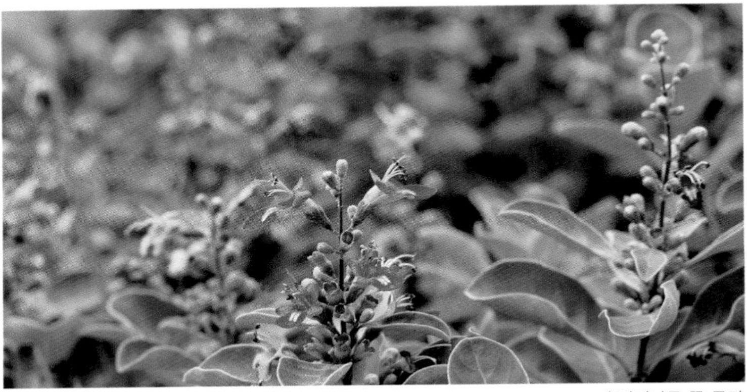
순비기나무 꽃 무리

많은 꽃이 달린다. 꽃받침 잎은 술잔 모양이고 암술머리는 연한 자주색으로 2개로 갈라진다. 열매는 9~11월경에 흑자색으로 달리며, 지름은 약 6㎜이다.

관상용과 밀원식물로 쓰이며, 열매는 한방에서 만형자(蔓荊子)라고 하여 두통이나 안질, 귓병에 쓴다. 열매로 담근 술을 만형주라고 하며, 잎과 가지에는 향이 있어 천연 허브로도 이용된다.

만형자, 만형, 만형자나무, 풍나무라고도 한다. 우리나라 중부

순비기나무 열매

순비기나무 수피

이남, 일본, 동남아시아, 태평양 연안, 오스트레일리아 등지에 분포한다. 내한성이 강해 추운 곳에서도 자라지만, 남부의 바닷가 모래땅이나 잔돌이 많으며 햇볕이 잘 드는 곳에서 자란다. 척박한 바닷가에 넓게 군락을 이루어 바람에 의한 모래 유실이나 파도에 의한 침식을 막아주는 역할을 한다. 꽃말은 그리움이다.

번식법

10월경에 채취한 씨앗을 이용하거나 삽목을 하기도 한다. 씨앗이 딱딱해서 부수거나, 물에 5~6일 정도 충분히 불린 후 뿌리면 발아율이 높다. 또는 지난해 가지를 이용하며 모래에 삽목하는데, 습도와 온도를 맞추어 주는 것이 중요하다.

NOTE | 팔목주

전남 장성지방의 토속주로 팔목(八木), 즉 여덟 가지 나무가 주된 원료가 되는 약주를 말한다. 오갈피나무, 음나무, 개오동, 주엽나무, 마가목, 화살나무, 말오줌때, 순비기나무가 그것인데, 옛날부터 '72가지 풍을 다스린다'고 하여 약주 중의 약주로 손꼽는다.

198 꿀도 많이 나오고, 열매도 많이 달리는

쉬나무

Euodia daniellii Hemsl.

과 명	운향과	꽃	7~8월
형 태	낙엽활엽소교목 또는 교목	열 매	9~10월

쉬나무 잎

서울 남산 꼭대기에는 큰 쉬나무가 있으며 전남 무등산, 황해도 등 각지에서 자란다. 경복궁과 덕수궁의 뜰에도 큰 쉬나무가 여러 그루 있다.

수유나무와 비슷하다고 해서 본래 수유나무라고 하던 것이 쉬나무로 변하였다. 소동나무, 디지나무, 소동백나무, 시유나무라고도 한다. 꿀도 많이 나오지만 열매도 많이 열리고 정유가 들어 있어 기름을 짜서 등잔불이나 머릿기름, 피부병, 해충 구제약으로 사용한다.

낙엽활엽소교목 또는 교목으로 높이는 10m까지 자라고 수피는 회갈색으로 평활하다. 어린 가지는 적갈색으로 피목(皮目)이 발달되어 있다. 잎은 7~11개의 소엽으로 된 기수 우상복엽으로 대생한다. 소엽은 난형 및 긴 타원상의 난형이고 가장자리에 선점과 더불어 잔톱니가 있으며, 뒷면 맥 사이에 꼬부라진 털이 있다. 꽃은 정생하는 취산상의 원추화서에 달리며 7~8월에 흰색으로 핀다. 열매는 난구형의 골돌과로 9~10월에 홍갈색으로 익으며, 종자는 검은색이다.

쉬나무 꽃봉오리

쉬나무 암꽃

쉬나무 수꽃

쉬나무 열매

쉬나무 수피

우리나라와 중국에 분포한다. 우리나라에서는 전국의 해발 100~600m 사이에 분포하며 주로 인가 부근에 자생한다. 건조한 곳이나 바닷가에서도 잘 자라며 추위와 공해에도 강하고 생장도 빠르다.

서울 남산 꼭대기에는 큰 쉬나무가 있으며 전남 무등산, 황해도 등 각지에서 자란다. 경복궁과 덕수궁의 뜰에도 큰 쉬나무가 여러 그루 있다.

꽃과 열매가 아름다워 관상적 가치가 있으며 목재는 건축재, 기구재, 가구재, 내장재, 신탄재 등으로 쓰인다. 씨는 기름을 짜서 쓰며 밀원식물로도 이용된다. 열매에 정유가 들어 있어 생으로 식용하는데 새에게도 좋은 먹이가 된다.

번식법

번식은 실생으로 한다.

199 잎이 부드럽고 가는

스트로브잣나무

Pinus strobus L.

과 명	소나무과	꽃	5월
형 태	상록침엽교목	열 매	이듬해 9월

스트로브잣나무 이름에서 스트로브란 학명에서 따온 명칭으로 구과(毬果)라는 뜻이다. 구과란 털이 나 있는 둥근 열매를 말한다.

스트로브잣나무 이름에서 스트로브란 학명에서 따온 명칭으로 구과(毬果)라는 뜻이다. 구과란 털이 나 있는 둥근 열매를 말한다. 영어명은 white pine이며, 잎이 다섯 개로 밀생하여 미국오엽송이라고도 한다. 또 북미교송(北美僑松), 가는잎소나무라는 별칭도 있다. 북미 원산으로 우리나라에는 1920년에 도입되어 중부 이남지방에 심어졌지만, 많은 편은 아니다.

스트로브잣나무 잎

스트로브잣나무 잎차례

스트로브잣나무 암꽃

스트로브잣나무 수꽃

❶❷ 스트로브잣나무 열매

상록침엽교목으로 높이는 25m 이상이고 지름은 1m이다. 수형은 원추형이고 수피는 회녹색이다. 5개씩 속생하는 침엽은 길이가 6~14㎝이고 잔톱니가 있으며 청록색이다. 다른 소나무 잎과는 달리 매우 부드러운 것이 특징이라고 할 수 있다. 꽃은 5월에 가지 선단에 1~3개가 모여 핀다.

다른 잣나무와 차이점은 잎이 가늘고 부드럽다는 것이다. 그래서 바람에 잘 흔들리는 경향이 있다. 열매는 이듬해 9월에 익

스트로브잣나무 수피

는데 길고 수피가 미끈한 것이 특징이며 식용하지 않는다. 잣나무라는 이름이 붙었어도 실제로 식용하는 것은 사실 잣나무뿐이라고 할 수 있다.

대개 소나무류는 공해에 약한 편이지만 스트로브잣나무는 공해에 강하며 생장속도도 빠른 편이라서 조림용이나 도심지, 고속도로변에 조경용으로 심기도 한다. 이 밖에도 관상용, 건축재, 가구재 등의 용도로 심는다.

우리나라에는 해발 500m 이하의 중부 이남에 식재가 가능하다. 땅이 깊고 비옥한 땅을 좋아하는데 건조한 곳에서도 잘 견디며 자란다.

국내에서 가장 나이가 많은 스트로브잣나무는 경기도 수원의 잠사과학박물관에 있는데, 이 나무는 1917년 잠업시험소가 신설할 당시 기념으로 심은 것이다.

번식법

번식은 실생으로 한다. 공해에 강하고 내한성도 강하며 생장속도도 빠른 수종이다.

200 20리마다 심었던 이정목

시무나무

Hemiptelea davidii (Hance) Planch.

과 명	느릅나무과	꽃	4~5월
형 태	낙엽활엽교목	열 매	9~10월

시무나무 어린 가지와 가시

시무나무 잎

예로부터 풍년과 흉년을 점치는 나무로 이용되었다. 잎이 활짝 피면 풍년이 들고 그렇지 않으면 흉년이 든다고 믿었다. 그래서 농부들은 풍년을 기원하기 위하여 제사를 올리기도 했다.

이십수하삼십객(二十樹下三十客)
사십촌중오십반(四十村中五十飯)

이 시는 시무나무(二十樹) 밑(下)에 서러운(三十) 길손(客)이 망할 놈의 마을(四十村)에서 쉰 밥(五十飯)을 얻어먹는다는 뜻으로 읊은 나그네의 서러움을 풍자하였다. 이 시에서 이십수(二十樹)는 바로 시무나무로 이정표(里程標)의 나무로 쓰였다는 사실을 알 수 있다. 곧 시무나무는 이십 리마다 심었다고 해서 붙여진 이름으로, 20을 나타내는 스물이 스무로 변하고, 스무가 시무로 변한 것이다. 한자명은 자유(刺楡), 축유(軸楡)라고 하는데, 자유는 가시가 달린 느릅나무라 하여 붙여진 것이고, 축유는 재질이 단단하고 치밀하여 수레바퀴의 축으로 많이 쓰여 붙여진 것이다.

이 나무는 예로부터 풍년과 흉년을 점치는 나무로도 이용되었

다. 잎이 활짝 피면 풍년이 들고 그렇지 않으면 흉년이 든다고 믿었다. 그래서 풍년을 비는 농부들은 시무나무의 싹이 활짝 피기를 기원하는 제사를 올리기도 했다. 이런 나무를 흔히 기상목(氣象木)이라고 부른다.

낙엽활엽교목으로 높이는 20m 정도이며 지름이 2m이다. 줄기는 원추상의 수형이고 수피는 회갈색으로 세로줄이 있으며, 작은 가지에는 1.5~10㎝ 정도의 긴 가시가 나 있다. 잎은 어긋나고 긴 타원형 및 타원형으로 가장자리에 짧은 톱니가 있으며, 뒷면

시무나무 꽃

시무나무 열매

시무나무 씨앗

시무나무 수피

맥 위에 털이 있다. 꽃은 액생하며 연황색으로 4~5월에 핀다. 열매는 시과로 편평한 반달 모양으로 한쪽에만 날개가 있고 9~10월에 익는다.

우리나라와 중국, 몽골에 분포한다. 우리나라에서는 함북을 제외한 전국의 해발 100~1,020m 사이에 계곡이나 하천에 자생한다. 습기가 있는 비옥한 사질양토를 좋아하고 추위와 공해에 강하여 우리나라 전역에서 잘 자란다. 침수에 강하여 습기가 있는 곳에는 잘 자라지만 건조한 땅에서는 잘 자라지 못한다. 경북 영양의 주사골 시무나무와 비술나무 숲은 수령 100~300년의 시무나무와 비술나무 등이 120여 그루가 자라는 숲으로 천연기념물 제476호로 지정되었다.

옛날 어려웠던 시절 시무나무는 어린잎으로 떡을 해 먹기도 했는데, 고구려 온달과 평강공주 이야기에도 등장한다. 평강공주가 온달의 집에 갔을 때 어머니는 아들이 '유엽병(楡葉餠)'거리를 하러 산에 가고 없다고 하였는데, 이는 떡을 만들기 위해 시무나무 잎을 따러 산에 갔다는 기록이다. 어린 가지에 가시가 나 있어 방범용의 생울타리용으로 많이 심는다. 목재의 재질은 단단하고 질겨서 기구재, 운동구재로 사용된다.

번식법

실생으로 번식한다.

201

빨간 대추 같은 열매가 달리는

식나무

Aucuba japonica Thunb.

과 명	층층나무과	꽃	3~4월
형 태	상록활엽관목	열 매	10~12월

우리나라에서는 경기 이남의 해안 및 섬지방의 나무 밑 그늘에서 군생한다. 제주도 거문오름에는 식나무의 군락지가 있다.

가지가 푸르다고 해서 청목(青木) 등으로도 부르며, 열매가 빨간 대추처럼 열려 산대추라고도 부른다. 이 밖에도 넓적나무, 도엽산호(桃葉珊瑚)라고도 한다.

우리나라와 일본, 타이완, 중국, 인도 등지에 분포한다. 우리나라에서는 경기 이남의 해안 및 섬지방의 나무 밑 그늘에서 군생한다. 습기가 있고 비옥한 땅과 그늘진 곳에서 잘 자란다. 제주도 거문오름에는 식나무의 군락지가 있다.

상록활엽관목으로 높이는 3m 정도이고 새로 나온 가지는 녹색이다. 잎은 마주나고 타원상의 난형 및 타원상의 피침형으로 가장자리에 치아상의 톱니가 있다.

꽃은 암수딴그루로 가지 끝에 원추화서를 이룬다. 수꽃은 수술이 4개이며 암꽃은 1개의 암술만 있고 길이는 5~8㎝이다. 꽃잎은 난형으로 3~4월에 핀다. 열매는 타원형으로 10~12월에 붉은색으로 익는다.

식나무 새잎

식나무 잎

식나무 암꽃

식나무 수꽃

식나무 열매

식나무 수피

붉은 열매가 아름다워 관상용으로 정원에 심는다. 목재는 기구재, 가구재, 지팡이, 양산대를 만드는 데 사용된다. 잎은 동물의 사료로 사용하며, 민간에서는 나무껍질이나 잎을 뱀독, 종기, 화상 등에 쓴다.

번식법

번식은 꺾꽂이와 실생으로 한다.

202 잎으로 신을 갈아 신었다는

신갈나무

Quercus mongolica Fisch. ex Ledeb.

과 명	참나무과	꽃	5~6월
형 태	낙엽활엽교목	열 매	9~10월

신갈나무 새순

신갈나무 잎

신갈나무의 '신'은 새롭다는 뜻이다. 또 옛날 나무꾼들이 숲 속에서 짚신이 해어지면 이 나무의 잎을 바닥에 깔고 밟았다고 해서 신을 갈았다는 의미로 신갈나무라고 한다는 설도 있다.

도톨밤 도톨밤 참밤이 아니련만
어느 누가 도톨밤이라 이름 지었나.
차보다도 쓰디쓴 맛에 거무죽죽한 빛깔
그래도 주린 배 채워보려는데 이런 것도 없구나.

윤여형의 〈상률가〉 중에서

위 한시는 고려 후기의 문인인 윤여형이 쓴 〈상률가〉의 일부이다. 《동문선》 권7에 실려 전하는 이 시는 도토리를 줍는 농민의 굶주린 삶을 통하여 당시 권문세가의 가혹한 수탈과 피폐한 농촌의 참상을 사실적으로 그려냈다. 여기에서 상률이란 도토리를 말하는데, 상수리나무나 신갈나무의 열매를 뜻한다. 옛날에는 서민들이 도토리를 식량처럼 자주 먹었음을 알 수 있다.

신갈나무의 '신'은 새롭다는 뜻이다. 또 옛날 나무꾼들이 숲 속에서 짚신이 해어지면 이 나무의 잎을 바닥에 깔고 밟았다고 해

서 신을 갈았다는 의미로 신갈나무라고 한다는 설도 있다. 참나무과의 이름에는 '갈' 자가 들어가는 것이 많은데, 봄에 새잎이 나오고 가을에 단풍이 들어 잎이 떨어지는 것을 말한다. 상수리나무, 신갈나무, 굴참나무, 떡갈나무, 졸참나무, 갈참나무의 6종을 흔히 참나무라고 부른다. 신갈나무는 돌참나무, 물가리나무라고도 하며, 영명은 Mogolian oak이다.

낙엽활엽교목으로 높이는 30m 정도이고 지름이 1m로 오래된

신갈나무 암꽃

신갈나무 수꽃

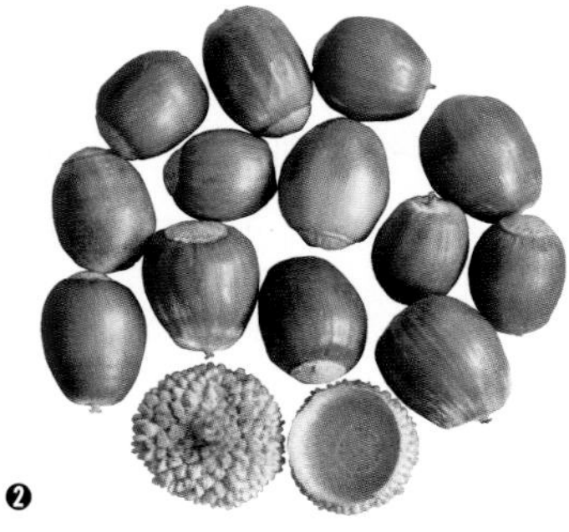

❶❷ 신갈나무 열매

수피는 흑갈색이고 세로로 갈라진다. 잎은 도란형으로 가장자리는 파도 모양이며 잎맥은 7~11쌍이다. 수꽃은 새 가지 기부에서 아래로 처지고, 암꽃은 4~5개 달리며 위를 향하고 5~6월에 핀다. 각두(殼斗)는 견과를 1/2 이하로 감싸며 난형으로 9~10월에 익는다.

신갈나무 수피

우리나라와 중국, 몽골, 시베리아 등지에 분포한다. 우리나라에서는 해발 100~1,800m의 전국에 자생하는 나무로, 산 중턱의 위쪽에서 단순림을 이루고 있으며 건조한 곳에서도 잘 자란다. 경기도에서 발생한 참나무시들음병의 피해로 신갈나무가 고사해가고 있다. 특히 신갈나무의 오래된 나무는 수세가 약해져서 병충해 피해를 많이 받았다. 피해를 입은 신갈나무는 내성이 생겨서 점차 회복되어가기도 한다.

조림용, 식용, 철도침목, 차량용, 기구재, 신탄재 등의 용도로 사용된다. 열매는 식용하며, 민간에서는 나무껍질과 종자를 하혈이나 주름살 제거 등에 약으로 쓰기도 한다.

번식법

가을에 종자를 채취하여 노천매장한 후 이듬해 봄에 파종한다.

203 줄기 삶은 물로 눈병을 치료하던

신나무

Acer tataricum subsp. *ginnala* (Maxim.) Wesm.

과 명	단풍나무과	꽃	5월
형 태	낙엽활엽소교목	열 매	9월

신나무 새잎

신나무 잎(앞면)

신나무 잎(뒷면)

시닥나무, 시다기나무라고도 한다. 한자명은 색목(色木)이라 하는데, 잎을 따서 스님의 법복을 염색하는 데에서 붙여졌다고 한다.

눈병이 났을 때 줄기를 삶은 물로 씻으면 낫는 나무라 하여 싯나무 또는 신나무라 부르다가 신나무로 되었다고 생각된다. 시닥나무, 시다기나무라고도 한다. 한자명은 색목(色木)이라 하는데, 잎을 따서 스님의 법복을 염색하는 데에서 붙여졌다고 한다.

낙엽활엽소교목으로 높이는 5~8m 정도이고 수피는 흑갈색으로 갈라진다. 잎은 마주나고 난상의 타원형이며 꼬리 모양이다. 가장자리는 아랫부분에서 흔히 3개로 갈라지고 불규칙한 결각과

신나무 꽃

신나무 열매

겹톱니가 있다. 꽃은 잡성화로 가지 끝에 복산방화서를 이루며 5월에 황백색으로 핀다. 수꽃은 긴 난원형으로 흰색이며, 양성화는 흰색 털이 밀생하며 5월에 핀다. 열매는 시과로 황록색이며 날개는 거의 평평하거나 서로 합쳐지는데 마치 말발굽 모양으로 납작한 열매가 주렁주렁 달리며 9월에 익는다.

우리나라와 일본, 중국, 아무르 지역에 분포한다.

우리나라에서는 전국의 해발 100~1,500m 사이의 계곡과 산기

습에 자생한다. 양지나 음지, 추위에서 잘 자라나, 건조지에서는 잘 자라지 못하며 맹아력과 공해에는 강하다.

주로 개울가나 습지에서 쉽게 볼 수 있는 나무로 단풍나무보다는 붉은빛이 덜 강렬하지만 대신 아주 고운 붉은빛을 띤다.

단풍이 아름다워 풍치수, 조경수로 심는다. 목재는 기구재, 지팡이, 세공재 등을 만드는 데 쓴다. 잎은 회흑색의 염료로 사용하는데 여러 번 물을 들일수록 색은 점점 진해져 검은빛으로 된다. 한방에서는 뿌리껍질을 다조축(茶條槭), 새순을 다조아(茶條芽)라 한다.

열을 내리고 눈이 밝아지며 피부를 수렴(收斂)시키고 통증을 가라앉힌다. 눈병, 설사, 치질, 관절통, 신장염, 간염 등에도 사용한다. 민간에서는 껍질을 달여서 세안약이나 신장염 치료제로 쓰고 있다.

번식법

번식은 실생으로 한다.

신나무 수피

204 보잘것없지만 쓰임새 많은

싸리

Lespedeza bicolor Turcz.

과 명	콩과	꽃	7~8월
형 태	낙엽활엽관목	열 매	10월

싸리 잎

싸리 잎차례

우리 옛 조상들은 싸리로 집을 짓고, 싸리를 엮어 싸리문을 만들었으며, 싸릿대를 엮어 울타리를 만들었다. 가지와 줄기로는 농기구와 각종 생활도구를 만들어 썼다.

싸리는 조록싸리, 해변싸리, 참싸리, 고양싸리와 함께 우리나라 특산식물이다. 좀풀싸리, 좀싸리, 애기싸리, 좀산싸리라고도 하며, 산추(山萩), 소형(小荊), 호지자(胡枝子)로도 불린다.

낙엽활엽관목으로 높이는 2~3m 정도이다. 작은 가지는 마름모꼴의 능선이 있고 암갈색이다. 잎은 삼출엽으로 원형 및 도란형이며, 표면은 진녹색이고 뒷면은 연녹색으로 누운 털이 나 있다. 꽃은 액생 또는 정생의 총상화서에 달리고 꽃대에 밀모가 있다. 꽃은 7~8월에 홍자색으로 핀다. 열매는 넓은 타원형의 협과로 끝이 부리처럼 길고 털이 약간 있는데, 10월에 익는다. 종자는 콩팥 모양으로 갈색 바탕에 반점이 있다.

우리나라와 중국, 일본, 타이완, 우수리 등에 분포한다. 우리나라에는 전국의 산야에 자생한다. 줄기, 가지가 월동 중에 반 이상이 고사한다. 햇빛을 좋아하고 건조지와 척박한 토양에서도 잘 자란다. 공해에는 강하나, 조해(潮海)에는 약한 수종이다.

싸리 꽃

싸리는 척박한 야산에 지천으로 자생하는 조그마하고 보잘것없는 나무이지만, 쓰임새가 아주 많은 나무로 유명하다. 우리 옛 조상들은 싸리로 집을 짓고, 싸리를 엮어 싸리문을 만들었으며, 싸릿대를 엮어 울타리를 만들었다. 새순이나 꽃은 나물로 해 먹고, 가지와 줄기로는 농기구와 각종 생활도구를 만들어 썼다. 또 수피는 섬유로 사용하였으며, 싸리 꿀은 좋은 영양식이었으며, 몸이 아플 때는 잎과 가지와 줄기로 병을 고치는 등 약으로도 썼다. 게다가 말 안 듣는 아이를 위한 회초리도 싸리로 만들었고, 윷을 만들어 놀거나 점을 치기도 했다. 즉 싸리의 잎, 꽃, 가지 등으로 의식주를 해결하였던 것이다.

그 밖에 농기구용인 삼태기, 술 거르는 용수, 소쿠리, 곡식을 까부는 키, 빗자루 등을 만들며 나무는 신탄재로, 잎은 사료로 쓰기도 했다. 한방에서는 잎과 가지를 이뇨, 해열, 임질 등에 썼다. 꽃이 아름다워 관상용으로 심기도 한다.

번식법

번식은 실생으로 한다.

205 작은 사과 같은 열매를 맺는

아그배나무

Malus sieboldii (Regel) Rehder

과 명	장미과	꽃	5월
형 태	낙엽활엽소교목	열 매	9~10월

아그배나무 잎

아그배나무 꽃

아그란 '아기'의 전라도 사투리로 작은 배라는 뜻이다. 또 다른 설로는 갈라지는 잎이 꼭 아귀를 닮았다고 해서 붙여졌다고도 한다.

'아그배' 하면 꼭 외래어처럼 느껴진다. 그러나 아그란 '아기'의 전라도 사투리로 결국 아그배란 작은 배라는 뜻이다. 또 다른 설로는 갈라지는 잎이 꼭 아귀를 닮았다고 해서 붙여졌다고도 한다. 배라는 이름이 붙었지만 사실 열매는 작은 사과를 닮았다. 실제로도 사과나무속으로 사과나무에 가깝고 사과나무 접을 붙이는 대목으로 이용되곤 한다. 꽃사과, 애기사과라고도 하며, 한자명은 삼엽해당(三葉海棠), 당이(棠梨), 야황자(野黃子) 등이다.

낙엽활엽소교목으로 높이는 2~6m이고 작은 가지에는 털이 있으며 자갈색이다. 꽃은 4~5개씩 짧은 가지에 산형상으로 5월에 핀다. 열매는 둥글고 9~10월에 황홍색으로 익는다.

우리나라와 중국, 일본 등지에 분포한다. 내한성의 나무이며 척박한 토양에서도 잘 자라 우리나라 어느 곳에서나 잘 자란다. 1992년 리우데자네이루에서 열린 지구환경회의에서 지구를 살리는 생명의 나무를 나라마다 정했는데, 우리나라에서는 아그배나

무가 지정되었다.

꽃사과의 열매처럼 주렁주렁 달려 있는 모습이 앙증스러워 분재의 소재로 쓰이기도 하며, 꽃과 열매가 아름다워 공원수나 정원수로도 심는다. 씨가 너무 많고 크기도 작은 데다 맛도 별로여서 식용으로는 대접을 받지 못하나, 과실주로는 향과 분홍빛의 빛깔로 환영받고 있다.

목재는 무겁고 단단하여 농기구의 자루, 각종 기구나 가구를 만들며 땔나무와 숯의 재료로도 쓰며, 수피는 황색 염료로 사용된다. 한방에서는 열매를 해홍(海紅)이라 하여 해열, 번열, 당뇨, 경련, 기침가래 등에 사용한다. 민간요법으로 고열, 열병, 열이 나고 갈증이 심할 때, 기침, 당뇨에 열매를 달여 마시면 좋다. 어린잎에는 약한 독성이 있으므로 먹지 않는 것이 좋다. 꽃말은 온화이다.

번식법

번식은 실생으로 한다.

아그배나무 열매

아그배나무 수피

206 꽃향기가 진한

아까시나무

Robinia pseudoacacia L.

과 명	콩과	꽃	5~6월
형 태	낙엽활엽교목	열 매	10월

아까시나무 잎

흰색의 꽃은 향이 매우 강해 멀리서도 아까시나무의 존재를 알 수 있을 정도이다. 아까시나무가 다른 식물의 성장을 방해하는 것은 특유의 향 때문이다.

5월말 뒷산에 흐드러지게 피는 아까시나무 꽃은 초여름의 상징이라고 할 만하다. 흰색의 꽃은 향이 매우 강해 멀리서도 이 나무의 존재를 알 수 있을 정도이다. 흔히 아카시아라고 부르지만 실제 아카시아는 전혀 다른 나무이다. 아카시아와 닮았으나 가짜라고 해서 영어로는 false acasia라고 부른다. 또 다른 영어명으로 bastard acasia라고도 하는데, 여기에서 bastard는 서자, 사생아, 아비 없는 자식 등으로 욕을 할 때 쓰는 말이다. 서양에서는 이 나무를 잡종, 가짜 등 별로 좋지 않은 나무로 보는 경향이 있다.

이는 우리나라에서도 비슷하다. 특히 생장이 너무나 왕성하고 주변에 다른 나무나 풀을 자라지 못하게 하는 나무로 인식이 나쁜 편이며, 심지어는 뿌리를 깊게 뻗쳐 묘를 망가트리기도 한다. 그래서 한때 베어버려야 한다는 의견도 많았지만, 산림녹화에는 큰

공로를 한 수종으로 평가할 수 있다.

아까시나무가 다른 식물의 성장을 방해하는 것은 특유의 향 때문이다. 피톤치드의 일종인 테르펜(terpene)을 내뿜어 다른 식물의 생장을 억제하거나 방해하는 것이다. 이런 작용을 흔히 타감작용(allelopathy)이라고 한다.

낙엽활엽교목으로 높이는 25m 정도이고 지름 1m이다. 수피는 갈색이고 탁엽(턱잎)이 변한 가시가 있다. 잎은 어긋나며 7~19개의 소엽으로 된 기수 1회 우상복엽이고 소엽은 타원형 및 난형으로 가장자리는 밋밋하다. 꽃은 액생하며 총상화서에 달린다. 꽃의 색상은 흰색이며 기부에 누른빛이 돌고 5~6월에 핀다. 열매는 넓은 선형의 협과로 편평하고 털이 없으며 10월에 익는다.

아까시나무 꽃

우리나라에는 1900년대 초에 연료림으로 도입하여 황무지 복구용, 연료림으로 심었는데, 번식력과 생장력이 매우 강하다. 햇빛을 좋아하며 건조하고 척박한 땅에서도 잘 자라며 추위와 공해에도 강하여 전국 어디에서나 잘 자란다.

목재는 매우 단단해 차량재, 건축내장재, 기구재, 철도침목, 목공예재, 신탄

아까시나무 열매

아까시나무 줄기에 난 가시

아까시나무 수피

재로 쓰며 잎은 사료로 사용한다. 또 어린잎은 나물로 해 먹는다. 잎과 뿌리는 약용으로 이뇨, 신장염, 수종 등에 쓴다. 아까시나무의 큰 장점은 최고의 밀원식물이라는 것이다.

번식법

번식은 실생으로 한다.

207 빨간 열매가 매혹적인

앵도나무

Prunus tomentosa Thunb.

과 명	장미과	꽃	3~4월
형 태	낙엽활엽관목	열 매	6월

앵도나무 잎(앞면)

앵도나무 잎(뒷면)

앵도나무 잎

복숭아처럼 생긴 작은 열매를 꾀꼬리가 잘 먹는다고 해서 처음에는 꾀꼬리 앵 자를 붙여 앵도(鶯桃)라 했던 것이 앵도(櫻桃)로 바뀌었고, 후에 현재의 이름으로 바뀐 것이다.

앵도나무는 복숭아처럼 생긴 작은 열매를 꾀꼬리가 잘 먹는다고 해서 처음에는 꾀꼬리 앵 자를 붙여 앵도(鶯桃)라 했던 것이 앵도(櫻桃)로 바뀌었고, 후에 현재의 이름으로 바뀐 것이다. 나무 이름에서 앵(櫻) 자는 열매가 많이 매달린 것을 상징한다. 영어로는 Nanking cherry라고 하는데, 여기서 Nanking은 원산지인 중국 난징을 말한다.

도톰하면서도 빨간 열매는 매우 매혹적이기도 해서 흔히 예쁜 여자의 입술을 '앵두 같은 입술'이라고도 표현한다. 그러나 '앵두 따다'라는 말은 눈물을 뚝뚝 흘리며 운다는 표현이다.

낙엽활엽관목으로 높이는 3m 정도이다. 가지가 많이 달려 둥근 수형을 이루며 작은 가지는 털이 많이 나 있다. 잎은 타원형으로 어긋나고 잎의 양면에 털이 있으며 가장자리에는 잔톱니가 있다. 꽃은 1개 또는 2개씩 모여 달리고 꽃잎은 장미과의 특징인

5개로 연한 홍색 또는 흰색의 도란형으로 3~4월에 잎보다 먼저 또는 동시에 핀다. 열매는 구형의 붉은색으로 6월에 익는다. 여기에서 앵두 꽃은 음력 3월경에 피므로 예전에는 음력 3월을 흔히 앵월(櫻月)이라고도 하였다.

앵도나무 꽃

앵도나무 열매

앵도나무 수피

중국, 몽골, 히말라야에 분포하며, 우리나라에는 600년대에 도입된 것으로 추측된다. 햇빛이 잘 드는 곳에서 잘 자라지만, 다소 그늘진 곳에서도 잘 자란다. 그래서 옛날에는 주로 마을 공동 우물가나 집의 샘터에 많이 심었다. 추위에도 잘 견디고 맹아력도 강하며 생장도 빠른 편이나, 건조한 곳과 공해가 있는 곳에서는 잘 자라지 못한다.

꽃과 열매가 아름답고 식용할 수 있어 관상용, 식용으로 심는다. 열매는 과일로 식용하는데 앵도정과(正果)라는 과자는 앵도의 씨를 빼고 물을 부어서 끓이다가 물을 따라내고 꿀을 부어 조린 음식이다. 열매의 씨를 빼고 꿀에 재었다가 꿀물에 넣어 화채를 만들어 먹기도 한다. 민간요법으로 불에 탄 가지의 재를 술에 타서 마시면 복통과 전신통에 효과가 있다고 알려져 있다.

번식법

번식은 실생, 뿌리나누기, 접목으로 한다.

208 밤에 꽃이 빛을 발하는

야광나무

Malus baccata (L.) Borkh.

과 명	장미과	꽃	5월
형 태	낙엽활엽소교목	열 매	9~10월

야광나무 잎

말 그대로 밤(夜)에도 빛(光)이 나는 나무이다. 꽃이 매우 희어서 밤에도 빛을 발하는 듯해서 붙여진 명칭으로, 알려지기로는 평안북도 방언에서 유래되었다고 한다.

야광나무는 말 그대로 밤(夜)에도 빛(光)이 나는 나무이다. 꽃이 매우 희어서 밤에도 빛을 발하는 듯해서 붙여진 명칭으로, 알려지기로는 평안북도 방언에서 유래되었다고 한다. 동배나무, 아그배나무, 들배나무, 아가위나무, 당아그배나무 등으로도 불리는데, 아그배나무는 별도로 존재한다. 아그배나무와 아주 비슷해서 부르는 것일 뿐이다. 한자로는 산형자(山荊子)라고 부른다.

낙엽활엽소교목으로 높이는 6m 정도이고 지름이 50㎝이다. 작은 가지는 홍갈색이다. 잎은 타원형으로 어긋나고 가장자리에 잔톱니가 있으며 잎자루는 길다. 꽃은 가지 끝에 4~6개가 산형화서를 이루며 흰색 또는 연한 홍색으로 5월에 핀다. 열매는 구형으로 9~10월에 홍색 또는 붉은색으로 익는다. 잎과 꽃이 사과나무와 비슷한데, 단지 열매가 콩알처럼 작다.

우리나라와 중국 동북부, 사할린, 우수리 등지에도 분포한다. 습기가 많은 토양을 좋아하며 추위에 강하나, 그늘에서는 잘 자

야광나무 꽃

야광나무 열매

야광나무 수피

라지 못한다.

꽃과 열매가 아름다워 정원수나 공원수로 심는다. 목재는 기구재로, 수피는 염료용으로, 열매는 각종 비타민과 능금산을 함유하고 있어 생식하거나 잼이나 파이로 만들어 먹기도 한다.

번식법

번식은 실생으로 한다.

209 수피가 버짐처럼 벗겨지는

양버즘나무

Platanus occidentalis L.

과 명	버즘나무과	꽃	4~5월
형 태	낙엽활엽교목	열 매	9~10월

수피가 박편처럼 벗겨지는 모양이 꼭 버짐과 같다 하여 버즘나무라 하며 플라타너스, 아메리카플라타너스, 쥐방울나무, 양방울나무 등으로도 불린다.

수피가 박편처럼 벗겨지는 모양이 꼭 버짐과 같다 하여 버즘나무라 하며, 양버즘나무는 서양 버즘나무라는 뜻이다. 일구현령목(一球懸鈴木), 미국오동(美國梧桐)이라고도 하며 플라타너스, 아메리카플라타너스, 쥐방울나무, 양방울나무 등으로도 불린다.

낙엽활엽교목으로 높이는 30m 이상이고 지름이 1m 정도이다. 암갈색의 수피는 세로로 갈라지면서 박편상으로 떨어진다. 잎은 길이 10~20㎝, 너비 10~22㎝의 광란형으로 가장자리가 3~5개로 깊게 갈라져 있는데, 중앙의 열편은 길이와 넓이가 비슷하다. 잎자루는 기부에서 어린 겨울눈을 감싸고 있다. 수꽃은 액상화서, 암꽃은 정생화서에 달리며 4~5월에 핀다. 구형의 두상화서는 1개(드물게 2개)이다. 열매는 1개가 달려 있으며 9~10월에 익는데 이듬해 봄까지 달려 있다.

북미가 원산으로 우리나라 전국의 가로수나 공원수로 가장 많

양버즘나무 잎

양버즘나무 암꽃

양버즘나무 수꽃

양버즘나무 열매

이 심어진 나무이다. 특히 오래된 학교에는 운동장 주변에 이 나무가 여러 그루 자라는 것을 볼 수가 있다. 땅이 깊고 배수가 잘 되는 사질양토에서 잘 자라며 맹아력과 이식력이 강하나, 병충해에 약하다.

우리나라에 심어져 있는 버즘나무의 종류는 양버즘나무 외에도 버즘나무와 단풍버즘나무가 있다. 세 종류 모두 전체적으로 생태가 비슷하며 성장이 빨라 거목으로 자라며 환경에 대한 적응력도 매우 강한 나무이다.

이 나무가 가로수로 많이 심어진 이유는 쉽게 번식이 되고 맹아력과 공해에도 강하다는 것 이외에도 대기오염을 줄여주는 효과

양버즘나무 겨울눈

양버즘나무 수피

가 있기 때문이라고 한다. 즉 넓은 잎은 각종 질병과 조기 사망의 원인이 되는 대기오염의 미세먼지와 소음을 줄이는 역할을 해 도시인의 건강에 기여한다는 것이다. 또한 여름철에는 시원하고 훌륭한 그늘을 만들어준다.

몇 년 전에 산림과학원에서 대구 두류공원에서 양버즘나무의 증산작용을 실험한 결과, 양버즘나무 한 그루가 하루 360g의 수분 방출로 제거되는 대기 중의 열에너지가 22만㎉로, 이는 15평형 에어컨 8대를 5시간 동안 가동하는 효과와 맞먹고, 결국 한여름 대구 두류공원 내 녹지가 맨땅보다 2.6~6.8℃ 낮아진다는 결과가 나왔다. 이외에도 버즘나무의 큰 나뭇잎의 솜털에 대기오염, 특히 각종 질환과 조기 사망의 원인이 되는 미세먼지 같은 불순물을 부착시켜 각종 질병을 예방해주는 고마운 존재이다.

목재는 재질이 단단하고 무늬가 좋아 일반용재나 가구재, 펄프재로 사용한다.

번식법

실생이나 꺾꽂이로 번식한다.

210 연필을 만드는

연필향나무

Juniperus virginiana L.

과 명	측백나무과	꽃	4~5월
형 태	상록침엽교목	열 매	이듬해 10월

연필향나무 잎

향나무 연필하면 나이 지긋한 사람들은 어린 시절이 뭉클 떠오를 것이다. 다른 나무로 만든 연필보다 강하면서도 향기가 나서 꽤 고급 연필에 속했다.

연필은 16세기 중반 영국에서 흑연이 발견된 뒤에 많이 사용하게 되는데, 1910년도에 이르러 전 세계 연필의 절반 정도가 미국산 삼나무로 만들었다고 한다. 매년 수억 자루의 연필을 만드느라 삼나무는 점차 사라지기 시작했고, 그 대체품을 찾았으니 그것이 바로 오리건과 캘리포니아에 주로 분포하는 연필향나무였다.

향나무 연필 하면 나이 지긋한 사람들은 어린 시절이 뭉클 떠오를 것이다. 다른 나무로 만든 연필보다 강하면서도 향기가 나서 꽤 고급 연필에 속했다. 그러나 사실 연필향나무는 향이 약해 연필을 생산할 때 방향제를 약간 섞었으며, 삼나무처럼 고른 색상을 내기 위해 염색도 했다.

그런데 대체 연필향나무라는 이름은 어디에서 생겨났을까? 영어 이름은 red ceder라고 해서 연필과는 전혀 관련이 없다. red ceder란 붉은 삼나무란 뜻이다. 미국에서 그렇게 부르긴 했지만,

삼나무보다는 향나무에 가까워 1930년 우리나라에 도입될 때 일본인들이 연필향목(鉛筆香木)이라고 붙인 것이 연필향나무로 된 것이다. 다른 말로는 미국원백이라고도 한다. 여기에서 원백(圓柏)은 둥근 측백나무라는 뜻이다. 측백나무를 뜻하는 백(柏) 자를 보면 나무 목 변에 흰 백 자가 있다. 제사상에서 쓰이는 홍동백서(紅東白西)에서 알 수 있듯이, 백 자는 옛날에 서쪽을 뜻하는 글자로 쓰였다. 즉 측백나무는 주로 서쪽을 향해 자란다고 해서 붙여진 것이다. 이것은 음수(陰樹)를 의미하나, 오늘날 측백나무를 보자면 양수(陽樹)라고 할 만하다.

연필향나무 암꽃

연필향나무 수꽃

연필향나무 열매

연필향나무 수피

상록침엽교목으로 높이는 10m 정도이고 지름이 30㎝이다. 원산지인 미국에서는 30m까지도 자란다. 줄기와 수피는 적갈색이며, 수피는 세로로 띠 모양으로 벗겨지고 수관은 원추형이다. 잎은 비늘잎과 바늘잎으로 되어 있는데, 인엽은 마름모꼴의 피침형이며 침엽은 끝이 뾰족하다. 꽃은 4~5월에 핀다. 열매는 난원형 및 구형으로 자흑색이고 종자는 1~2개로 이듬해 10월에 익는다.

추위와 공해에 강하고 건조지에서도 잘 견딘다. 게다가 수형이 단정하면서도 빨라 자라며 군집을 잘 이루어 우리나라 전역에 많이 심어졌다. 그리고 도심에서도 빌딩이나 아파트단지의 조경용, 높은 곳의 생울타리로도 심는 나무이다. 목재는 연필을 만들기도 하고, 향유를 추출해 비누나 화장품의 향료로 사용하기도 한다.

번식법

여름에 2년 된 종자를 채취하여 온상 저장하였다가 봄에 파종하여 키운 묘목으로 실생한다.

211 봄을 맞이하는

영춘화

Jasminum nudiflorum Lindl.

과 명	물푸레나무과	꽃	3월
형 태	낙엽활엽관목	열 매	9월

꽃에 향기가 없어 봄을 맞이한다는 꽃 이름이 무색한 면이 있다. 봄바람에 풍겨오는 꽃의 향내가 있었더라면 영춘화라는 이름이 더욱 걸맞았을 것이다.

영춘화(迎春花)는 말 그대로 화사한 노란 꽃을 피워 봄을 맞이하는 꽃이라는 뜻이다. 하지만 꽃에 향기가 없어 봄을 맞이한다는 꽃 이름이 무색한 면이 있다. 봄바람에 풍겨오는 꽃의 향내가 있었더라면 영춘화라는 이름이 더욱 걸맞았을 것이다. 개나리도 영춘화라고 하지만 역시 향기는 없다. 서양에서는 겨울에 피는 재스민이라고 하여 '겨울 재스민(winter jasmine)'이라고 하고, 일본에서는 매화처럼 빨리 핀다고 해서 '황매(黃梅)'라고 한다.

한편 개나리와 꽃 색깔과 모양이 비슷하여 혼동된다. 개나리는 화관이 종 모양이고 황색으로 4갈래로 깊게 갈라지며, 열매는 난형의 삭과로 겉에 사마귀 같은 돌기가 있는 것이 특징인 반면, 영춘화의 꽃받침은 6갈래로 갈라지며 열편은 선형이고 화관은 황색으로 대개 6개로 갈라지는 것이 다르다. 영춘화는 이름에 걸맞게 개나리보다 일찍 꽃 피어 봄을 맞는다.

영춘화 잎

영춘화 꽃

영춘화 열매

영춘화 수피

낙엽활엽관목으로 높이는 2m 정도이다. 가지는 녹색이고 곧게 자라거나 밑으로 처지면서 땅에 닿는 부근에서 가끔 뿌리가 나서 다른 개체를 만든다. 잎은 마주나며 3출 복엽이고, 소엽은 난형 및 긴 타원상의 난형이며 가장자리는 밋밋하다. 꽃은 단생하거나 전년도 엽액에서 1개씩 나오고, 꽃받침과 화관은 6개로 갈라지며 황색으로 3월에 잎보다 먼저 핀다. 열매는 검은색의 장과로 9월에 익는데 완전히 익지는 않는다. 그래서 종자번식이 쉽지가 않은 편이다.

중국 북부 원산으로 우리나라에는 자생하지 않는다. 중부 이남의 정원에 심은 나무이다. 추위에 강해 추운 중부지방에서도 월동이 가능한 수종으로 햇빛이 잘 비추는 곳에서 꽃이 잘 핀다.

꽃이 아름다워 정원이나 공원 또는 화분에도 심는다. 특히 고속도로의 경사면에 어울리는 수종이다. 한약명이기도 한 영춘화는 해열, 이뇨에 쓰며 잎은 타박상, 창상출혈에 쓴다.

번식법

번식은 꺾꽂이, 뿌리나누기, 휘묻이로 한다.

212 오동나무를 닮은

예덕나무

Mallotus japonicus (L.f.) Müll. Arg.

과 명	대극과	꽃	6월
형 태	낙엽활엽소교목 또는 교목	열 매	10월

예덕나무 새잎

예덕나무 잎

나무 모양이 오동나무를 닮았다 하여 야생 오동나무라는 의미로 야동(野桐) 또는 야오동(野梧桐)이라고도 부른다. 또한 비닥나무, 꽤잎나무, 예닥나무, 시닥나무 등으로도 불린다.

예덕나무는 암을 치료하는 특효 성분이 있는 것으로 알려져 일본과 중국에서는 상당히 많이 사용되는 나무이다. 물론 우리나라에서도 식욕증진, 위궤양, 십이지장궤양, 담석증, 살균제, 해독제, 진통제, 건위, 위암 등에 효과가 있다고 한다.

예와 덕을 갖춘 나무라고 해서 예덕나무라고 했다는 설이 있으나 정확한 것은 아니다. 나무 모양이 오동나무를 닮았다 하여 야생 오동나무라는 의미로 야동(野桐) 또는 야오동(野梧桐)이라고도 부른다. 또한 비닥나무, 꽤잎나무, 예닥나무, 시닥나무 등으로도 불린다. 봄에 싹트는 새순이 붉은 빛깔을 하고 있어 일본에서는 적아백(赤芽柏)이라고 부른다. 잎이 크고 넓어서 잎으로 밥이나 떡을 싸 먹는 풍습이 있어 채성엽(採盛葉)이라고도 한다.

우리나라와 일본, 중국, 타이완 등지에 분포한다. 우리나라의 경우 충남 이남에 자생하는데, 따뜻한 섬이나 바닷가의 햇빛이 잘

드는 곳에서 잘 자라지만 건조하고 척박한 땅에서도 잘 자란다. 추위에는 약하여 추운 중부지방에서는 월동이 불가능하다. 전남 완도의 주도는 작은 섬 전체가 난대림이 많이 자라 천연기념물 제28호로 지정되었는데, 예덕나무도 상당히 많다.

낙엽활엽소교목 또는 교목으로 높이는 10m 정도이고 수피는 회백색이다. 잎은 어긋나며 난상 원형 및 긴 난형이고 가장자리는 밋밋하거나 3개로 약간 갈라졌으며 잎자루는 매우 길다. 꽃

예덕나무 암꽃

예덕나무 수꽃

예덕나무 어린 열매

예덕나무 열매(성숙)

예덕나무 씨앗

예덕나무 겨울눈

예덕나무 수피

은 암수딴그루로 정생하는 원추화서에 달리며 꽃차례에 선모가 밀생한다. 수꽃은 모여 달리고 50~80개의 수술이 있으며, 암꽃은 작으며 각 포에 1개씩 달리고 6월에 핀다. 열매는 삼각상 구형의 삭과로 황갈색 선점과 성상모가 밀생하고 10월에 익는다. 씨는 둥글며 암갈색이다.

정원수로 심으며, 목재는 건축재, 기구재 등의 용도로 사용된다. 수피는 타닌과 쓴 물질이 들어 있어 약재로 사용된다. 또 어린나무 잎은 향기가 좋아 밥이나 떡을 싸 먹으며 어린순은 나물로 해 먹는다.

번식법

번식은 실생으로 한다.

213 인삼을 능가하는 약효가 있는

오갈피나무

Eleutherococcus sessiliflorus (Rupr. & Maxim.) S. Y. Hu

과 명	두릅나무과	꽃	8~9월
형 태	낙엽활엽관목	열 매	10월

오갈피나무 새잎

오갈피나무 잎

약리작용이 인삼을 능가한다고 발표한 이래 세계적인 주목을 받은 식물이다. 오갈피나무는 잎이 산삼처럼 5장이고, 나무껍질과 뿌리껍질을 약으로 쓴다고 해서 붙여진 이름이다.

오갈피나무는 러시아 약리학자 브레크만이 오갈피속 식물들의 약리작용이 인삼을 능가한다고 발표한 이래 세계적인 주목을 받은 식물이다. 우리나라에서도 예로부터 오갈피는 인삼을 능가하는 약효가 있는 식물로 알려져 왔다. 오갈피나무는 잎이 산삼처럼 5장이고, 나무껍질과 뿌리껍질을 약으로 쓴다고 해서 붙여진 이름이다. 오갈피, 참오갈피나무라고도 하며, 한자명은 오가피목(五加皮木)이다.

낙엽활엽관목으로 높이는 3~4m이고 수피는 흑회색이다. 줄기에 가시가 없거나 드물게 있다. 잎은 어긋나고 3~5개의 소엽으로 된 장상복엽이며, 소엽은 타원형이고 가장자리에 복거치가 있으며 뒷면 맥 위에 털이 있다. 꽃은 가지 끝의 취산상의 산형화서에 달리며 꽃자루는 0.5~3㎝이고 짙은 자색으로 8~9월에 핀다. 열매는 도란상 타원형의 장과로 10월에 검은색으로 익는다.

오갈피나무 꽃

오갈피나무 열매

우리나라와 중국, 우수리, 아무르 강 등지에 분포한다. 우리나라 전국 산야에 자생하는데, 물이 있는 계곡과 바위가 많은 곳에서 잘 자란다. 추위와 공해에 강하고 병충해도 없는 편이나, 그늘진 곳에서는 잘 자라지 못한다. 다섯 개 혹은 세 개의 길쭉한 잎들이 한자리에 둥글게 모여 달려 마치 손가락을 펴놓은 듯한 모양이 독특하다. 생김새와 생태의 특성이 산삼과 흡사하다. 잎 모양

이 산삼과 거의 같으며 깊은 산 속의 그늘지고 부숙질이 풍부한 흙에서 자라는 점도 비슷한데, 산삼은 초본이고 오갈피나무는 목본이라는 점이 다르다.

오갈피나무의 성분은 키산비싸이크로옥탄계의 리그닌(목질소) 배당체와 단백질, 회분, 시토스테롤, 페리프로게닌, 비타민 A, 비타민 B가 들어 있다. 생약명으로 오갈피 또는 오가피라고 부르는데, 자양강장제, 신경통, 관절염, 타박상, 종기, 피로회복, 진통, 진경 등 만병통치약으로 알려져 있다.

가지와 열매로는 술을 담가 먹는다. 소주는 오갈피 분량의 3배 정도 붓고, 설탕은 1/3 정도 넣어 밀봉한 후 2개월 정도 숙성시킨 후에 마시면 된다. 정력 보강제로 좋다고 한다. 봄에 연한 잎은 나물로 무쳐 먹고 차를 끓여 마시기도 한다. 하루에 오갈피 15g에 물 300㎖를 넣어 끓여 마시면 좋다. 약용 외에 밀원식물용, 관상용으로 심는다.

번식법

번식은 꺾꽂이와 뿌리나누기, 실생으로 한다.

오갈피나무 줄기에 난 가시

오갈피나무 수피

214 품격이 있는

오동나무

Paulownia coreana Uyeki

과 명	현삼과	꽃	5~6월
형 태	낙엽활엽교목	열 매	10~11월

오동나무 잎

옛날에 딸을 낳으면 시집갈 때 장을 만들어주기 위해서 오동나무를 심었다고 한다. 빨리 자라기도 하지만, 재목이 회백색 또는 은백색으로 탄력성과 광택이 있어 가구 재료로 으뜸이었기 때문이다.

봉황은 대나무 열매만 먹고 오동나무에만 집을 짓는다고 했다. 그만큼 오동나무는 품격이 있는 나무로 여겨져 왔다. 신라 흥덕왕 때 유가사라는 절에 겨울인데도 오동나무가 꽃을 피우니 상서롭다 하여 절 이름을 고친 것이 오늘날 동화사(桐華寺)가 된 것이다. 한편 성삼문은 과거에 급제한 후 오동나무에 북을 달았는데, 현재 충남 홍성군 홍북면 노은리에 아직도 남아 있다. 이 나무는 성삼문오동나무로 불린다. 성삼문오동나무는 최근 조직배양으로 대량 증식에 성공해 보급하고 있다고 한다.

옛날에 딸을 낳으면 시집갈 때 장을 만들어주기 위해서 오동나무를 심었다고 한다. 빨리 자라기도 하지만, 재목이 회백색 또는 은백색으로 탄력성과 광택이 있어 가구 재료로 으뜸이었기 때문이다. 또 방충과 방습도 좋아 가구 이외에도 악기나 상자 등을 만드는 데 이용되곤 했다. 특히 오동나무로는 거문고나 가야금 등을

오동나무 꽃

오동나무 열매(미성숙)

오동나무 열매(성숙)

만드는데, 소리를 전하는 성질이 뛰어나며 품격도 높다.

현삼과에 속하는 낙엽활엽교목으로 높이는 15m에 달한다. 잎은 마주나고 달걀 모양의 원형이지만 오각형에 가깝다. 잎은 길이가 15~23㎝, 너비가 12~29㎝이다. 뒷면에 갈색 성모가 있다. 어린잎에는 톱니가 있다. 잎이 넓어 집 안에서 재배하면 마음을 편안하게 해주며 전원주택과 같은 느낌을 가질 수 있다. 꽃은 5~6월에 가지 끝의 원추꽃차례를 이루며 보라색으로 달리며 꽃받침

은 5개로 갈라진다. 열매는 삭과로 달걀 모양이고 끝이 뾰족하며 10~11월에 3㎝ 길이로 익는다.

열매 및 줄기, 가지의 껍질과 뿌리의 껍질을 동피(桐皮), 동목피(桐木皮)라고 하여 약재로 사용한다. 수피와 근피는 타박상과 종기, 습진, 피부염, 치질, 염좌를 치료해준다. 그 밖에 담석증, 위궤양, 위염, 소장염, 대장염의 치료에도 도움을 준다. 열매는 진해, 거담, 천식에 효과가 있다.

요즘에는 오동나무를 재배하기도 하는데, 1년에 1~2.5m씩 자라며 6~7년이면 가슴둘레가 20~25㎝에 달하는 등 생장이 빨라 유용하다. 중부 이남 해발 400m 이하의 마을 부근의 비옥한 땅에서 많이 재배된다.

우리나라 특산종으로 울릉도가 원산지로 추정된다. 울릉도에는 참오동나무가 자라는데, 꽃잎에 자주색 줄이 길이 방향으로 있는 점이 오동나무와 구별된다.

번식법

봄에 종자를 파종하거나 뿌리삽목으로 번식한다.

오동나무 수피

215

5리마다 심었던 이정목

오리나무

Alnus japonica (Thunb.) Steud.

과 명	자작나무과	꽃	3~4월
형 태	낙엽활엽교목	열 매	10월

오리나무 잎

옛날에 5리마다 이 나무를 심어놓고 이정표로 삼았기에 오리나무라는 이름이 붙여졌다. 또 나무껍질이나 열매를 삶으면 타닌 성분으로 붉은색 물감을 만들 수 있어 물감나무라고도 한다.

옛날에 5리마다 이 나무를 심어놓고 이정표로 삼았기에 오리나무라는 이름이 붙여졌다. 이정표로 삼은 이정목(里程木)이었지만 요즈음에는 보기가 어렵다. 농촌에서 쓰임새가 많아 심지는 않고 마구 베어 써버렸기 때문이다. 특히 생가지를 쳐서 논에 넣어 유기질 거름으로 이용하기도 했는데, 이는 화학비료를 쓰지 않고 친환경의 자연퇴비로 벼농사의 무농약 유기농법으로 생산성을 높이는 데 유용하게 사용하였다. 이런 까닭에 물오리나무와 사방오리나무는 쉽게 찾아볼 수 있으나 오리나무는 보기 어렵다.

한자명은 오리목(五里木), 적양(赤楊)이다. 또 물감나무라고도 하는데, 이는 오리나무 껍질이나 열매를 삶으면 타닌 성분으로 붉은색 물감을 만들 수 있기 때문이다.

낙엽활엽교목으로 높이는 20m이고 지름이 70㎝이다. 수피는 자갈색이며 겨울눈은 대가 있고 3개의 능선이 있다. 잎은 도란상

의 타원형 및 피침형이며 양면에 광택이 있고 뒷면 맥 사이에 털이 있으며 측맥은 잔거치가 있다. 수꽃은 가지 선단에 2~5개가 모여 아래로 처지며, 암꽃은 긴 난형으로 2개씩 달리고 3~4월에 핀다. 소견과는 타원형으로 날개는 뚜렷하지 않으며 10월에 익는다.

우리나라와 중국, 일본, 러시아 등지에 분포한다. 우리나라 전국 해발 50~1,200m에 자생한다. 비옥한 하천변, 계곡 등에서 잘 자란다. 어려서는 그늘에서도 잘 잘라나 크면서 햇빛을 좋아하고

오리나무 암꽃

오리나무 수꽃

오리나무 열매

생장속도가 빠르며 수명도 긴 편이다. 추위에 잘 견디며 맹아력도 강하여 해안지방이나 도심지에서 잘 자라는 나무이다.

오리나무 수피

공중의 질소를 고정하여 양분으로 이용할 수 있도록 바꾸어주는 근류균이 공생하여 척박한 토양을 비옥하게 만들어주는 비료목으로서 가치가 있다. 목재가 치밀하고 단단하여 농촌에서 논이나 밭둑에 몇 그루씩 심어놓았다가 필요할 때 농기구의 연장자루, 지게, 나막신, 하회탈, 지팡이, 그릇 등을 만들어 썼으며 악기재, 조각재, 기구재 등의 용도로 사용했다. 약용으로도 사용하는데 위장병, 눈병, 간 기능 개선제, 지사제, 류머티즘 등에 좋은 약재라 한다.

번식법

실생으로 번식한다.

NOTE | 이정목, 오리나무와 시무나무

옛날에 이정표로 삼은 나무로는 오리나무 말고도 시무나무가 있다. 오리나무는 5리마다 심었지만, 시무나무는 20리마다 심었다. 시무는 곧 '스무'가 변한 말이다. 오리나무를 오리목이라고 했듯, 시무나무는 '20리목(二十里木)'이라고도 불렀다. 시무나무는 느릅나무과에 속하며, 1종 1속밖에 없는 희귀종으로 우리나라와 중국에 분포한다.

216 열매가 다섯 가지 맛을 내는

오미자

Schisandra chinensis (Turcz.) Baill.

과 명	오미자과	꽃	5~6월
형 태	낙엽활엽덩굴성 목본	열 매	9~10월

오미자 잎

오미(五味)는 열매가 단맛, 신맛, 매운맛, 쓴맛, 짠맛으로 다섯 가지 맛을 낸다고 해서 붙여진 이름이다. 그러나 사실 신맛이 절반 정도를 차지해 시큼한 것이 특징이다.

오미(五味)는 이 나무의 열매가 단맛, 신맛, 매운맛, 쓴맛, 짠맛으로 다섯 가지 맛을 낸다고 해서 붙여진 이름이다. 그러나 사실 신맛이 절반 정도를 차지해 시큼한 것이 특징이다.

낙엽활엽덩굴성 목본으로 길이는 10m까지 자란다. 작은 가지는 홍갈색이며 오래된 가지는 회갈색이고 조각편으로 떨어진다. 잎은 타원형 및 도란형으로 어긋나고 가장자리는 드문드문 잔톱니상이다. 꽃은 붉은빛이 도는 황백색으로 5~6월에 핀다. 구형의 장과는 붉은색으로 익으며 9~10월에 이삭이나 곡식의 모양인 수상으로 달리며 1~2개의 씨가 들어 있다. 열매는 붉은 빛깔의 포도송이처럼 달리는데 식용 또는 약용한다.

우리나라와 일본, 중국, 우수리, 아무르 등지에 분포하며, 우리나라에서는 전국의 해발 200~1,600m에 걸쳐 주로 산골짜기 등에 자생한다. 배수와 통풍이 잘되고 부식질이 많은 사질양토에서 잘 자란다. 그늘진 곳에서도 잘 자라며 추위에는 강하나, 공해와

내염에는 약하여 도심지나 바닷가에서는 잘 자라지 못한다.

오미자의 껍질은 달콤하고 살은 시며, 씨는 맵고 쓰고 떫은맛이 나며, 잘 익은 열매는 단맛이 나고 독특한 향기가 난다. 〈동의보감〉에 오미자의 특징이 고스란히 전해진다. 단맛은 비위를 좋게 하고, 신맛은 간을 보호하며, 쓴맛은 심장을 보호하고, 짠맛은 신장과 방광을 좋게 하고, 매운맛은 폐를 보호한다고 기록돼 있다. 이 다섯 가지의 맛이 한방에서 간장, 심장, 비장, 폐장, 신장 등 오장에 좋은 만병통치약으로 통한다.

양기를 북돋우고 뼈와 근육을 튼튼하게 하며 폐와 신장을 보하는 데 효과가 있다. 또한 기침, 당뇨, 설사, 몽정, 다한증 등에도 좋으며, 허한 곳을 보하고 눈을 밝게 하며 장을 따뜻하게 하고 음을 강하게 하며 남자들의 정력을 강하게 한다고 한다.

〈본초서〉에는 허로(虛勞)와 몸을 보하며 눈을 밝게 하고 신장을 데우며 음을 강하게 하고 남자의 정력을 증진시키며 소갈을 그치게 하고 번열을 없애며 주독을 풀고 기침해소를 다스린다고 나온다. 그 밖에도 자양강장, 결핵, 천식, 진해, 술 해독 등에 사용한

오미자 암꽃

오미자 수꽃

오미자 열매

오미자 수피

다. 특히 세계적으로 이름난 것이 한국산 오미자이다.

오미자로는 음식을 만들기도 하는데 오미자국, 오미자편, 오미자차, 오미자술 등이 대표적이다. 오미자국은 열매를 뜨거운 물에 우려내어 화채나 오미자편을 만드는 데 쓴다. 옛말에 '오미자국에 달걀'이라는 말이 있는데, 이 말은 오미자국에 달걀을 넣으면 녹아버린다는 데서 나온 것이다. 차를 끓여 마시거나 꿀에 절이거나 말려서 사용하기도 하며 술을 담그기도 한다. 이 중 오미자차는 오미자와 인삼의 잔뿌리를 함께 달여 만든다.

오늘날 오미자는 음료류는 물론 와인이나 막걸리 등 주류, 다류 등과 첨가제로 쓰이는 각종 가공식품에 사용되고 있다. 전국 여러 곳에서 오미자가 재배되는데, 특히 문경은 우리나라 오미자 제1주산지이다. 꽃말은 재회의 약속이다.

번식법

실생, 뿌리나누기, 꺾꽂이 등으로 번식한다.

217 대가 검은

오죽

Phyllostachys nigra (Lodd. ex Lindl.) Munro

과 명	벼과
형 태	상록활엽성 목본

오죽 잎

오죽 수피

오죽(烏竹)은 검은 대나무를 말한다. 검은색의 대는 다른 대나무와는 차별화되어 독특한 빛깔의 세공품을 만들 수가 있다. 그러나 죽순은 먹지 않는다.

오죽(烏竹)은 검은 대나무를 말한다. 그러나 싹부터 검은 것은 아니고 첫해에는 녹색이었다가 2년째부터 검은 자색으로 변하면서 점차 검은색으로 바뀐다. 학명에서 *Phyllostachys*는 고대 그리스어로 잎을 뜻하는 phyllon과 이삭을 의미하는 stachys의 합성어로, 작은 이삭이 잎 모양의 포에 싸여 있음을 나타낸다. 또 *nigra*는 검다는 뜻이다. 흑죽(黑竹) 또는 자죽(紫竹)이라고도 한다.

상록활엽성 목본으로 원대는 높이가 3~6m이고 지름은 2~4cm이다. 새 가지는 담녹색이며 털과 백분이 덮여 있으나 1년이 지나면 자흑색으로 변한다. 잎은 바소 모양이며 잔톱니가 난다. 꽃은

양성 또는 단성이다. 죽순은 4~5월에 나오며 연한 자갈색이다.

다른 대나무처럼 죽세공품을 만드는 재료가 된다. 특히 검은색의 대는 다른 대나무와는 차별화되어 독특한 빛깔의 세공품을 만들 수가 있다. 그러나 죽순은 먹지 않는다. 우리나라에 자라는 대나무는 왕죽과 죽순대, 솜대, 오죽, 해장죽(시누대), 조릿대 등인데, 키가 작은 오죽, 해장죽, 조릿대의 죽순은 식용하지 않는다.

중국 원산이며, 우리나라에서는 주로 남부지방에서 자란다. 그러나 비교적 북쪽인 강릉에서도 자라 이율곡 선생이 태어난 오죽헌은 뜰에 오죽이 무성하다고 해서 이름 붙여진 집이다.

번식법

묘목을 포기나누기하여 옮겨 심거나 땅속줄기, 죽묘(竹苗) 등으로 번식한다.

NOTE | 오죽헌의 유래

오죽헌(烏竹軒)하면 신사임당과 이율곡이 태어난 곳으로 유명하다. 오죽헌이라는 이름은 율곡의 사촌인 권처균이 지었다. 율곡의 외할머니가 율곡에게는 서울에 있는 기와집 한 채와 전답을 유산으로 주었고, 권처균에게는 묘소를 살피라는 조건으로 현재의 오죽헌이 된 기와집과 전답을 주었다. 외할머니로부터 유산을 물려받은 권처균은 집 주위에 검은 대나무가 무성한 것을 보고 자신의 호를 오죽헌이라고 지었으며, 집 이름도 오죽헌이라고 지은 것이다.

218 괴불나무와 비슷한

올괴불나무

Lonicera praeflorens Batalin

과 명	인동과	꽃	3~4월
형 태	낙엽활엽관목	열 매	5월

올괴불나무라는 이름은 올벼처럼 빨리 피는 괴불나무라고 하여 얻은 이름이다. 올벼란 제철보다 이르게 여무는 벼를 말한다. 그래서인지 올괴불나무는 꽃이 3~4월에 일찍 피어난다.

괴불나무라는 이름을 가진 나무가 상당히 많다. 꽃의 색깔이나 잎의 모양 그리고 크기, 털의 유무 등에 따라 여러 종의 괴불나무가 있는데, 일반인이 구분하기란 여간 어려운 것이 아니다. 올괴불나무라는 이름은 올벼처럼 빨리 피는 괴불나무라고 하여 얻은 이름이다. 올벼란 제철보다 이르게 여무는 벼를 말한다. 그래서인지 올괴불나무는 꽃이 3~4월에 일찍 피어난다.

꽃이 다른 괴불나무의 꽃과 닮긴 했으나, 길마가지나무의 꽃이 더욱 닮았다. 길마가지나무는 높이가 3m에 이르는 인동과의 낙엽관목인데, 4월에 연한 황색으로 꽃이 핀다. 올괴불나무가 꽃이 잎보다 먼저 피는 반면, 길마가지나무는 동시에 피는 점, 그리고 올괴불나무의 높이가 1m 정도인 데 비해 길마가지나무는 3m까지 크는 점 등이 차이점이다.

인동과의 낙엽활엽관목으로 올아귀꽃나무라고도 한다. 어린 가지는 갈색 바탕에 검은 반점이 있으며 묵은 가지는 잿빛이다.

올괴불나무 잎

올괴불나무 꽃

올괴불나무 열매

올괴불나무 수피

줄기의 속은 흰색이다. 꽃은 3~4월에 잎보다 먼저 피는데, 연한 붉은색 또는 노란색을 띤 흰색으로 지난해 난 가지에 두 송이씩 달린다. 꽃의 크기는 1~1.2㎝ 정도이다. 꽃자루의 길이는 3㎜이며 잔털이 나고 선점이 있다.

잎은 꽃이 핀 후 달걀 모양 또는 타원형으로 나는데, 크기는 길이 3~6㎝, 너비 2~4㎝이다. 잎의 끝은 뾰족하고 가장자리가 밋밋하다. 잎의 양면에는 부드러운 털이 빽빽이 난다. 열매는 장과로서 5월에 붉은빛으로 둥글게 익는다.

우리나라와 중국 만주, 우수리 강에 분포한다. 산지의 숲 속에서 자라며, 관상용으로 정원에 주로 심는다. 꽃봉오리와 잎, 줄기, 뿌리를 금은인동(金銀忍冬)이라 하여 약용한다. 말라리아와 기관지염, 편도선염, 목감기에 효과가 있다고 하며, 종기에는 꽃을 말려 달인 후 찜질을 해주면 좋다. 또 상처에서 피가 날 때 생잎을 짓찧어 바르기도 한다.

번식법

종자를 직파하거나 노천매장하였다가 파종한다. 3~4월, 6~7월에 가지 삽목을 하기도 한다.

219 붉나무, 개옻나무와 비슷한

옻나무

Rhus verniciflua Stokes

과 명	옻나무과	꽃	5~6월
형 태	낙엽활엽교목	열 매	9~10월

옻나무 잎

옻나무 잎차례

옻나무 작은잎(앞면)

옻나무 작은잎(뒷면)

학교 교실에 있는 칠판은 옻칠을 한 판이라 하여 칠판(漆板)이라 한다. 또 칠흑 같은 밤을 칠야(漆夜)라고 하는데, 이는 컴컴한 밤이 마치 옻의 칠처럼 검어서 비유된 것이다.

산에서 옻을 발견하면 흠칫 놀라 발이 뒤로 물러서지곤 한다. 그 아래를 지나거나 잎이 살에 닿기라도 하면 자칫 옻이 올라 고생할 수 있기 때문이다. 그러나 쓰임새는 아주 많아서 매우 귀중한 나무라고 할 수 있다. 칠은 물론 염색과 식용 재료로도 이용되니 말이다. 그런데 흥미로운 것이 야산에 옻나무보다 붉나무나 개옻나무가 더 많아 우리가 옻나무라고 부르는 것에는 상당수 붉나무나 개옻나무인 경우도 많다.

옻나무는 옷나무, 참옷나무라고도 하고 칠수(漆樹), 칠(漆), 간칠(干漆), 산칠(山漆) 등으로도 불린다. 여기에서도 옻나무가 상당히 쓰임새가 많다는 것을 알 수가 있다. 학교 교실에 있는 칠판은 옻칠을 한 판이라 하여 칠판(漆板)이라 한다. 또 칠흑 같은 밤을 칠야(漆夜)라고 하는데, 이는 컴컴한 밤이 마치 옻의 칠처럼 검어서 비유된 것이다. 한편 옛날에는 지체가 높고 돈이 많은 집안에서는 관도 칠관을 사용했는데, 방수 역할을 해 시신에 물이 들어가지 않게 막는다고 한다.

낙엽활엽교목으로 높이는 12m 정도이고 수피는 회백색이며 작은 가지는 굵고 회황색이다. 원산지에서는 20m까지 자란다. 야산에서는 대개 수 미터 정도이나 상당히 크게 자라는 나무임을 알 수가 있다. 잎은 9~11개의 소엽으로 된 기수 우상복엽으로 어긋나고, 소엽은 난형 및 난상의 타원형으로 가장자리는 밋밋하며 양면에 털이 있다. 꽃은 잡성으로 액생하는 원추화서에 달리며 꽃차례에 털이 있고 연한 녹황색으로 5~6월에 핀다. 열매는 편평

옻나무 암꽃

옻나무 수꽃

한 원형의 핵과이며 연한 황색으로 9~10월에 익으며 광택이 있으나 털이 없다.

옻나무과에 속하며, 티베트와 히말라야가 원산지로, 우리나라에는 재배하기 위해 중국으로부터 도입된 것이 전국으로 퍼진 것이다. 강원도 원주 지역에 많이 심어 자라는 나무로, 바람이 막힌 동남향의 돌이 섞인 비옥한 산기슭이나 하천둑, 밭둑 등에서 잘 자란다.

옻나무는 옻을 채취하면 열매를 맺지 않는다는 특징이 있다. 그래서 열매를 채취하는 옻나무는 칠액을 채취하지 않는다. 또 바람이 강한 곳에서는 칠액이 적게 나오므로, 바람이 없거나 막힌 동남향의 산기슭이나 밭둑에 심고 퇴비를 충분히 주어서 재배한다.

한방에서는 뿌리를 칠수근(漆樹根), 줄기껍질을 칠수피(漆樹皮), 잎을 칠엽(漆葉), 열매를 칠자(漆子), 칠액 말린 것을 건칠(乾漆)이라고 한다. 어혈과 염증을 풀어주고 기를 잘 돌게 하며 소화를 돕고 통증을 없애며 기생충을 제거하는 효능이 있으며, 혈액순환에

옻나무 열매(미성숙)

옻나무 열매(성숙)

도 좋고 진해서 위산과다에 약으로 쓰거나 구충제로 쓰기도 한다. 〈동의보감〉에 옻은 소장을 잘 통하게 하고 기생충을 죽이며 피로를 다스린다고 하였다. 위장병, 골수염, 기생충, 냉증 등에 사용해도 효과가 있다고 한다. 그러나 소양인이나 알레르기가 있는 사람은 옻을 심하게 타므로 주의해야 한다.

한편 옻은 대략 10명 중 1명 꼴로 오른다는데, 옻이 올랐을 때는 띠 뿌리를 달여 먹고 그 물을 바르거나 백반물을 바른다. 또 옻나무는 밤나무, 들기름, 게를 무서워한다고 하는데 옻이 오르면 밤나무 잎을 짓이겨 바르면 낫는다고 한다. 간이 방법으로는 고운 소금을 물에 축여서 발진부에 바르면 가려움증이 사라지고 치유된다.

칠액은 도료용, 공예품, 나전칠기와 같은 고급가구, 그릇 등에 칠을 하는 데 사용한다. 잘 썩지 않고 습기에도 강하며 벌레가 침범하지 못하게 하는 효능이 있다. 산성이나 알칼리성에도 침해되지 않아 도료에 아주 좋다. 한방에서는 옻을 구충, 복통, 변비 등에 사용한다. 또 옻닭을 삶을 때 넣는 재료로도 이용된다. 염료로도 쓰며 염색약의 원료가 되기도 한다. 어린잎은 나물로 해 먹기도 한다.

번식법

번식은 실생이나 꺾꽂이로 한다.

220 대나무 중의 왕

왕대

Phyllostachys bambusoides Siebold & Zucc.

과 명	벼과
형 태	상록활엽성 목본

왕대 잎

왕대 잎차례

왕대는 대나무 종류 중에 키가 큰 대나무라고 하여 이름 붙여졌다. 옛말에 '왕대밭에서 왕대 나고 신우대 밭에서 신우대 난다'는 말이 있듯, 왕대는 대나무 중의 왕이다.

대나무는 예로부터 사군자의 하나로 고귀하게 취급되어 왔다. 한자는 죽(竹)이라고 하는데, 이를 중국 남부지방에서 '덱'이라고 부른다. 이것이 우리나라에 들어와 '대'가 되었고, 일본에서는 '다케'로 바뀌었다.

왕대는 대나무 종류 중에 키가 큰 대나무라고 하여 이름 붙여졌다. 옛말에 '왕대밭에서 왕대 나고 신우대 밭에서 신우대 난다'는 말이 있듯, 왕대는 대나무 중의 왕이다. 상록활엽성 목본으로 보통은 10~20m까지 크는데, 따뜻한 곳에서는 30m까지 크기도 한다. 지름은 5~13㎝가량이다. 추위에는 약해 추운 지방에서는 높이가 3m, 지름은 1㎝밖에 안 크는 경우도 있다.

곧게 쭉 뻗는 줄기는 녹색에서 황록색으로 바뀌며 한 마디의 길이는 대개 25~40㎝가량이다. 잎에는 어두운 빛깔의 반점이 난다. 잎의 길이는 10~20㎝, 너비는 1~2㎝이며 바소꼴이고 밑부분은 둔하며 끝은 길고 뾰족하며 톱니가 난다.

왕대 죽순

왕대 꽃

중국 원산으로 습윤하고 비옥한 토양을 좋아한다. 추위에는 약해 우리나라에서는 주로 충청도 이남에서 재배된다. 5~6월에 나오는 죽순은 식용한다. 줄기는 탄력이 좋으면서도 세공하기에 안성맞춤으로 죽세공품이나 낚싯대, 가구재, 식물 지지대 등은 물론 건축자재로도 사용된다.

왕대 수피

번식법

땅속줄기 또는 뿌리줄기나 죽묘(竹苗) 등으로 번식한다.

221 머루 중에서 열매가 큰

왕머루

Vitis amurensis Rupr.

과 명	포도과	꽃	5~6월
형 태	낙엽활엽덩굴성 목본	열 매	9~10월

왕머루 새잎

왕머루 잎(앞면)

왕머루 잎(뒷면)

머루와 왕머루는 매우 흡사하여 구별하기 힘든데, 잎 뒷면에 적갈색 털이 있으면 머루, 그렇지 않으면 왕머루이다.

산에서 자라는 머루에는 왕머루, 새머루, 개머루, 까마귀머루 등이 있는데, 보통 머루라고 하면 새머루나 왕머루를 통틀어 이르는 말이다. 이 중에서도 특히 왕머루를 흔히 머루라고 부르는 경우가 많다. 머루 중에서는 열매가 크다고 해서 왕머루라고 한다. 머루와 왕머루는 매우 흡사하여 구별하기 힘든데, 잎 뒷면을 보면 구분이 가능하다. 그곳에 적갈색 털이 있으면 머루, 그렇지 않으면 왕머루이다. 지방에 따라 멀구넝굴(경상도), 머래순(황해도), 잔

왕머루 암꽃

왕머루 수꽃

왕머루 열매

털왕머루, 머루, 털새머루, 제주새머루 등으로도 불린다.

낙엽활엽덩굴성 목본으로 줄기는 10m 정도이고 작은 가지는 홍색으로 면모(綿毛)가 있고 수피는 암갈색으로 된다.

잎은 어긋나며 넓은 난형이고 가장자리는 3~5개로 갈라지며 각 열편에는 작은 치아상 톱니가 있고 뒷면 맥 위에 털이 있다. 꽃은 암수딴그루로 잎과 마주나며 원추화서를 이룬다. 꽃차례에는 흰색 털이 있다. 꽃은 작은데, 암꽃은 5개의 퇴화된 수술이 있으

며, 수꽃은 술잔 모양의 꽃받침 통이 있다. 꽃은 5~6월에 황록색으로 핀다. 열매는 구형의 장과로 9~10월에 검게 익는다.

일본, 중국, 러시아, 사할린 등지에 분포한다. 우리나라에서는 전국 해발 100~1,650m에서 자생한다. 추위에 강한 편이다.

식용, 약용, 조경용 등의 용도로 심는다. 나무줄기로는 지팡이를 만들어 쓰기도 하나, 대개 열매를 식용하기 위한 수종으로, 왕머루는 맛이 좋아 그냥 생으로 먹으며 즙이나 와인으로 담가 먹기도 하고 잼이나 푸딩 등의 가공제품으로 만들기도 한다. 어린 순이나 잎은 나물로 해 먹으며, 한방에서는 열매를 피를 맑게 하고 열을 내리며 염증과 독을 없애는 데, 간염, 복수, 신장염, 방광염 등에 사용한다.

또한 머루에는 당질과 섬유소가 풍부해 불면증, 변비, 피로회복에 빠른 효과가 있고, 칼슘과 인, 철분이 들어 있어 감기 예방, 부인병 예방, 성장기 어린이의 골격 형성 및 치아 발달에도 좋다. 이밖에도 칼슘, 인, 철분, 회분 등의 성분은 포도보다 10배 이상 높고, 특히 항산화작용을 하는 안토시안 성분이 다량 함유되어 있다.

최근 조사된 바로는 머루가 포도보다 항암 성분이 훨씬 많이 들어 있다고 한다. 항암 성분인 폴리페놀이 포도보다 2배, 심혈관 질환을 예방하는 레스베라트롤 성분은 5배 더 들어 있는 것으로 밝혀졌다.

번식법

번식은 실생과 삽목(1년생 가지로 꺾꽂이), 휘묻이 등으로 한다.

222 우리나라가 원산지인

왕벚나무

Prunus yedoensis Matsum.

과 명	장미과	꽃	3~4월
형 태	낙엽활엽교목	열 매	6월

왕벚나무 잎

1908년 서귀포에 거주하던 프랑스 신부 타케가 한라산에서 채집한 것을 장미과의 권위자인 쾨네 교수에게 소개하면서 왕벚나무의 원산지가 우리나라라는 사실이 밝혀졌다.

벚꽃 하면 으레 일본 꽃으로 여기지만 실제로는 원산지가 우리나라이다. 제주도에서 자생하는 왕벚나무가 바로 그것. 1908년 서귀포에 거주하던 프랑스 신부 타케(Emile Joseph Taquet)가 한라산의 관음사 뒷산 해발 600m 지점에서 채집한 것을 장미과의 권위자인 독일 베를린대학의 쾨네(Koehne) 교수에게 소개하면서 왕벚나무의 원산지가 우리나라라는 사실이 밝혀졌다.

왕벚나무 꽃을 흔히 사쿠라라고 하는데, 그 외에도 민벚나무, 제주벚나무, 큰꽃벚나무, 큰벚나무, 참벚나무라고도 한다.

낙엽활엽교목으로 높이는 15m 정도이고 지름이 50㎝이다. 수피는 회갈색 또는 암갈색이다. 잎은 어긋나고 난형 및 도란형으로, 뒷면 맥 위와 자루에 털이 있으며 가장자리에는 겹톱니가 나 있다. 꽃은 3~5개가 산형상의 총상화서를 이루며 흰색 또는 연

한 홍색이고, 꽃잎은 타원상의 난형이며 끝이 요형(凹形)으로 3~4월에 잎보다 먼저 핀다. 열매는 구형으로 흑색으로 6월에 익는다.

우리나라와 일본에 분포한다. 추위에 약하여 우리나라 중부지방에서는 월동이 어려운 수종이다. 땅이 깊고 비옥한 땅에서 잘 자라며 햇빛이 잘 드는 곳에서 꽃이 잘 핀다.

제주시 남원읍 신례리 왕벚나무 자생지는 천연기념물 제156호로 지정되었다. 또 제주시 봉개동 왕벚나무 자생지는 천연기념물

왕벚나무 암꽃

왕벚나무 수꽃

왕벚나무 열매

왕벚나무 씨앗

왕벚나무 수피

제159호로, 전남 해남의 대둔산 왕벚나무 자생지는 천연기념물 제173호로 각각 지정되었다. 수명이 길지 않은 편으로 60년이 되면 노목이 되어 쇠약해진다. 특히 다른 벚나무처럼 병충해에 약해 가지치기를 하면 곤란하다.

꽃이 아름다워 관상용이나 가로수용으로 심는다. 목재는 조직이 치밀하고 잘 비틀어지지 않아 가구재, 기구재, 건축내장재로 쓰인다. 한방에서 열매와 수피를 진해, 해독, 기침, 두드러기 등의 피부염에 쓴다. 핵과인 열매는 식용한다. 술로 담가 먹기도 하며, 버찌를 체에 걸러 냄비에 담고 꿀과 녹말을 타서 은근한 불에 조려 굳힌 떡을 만들어 먹기도 한다.

번식법

올벚나무나 산벚나무를 대목으로 하여 접목하여 번식한다.

223 작은 가지가 용처럼 뒤틀린

용버들

Salix matsudana f. *tortuosa* Rehder

과 명	버드나무과	꽃	4~5월
형 태	낙엽활엽교목	열 매	5월

용버들 새잎

용버들 잎

작은 가지가 꼬불꼬불해 용과 같은 모습을 하고 있어서 용버들이라는 이름이 붙었다. 고수버들, 파마버들, 꼬부랑버들이라고도 한다.

작은 가지가 꼬불꼬불해 용과 같은 모습을 하고 있어서 용버들이라는 이름이 붙었다. 고수버들, 파마버들, 꼬부랑버들이라고도 하며, 학명에서 *matsudana*는 중국 식물연구가인 일본인 학자 이름 마쓰다에서 유래한다. 한자로는 운용류(雲龍柳), 용조류(龍瓜柳)라고도 한다.

낙엽활엽교목으로 높이는 10m이고 지름이 80㎝이다. 수피는 암회색이고 가지는 밑으로 처지며 꾸불꾸불하다. 암수딴그루로 수꽃은 털과 포엽이 있으며 암꽃은 1개의 암술과 2개의 꿀샘이 있고 4~5월에 핀다. 열매는 5월에 익어서 벌어지는데 씨는 털에 싸여 있다.

중국 원산으로, 버드나무과에 속한다. 원줄기나 큰 가지는 위로 뻗으며 자라나 작은 가지는 뒤틀리며 밑으로 처지는 특성이 있어 풍치림이나 가로수로 심으며, 목재는 공예품이나 꽃꽂이용으

용버들 암꽃

용버들 수꽃

용버들 열매

용버들 수피

로 쓴다. 목재는 땔감이나 판재로 쓰며, 민간에서는 나무껍질, 뿌리, 잎을 치통, 종기, 이뇨 등에 쓴다.

보통 버들 하면 아름다운 여인을 표현하는 데에 사용하는데, 예를 들면 유미(柳眉)는 미인의 아름다운 눈썹을, 유발(柳髮)은 여인의 아름다운 머리카락을, 유요(柳腰)는 날씬한 미인의 허리를 표현한 것이다.

번식법

꺾꽂이를 해서 번식한다.

224 취똥 같은 열매가 빽빽한

우묵사스레피

Eurya emarginata (Thunb.) Makino

과 명	차나무과	꽃	6월
형 태	상록활엽관목 또는 소교목	열 매	10월

우묵사스레피 잎

우묵사스레피 잎차례

열매가 쥐똥 같고 해변에 자생한다고 하여 섬쥐똥나무라고도 하며 개사스레피나무, 갯사스레피나무라고도 한다. 제주도에서는 가스레기낭, 가스룽낭이라고도 부른다.

사스레피나무 잎에 비하여 잎 가장자리가 뒤쪽으로 우묵하게 말려 있다고 해서 우묵사스레피나무라는 이름을 얻었다. 열매가 쥐똥 같고 해변에 자생한다고 하여 섬쥐똥나무라고도 하며 개사스레피나무, 갯사스레피나무라고도 한다. 제주도에서는 가스레기낭, 가스룽낭이라고도 부른다.

우묵사스레피, 사스레피나무는 털이나 잎끝을 보면 구분이 된다. 우묵사스레피는 작은 가지에 연노란빛을 띠는 갈색의 털이 빽빽하게 나는 반면, 사스레피나무는 작은 가지에 보통 털이 없으며 잎끝이 뾰족하다.

높이는 2~4m 정도이며, 어긋나는 잎은 2줄로 늘어선다. 잎은 혁질로 두꺼우면서 좁으며 모양은 긴 달걀을 거꾸로 세운 듯하다. 잎의 길이는 1~5㎝, 너비는 1~1.2㎝이다. 잎끝은 둥글며 가장자리는 젖혀진다.

암수딴그루이며 꽃은 6월 녹색을 띤 흰색으로 핀다. 잎겨드랑

우묵사스레피 암꽃

우묵사스레피 수꽃

우묵사스레피 열매(미성숙)

우묵사스레피 열매(성숙)

우묵사스레피 수피

이에 집중되어 피며, 지름은 4~5㎜ 정도이다. 장과의 열매는 지름 7~10㎜ 정도이며, 10월에 자줏빛을 띤 검은색으로 익는다.

상록활엽관목 또는 소교목으로 따뜻한 바닷가 산지에 잘 자란다. 우리나라와 일본, 중국, 타이완, 인도 등지에 분포한다. 우리나라에서는 제주도 서귀포와 전남, 경남의 해변에 분포한다. 정원수로 이용되며, 약재로도 쓰인다.

번식법

종자를 파종하거나 꺾꽂이로 한다.

225 승리를 상징하는

월계수

Laurus nobilis L.

과 명	녹나무과	꽃	3~4월
형 태	상록활엽교목	열 매	7~9월

월계수 잎(앞면)

월계수 잎(뒷면)

월계수는 고대 올림픽에서 경기 우승자에게 수여되는 관으로 사용되었으며, 문학에서 최고의 시인에게 붙여주는 명칭으로도 사용되었으니 바로 계관시인이 그것이다.

"나의 아내가 되는 것을 거부했지만, 반드시 내 나무로 만들고 싶소. 오! 월계수여. 언제나 나의 머리, 칠현금, 화살통을 그대로 장식하겠소."

〈그리스신화〉에서 태양의 신 아폴로가 한 말이다.

그리스신화를 보면 태양의 신인 아폴론이 에로스의 화살에 맞아 요정 다프네에 반해 열심히 구애를 했으나, 다프네는 그의 구애를 받아주지 않고 도망만 다녔다. 그녀는 미워하는 화살을 맞았던 것이다. 그래도 집요하게 쫓아다니던 어느 날 마침내 아폴론이 다프네를 거의 잡는 순간 다프네는 피네우스를 부른다. 피네우스는 얼른 다프네를 월계수로 만들었다고 한다. 그 뒤 아폴론은 월계수로 머리 장식을 만들어 항상 몸에 지니게 되었다고 한다.

이후 월계수는 고대 올림픽에서 경기 우승자에게 수여되는 관으로 사용되었으며, 문학에서 최고의 시인에게 붙여주는 명칭으로도 사용되었으니 바로 계관시인이 그것이다. 계관시인은 고대

그리스에서 영웅이나 시인을 표창할 때 월계관을 주던 풍습에서 유래된 것으로, 영국 왕실에서 최고 시인을 대접하면서 부른 것이다. 이러한 유명세 때문에 기독교가 로마에 전파된 이후 이 나무는 번영과 영광의 나무라고 해서 고급 관료들의 정원과 집 앞에 즐겨 심었으며, 그리스도의 부활과 진정한 인류애의 상징으로도 여겨졌다고 한다.

월계수는 흔히 계수나무라고도 하고, 감람수라고도 부른다. 영어 이름인 laurel은 속명에서 나온 것인데 다른 식물을 가리키기도 한다. 그래서 laurel 앞에 noble이나 sweet 등을 붙이기도 한

월계수 암꽃

월계수 수꽃

월계수 열매(미성숙)

월계수 열매(성숙)

다. laurel이란 달나라를 뜻하는 말로 여기에서 달 월(月) 자를 따와 달에 있는 계수나무로 하여 월계수라고 붙인 것이다.

월계수 수피

상록활엽교목으로 높이는 12m이고 수피는 흑갈색이고 원추형 수형을 이룬다. 잎은 장원상의 피침형으로 가장자리는 물결무늬가 있다. 꽃은 암수딴그루이며 황록색으로 3~4월에 핀다. 열매는 구형의 암자색으로 7~9월에 익는다.

지중해가 원산으로 포르투갈의 마데이라의 라우리실바는 유럽에서 가장 면적이 넓은 월계수 숲으로 1999년 유네스코에 의해 지정된 세계자연유산이다. 우리나라에서는 경남과 전남지방에 심어진다. 음지와 양지에서 모두 자라며 추위와 공해에는 약한 편이다.

관상용, 향료용 등으로 쓰이며, 특히 피부 미용에 좋은 에센셜 오일(방향유)을 많이 함유하고 있어 주목된다. 민간에서는 열매와 잎을 건위제나 종기를 없애는 용도로 쓰기도 한다. 꽃말은 부위별로 다르다. 나무는 승리와 영광, 잎은 죽어도 변함 없음, 꽃은 불신과 배반을 나타낸다.

번식법

번식은 실생으로 한다.

226 꽃이 안개꽃처럼 피는

위성류

Tamarix chinensis Lour.

과 명	위성류과	꽃	5월, 9월
형 태	낙엽활엽소교목	열 매	10월

위성류 잎

위성류 꽃

흥미로운 것은 겉에서 보면 상록수처럼 보이지만 낙엽수이며, 잎과 꽃이 매우 독특하다. 꽃이 만개하면 마치 안개꽃 같기도 하다.

위성류는 중국 위성(渭城)에서 나는 버드나무(柳) 같은 나무라는 의미에서 붙여진 이름이다. 위성은 중국 진나라 때의 수도인 서안에 있는 위수 주변의 지역을 말한다. 왕궁에 많이 심어 어류(御柳)라고도 하며 정류(檉柳), 삼춘류(三春柳)라고도 한다. 흥미로운 것은 겉에서 보면 상록수처럼 보이지만 낙엽수이며, 잎과 꽃이 매우 독특하다. 꽃이 만개하면 마치 안개꽃 같기도 하다.

낙엽활엽소교목으로 해발 500m 이하의 인가 주변에 심으며, 높이 5m 정도이고 작은 가지는 가늘고 길며 아래로 늘어진다. 잎은 어긋나고 인편상의 침형으로 회녹색이다. 꽃은 1년에 두 번 총상화서에 달리며 꽃받침 잎은 난형으로 5장이다.

5월에 늙은 가지에서 피는 연분홍색 꽃은 크지만 열매를 맺지 못하나, 9월에 새 가지에서 피는 꽃은 작지만 열매를 잘 맺는다. 꽃받침과 꽃잎, 수술은 각각 5개씩이다. 열매는 삭과로 10월에 익고 씨에는 긴 털이 있다.

위성류 수피

우리나라에는 중국 원산의 위성류가 도입되어 자라고 있다. 물가나 바닷가에 자생한다. 햇빛을 좋아하고 추위와 맹아력이 강하며 공해에도 잘 견디나 생장은 느리다.

2003년에 화성의 시화호 간석지에서 군락지가 발견되어 화제가 되기도 했다. 이곳에 자생하는 위성류는 대략 350~400그루이며 높이는 대부분 1~1.8m 정도이고, 큰 것은 높이 5m, 지름 27㎝에 달하는 것도 있다.

꽃과 나무 모양이 매우 독특하여 관상용이나 조경용으로 많이 심는 나무로 가정의 정원이나 화분에 심으며 분재용으로도 심는다. 잎과 가지는 약으로 쓴다. '득남'이라는 좋은 꽃말도 있지만 '범죄'라는 나쁜 꽃말도 갖고 있다.

번식법

번식은 꺾꽂이와 실생으로 한다.

227 오동나무를 닮은

유동

Vernicia fordii (Hemsl.) Airy Shaw

과 명	대극과	꽃	5월
형 태	낙엽활엽교목	열 매	9월

유동 잎

유동 잎차례

유동 꽃 속 수술

유동 암꽃

유동 수꽃

유동(油桐)이라는 이름은 오동나무를 닮았으며 기름을 짤 수 있다고 해서 붙여진 것이다. 우리말로 기름오동나무라고 부르기도 하고, 지나기름오동이라고 부르기도 한다.

옛날에는 식물에서 기름을 추출하여 생활에 이용했는데, 그중에서 유동에서 나오는 기름이 유용하게 사용되었다. 유동(油桐)이라는 이름도 오동나무를 닮았으며 기름을 짤 수 있다고 해서 붙여진 것이다. 우리말로 기름오동나무라고 부르기도 하고, 지나기름오동이라고 부르기도 한다.

유동의 기름은 쓰임새가 매우 다양하다. 기계유나 도료, 인쇄용 기름은 물론이고 물감과 수지, 인공 피혁, 윤활제, 연마제, 비누,

유동 열매

유동 수피

살충제 등등 쓰이지 않는 곳이 없을 정도이다. 또 위세척을 할 때 쓰이는 최토제로도 유용하다.

대극과에 속하는 낙엽활엽교목으로 높이는 약 10m이다. 수피는 잿빛을 띤 갈색이며, 굵은 가지가 사방으로 퍼져 전체적으로 둥그스름한 수형을 이룬다. 잎은 어긋나고 심장 모양 또는 동그란 모양으로 길이는 12~20㎝, 너비는 8~16㎝이다. 잎자루는 길며 그 끝은 뾰족하나 잎의 가장자리는 밋밋하다.

암수한그루로 꽃은 5월에 붉은빛이 도는 흰색으로 피어 원추꽃차례를 이룬다. 열매는 삭과로서 둥글고 3개의 씨앗이 들어 있으며, 9월에 익는다. 씨앗을 짜서 기름을 채취하는데, 이 기름을 동유(桐油)라고 한다. 중국 원산으로 우리나라에서는 남부 해안지방에 분포한다.

번식법

실생으로 번식한다.

유동 씨앗

228 향이 좋고 비타민이 풍부한

유자나무

Citrus junos Siebold ex Tanaka

과 명	운향과	꽃	5~6월
형 태	상록활엽소교목	열 매	10~11월

유자나무 잎

유자는 비타민 C가 듬뿍 들어 있어서 감기에 아주 좋은 과일로 여긴다. 그래서 차로 많이 만들어 먹는다. 특히 비타민 C는 레몬보다도 무려 세 배나 많다고 한다.

우리나라는 물론 원산지인 중국, 일본에 분포하나 우리나라 것이 가장 향이 진하면서도 껍질이 두껍다. 청유자와 황유자, 실유자의 종류가 있는데, 어느 것이든 비타민 C가 듬뿍 들어 있어서 감기에 아주 좋은 과일로 여긴다. 그래서 차로 많이 만들어 먹는다. 특히 비타민 C는 레몬보다도 무려 세 배나 많아 피부 미용과 노화 방지, 피로해소에 좋은 효과를 나타낸다.

유자의 원산지는 중국 양쯔 강 상류이다. 우리나라에는 통일신라 때인 840년에 장보고가 당나라 상인에게 얻어와 널리 퍼졌다고 하는데, 공식적인 기록은 고려 때 지어진 《파한집》에 처음 등장하며, 《세종실록》 31권에 의하면 1426년에 전라도와 경상도에 감자와 함께 심었다고 한다.

유자나무는 한자 유자(柚子)에서 유래된 이름으로 산유자목(山柚子木)이라고도 부른다. 운향과에 속하며 우리나라와 중국, 일본에 분포한다. 우리나라에서는 전남 등 남부지방에서 재배되고 있다.

귤나무속의 나무들 중에 내한성이 가장 뛰어나다.

상록활엽소교목으로 높이는 4m 정도이고 가지에 뾰족한 가시가 있다. 잎은 긴 난상의 타원형으로 가장자리에 둔한 톱니가 있고 잎자루에 넓은 날개가 있다. 꽃은 흰색으로 엽액에 1개씩 달리고 5~6월에 핀다. 열매는 편구형으로 외피는 울퉁불퉁하며 향기가 있고 신맛이 강하며 10~11월에 황색으로 익는다.

유자는 여러 가지 차와 음식으로 만들어 먹으며, 약으로도 쓰이

유자나무 꽃봉오리

유자나무 꽃

유자나무 열매와 잎

유자나무 열매

유자나무 씨앗

유자나무 수피

는 과일이다. 열매를 잘게 썰어 설탕이나 꿀에 잰 뒤에 한두 달 동안 꼭 눌러두면 맑은 즙이 고이는데 이를 유자청(柚子淸)이라고 한다. 끓는 물에 유자청을 넣고 잣알을 띄워 유자차를 만들어 마시면 겨울에 추위를 이길 수 있다. 유병자(柚餠子)는 쌀가루에 된장, 설탕 등을 섞은 후 유자즙을 넣고 반죽해서 찐 과자이며, 유장(柚醬)은 유자 껍질을 갈아 설탕을 넣고 조린 음식이다. 유병자와 유장은 일본인들이 즐겨 먹는다. 이 밖에도 오늘날 유자로 잼이나 젤리, 양갱을 만들며, 즙으로는 식초나 음료도 만든다. 또 화장품용 향료나 식용유도 만들어 사용한다.

옛날에는 추위를 이기기 위해 동짓날 목욕물에 유자를 썰어 넣어 목욕을 했는데, 이렇게 하면 동창(凍瘡)에 좋다고 한다. 한편 덜 익은 열매는 탱자 대신 약으로 쓰기도 하는데 위장을 튼튼하게 하는 효과가 있다. 한편 수세가 약하거나 오래된 감귤나무의 수세 회복을 위한 대목으로 사용하기도 한다.

번식법

번식은 꺾꽂이로 한다.

229 수피가 얼룩덜룩

육박나무

Actinodaphne lancifolia (Siebold & Zucc.) Meisn.

과 명	녹나무과	꽃	7월
형 태	상록활엽교목	열 매	이듬해 7~8월

천연기념물 제28호로 지정된 완도군 주도에는 여러 그루의 육박나무가 구실잣밤나무, 감탕나무, 후박나무, 붉가시나무, 까마귀쪽나무 등과 함께 자라고 있다.

가지에 얼룩덜룩한 무늬가 많이 나 있어 마치 얼룩말을 보는 듯한 나무이다. 육박(六駁)이란 여섯 개 얼룩이라는 뜻인데, 이 나무가 많이 자라는 제주도에서는 해병대 옷처럼 생겼다고 하여 '해병대나무'라는 독특한 별명도 있다.

육박나무는 우리나라 남부지방의 섬에 주로 자라는데 천연기념물 제28호로 지정된 완도군 주도에는 여러 그루의 육박나무가 구실잣밤나무, 감탕나무, 후박나무, 붉가시나무, 까마귀쪽나무 등과 함께 자라고 있다.

높이는 약 15m, 지름이 40㎝가량이다. 그러나 일본이나 중국에는 20m까지도 크는 것이 많이 발견된다. 수피는 연한 검은색을 띤 자주색이며 조각처럼 벗겨진다. 어긋나는 잎은 타원형 혹은 세워놓은 바소꼴 모양으로 길이는 7~10㎝이다. 잎의 겉은 짙은 녹색이며 뒷면은 회녹색으로 잔털이 밀생한다. 암수딴그루로 7월에 잎겨드랑이에 산형화서로 노란색 꽃이 핀다. 장과의 열매

육박나무 잎(앞면)

육박나무 잎(뒷면)

육박나무 암꽃

육박나무 수꽃

육박나무 열매

육박나무 씨앗

육박나무 수피

는 이듬해 여름에 빨갛게 열린다.

상록활엽교목으로 우리나라와 일본, 타이완 등지에 분포한다. 우리나라에서는 주로 남부지방의 섬에 생육한다. 수형이 좋아 관상용으로 심으며, 목재는 땔감이나 기구재, 악기 재료 등으로 사용된다. 뿌리는 한약재로 사용하기도 하고 술을 담가 약용으로 마시기도 한다. 특히 과로로 인한 히스테리 치료에 효과가 있다고 알려져 있다. 또 최근에는 백혈병에도 좋은 효과가 있다고 발표되기도 하였다.

번식법

종자로 번식한다. 늦여름에 수확한 종자의 과육을 제거한 뒤 바로 파종한다.

230 가지로 윷을 만들던

윤노리나무

Pourthiaea villosa (Thunb.) Dc.

과 명	장미과	꽃	5~6월
형 태	낙엽활엽소교목	열 매	9~10월

윤노리는 '윷놀이'를 소리 나는 대로 적은 것 같다. 이 나무의 가지로 윷을 만들기에 적합하다는 데서 윷놀이나무가 되었고 다시 윤노리나무로 변했다는 설이 있다.

참, 재미있는 이름이다. 윤노리는 '윷놀이'를 소리 나는 대로 적은 것 같다. 이 나무의 가지로 윷을 만들기에 적합하다는 데서 윷놀이나무가 되었고 다시 윤노리나무로 변했다는 설이 있는데, 확실한 것은 알 수 없다. 더 흥미로운 것은 한자명으로 우비목(牛鼻木)이다. 이는 '소의 코 나무'라는 뜻인데, 소의 코뚜레로 이용된 데에서 비롯된 것이다. 이 나무 말고도 노린재나무 역시 우비목이라고 부른다. 지방에 따라 꼭지윤노리, 꼭지윤노리나무, 참윤여리, 꼭지윤여리, 긴윤노리나무, 꼭지윤여리나무라고도 한다.

낙엽활엽소교목으로 높이는 5m 이상이고 둘레는 10~20㎝이다. 줄기는 밑에서 옆으로 자라며 몇 개의 수간이 올라오고 작은 가지에 흰색 털과 타원형의 피목(皮目)이 있다. 잎은 어긋나며 도란형 및 긴 타원형이다. 꽃은 가지 끝에 산방화서를 이루며 흰색 털이 밀생하고 흰빛으로 5~6월에 핀다. 열매는 타원형으로 9~10월에 붉은색으로 익는데 그냥 생으로 먹는다. 열매자루에 흰색 피

윤노리나무 잎

윤노리나무 잎차례

윤노리나무 꽃봉오리

윤노리나무 꽃

윤노리나무 열매

목이 있는 점이 특색이다.

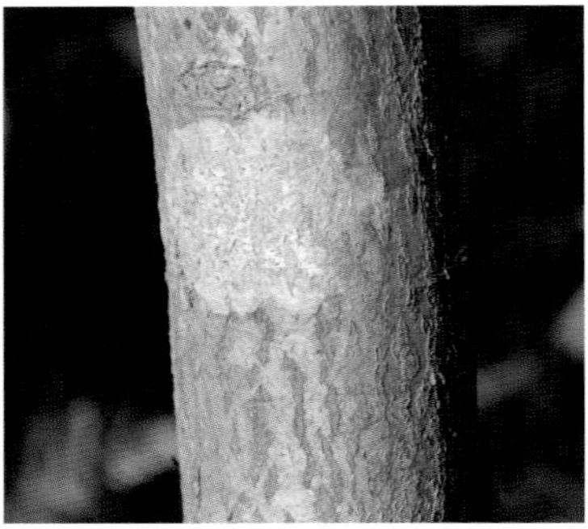
윤노리나무 수피

우리나라와 일본, 중국 등지에 분포한다. 우리나라에서는 황해도, 평북 이남, 중부 이남의 해발 50~1,200m의 산지에서 자란다. 음지나 양지 모두에서 잘 자라며 추위에도 강하지만, 공해에는 약한 편이다.

꽃과 열매가 아름다워 관상수, 정원수, 조경수로 심거나 밀원식물로 심는다. 가을에 갈색, 오렌지색, 노란색의 단풍이 든다. 목재는 단단하여 주로 낫과 같은 기구의 손잡이나 코뚜레로 쓰며 신탄재로도 사용된다.

번식법

꺾꽂이는 봄에 하며, 뿌리를 내릴 확률은 20%쯤 된다. 반음수 식물로 분재로도 키운다.

231 열매가 달콤하고 부드러운

으름덩굴

Akebia quinata (Houtt.) Decne.

과 명	으름덩굴과	꽃	4~8월
형 태	낙엽활엽덩굴성 목본	열 매	10월

으름덩굴 새잎

으름덩굴 잎

제주도에서는 밤이나 상수리가 충분히 익은 상태 또는 그 열매를 아람이라고 하는데, 이 아람이 벌어진 것이 전복이 입을 벌린 모양과 비슷하여 전복을 으름이라고 불렀다고도 한다.

으름이란 이름의 유래는 정확히 알려진 것은 없지만, 열매의 살이 반투명하여 얼음처럼 보인다 하여 얼음이라고 하였다가 으름으로 변하였다는 유래가 있다. 조선에 나는 바나나라 하여 조선바나나라고도 부른다. 간단히 으름이라고도 하며, 임하부인(林下婦人)이라는 특이한 이름도 있다. 임하부인이라는 이름은 으름의 모양이 꼭 성숙한 여인의 음부를 닮았다 하여 붙여진 별명이다. 실제로 열매가 익기 전에는 남성, 다 익어 갈라지면 여성의 상징처럼 보이기도 한다.

제주도에서는 밤이나 상수리 따위가 저절로 충분히 익은 상태 또는 그 열매를 아람이라고 하는데, 이 아람이 벌어진 것이 마치 전복이 입을 벌린 모양과 비슷하다고 하여 제주 사람들은 전복을 으름이라고 불렀다고도 한다.

낙엽활엽덩굴성 목본으로 길이 5m 정도 자란다. 잎은 새로 난 가지에서는 어긋나며 오래된 가지에서는 모여나고, 소엽은 5개로

긴 타원형이며 양면 모두 털이 없으며 가장자리는 밋밋하다. 암수한그루로 작은 수꽃은 위쪽에 많이 달리고 암꽃은 크며 아래쪽에 적게 달린다. 꽃은 자홍색으로 4~8월에 잎과 함께 피며 골돌상 열매는 장과로 긴 타원형으로 마치 작은 바나나 모양으로 10월에 자갈색으로 익으면서 벌어지는데 껍질이 매우 두껍다.

우리나라와 일본, 중국 등지에 분포한다. 우리나라에서는 황해도 이남의 해발 50~1,300m의 산야에 자생한다. 습기가 있는 비옥한 땅에서 잘 자라고 그늘과 추위에도 강하다. 덩굴성 목본으로 시원한 그늘을 만들어줄 뿐만 아니라 열매는 보기 좋은 데다 먹을 수 있어 아파트나 휴식 공간 등에 심으면 정취를 감상할 수 있어 좋다.

열매의 맛은 바나나같이 달콤하면서 부드러운데 요플레 같은 맛도 난다. 검은색의 씨는 엄청나게 많아서 씨를 빼고 나면 별로 먹을 것이 없을 정도이다. 잎과 줄기, 꽃은 나물로 해 먹기도 하며, 옛날에는 씨에서 기름을 짜서 식용으로 쓰기도 하고 등잔불의 기름으로도 썼다.

으름덩굴 암꽃

으름덩굴 수꽃 꽃봉오리

으름덩굴 수꽃

으름덩굴 어린 열매

으름덩굴 열매

으름덩굴 씨앗

으름덩굴 수피

줄기는 질겨서 칡과 같이 새끼 대신으로 나뭇단을 묶거나 바구니 등의 세공재로 사용하며, 뿌리와 줄기는 약용한다. 줄기를 목통(木通), 뿌리를 목통근(木通根), 씨앗을 예지자(預知子)라 하여 기를 원활하게 하고 간과 신장을 튼튼히 하며 거풍, 이뇨에 약재로 사용한다. 그 외에 동맥경화, 요통, 생리통, 몸이 부었을 때, 유방이나 목이 붓고 아플 때에도 사용한다.

번식법

파종하여 발아시켜 모종하거나 야생묘를 뿌리나누기로 번식하거나 혹은 꺾꽂이로 번식한다.

232 잎 뒷면이 은백색인

은단풍

Acer saccharinum L.

과 명	단풍나무과	꽃	3월
형 태	낙엽활엽교목	열 매	5~6월

단풍나무는 여러 종류가 있는데, 은단풍은 잎의 뒷면이 은백색이라서 붙여진 명칭이다. 잎 앞면은 짙은 초록이다. 단풍잎은 다 붉다고 여기지만 그렇지가 않다.

단풍나무는 여러 종류가 있는데, 은단풍은 잎의 뒷면이 은백색이라서 붙여진 명칭이다. 잎 앞면은 짙은 초록이다. 단풍잎은 다 붉다고 여기지만 그렇지가 않다. 본래 북아메리카가 원산으로 우리나라에는 1900년대 초부터 전국에 식재되어 자라고 있다.

수피는 회색빛을 띤 갈색으로 높이는 약 40m, 지름이 1m에 이른다. 줄기는 곧게 뻗고 마주나는 잎은 단풍나무 잎 특유의 다섯 개로 갈라진다. 갈라진 조각 가장자리에는 복거치가 있으며, 중

은단풍 잎(앞면)

은단풍 잎(뒷면)

은단풍 잎차례

은단풍 양성꽃차례

은단풍 암꽃

은단풍 열매

은단풍 수피

간의 조각은 다시 3가닥으로 갈라진다. 암수딴그루로 꽃은 3월에 잎보다 먼저 피는데, 노란빛을 띤 녹색이라서 잎과 쉽게 구분이 되진 않는다. 또 워낙 키가 커서 꽃을 보기가 쉽지 않다. 열매는 시과로, 거꾸로 된 달걀 모양이다. 열매에는 날개가 있으며 밑으로 처진다.

번식법

꺾꽂이나 실생으로 번식한다.

233 사시나무와 은백양 사이의 자연교잡종

은사시나무

Populus tomentiglandulosa T.B.Lee

과 명	버드나무과	꽃	4월
형 태	낙엽활엽교목	열 매	5월

은사시나무 잎(앞면)

은사시나무 잎(뒷면)

은사시나무 잎차례

사시나무의 한 종류로 사시나무와 은백양 사이의 자연교잡종이다. 생장이 빠르고 습기가 많은 곳에서 잘 자라서 1960년대 제1한강교 아래 고수부지에 조림용으로 많이 심었다.

빛사시나무와 은백양 사이의 자연교잡종이다. 1950년 수원에 있는 서울대 농과대학의 구내에서 이창복 교수가 처음 발견하였다. 영어 이름은 Hyun poplar인데, 이는 이창복 교수가 스승인 식물학자 현신규 박사를 기리기 위해 붙인 것이다.

낙엽활엽교목으로 높이는 20m이고 지름은 60㎝이다. 수피는 푸르스름한 흰빛이 돌며 다이아몬드 또는 마름모꼴을 하고 있어 언뜻 보면 자작나무의 수피와 비슷하게 생겼다. 잎은 난형 및 타원형으로 서로 어긋나게 나 있고 끝이 뾰족하다. 이 잎의 외형이 수원사시나무와 같은 난형이나 뒷면에 은백양처럼 백색 면모가 치밀하게 나 있다. 암수딴그루이며 꽃은 4월에 핀다. 이삭처럼 작은 열매가 달린 암꽃차례는 길이 5㎝로 100개 정도의 열매가 달리며 5월에 익는다.

생장이 빠르고 습기가 많은 곳에서 잘 자라서 1960년대 당시 제

은사시나무 암꽃

은사시나무 수꽃

은사시나무 열매

1한강교(지금의 한강대교) 아래 고수부지에 조림용으로 많이 심었던 나무이다. 목재는 흰빛으로 가볍고 연하여 잘 갈라지고 뒤틀려서 재질은 좋지 않은 편으로 주로 성냥갑, 상자재, 나무젓가락, 일회용 나무도시락 등으로 사용하는데, 지금은 성냥이나 일회용 도시락을 사용하지 않아 이 나무의 용도가 줄어들었다.

양지를 좋아하고 습지에서 잘 자라며 공해에 강해 조림용으로 심고, 목재는 펄프재 등으로 사용한다. 잎은 매우 쓴데, 민들레보다 10배 이상 쓰다고 한다. 이 쓴 물질이 노화를 억제하고 주름살, 기미를 없애주며 소화를 도와 비만을 예방하고 간 기능 개선에도 효과가 있다고 알려져 있다. 한편 수피와 잎은 출혈, 치통 등에 사용한다.

은사시나무 수피

번식법

꺾꽂이로 번식한다.

살아 있는 화석

은행나무

Ginkgo biloba L.

과 명	은행나무과	꽃	4~5월
형 태	낙엽침엽교목	열 매	9~10월

은행나무 잎

은행나무 잎차례

고생대에 나타나 중생대에 번성하고 여러 차례 빙하기를 겪으면서도 살아남아 흔히 '살아 있는 화석'이라고 부른다.

은행나무는 낙엽침엽교목으로 원산지는 중국이며, 암수딴그루이다. 가을이면 부채처럼 생긴 잎이 노랗게 물들어 우리의 마음을 흔든다. 가로수로도 많이 심어 도시에서는 노랗게 물든 은행잎을 보고 가을이 왔음을 느낀다.

지구상에는 많은 나무가 있지만 은행나무만큼 오래전부터 살아온 나무는 없다. 공룡이 활동하기 훨씬 이전인 고생대에 나타나 중생대에 번성하고 여러 차례 빙하기를 겪으면서도 살아남아 흔히 '살아 있는 화석'이라고 부른다. 이렇게 오래도록 살아온 것은 그만큼 생명력이 강인하다는 증거이기도 하다. 이러한 생명력은 은행 열매에서 나는 냄새와도 관계가 깊다. 구린 냄새를 풍기는 플라보노이드라는 물질 때문에 웬만해서는 벌레가 먹지 않고 자질구레한 병충해도 겪지 않는다. 노랗게 물든 은행잎을 책갈피에 끼워두거나 시를 적어서 간직하면 멋도 있지만, 그렇게 함으로써 책이 좀먹지 않는 이유는 바로 플라보노이드 때문이다.

은행이라는 이름은 열매가 살구를 닮았고 은빛이 돈다고 해서 붙여진 것이다. 그 모양을 중국에서는 오리발로 생각해서 압각수(鴨脚樹)라고 불렀으며, 한번 심으면 손자 대에서나 열매를 얻을 수 있다고 해서 공손수(公孫樹), 행자목(杏子木)이라고도 한다.

암나무에 열매가 열리려면 인근에 수나무가 꼭 있어야 한다. 길가에 서 있는 은행나무를 보면 어떤 것이 암나무이고 수나무인지 헷갈리는데, 우선 암나무는 수형이 펑퍼짐하고 가지가 안쪽으로 휘는 경향이 있다. 이에 반해 수나무는 날씬하고 가지가 곧게 뻗

은행나무 암꽃

은행나무 수꽃

은행나무 열매

은행나무 겨울눈

은행나무 수피

는다. 그러나 키가 크지 않은 은행나무는 열매가 맺히는 것을 보지 않고는 암수를 구분하기 어렵다.

용문사의 은행나무는 천연기념물 제30호로 수령이 약 1,100년으로 추정하고 있으며, 우리나라 은행나무 중에서 가장 오래된 나무로 조선 세종 때 당상관(정3품)이란 품계를 받을 만큼 중히 여겨졌다.

열매는 혈액순환을 좋게 해주는 약재로도 사용된다. 또 6~7월의 푸른 은행잎으로는 술로 담가 먹기도 하며, 은행잎이 쌓인 곳을 맨발로 걸으면 지압 효과가 있어 혈액순환에 좋다고 알려져 있다. 꽃말은 장수, 정숙, 장엄함 등이다.

〈산림경제〉에 의하면 종자가 둥글면 암나무가 나오고, 세모나거나 뾰족하면 수나무가 나온다고 한다. 수나무에 암나무의 새 가지를 여러 개 접목하면 암나무로 바꿀 수 있다.

번식법

번식은 가을에 종자를 채취하여 노천매장 후 봄에 파종하는 씨뿌리기(실생)나 꺾꽂이(삽목), 접붙이기(접목) 등으로 한다.

235 줄기에 난 가시가 날카로운

음나무

Kalopanax septemlobus (Thunb.) Koidz.

과 명	두릅나무과	꽃	7~8월
형 태	낙엽활엽교목	열 매	10월

음나무 새순

음나무 잎

엄나무라고도 하고, 개두릅나무, 멍구나무, 당음나무, 털음나무, 엉개나무, 큰엄나무, 당엄나무, 털엄나무 등 여러 이름으로 불린다.

음나무는 줄기에 가시가 날카롭게 나 있어 엄(嚴)하게 보인다 해서 엄나무라고 하던 것이 음나무로 바뀌었다. 옛날에는 문 위에 걸어두어 귀신이나 잡귀, 전염병을 막으려고도 했는데, 귀신들이 도포자락이나 치맛자락을 휘날리며 담을 넘어 들어올 때 음나무 가지에 걸려 놀라서 되돌아간다고 믿었다. 이것을 문 액막이라고 한다.

엄나무라고도 하고, 개두릅나무, 멍구나무, 당음나무, 털음나무, 엉개나무, 큰엄나무, 당엄나무, 털엄나무 등 여러 이름으로 불린다. 오동나무와 비슷하나 가시가 나 있다 하여 자동(刺桐), 가시가 있는 개오동나무라 하여 자추(刺楸), 가시가 엄하게 보인다 하여 엄목(嚴木), 오동나무 잎을 닮았으며, 바닷가에서 잘 자라서 해동목(海桐木)이라고도 한다.

낙엽활엽교목으로 높이는 25m 정도이고 지름 1m에 달한다. 수피는 흑갈색으로 불규칙하게 세로로 갈라지며 가지에 가시가 많다.

음나무 꽃

음나무 열매

잎은 어긋나며 둥글고 손바닥 모양으로 갈라지며 톱니가 있고 잎자루가 길다. 꽃은 양성화로 산형화서에 달리며 황록색으로 7~8월에 핀다. 열매는 둥글며 10월에 검은색으로 익는다.

우리나라와 중국, 일본에 분포한다. 우리나라 전국에 자생하며 해발 100~1,800m에 자라나 해발 400~500m 부근이 분포 중심지이다. 비옥한 땅을 좋아하고 어릴 때는 그늘에서 잘 자라지만, 크면서 햇빛을 좋아한다.

가시는 어릴 때부터 나기 시작하는데, 가시는 자신을 보호하기 위한 나무의 전략이다. 새싹은 아주 맛있어서 숲 속의 동물들이 좋아한다. 높이 자라게 되면 동물들의 피해를 받지 않게 되므로 가시가 저절로 없어지는 것이 특징이다. 또 재미있는 것은 높은 산에 자라는 음나무는 가시가 별로 없고 낮은 산에서 자라는 음나무에는 억센 거시가 많다는 점이다. 한편 가을에 까만 콩알 같은 열매를 맺는다.

식용, 약용으로 이용하여 동물들의 먹이가 되기도 한다. 어린잎을 살짝 데쳐서 초장으로 찍어 먹거나 쌈을 싸 먹기도 하며, 줄기와 가지는 보양식의 재료로 엄나무백숙을 만들어 먹는다. 줄기껍질은 국, 찌개, 찜을 할 때 함께 넣으면 약간 쓰지만, 잡내를 없애는 효과가 있어 음식 맛을 좋게 한다. 뿌리껍질이나 줄기 껍질을 달인 물로는 식혜를 만들거나 차를 끓여 마시면 좋다.

신경통, 중풍, 관절염, 혈액순환, 간 질환 등에 좋다고 한다. 〈동의보감〉에는 허리와 다리를 쓰지 못하는 것과 마비되고 아픈 것을 낫게 하며, 이질, 옴, 버짐, 치통, 눈의 핏발을 낫게 하며 풍증을

음나무 어린 줄기와 가시

음나무 겨울눈

음나무 수피

없앤다고 나온다. 빨리 자라고 몸집이 크며 오래 살아 정자목으로 사용하며 목재는 가구재, 악기재, 조각재, 기구재 등으로 쓴다.

음나무는 의외로 노거수가 꽤 된다. 삼척 궁촌리 음나무는 높이가 20m, 가슴둘레 5.2m로 수령은 약 1,000년이다. 알려지기로는 고려의 마지막 왕인 공양왕이 유배되어 살던 집에 있던 것이라고 한다. 봄에 동쪽 가지에서 싹이 먼저 나오면 영동지방에 풍년이 들고, 서쪽 가지에서 먼저 나오면 영서지방에 풍년이 든다는 전설이 있다. 천연기념물 제363호로 지정되어 보호를 받고 있다. 전북 무주의 설천면 음나무는 높이 15m, 가슴둘레 3.53m로 수령은 350년으로 추정된다. 매년 정초에 동제를 지내는 나무로 천연기념물 제306호로 지정되었다. 이밖에 경남 창원 신방리의 음나무군은 수령 700년가량 된 음나무 일곱 그루가 자라는데, 천연기념물 제164호로 지정되어 있다.

번식법

번식은 뿌리삽목(꺾꽂이)과 실생으로 한다.

236 오동나무를 닮은

이나무

Idesia polycarpa Maxim.

과 명	이나무과	꽃	5월
형 태	낙엽활엽교목	열 매	10~11월

이나무 잎(앞면)

이나무 잎(뒷면)

전체적인 나무 형태와 잎의 모양이 오동나무와 비슷하다 하여 산동자(山桐子)라고도 하며 팥피나무, 위나무, 의동(椅桐)이라고도 한다.

이나무라는 이름은 의자를 뜻하는 한자 의(椅)에서 유래한다. 따라서 의나무라고 해야 맞으나, 쉬운 발음으로 변해 이나무가 되었다. 그러나 아직도 북한에서는 의나무라고 부른다. 전체적인 나무 형태와 잎의 모양이 오동나무와 비슷하다 하여 산동자(山桐子)라고도 하며 팥피나무, 위나무, 의동(椅桐)이라고도 한다.

낙엽활엽교목으로 높이는 15m 정도이고 가지는 층층나무처럼 층층이 나서 사방으로 퍼지는 수형이며 수피는 황백색이고 피목이 있다. 잎은 어긋나고 심장형으로 5~7개의 장상맥이 있으며 가장자리에는 둔한 톱니 모양이다. 암수딴그루로 황록색 꽃이 원추화서에 달리며 꽃받침 잎은 5장으로 흰색이고 꽃잎은 없으며 5월에 핀다. 열매는 구형의 장과로 광택이 나고 10~11월에 붉은색으로 익으며 열매 안에는 약 10개의 씨가 들어 있다.

우리나라와 일본, 중국에 분포한다. 우리나라에서는 내장산 이

이나무 암꽃

이나무 수꽃

이나무 열매

남의 해발 150~700m에 자생하며, 제주도와 전라도, 충남의 해발 700m 이하의 저지대에서 드물게 자란다. 특히 보길도와 두륜산 대흥사 주변이 자생지로 잘 알려져 있다. 땅이 비옥하고 배수가 잘되는 땅에서 잘 자라며, 어렸을 때는 반그늘에서 잘 자라나 크면서 햇빛이 드는 곳을 좋아한다. 공해와 내염성에 강하고 병해충에도 강하여 따뜻한 바닷가에서 잘 자라지만, 추위에는 약하여

이나무 겨울눈

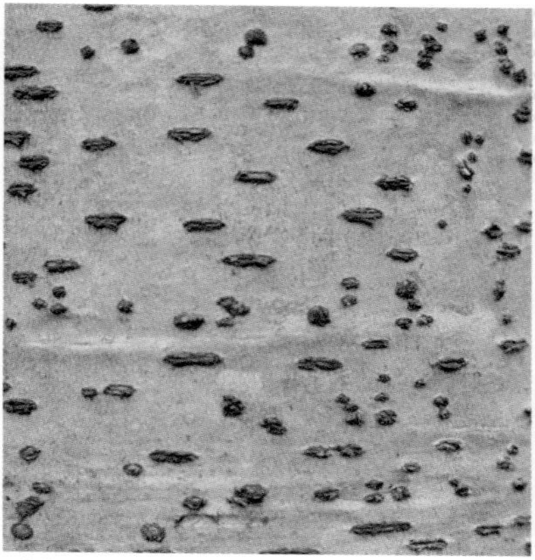
이나무 수피

내장산 이남까지가 분포 한계선이다.

열매가 아름다워 관상용으로 심는 나무이며 목재는 세공재로 쓰인다. 일본에서는 나막신을 만들기도 한다. 10~11월 사이에 붉은색의 열매가 포도송이처럼 주렁주렁 열리는데, 겨울에도 떨어지지 않아 새들의 중요한 먹이가 된다.

번식법

번식은 꺾꽂이와 실생으로 한다.

237 꽃으로 풍년과 흉년을 점쳤던

이팝나무

Chionanthus retusus Lindl. & Paxton

과 명	물푸레나무과	꽃	5~6월
형 태	낙엽활엽교목	열 매	9~10월

옛날 이 나무에 치성을 드리면 풍년이 든다고 믿었는데, 꽃이 피는 모습을 보고 풍년인지 흉년인지 알아보기도 했다. 절기상으로 입하(立夏) 무렵에 꽃을 피우기 때문에 이팝나무라고 했다고도 한다.

봄철 도심의 길을 걷노라면 흰 쌀밥을 가지 끝에 올려놓은 듯한 나무들을 종종 볼 수 있다. 그대로 뭉치면 주먹밥이 될 것도 같다. 꽃이 흰 쌀밥(이밥)같이 보여서 이팝나무라고 한다. 다른 유래도 있다. 옛날 이 나무에 치성을 드리면 풍년이 든다고 믿었는데, 꽃이 피는 모습을 보고 풍년인지 흉년인지 알아보기도 했다. 절기상으로 입하(立夏) 무렵에 꽃을 피우기 때문에 이팝나무라고 했다고도 한다.

이와 비슷한 이름을 가진 나무로 조팝나무가 있다. 꽃이 마치 쌀에 좁쌀을 섞어 지은 좁쌀 밥 같아서 조밥나무라고 하던 것이 변하여 조팝나무가 되었다고 전해진다. 두 나무가 서로 비슷한 이름을 가졌지만, 이팝나무는 키가 큰 물푸레나무과이고 조팝나무는 1~2m 높이의 장미과이다. 또 다른 이름으로 니팝나무, 니암나무, 뻣나무라고 불리기도 한다.

이팝나무 새잎

이팝나무 잎

이팝나무에는 슬픈 전설이 전해지기도 한다. 옛날 경상도 어느 곳에 착한 며느리가 있었는데, 시어머니는 시시콜콜 이 며느리를 트집 잡으며 구박했다. 한번은 제사가 있어서 쌀밥을 지었다. 며느리는 제삿밥을 제대로 지었는지 궁금해 밥알 몇 개를 먹었다. 그러나 이것을 본 시어머니는 제사에 쓸 밥을 먼저 먹었다며 온갖 학대를 해댔다. 억울함을 견딜 수 없던 며느리는 뒷산에 올라가 목을 맸다. 이듬해 무덤가에 나무가 자라더니 쌀밥 같은 흰 꽃이 가득 피었고, 사람들은 한 맺힌 며느리가 죽어서 나무가 되었다며 이팝나무로 불렀다고 한다.

우리나라 곳곳에는 멋진 이팝나무가 자생하는데, 경북 포항 흥해읍의 군락지는 그 유래가 고려 때까지 거슬러 올라가는 유서 깊은 곳이다. 충숙왕 시절인 14세기 초 향교를 세우고 기념식수한 것이 퍼져 현재 군락을 이룬 것이다. 커다란 이팝나무가 30여 그루나 되어 해마다 봄이면 온통 쌀밥 잔치를 벌이는 듯하다. 이 군락지는 경북기념물 제21호로 지정되어 있다. 이외에도 고창 중산리 이팝나무(천연기념물 제183호), 순천 승주읍 평중리 이팝나무(천연

이팝나무 꽃

이팝나무 열매

이팝나무 열매와 잎

이팝나무 수피

기념물 제36호), 양산 신전리 이팝나무(천연기념물 제234호) 등 천연기념물로 지정된 명목이 많다.

낙엽활엽교목으로 높이는 25m에 이른다. 수피는 회갈색이며 불규칙하게 세로로 갈라진다. 잎은 마주나며 긴 타원형 또는 거꾸로 된 달걀 모양이다. 잎 가장자리는 밋밋하나 어릴 때에는 복거치가 나 있기도 하다. 암수딴그루로 꽃은 5~6월에 새 가지 끝에 하얗게 달린다. 열매는 9~10월에 검푸른색으로 익는데, 타원형이다.

원산지는 우리나라이고 우리나라와 일본, 중국 등지에 분포하며 산골짜기나 들판에서 자생한다. 관상용으로 정원에 심거나 땔감으로 쓰며, 목재는 염료재와 기구재로 사용한다. 영원한 사랑, 자기 향상이라는 고상한 꽃말을 가지고 있다.

번식법

번식은 종자나 꺾꽂이로 한다. 꺾꽂이는 여름철 습도가 높을 때 새로 나온 가지를 잘라 번식시킨다.

238

추운 겨울에도 꿋꿋히 자라는

인동덩굴

Lonicera japonica Thunb.

과 명	인동과	꽃	6~7월
형 태	반상록활엽덩굴성 목본	열 매	9~10월

인동덩굴 잎

여름에 흰색으로 피었다가 차차 노란색으로 바뀐다. 그래서 금은화(金銀花)라고 한다. 꽃의 수술이 할아버지 수염처럼 보인다고 노옹수(老翁鬚)라고도 부른다.

고난과 역경을 헤치고 대통령에 오른 고 김대중 대통령은 자신을 인동초(忍冬草)라고 하였다. 한겨울에도 푸른 잎을 달고 있는 것이 투옥과 고문, 가택 연금 등 숱한 고난에도 굽히지 않고 인내하여 마침내 대통령에 오른 자신과 닮았다는 것이다.

반상록활엽덩굴성 목본으로 꽃이 특이하게 생겼다. 여름에 흰색으로 피었다가 차차 노란색으로 바뀐다. 그래서 금은화(金銀花)라고도 한다. 금은화라는 이름에 관해서는 흥미로운 전설이 전해온다. 옛날 사이가 좋은 금화(金花)와 은화(銀花)라는 쌍둥이 자매가 있었다. 두 자매는 열병으로 죽었는데, 이들의 무덤가에 덩굴이 나와 하얀 꽃을 피우더니 노랗게 변하였다. 그 뒤 마을에 다시 열병이 돌았고, 사람들이 그 꽃을 따서 달여 먹으니 열병이 나아 약초 이름을 금은화라 하였다는 것이다.

이 밖에도 꽃의 수술이 할아버지 수염처럼 보인다고 노옹수(老

翁鬚)라고도 하고, 꽃잎 모양이 해오라기 같아 노사등(鷺鷥藤)으로도 부른다. 또 꽃 속에 꿀이 많으니 밀통등(蜜桶藤), 귀신을 다스린다 하여 통령초(通靈草) 혹은 벽귀초라고도 한다. 이렇게 다양한 별칭이 있다는 것은 그만큼 이 나무가 사람들에게 많은 관심이 있었다는 것을 뜻한다.

높이는 5m에 이르며, 줄기는 적갈색으로 오른쪽으로 감고 올라간다. 어린 가지는 속이 비어 있다. 잎은 마주나고 타원형으

인동덩굴 꽃봉오리

인동덩굴 꽃

인동덩굴 열매(미성숙)

인동덩굴 열매(성숙)

인동덩굴 수피

로 크기는 길이가 3~8cm, 너비가 1~3cm이다. 잎은 처음에는 잔털이 있지만, 나중에 털이 없어지거나 뒷면 일부에 남아 있다. 꽃은 6~7월에 1~2개씩 잎자루에 달린다. 열매는 9~10월에 검은색으로 익으며, 지름이 7~8mm로 둥글다.

관상용으로 심으며, 꽃과 잎은 식용 또는 약용으로 쓰인다. 한방에서는 잎과 줄기를 인동등, 꽃봉오리를 금은화라 하며 종기나 매독, 임질, 치질 등에 사용한다. 민간에서는 해독, 이뇨, 미용 효과가 있다고 하여 차나 술을 만들기도 한다. 술은 인동주라 하여 각기병에 좋다고 알려져 있으며, 목욕물에 인동주를 넣어 목욕을 하면 관절통과 요통, 습창, 타박상 치료에 도움이 된다고 한다.

우리나라와 중국, 일본에 분포한다. 산과 숲 가장자리에서 잘 자라는데 볕이 잘 드는 곳이면 어디서든 잘 자란다. 중부지방에서는 잎이 떨어지지만, 남부지방에서는 잎이 떨어지지 않고 그대로 겨울을 난다. 꽃말은 사랑의 굴레 또는 헌신적인 사랑이다.

번식법

가을에 씨앗을 채취하여 이듬해 봄에 파종하거나 꺾꽂이 또는 휘묻이로 번식한다.

239 일본 원산의 목련

일본목련

Magnolia obovata Thunb.

과 명	목련과	꽃	5월
형 태	낙엽활엽교목	열 매	9~10월

일본목련은 일본 원산의 목련이라는 말이다. 한자명은 일본후박(日本厚朴)이며, 여기에서 후박이라는 말은 일본에서 쓰이는 말로 본래의 후박나무와는 관련이 없다.

일본목련은 일본 원산의 목련이라는 말이다. 한자명은 일본후박(日本厚朴)이며 왕후박, 떡갈목련, 향목련, 황목련 등으로도 불린다. 여기에서 후박이라는 말은 일본에서 쓰이는 말로 본래의 후박나무와는 관련이 없다. 우리나라에 들여올 때 곧이곧대로 번역해 후박나무라고 불리게 되었다.

일본 원산으로 우리나라에는 1920년경 도입하여 중부 이남에 심어 자라는 낙엽활엽교목이다. 높이는 20m 이상이고 지름이 1m

일본목련 새잎

일본목련 잎

일본목련 꽃봉오리

일본목련 꽃

일본목련 열매

일본목련 씨앗

일본목련 수피

이다. 원줄기는 곧게 나오고 곁가지가 둥글게 나와서 수형이 아름다우며, 수피는 회색이다. 잎은 긴 타원형으로 길이 20~40㎝나 되어 매우 크며, 가장자리는 밋밋하고 뒷면은 흰색 털로 덮여 흰빛을 띠고 있다. 꽃은 황백색으로 피는데 향기가 매우 좋으며 지름 15㎝ 정도로 5월에 잎보다 늦게 핀다. 열매는 홍자색의 골돌과로 긴 타원형으로 9~10월에 익는다.

비옥하고 배수가 잘되는 사질양토를 좋아하며 추위에는 약하나 공해에는 강한 편이다. 한방에서 줄기껍질을 후박, 뿌리껍질을 후피, 꽃봉오리를 후박화, 씨앗을 후박자라 하여 위장병, 눈병, 기침과 가래, 설사 등에 사용한다. 또 민간요법으로 기침, 가래, 토했을 때 줄기 껍질이나 뿌리껍질을 달여 마시면 효과가 있다.

꽃이 크고 아름다워 관상용으로 심으며, 목재는 악기재나 조각재 등으로 쓰인다.

번식법

번식은 실생으로 한다.

240 전봇대로 쓰이던

일본잎갈나무

Larix kaempferi (Lamb.) Carriere

과 명	소나무과	꽃	4~5월
형 태	낙엽침엽교목	열 매	9~10월

일본잎갈나무 잎

잎갈나무란 잎을 간다는 뜻으로, 즉 낙엽으로 떨어지고 해마다 새로운 잎이 나는 나무라는 의미이다. 그런 까닭에 잎이 소나무처럼 침형이지만 낙엽송이라고도 불린다.

잎갈나무란 잎을 간다는 뜻으로, 즉 낙엽이 떨어지고 해마다 새로운 잎이 나는 나무라는 의미이다. 그런 까닭에 잎이 소나무처럼 침형이지만 낙엽송이라고도 불린다. 낙엽송 이외에도 일본 후지산에 많이 자생한다고 해서 후지송(富士松), 일본낙엽송(日本落葉松) 등으로도 불린다. 한편 이깔나무라는 별칭도 있는데, 이는 낙엽송의 일본 이름인 익가목(益佳木)이 잘못 전해진 것으로 추정된다.

낙엽침엽교목으로 높이는 30m 정도이며 지름은 1m 정도이다. 그러나 원산지의 나무는 이보다 훨씬 커서 높이가 60m까지 자라기도 한다. 수피는 회갈색이며 얇은 조각으로 벗겨진다. 어린 가지에는 털이 있고 밑으로 퍼진다. 잎은 진녹색으로 40~50개가 촘촘한 가지에 모여 난다. 꽃은 4~5월에 피는데 수꽃은 구형이고 암꽃은 타원형이다. 열매는 녹색을 띤 황갈색으로 타원형이며 실

일본잎갈나무 암꽃

일본잎갈나무 수꽃

일본잎갈나무 어린 열매

일본잎갈나무 열매

일본잎갈나무 전년도 열매

일본잎갈나무 수피

편은 30~40개이고 끝이 뒤로 젖혀진다. 씨는 도란형으로 날개가 있으며 9~10월에 익는다.

잎갈나무는 실편이 14~30개로 일본잎갈나무보다 적은 편이며, 실편의 끝이 뒤로 젖혀지지 않는다. 잎갈나무는 북한이 원산지로서 조선낙엽송이라고 불리기도 한다.

일본잎갈나무는 생장속도가 빠르고 곧게 자라며 가지는 수평으로 뻗어 전봇대나무라고도 하는데, 실제로 전봇대로 많이 쓰이기도 했다. 그러나 요즘은 전기선이 지하에 매설되고 철도 침목도 시멘트용재가 사용되어 이 나무의 쓰임새가 적어졌다. 특히 목재가 마르면 못도 안 들어갈 정도로 단단하지만, 인성이 약해 잘 부러지는 탓에 쓸모없는 나무로 취급해왔다. 하지만 최근 목재 가공기술이 발달해 건축용 내장재, 펄프재, 합판용재로 사용되고 있으며, 수피에서는 염색의 재료와 타닌을 채취한다. 또한 수관이 장대하고 수형이 아름다워 가로수나 공원수로도 심는다.

번식법

번식은 실생으로 한다.

241 잎을 가는 침엽수

잎갈나무

Larix olgensis var. *koreana* (Nakai) Nakai

과 명	소나무과	꽃	5~6월
형 태	낙엽침엽교목	열 매	9~10월

잎갈나무 잎

소나무나 전나무 등 침엽수는 대부분이 상록수이다. 하지만 낙엽을 떨구는 침엽수도 더러 있다. 잎갈나무가 대표적인데, 소나무처럼 생겼으면서도 가을에 주황색으로 바래는 모습을 보면 이색적이다.

소나무나 전나무 등 침엽수는 대부분이 상록수이다. 하지만 낙엽을 떨구는 침엽수도 더러 있다. 잎갈나무가 대표적인데, 소나무처럼 생겼으면서도 가을에 주황색으로 바래는 모습을 보면 이색적이다.

낙엽이 지는 소나무라고 해서 낙엽송(落葉松)이라고 부르기도 하나, 이는 일제강점기와 1960년대에 일본에서 들어온 일본잎갈나무를 지칭하는 말이다. 비교적 생장속도가 빨라 산림녹화 수목으로 포플러와 함께 들어온 낙엽송은 한때 상당한 경제가치를 지닌 나무였다. 전봇대도 만들고 건축 거푸집으로도 많이 쓰였지만, 지금은 벌목비용조차 나오지 않는다고 한다. 빨리 크고 결도 곧으니 수입 통나무 대체용으로 써봄 직하다.

잎갈나무는 소나무과 속하는 낙엽침엽교목으로 높이는 35m,

잎갈나무 암꽃

잎갈나무 수꽃

잎갈나무 열매

잎갈나무 전년도 열매

지름은 1m까지 성장한다. 가지는 수평으로 자라거나 밑으로 처지며, 수피는 회갈색으로 불규칙하게 갈라져 벗겨진다. 잎은 솔잎처럼 바늘 모양인데 길이는 1.5~3㎝, 너비는 1~1.5㎜이다. 잎은 흩어져 나기도 하고 모여 나기도 한다.

꽃은 암수한그루로 5~6월에 짧은 가지 끝에서 피고, 열매는 9~10월에 솔방울처럼 달린다. 솔방울은 길이가 1.5~3.5㎝, 지름이 1.5~2.5㎝ 정도이며, 솔방울의 조각은 25~40개쯤 된다. 다갈색으로 끝이 뒤로 젖혀지지 않는 것이 일본잎갈나무와의 차이점이다.

잎갈나무는 우리나라 원산으로 우리나라 금강산 이북 지역과 중국에 분포한다. 추운 지방에서 잘 자라 금강산이 북방한계선으로 생각된다. 남한에는 1910년대에 광릉수목원에 심은 것과 오대산 월정사에 심은 것이 있을 뿐이다. 월정사 잎갈나무는 심은 것이라는 주장과 자생한 것이라는 주장이 엇갈려 있다.

번식법

실생으로 번식한다. 9월 하순에 종자를 채취하여 노천매장하였다가 파종한다.

잎갈나무 수피

242 부부 금실을 상징하는

자귀나무

Albizia julibrissin Durazz.

과 명	콩과	꽃	6~7월
형 태	낙엽활엽소교목 또는 교목	열 매	9~10월

자귀나무 잎

자귀나무 포개진 잎(밤)

밤에 잎이 포개져 있는 모양이 마치 귀신이 잠을 자는 것 같아서 '잠자는 귀신'이라는 뜻으로 자귀나무라고 했다는 이야기가 전해진다.

집에 심으면 부부 금실이 좋아진다는 자귀나무는 흔히 합환목(合歡木), 합혼수, 야합수(夜合樹), 유정수(有情樹) 등으로도 불린다. 소가 좋아한다고 하여 소밥나무, 소쌀나무 등으로도 불리며, 열매가 익을 때면 콩깍지 같은 열매가 바람에 흔들려 시끄러운 소리를 내어 여설수(女舌樹)라는 재미난 이름으로도 불린다.

자귀나무는 좌귀목(佐歸木)에서 유래되었다고 전해진다. 좌귀목이 자괴나모로, 자괴나모가 작외남우로, 작외남우가 자귀나무로 변했다는 것이다. 그러나 밤에 잎이 포개져 있는 모양이 마치 귀신이 잠을 자는 것 같아서 '잠자는 귀신'이라는 뜻으로 자귀나무라고 했다는 이야기도 전해진다.

낙엽활엽소교목 또는 교목으로 높이는 5~15m 정도인데 열대지역에서는 16m까지 자라는 교목이다. 작은 가지는 녹갈색이고 능선이 있다. 잎은 우수 2회 우상복엽으로 10~30쌍의 작은 잎이

자귀나무 꽃봉오리

자귀나무 꽃

있고 작은 잎은 원줄기를 향해 굽으며 좌우가 같지 않은 긴 타원형이다. 꽃은 가지 끝에 15~20개가 산형상으로 달린다. 작은 꽃자루는 없고 화관은 담홍색으로 6~7월에 마치 공작처럼 피어나는데 꽃받침 잎은 녹색이다. 열매는 납작한 모양의 협과로 5~6개의 씨가 들어 있는데 이듬해까지 그대로 달려 있다.

우리나라와 일본, 중국, 이란, 남아시아 등지에 분포한다. 우리나라에서는 황해도 이남의 해발 50~700m의 산기슭이나 계곡에서 자란다. 추위에 약하기 때문에 추운 중부 이북지방에서는 겨울에 얼어 죽기 쉬우나, 뿌리에서 맹아가 자라는 특징이 있다.

넓게 퍼진 가지 모양 때문에 나무의 모양이 풍성하게 보이고, 특히 꽃이 활짝 피었을 때는 짧은 분홍 실을 마치 부챗살처럼 펼쳐 놓은 듯해 매우 아름답다. 잎은 낮에는 옆으로 퍼지나, 밤이나 흐린 날에는 접혀서 포개지며 아침이 되면 떨어지는 수면운동을 한다. 옛사람들은 이런 모습을 금실 좋은 부부 같다고 하여 합환목이라 불렀고, 신혼부부 침실 앞에 심었다 한다. 잎이 접혀서 포

자귀나무 열매

자귀나무 수피

개질 때는 단 하나의 잎도 따로 남아 있지 않고 정확하게 짝지어 포개지는 우수 2회 우상복엽이다.

그런데 대체 왜 밤이 되면 이렇게 잎이 서로 포개지는 걸까? 밤에는 햇볕이 없어서 광합성을 할 수 없으므로 잎의 표면적을 최대한 줄임으로써 에너지의 발산을 최대한 막기 위한 것이다. 또한 밤새 날아드는 벌레의 침입을 막기 위한 방어 자세이기도 하다.

꽃이 아름답고 잎이 특이하며 병충해도 적고 관리하기도 편하여 관상수로 정원이나 공원에 많이 심으며 목재는 가구재로 이용된다. 한방에서는 나무껍질을 말린 것을 합환피라 하여 진정제로 사용하며, 꽃과 뿌리껍질도 약재로 사용한다.

번식법

번식은 실생으로 한다.

243

꽃말 '내일의 행복'

자금우

Ardisia japonica (Thunb.) Blume

과 명	자금우과	꽃	5~6월
형 태	상록활엽소관목	열 매	9월~이듬해 2월

자금우 잎(앞면)

자금우 잎(뒷면)

지길자(地桔子), 왜각장(矮脚樟), 노물대(老勿大)라고도 한다. 열매는 9월에 붉은색으로 익는데 이듬해 2월까지 붙어 있다. 열매는 새들의 좋은 먹이가 된다.

지길자(地桔子), 왜각장(矮脚樟), 노물대(老勿大)라고도 한다. 이 나무는 특이하게도 350여 년 전 일본 도쿠가와 막부시대에 투기의 대상이 된 식물이다. 당시 일본의 최고 권력층은 진기한 식물을 매우 좋아해 많은 이들이 좋은 식물을 찾아 헌상했는데, 자금우(紫金牛)도 귀한 식물로 헌상하여 가격 폭등을 일으켰다고 한다.

상록활엽소관목으로 높이는 20~30㎝ 정도이고 줄기는 옆으로 기면서 자란다. 잎은 마주나거나 또는 돌려나며 타원형 및 난형으로 가장자리에는 톱니가 있다. 꽃은 양성화로 2~5개가 액생하는 산형화서를 이루며 아래로 처지고 꽃차례에 선모가 있다. 화관은 5갈래로 갈라지며 열편은 난형으로 흰색이나 흑색 선점이 있고 흰색으로 5~6월에 핀다. 열매는 장과상의 편구형으로 9월에 붉은색으로 익는데 이듬해 2월까지 붙어 있다. 열매는 새들의 좋은 먹이가 되어 멀리 번식하게 된다.

우리나라와 일본, 타이완, 중국 남부에도 분포한다. 추위에 약

자금우 꽃

자금우 열매

자금우 수피

하여 따뜻한 남쪽 지방의 산림에 야생으로 자라는 나무로, 큰 나무 아래에서 자라 자연히 그늘진 곳에서 자라는 습성을 가지고 있으며 습윤한 곳을 좋아한다.

상록수로 꽃과 열매가 아름다워 관상용이나 분재용으로 심는다. 조리할 때 발생하는 일산화탄소를 제거하는 능력이 우수해 주방 근처에 두면 더욱 좋다. 중국의 〈본초강목〉에 나오는 약용 식물로, 한방에서는 말린 뿌리를 자금우근(紫金牛根)이라 하여 해독, 이뇨, 인후염 등의 약재로 쓰며, 줄기와 잎을 자금우라 하여 전초와 함께 만성 기관지염의 약재로 쓴다. 꽃말은 내일의 행복이다.

번식법

번식은 실생으로 한다.

244 앵도나무, 살구나무와 함께 집 근처에 심는

자두나무

Prunus salicina Lindl.

과 명	장미과	꽃	4월
형 태	낙엽활엽소교목	열 매	7~8월

앵도나 살구처럼 집 근처에 심는 나무로, 이 세 수종은 서로 비슷한 점이 많다. 모두 다 장미과로, 꽃잎이 5개이고 잎보다 먼저 꽃이 피는 특징이 있다.

복숭아나무 우물가에서 자라고, 자두나무 그 옆에서 자랐네.

벌레가 복숭아나무 뿌리를 갉아먹으니, 자두나무가 복숭아나무를 대신하여 죽었네.

나무들도 대신 희생하거늘, 형제는 또 서로를 잊는구나.

이 시는 중국 고대 악부시를 집대성한 《악부시집(樂府詩集)》에 실린 〈계명편(鷄鳴篇)〉에 나오는 내용이다. 자두나무가 복숭아나무를 대신하여 넘어진다는 내용으로, 작은 것을 희생해 큰 것을 얻는다는 손자병법 36계 중 11계 '이대도강(李代桃僵)'의 유래가 된 시이다. 본래의 뜻은 형제간의 우애를 담고 있다. 여기에서 우리나라 대표 성씨인 이(李)가 바로 자두를 뜻하는 한자임을 알 수 있다.

자두나무 잎

자두나무는 오얏나무, 자도나무라고도 한다. 그런데 본래 자두는 자주색 복숭아를 뜻하는 한자 자도(紫桃)에서 유래한다. 앵도나무, 살구나무처럼 집 근처에 심는

자두나무 꽃봉오리

자두나무 꽃

자두나무 열매

나무로, 이 세 수종은 서로 비슷한 점이 많다. 모두 다 장미과로, 꽃잎이 5개이고 잎보다 먼저 꽃이 피는 특징이 있다.

낙엽활엽소교목으로 높이는 10m이고 작은 가지는 적갈색이다. 잎은 어긋나며 도란형으로 가장자리에 둔한 톱니가 나 있다. 꽃은 잎보다 먼저 흰색으로 4월에 피며 대개 3개씩 달리고, 열매는 난상의 원형 및 구형으로 황색 또는 적자색으로 7~8월에 익는다.

중국 원산으로 우리나라에서 재배한다. 추위를 잘 견디나 건조

자두나무 수피

지에는 약하여 잘 자라지 못한다. 우리나라에는 1,500년경에 도입된 것으로 추정되며 전국의 해발 100~300m의 인가 부근의 과수로 심는다.

최근에 한 방송에서 자두가 건강에 매우 좋다고 소개된 뒤로 선풍적인 바람이 불어 건강식품으로 주목받고 있다. 실제로 자두는 예로부터 건강에 도움이 된다고 알려져 왔는데, 〈동의보감〉에 따르면 갈증을 멎게 하고 열독, 치질, 이질을 낫게 한다고 기록되어 있다. 또 잎을 삶은 물은 땀띠를 치료하며 간에 병이 있을 때 음용하면 좋다고 하였다.

민간에서는 이 나무의 잎에 염증을 다스리는 약효가 있고 기침을 멎게 하는 효능이 있는 것으로 알려졌다. 또 생잎을 목욕물에 넣어 사용하면 땀띠를 없애는 효능이 있다고 한다. 기침이 난다든가 목이 아플 때에는 열매를 태워서 이용하기도 한다.

식용, 관상용으로 심는다. 복숭아나무보다 재배가 쉬워 근교 원예작물로 알맞은 수종이다. 꽃말은 순백, 순박이다.

번식법

번식은 실생, 뿌리나누기, 접목으로 한다. 추위에는 강하나 마른 토양에서는 잘 자라지 않으며, 특히 염분에 약해 바닷가에서는 키우기 어렵다.

245 자줏빛 꽃을 피우는

자목련

Magnolia liliiflora Desr.

과 명	목련과	꽃	4~5월
형 태	낙엽활엽교목	열 매	9월

자목련 잎

자목련 꽃

까치꽃나무라는 예쁜 별칭이 있다. 이른 봄에 꽃이 피며, 주로 사찰 주변에 많이 심는다. 특히 범어사에는 우리나라에서 가장 오래된 것으로 추정되는 자목련이 자라고 있다.

자목련은 자주색의 꽃이 피는 목련이라는 뜻이다. 자옥란(紫玉蘭)이라고도 불리고, 까치꽃나무라는 예쁜 별칭도 있다. 조선 중기에 간행된 이수광의 〈지봉유설〉 훼목부에는 "순천 선암사에 북향화(北向花)란 나무가 있는데, 보랏빛 꽃이 필 때 북쪽을 향한다."라는 기록이 있다. 여기서 이 북향화는 바로 자목련을 말하는 것으로, 중국 원산인 자목련이 조선 중기에 상당히 보급되었음을 추정할 수 있다. 따라서 우리나라에 들어온 것은 조선 전기나 그 이전으로 본다.

낙엽활엽교목으로 높이는 15m 정도이다. 수피는 회갈색이고 작은 가지는 자갈색이다. 잎은 타원상의 도란형으로 뒷면 맥 위에 짧은 털이 있다. 꽃잎은 6개로 겉은 진한 자주색이고 안쪽은 연자주색이다. 꽃잎의 모양은 피침형으로 잎과 동시에 4~5월에 핀다. 열매는 난상 타원형의 골돌과로 9월에 갈색으로 익는다.

중국 원산으로 우리나라는 중부 이남에 많이 자란다. 추위에 약

자목련 열매

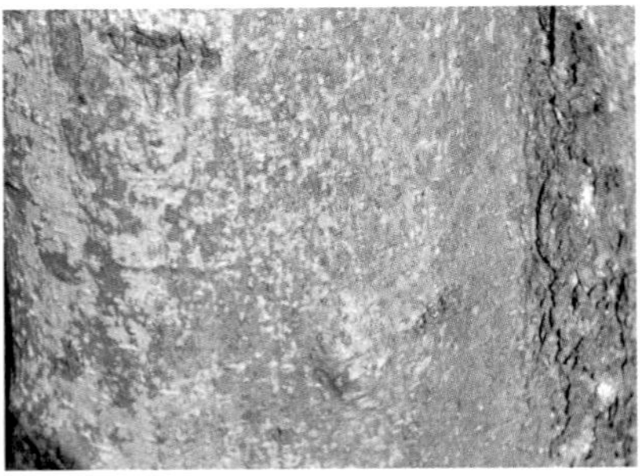
자목련 수피

하여 추운 지방에서는 잘 자라지 못한다. 햇빛이 잘 드는 곳에서 꽃이 잘 피고 비옥한 사질양토를 좋아한다.

자목련 외에도 목련 종류는 꽃이 필 즈음 꽃봉오리가 북쪽을 향한다고 알려져 있다. 자목련은 이른 봄에 피며, 주로 사찰 주변에 많이 심는다. 특히 범어사에는 우리나라에서 가장 오래된 것으로 추정되는 자목련이 자라고 있다.

비슷한 종류로 자주목련이 있는데, 꽃 전체가 자주색이 아니라 겉면에는 연한 홍색을 띤 자주색이고, 안쪽은 희어서 전체가 자주색인 자목련과 구분된다. 또 자목련이 일반 목련과 다른 점은 보통 목련은 잎보다 꽃이 먼저 피나, 자목련은 동시에 피기도 하고 자목련의 잎이 보통 목련의 잎보다 약간 작다는 것이다.

중국에서 들여온 귀화식물로 꽃이 아름다워 관상용, 정원용의 용도로 심는다. 북한 개성에는 천연기념물로 지정된 자목련 두 그루가 있다.

번식법

목련의 묘목을 대목으로 이용하여 접목으로 번식한다.

246 숲 속의 가인(佳人) · 귀족 · 여왕

자작나무

Betula platyphylla var. *japonica* (Miq.) H. Hara

과 명	자작나무과	꽃	4~5월
형 태	낙엽활엽교목	열 매	9~10월

자작나무 잎

자작나무라는 이름은 껍질을 얇게 벗겨내어 불을 붙이면 나무껍질의 기름 성분 때문에 자작자작 소리를 내며 잘 탄다고 해서 붙여졌다.

결혼식을 올리는 것을 흔히 화촉을 밝힌다고 표현한다. 여기에서 화촉은 한자로는 華燭으로 쓰지만 본래는 자작나무를 뜻하는 화(樺) 자를 써서 樺燭이라 했다. 옛날에 초가 없을 때 기름기가 많은 하얀 자작나무 껍질에 불을 붙여 어둠을 밝히고 혼례를 치른 데에서 유래한다. 서양에서도 이 나무가 사랑의 나무로 알려져 있다. 새하얀 껍질을 벗겨서 편지를 써서 보내면 사랑이 이루어진다고 믿어온 것이다. 또 슬라브족은 이 나무가 사람을 보호해주는 신의 선물로 여겨서 집 주변에 심어 나쁜 기운을 막기도 했다.

자작나무라는 이름은 껍질을 얇게 벗겨내어 불을 붙이면 나무껍질의 기름 성분 때문에 자작자작 소리를 내며 잘 탄다고 해서 붙여졌다. 하얀 눈이 내린 산에 하얀 수피로 서 있는 자작나무를 보면 마치 아름다운 여인 같아서 흔히 숲 속의 가인(佳人)이라고도 하고, 숲 속의 귀족 또는 여왕 등으로도 불린다. 한자로는 백화(白樺) 또는 백단목(白檀木), 백수(白樹)라고도 하는데, 이 역시 껍질이

자작나무 암꽃

자작나무 수꽃

자작나무 열매

자작나무 수피

하얘서 붙여진 것이다.

낙엽활엽교목으로 높이는 20m 정도이고, 잎은 삼각상의 난형이다. 암수한그루로 수꽃은 이삭 모양으로 아래로 늘어지고, 암꽃은 위로 서며 4~5월에 핀다. 열매는 아래로 처지고 열매의 날개가 씨의 폭보다 넓고 9~10월에 익는다.

우리나라와 일본 등지에 분포한다. 주로 산 중턱 이하의 양지바른 곳이나 산불 등으로 산림이 파괴된 곳에 침식하여 군락을 이루며 자란다. 비옥한 토양을 좋아하고 추위에 매우 강하여 영하 80℃에서도 추위를 견딜 수 있으나, 공기 정화력이 강하나 맹아력

이 약하고 이식 후 활착이 어려운 단점을 갖고 있다.

자작나무의 껍질은 흰 종이처럼 벗겨지며 몇 겹으로 싸여 있고 잘 썩지 않으며 방수 효과가 있어 백두산 근처의 너와집 지붕으로 많이 사용되었다. 또 화피(樺皮)라 하여 종이가 없던 시절에는 종이 대용으로 쓰기도 했으며, 화건(樺巾)이라는 두건을 만들어 쓰기도 하고 두꺼우면서도 부드러워 신발의 뒤창에 붙여 사용하기도 하며 칼집, 말안장 등에도 사용했다.

해인사의 팔만대장경 일부는 자작나무로 만들어졌고, 경주 천마총에서 출토된 천마도도 자작나무에 그려진 것이다. 목재가 재질이 좋고 단단하고 조직이 치밀한 데다 잘 썩지 않아 벌레가 잘 안 생기고 변질이 되지 않아 건축재, 조각재, 세공재로 사용된다. 백색 수피와 단풍잎이 아름다워 관상용으로 사용되고 그 밖에도 조림용, 약용 등으로 사용된다.

곡우 때 수액을 마시면 위장병에 좋다고 하며, 또한 수액을 발효시켜 만든 술은 건강주로 이용된다. 최근에 국립산림과학원에서 조사한 바로는, 수액과 수피에는 노인성 치매 예방과 뇌신경 기능 강화에 좋은 성분이 있다고 하며, 자작나무가 내뿜는 피톤치드는 류머티즘, 중풍, 결핵, 대장균 등에 효과가 있다고 알려져 있다. 한방에서는 백화피라 하여 주로 껍질을 이용하는데 이뇨, 진통, 폐렴, 기관지염, 요도염, 방광염, 피부병에 효과가 있으며, 자작나무에 붙어사는 차가버섯은 각종 암 등의 특효약으로 쓴다.

번식법

실생으로 번식한다.

가지가 작살처럼 생긴

작살나무

Callicarpa japonica Thunb.

과 명	마편초과	꽃	7~8월
형 태	낙엽활엽관목	열 매	9~10월

작살나무 꽃

흰작살나무 열매

작살나무라는 이름은 가지 때문이다. 가지가 어느 것이나 원줄기를 가운데 두고 양쪽으로 60도 정도 기울기로 뻗어서 마치 작살처럼 보여 붙여졌다.

가을이면 나무들은 저마다 독특한 열매를 맺는다. 열매가 우리가 즐겨 먹는 과일이거나 먹을 수 있는 식용 열매를 맺는 나무는 쉽게 이름을 알 수 있지만, 그 외에는 이름을 알기가 쉽지 않다. 작살나무는 그 이름이 무서운 듯하지만, 열매는 무서운 느낌의 이름을 잊을 만큼 매우 인상적이다. 마치 물고기가 보랏빛 알을 산란한 것처럼 방울방울 맺혀 있다. 어느 산에나 흔하게 자라는데, 열매가 달리는 모습이 예뻐 요즘은 관상수로 많이 심는다.

열매는 또한 학명에 영향을 주었다. 속명이 *Callicarpa*인데, 희랍어로 아름답다는 뜻의 callos와 열매를 뜻하는 carpos의 합성어로 아름다운 열매라는 뜻이다. 한자어로는 자주색 구슬이라고 해서 자주(紫珠)라 한다.

작살나무라는 이름은 가지 때문이다. 가지가 어느 것이나 원줄기를 가운데 두고 양쪽으로 60도 정도 기울기로 뻗어서 마치 작살처럼 보여 붙여진 것이다.

작살나무 열매(미성숙)

작살나무 열매(성숙)

작살나무 수피

마편초과 낙엽활엽관목으로 높이는 2~4m이다. 어린 가지와 새 잎에는 별 모양의 털이 있다. 잎은 마주나며 긴 타원형이다. 잎의 윗부분이 아랫부분보다 넓으며 잎의 끝이 뾰족하여 길게 느껴진다. 잎 가장자리에는 잔톱니가 난다.

꽃은 7~8월에 연한 자주색으로 취산꽃차례를 이루며 달린다. 화관은 4개로 갈라지며 안에 수술 4개와 암술 1개가 들어 있다. 열매는 지름 4~5㎜로 9~10월에 자주색으로 익는다.

우리나라와 중국, 일본 등지에 분포하며, 우리나라의 전국 산과 들에 널리 분포한다. 민간요법으로 뿌리와 줄기는 약용한다. 산후 오한, 자궁 출혈, 혈변, 신장염에 효과가 있다. 잎은 지혈과 항균 작용을 한다. 열매가 달린 가지는 꽃꽂이 소재로도 쓰인다. 꽃말은 총명이다.

번식법

전정이 가능하고 이식도 잘 되며, 포기나누기로 심어도 잘 자란다. 11월경에 성숙한 열매를 진흙과 부식토를 반반씩 섞어서 파종하면 발아율을 높일 수 있다.

248 이용가치 높은

잣나무

Pinus koraiensis Siebold & Zucc.

과 명	소나무과	꽃	5월
형 태	상록침엽교목	열 매	이듬해 9~10월

옛말에 '송백(松柏)의 절개'라는 말이 있다. 이는 소나무와 잣나무를 변하지 않는 지조나 절개로 본 것이다. 송무백열(松茂栢悅)이라는 말도 있는데, 이는 소나무가 무성함을 잣나무가 기뻐한다는 뜻이다.

'한 해의 날씨가 추워진 뒤에야 소나무와 잣나무가 시들지 않고 있음을 알게 된다.'

이 말은 사람은 어려울 때 그 의리를 진짜 알 수 있다는 말이다. 평소에는 모두 비슷해 보이지만 상황이 어려워지면 그 의리의 진가가 나타난다는 것이다. 이와 비슷한 옛말에 '송백(松柏)의 절개'라는 말이 있다. 이는 소나무와 잣나무를 변하지 않는 지조나 절개로 본 것이다. 또한 송무백열(松茂栢悅)이라는 말도 있는데, 이는 소나무가 무성함을 잣나무가 기뻐한다는 뜻으로, 벗이 잘됨을 기뻐한다는 말이다.

소나무에 못지않게 목재로서의 가치가 대단하면서도 열매인 잣까지 우리에게 선사해 주는 것이 이 나무의 특성이다. 잣을 식용한 역사는 아주 오래되어 신라 때 중국에 수출까지 했다는 기록이 있을 정도이다. 중국인들은 잣을 신라송(新羅松)이라고 했고, 바다를 건너왔다는 뜻으로 해송자(海松子)라고도 불렀다.

잣나무 새순

잣나무 잎

잣나무 암꽃

잣나무 수꽃(개화 전)

잣나무 수꽃

잣나무 열매(1년생)

잣나무 열매(2년생)

잣은 수정과나 식혜와 같은 전통음료에 동동 띄워 먹으며, 각종 요리에 고명으로 쓰이고 죽으로도 끓여 먹는다. 옛날에는 양식이 떨어질 즈음 대용식으로 허기를 면하게 해준 고마운 식품이기도 하다. 또한 한방에서도 해송자로 부르는데, 자양강장용이나 신체가 허약할 때, 기침이나 폐결핵 등에 좋은 효과를 내는 약재로 여겨왔다. 게다가 술도 담갔는데 이때는 익지 않은 파란 솔방울을 이용해 향기가 일품이다.

잣나무는 영어명이 Korean pine으로 한국소나무이다. 상록침엽교목으로 높이는 30m 정도이고 지름은 1m까지 자라는데 우리나라 전역의 해발 300~1,900m에서 분포한다. 한대성 나무로 추운 곳에서 잘 자라므로 중부 이북지방에서는 300m 이상 되는 지

잣나무 수피

역에서 자라지만 남쪽지방에서는 해발 1,000m 이상에 자란다.

비옥한 땅에서 잘 자라나, 건조한 땅에서는 잘 자라지 못한다. 어릴 때는 그늘에서도 잘 자라지만 크면서 햇빛을 좋아한다. 또한 추위에는 강하나 바닷바람에는 약하다. 심은 후 12년이 지나면 잣이 열린다.

수피는 흑갈색이고 침엽은 5개씩 속생하고 양면에 5~6줄의 백색 기공조선이 있으며, 가장자리에는 잔톱니가 있고 엽초는 곧 떨어진다. 꽃은 5월에 피는데, 암꽃은 녹황색, 수꽃은 붉은색이다. 열매는 긴 난형의 원추형으로 실편 끝이 길게 자라 뒤로 젖혀진다. 씨는 실편에 1개씩 열리는데 긴 난형이며 회갈색이고 날개가 없으며 이듬해 9~10월에 익는다. 열매는 소나무과의 솔방울 중 크기가 가장 크면서도 식용할 수 있는 종자를 품고 있다. 종자의 크기는 12~18㎜, 지름은 12㎜이다.

잣나무는 목재로도 우수해 전통 가구재, 토목재, 선박재로 사용되나 침수에는 약하다. 우리나라는 물론 중국 동북부와 일본, 우수리 강, 시베리아 등지에 분포한다. 남한에서는 특히 가평이 잣나무 재배의 최적지로 전국 잣 생산량의 35%가량을 차지한다. 꽃말은 만족이다.

번식법

번식은 실생으로 한다. 햇빛이 잘 들지 않는 그늘에서도 잘 견디지만 크면서 점점 햇빛을 좋아하게 변하는 것이 특징이다.

249

열매가 장구처럼 생긴

장구밤나무

Grewia parviflora Bunge

과 명	피나무과	꽃	7월
형 태	낙엽활엽관목	열 매	10월

장구밤나무 잎(앞면)

장구밤나무 잎(뒷면)

열매 허리가 잘록하고 양쪽이 볼록해 꼭 장구처럼 생겨서 장구밤나무라고 한다. 장구밥나무라고도 하며, 잘먹기나무라는 희한한 이름도 있다.

열매 허리가 잘록하고 양쪽이 볼록해 꼭 장구처럼 생겨서 장구밤나무라고 한다. 장구밥나무라고도 하며, 잘먹기나무라는 희한한 이름도 있다.

우리나라와 중국, 타이완 등지에 분포한다. 우리나라에서는 중부 이남의 해안 및 해발 100~700m 이하의 산기슭 양지바른 곳에 자란다. 햇빛을 좋아하고 추위와 바닷물에 잘 견디어 섬지방과 바닷가에서 잘 자라며 맹아력도 강하고 공해에도 잘 견딘다.

낙엽활엽관목으로 높이는 2m 정도이고 수피는 황갈색이며 성모가 덮여 있다. 잎은 어긋나며 난형으로 3개의 큰 맥이 발달하고 가장자리에는 복거치가 있다. 잎의 양면에 성상모(星狀毛)가 밀생한다. 성상모는 한 점에서 방사상으로 갈라져 별빛 모양으로 퍼져나간 털을 말한다. 꽃은 양성화로 취산화서에 5~8개씩 달리며

장구밤나무 잎차례

장구밤나무 꽃

장구밤나무 열매

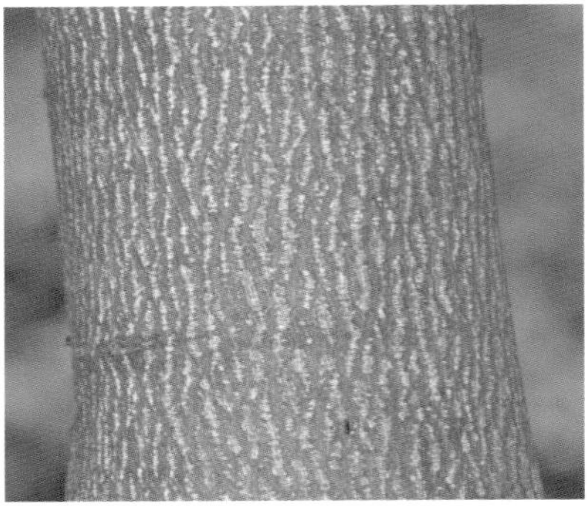

장구밤나무 수피

7월에 연한 황색으로 핀다. 열매는 핵과로 장구통 같은 구형이며 10월에 황색 또는 황적색으로 익는다. 열매가 아름다워 관상용으로 심는다. 연한 황색의 열매는 달콤하여 식용한다.

번식법

번식은 실생과 꺾꽂이로 한다.

250 세계인의 사랑을 받는

장미

Rosa hybrida 'Rosekona'

과 명	장미과	꽃	5~10월
형 태	낙엽활엽 또는 활엽반상록성 관목	열 매	10~11월

장미 잎

우리나라에도 야생종 장미가 물론 있다. 찔레꽃이나 돌가시나무, 해당화, 붉은인가목 등은 야생 장미라고 부를 수 있는 수종들이다.

장미만큼 사랑받는 꽃이 있을까? 꽃이 크면서도 아름다워 아주 오랜 옛날부터 재배되어 왔는데, 기원전 200년경부터 원예품종으로 재배된 것으로 추정될 정도이다. 특히 유럽 남부에서 많이 재배되었는데, 이는 그리스로마 시대에 서아시아에서 들어온 야생종과 유럽 지역의 야생종을 교잡시켜 우수한 품질의 장미를 많이 만들어냈던 결과이다.

장미는 세계적으로 관상용으로 널리 분포된 식물로 주로 북반구의 한대, 아한대, 온대, 아열대에 분포한다. 자생종만도 약 100종 이상이 있는 것으로 알려져 있다. 그중 전 세계에서 가장 많이 심는 장미는 중국산과 유럽산을 교잡 육종한 것이다. 지금까지 약 2만 5,000종의 장미가 개발되었으며, 오늘날만 해도 수천 종의 원예품종이 사람들의 사랑을 받고 있다. 따라서 오늘날 대개 장미라고 하면 자생종과 개량종을 통틀어 이르는 말이 되었다.

그런데 우리나라에도 야생종 장미가 있을까? 물론 있다. 찔레

꽃이나 돌가시나무, 해당화, 붉은인가목 등은 야생 장미라고 부를 수 있는 수종들이다. 그리고 오래전부터 중국으로부터 야생종이 들어와 심어졌다.

낙엽활엽 또는 활엽반상록성 관목으로 높이는 2m 정도이다. 잔가지는 적갈색이며 날카로운 가시가 있다. 때로는 샘털이 있다. 잎은 어긋나며 잎몸은 작은 잎 5~7개로 이루어졌다. 꽃은 5~10월에 피지만 사철 피는 품종도 있다. 꽃 색깔은 홍자색, 붉은색, 백색, 연노란색 등 다양하며 겹꽃도 있다. 대개 꽃은 한 개나 몇 개가 가지 끝에 달린다. 겹꽃은 보통 열매를 맺지 않으나 어떤 품종은 둥글고 붉은 열매를 맺기도 한다. 장미는 아름답지만 가지에 가시가 나 있어 영국 속담에 '가시 없는 장미는 없다(There is no rose without thorn)'고 하여 완벽한 행복은 없음을 의미한다.

장미 꽃

장미(노란색)

장미(붉은색)

장미 열매

장미 수피

꽃이 아름다워 주로 관상용으로 심어 가꾸지만, 씨를 장미기름으로 짜서 쓰기도 하며 약용으로 쓰기도 한다. 장미꽃을 증류하거나 장미유를 물에 녹여 얻은 투명한 액체를 '장미수'라 하여 약품의 냄새나 맛을 조절하는 데 쓰인다. 꽃꽂이용으로 재배도 하지만, 가시가 나 있어 생울타리용으로도 심는 나무이며 식용, 약용으로도 심는다. 꽃말은 빨간색의 경우 열렬한 사랑, 흰색은 순결함·청순함, 노란색은 우정·영원한 사랑이다.

번식법

실생, 삽목, 접목으로 번식한다.

251 크리스마스트리로 장식하는

전나무

Abies holophylla Maxim.

과 명	소나무과	꽃	4월
형 태	상록침엽교목	열 매	10월

전나무 새잎

전나무 잎(앞면)

전나무 잎(뒷면)

종교개혁자인 마틴 루터가 밤하늘을 향해 우뚝 선 전나무가 마치 하느님에게 경배하는 것처럼 보여 전나무를 자기 집에 세운 뒤에 별과 촛불을 매달아 장식했다고 한다.

전나무는 수형이 아름다워 유럽에서 크리스마스트리로 많이 이용된다. 그런데 여기에는 유래가 전해진다. 8세기 무렵 독일 지역에 살던 게르만 민족은 떡갈나무에 사람을 바치는 풍습이 전해지고 있었다. 당시 성직자가 그들에게 전나무를 가리키며 "저 나무를 집으로 가지고 가서 아기 예수의 탄생을 축하하라"고 설교한 데서 비롯됐다는 것이다. 종교개혁자인 마틴 루터가 처음으로 전나무를 크리스마스트리로 썼다고도 한다. 그는 밤하늘을 향해 우뚝 선 전나무가 마치 하느님에게 경배하는 것처럼 보여 전나무를 자기 집에 세운 뒤에 별과 촛불을 매달아 장식했는데, 그때부터 사람들이 전나무를 크리스마스트리로 세우기 시작했다고도 전해진다.

전나무라는 이름은 작은 가지와 잎이 옆으로 퍼져 납작하므로 전(煎)과 같이 착착 포갤 수 있는 나무라는 데에서 유래한다. 나무의 줄기를 자르면 하얀 액이 나와 이 유액을 젓이라 하여 젓나

무라고 부르기도 한다. 또 줄기에 흰빛이 돈다고 해서 백송 또는 회목이라고도 하며, 간단히 회(檜) 또는 종목(樅木)이라고도 한다.

상록침엽교목으로 높이는 30m 이상이고 지름은 1m 정도이다. 습기가 있고 비옥한 땅을 좋아하는데 어릴 때는 그늘에서도 잘 자란다. 추위에 강하나 공해에는 약하다. 수피는 흑갈색이며 잎은 선형으로 끝이 매우 뾰족하며 뒷면에 흰색의 숨구멍 줄이 있다. 꽃은 4월에 핀다. 수꽃은 원통형으로 황록색이고 암꽃은 긴 타원형이다. 열매는 원통형으로 실편과 포린은 원형으로 짧고 밖으로 드러나지 않으며 10월에 익는다.

전나무 암꽃

전나무 수꽃

전나무 열매

전나무 수피

경남기념물 제215호로 지정되어 있는 전나무는 수령이 1,000년이 넘고, 높이는 19m, 지름이 5.5m이다. 우리나라에서 가장 큰 전나무는 함양 금대암 전나무로 높이가 40m, 지름이 2.92m이다. 수령은 500년으로 경남기념물 제212호로 지정되어 있다. 또한 대구 팔공산 성전암에 있는 수령 300년의 전나무는 '성철스님나무'라는 이름을 가졌다.

오대산은 전나무 숲이 장관을 이룬다. 이 산에 전나무가 많이 자라게 된 전설이 재미있다. 고려 말 나옹선사(1,320~1,376)가 오대산 미륵암에서 수도할 때 중대에 있는 적멸보궁에 매일 공양을 올렸다. 그런데 하루는 소나무 가지에 걸렸던 눈이 쏟아지는 바람에 공양이 엉망이 되었다. 난감해 하는 스님 앞에 산신령이 나타나 소나무를 심하게 꾸짖더니 "이제부터는 소나무 대신 전나무 아홉 그루가 이 산을 지켜라."라고 했다. 그 뒤로 오대산에는 소나무는 귀해지고 전나무가 울창한 숲을 이루게 되었다는 것이다.

전나무는 오래되면 줄기의 아랫부분에 굵은 곁가지가 없어지고 밋밋하게 되며 줄기가 굽어지는 일이 없어서 궁궐이나 사찰 등에서 기둥이나 대들보의 건축재로 쓰며 가구를 만드는 데도 쓰인다. 잎은 요통, 임질, 요도염, 폐렴 등에 사용되는데, 특히 테르펜 수지 성분을 이용해 방향제를 만들기도 한다.

전나무는 외국에도 많지만 우리나라가 원산지로 전국의 높은 산지에 분포한다. 그 밖에도 중국과 러시아 등지에 분포한다.

번식법

번식은 실생으로 한다. 공해에 약해 도심에서는 키우기 어려운 편이다.

252 토종 블루베리

정금나무

Vaccinium oldhamii Miq.

과 명	진달래과	꽃	6~7월
형 태	낙엽활엽교목	열 매	9월

정금나무 잎

정금나무 꽃

먹을 것이 귀했던 옛날 어린이들은 추석 전후에 산에서 새콤달콤한 정금나무 열매로 허기를 달래기도 했다. 열매로는 정금주라고 하여 술을 빚기도 한다.

요즘 블루베리가 눈과 뇌에 좋고 노화예방에도 좋다고 하여 큰 인기이다. 블루베리와 비슷한 열매를 맺는 정금나무는 진달래과의 토종 블루베리라고 하면 알맞을 것이다. 서양의 블루베리에 비하면 크기는 작지만 항산화 성분이 3배 이상 많다고 알려져 있다. 흔히 조가리나무, 지포나무, 종가리나무라고도 한다.

높이는 2~3m 정도이다. 어린 가지는 회색빛을 띤 갈색이지만 자라면 짙은 갈색으로 변한다. 어긋나는 잎은 타원형이나 긴 타원형이며 달걀 모양도 있다. 잎이 어릴 때는 붉은빛이 돌며, 양면 맥 위에 털이 있다. 6~7월에 연한 붉은빛을 띤 갈색의 꽃이 총상화서로 달린다. 꽃은 아래를 향하며 종처럼 생긴 화관은 끝이 5개로 갈라진다. 장과의 둥근 열매는 가을에 검은 갈색으로 익는데, 흰 가루로 덮여 있는 것이 특이하다.

낙엽활엽관목으로 산지에서 자란다. 우리나라와 일본, 중국 등

정금나무 열매

정금나무 수피

지에 분포한다. 우리나라에는 충청도 이남에 분포한다. 내한성과 내건성이 강하며 나무 그늘 아래에서도 잘 자라는 편이지만, 공해에는 약하다. 열매는 신맛이 나나 먹을 수가 있다. 먹을 것이 귀했던 옛날 어린이들은 추석 전후에 산에서 새콤달콤한 정금나무 열매로 허기를 달래기도 했다. 열매로는 정금주라고 하여 술을 빚기도 한다.

번식법

가을에 채취한 종자를 이듬해 봄에 파종한다. 7~8월에 새 가지를 꺾어 꺾꽂이를 해도 된다.

253 버릴 것 하나 없는

조록싸리

Lespedeza maximowiczii C.K.Schneid.

과 명	콩과	꽃	6~7월
형 태	낙엽활엽관목	열 매	9~10월

우리나라 산에서 아주 흔하게 볼 수 있는 키 작은 나무이다. 향수와 정취를 일으키는 나무로 옛날에는 조록싸리로 만든 게 한두 가지가 아니었다.

조록싸리는 우리나라 산에서 아주 흔하게 볼 수 있는 키 작은 나무이다. 향수와 정취를 일으키는 나무로 옛날에는 조록싸리로 만든 게 한두 가지가 아니었다. 빗자루와 각종 농기구는 물론 생활도구, 수공예품 등을 만들었다. 게다가 약재로도 많이 사용했다. 나무 전체를 이뇨제, 신장염 치료제로 썼으며, 나무줄기를 불에 태워 기름을 빼 버짐이나 무좀 치료제로 사용하기도 했다.

조록싸리라는 이름은 경상남도 방언에서 유래되었으며 참싸리, 통영싸리, 조선목추(朝鮮木萩)라고도 한다.

낙엽활엽관목으로 높이는 1~3m 정도이며, 수피는 갈색이고 세로로 갈라지며 작은 가지는 둥글다. 잎은 3출엽으로 마름모꼴

조록싸리 잎

조록싸리 잎차례

조록싸리 꽃

조록싸리 꽃차례

조록싸리 열매

조록싸리 수피

이며, 뒷면은 잎자루와 더불어 짧은 털이 밀생한다. 꽃은 액생 또는 정생하고 총상화서에 달리며 홍자색으로 6~7월에 핀다. 열매는 넓은 피침형으로 끝이 뾰족하고 꽃받침과 더불어 털이 있으며 9~10월에 익는다.

우리나라와 일본, 중국 등지에 분포한다. 우리나라에서는 함경북도를 제외한 산의 해발 50~1,400m에 자생한다. 그늘에서도 잘 자라며 척박한 땅이나 메마른 땅에서도 잘 자라는 나무로 사방조림용, 도로변의 경관용으로 심기에 좋은 수종이다. 나무의 잎은 사료용으로, 수피는 섬유용으로, 목재는 신탄재로 사용된다. 꽃도 아름다워 생울타리용, 관상용, 밀원식물용으로 심는다. 꽃말은 '생각이 나요'이다.

조록싸리에는 알칼로이드, 플라보노이드, 아스코르브산, 타닌, 사포닌 등이 들어 있어 잎과 뿌리껍질을 달여 마시면 항산화 작용이 뛰어나고 노화방지 효과가 있으며, 신경을 안정시키는 효능이 있어 두통에도 좋다. 또한 뿌리껍질과 씨를 달여 마시면 골다공증을 치료하는 효과가 있다.

번식법

번식은 실생으로 한다.

254 조리를 만드는 대나무

조릿대

Sasa borealis (Hack.) Makino

과 명	벼과
형 태	상록활엽성 목본

조릿대라는 이름은 쌀을 이는 데에 쓰는 주방기구 조리를 만드는 대나무에서 유래한다. 지죽(地竹), 산죽(山竹)이라고도 하며, 갓대, 산대, 조리대 등 여러 가지 별칭이 있다.

조릿대라는 이름은 쌀을 이는 데에 쓰는 주방기구 조리를 만드는 대나무에서 유래한다. 옛말에 '조리에 옻칠한다'라는 말이 있는데, 이 말은 쓸데없는 일에 괜히 재물을 써 없애거나, 격에 맞지 않게 꾸며서 도리어 흉하다는 뜻으로 쓰인다.

학명에서 *Sasa*는 일본어 '세(笹)'에서 따온 것이며, *borealis*는 '북쪽의, 북방의'라는 뜻이다. 지죽(地竹), 산죽(山竹)이라고도 하며 갓대, 산대, 신우대, 섬대, 기주조릿대, 조리대 등 여러 가지 별칭이 있다.

상록활엽성 목본으로 조릿대의 땅위줄기는 수년간 마르지 않으며 줄기는 굵어지지 않는 특징이 있다. 포는 2~3년간 줄기를 둘러싸고 있으며 털과 더불어 끝에 피침형의 잎몸이 있다. 잎은 긴 타원상의 피침형이고, 가장자리에는 가시 같은 잔톱니와 털이 있는데 댓잎보다 비교적 크고 넓다.

조릿대 잎

조릿대 꽃

조릿대 열매

조릿대 수피

꽃은 수십 년에서 수백 년 만에 피기 때문에 보기가 매우 어렵다. 또 다른 대나무들처럼 꽃을 피운 다음에는 죽는다. 꽃은 2~5개씩으로 된 조그만 이삭이 총상화서를 이루며 꽃차례는 털과 백분으로 덮여 있다. 기부에는 자주색 포가 2개 있다. 열매는 영과(穎果)로 10월에 익는데 보통 5년 만에 열매를 맺은 후 고사한다.

우리나라와 일본 등지에 분포한다. 전국의 산 중턱 아래쪽의 나무숲 속에서 군락을 이루며 자란다. 추위에 강하며 음지나 건조지에서도 잘 자라고 맹아력과 공해에도 강해 도심의 빌딩 주변이나 아파트에 심는 조경용 수종이다.

잎은 말려 차로 마시는데, 열을 다스린다고 한다. 더위 먹었을 때 더위를 이기는 데에도 좋다. 또 열매는 보리나 밀을 닮았는데 떡을 해 먹거나 밥을 지을 때 같이 넣어 먹기도 한다. 꽃말은 외유내강이다.

번식법

3월에 묘목을 포기나누기하여 옮겨 심거나 죽묘(竹苗) 등으로 한다.

255 좁쌀 같은 꽃이 흐드러지게 피는

조팝나무

Spiraea prunifolia for. *simpliciflora* Nakai

과 명	장미과	꽃	4~5월
형 태	낙엽활엽관목	열 매	9월

조팝나무 새잎

조팝나무 잎

조팝나무에는 해열제 및 진통제 성분이 포함되어 있어 버드나무에서 추출한 물질과 함께 아스피린의 원료가 된다.

옛날 그리스에서는 조팝나무로 화환을 만들었다. 그래서 조팝나무류는 그리스어로 화환 또는 나선을 뜻하는 스파이리어(Spiraea)라고 부른다. 물론 우리말 이름 조팝나무는 다른 뜻으로, 마치 좁쌀을 흩뿌린 듯 꽃이 핀다고 해서 붙여진 것이다. 처음엔 조밥나무라고 부르다가 세게 발음되며 조팝나무가 되었다. 조밥나무라고도 하며, 한자로는 목상산(木常山), 이엽수선국(李葉繡線菊), 압뇨초(鴨尿草), 소엽화(笑靨花)라고 하는데, 목상산은 뿌리를 생약으로 부르는 명칭이다.

여기에서 수선국이라는 이름에는 슬픈 전설이 전해진다. 옛날에 수선이라는 효녀가 있었는데, 전쟁에 나가 포로가 된 아버지를 구하러 적국에 들어갔으나 이미 아버지는 돌아가신 뒤였다. 수선

은 아버지 무덤에서 조그마한 나무 한 그루를 캐어와 정성껏 가꾸었다. 이 나무에 아름다운 꽃이 흐드러지게 피어나니 세상 사람들은 그 꽃을 수선국이라고 했다고 전한다.

낙엽활엽관목으로 높이는 2m 정도 자라고 밑에서 많은 줄기가 나와 큰 포기를 형성하는데, 줄기에는 능선이 있으며 다갈색이다. 잎은 어긋나고 타원형으로 가장자리에 잔톱니가 있다. 꽃은 윗부

조팝나무 꽃봉오리

조팝나무 꽃

조팝나무 열매

분의 짧은 가지에 4~5개가 산형상으로 달리고 꽃잎은 5개로 도란형 및 타원형으로 4~5월에 흰색으로 핀다. 열매는 털이 없는 골돌로 9월에 익는다.

조팝나무 수피

우리나라와 중국, 타이완 등지에 분포한다. 우리나라에서는 전국의 해발 100~1,000m에 이르는 산야에 자란다. 햇빛이 잘 들고 습기가 있는 토양에서 잘 자라고 추위에 강하지만 공해에는 약한 편이다.

꽃이 아름다워 관상용, 약용, 식용, 밀원식물용으로도 심는다. 군집을 형성하며 자라는 나무로 생울타리, 차폐용으로 심기에 적합한 수종이다.

봄에 나오는 어린순은 나물로 해 먹는다. 약용으로도 사용되는데, 〈동의보감〉에 의하면 뿌리는 학질을 낫게 하고 가래침을 토하게 하며 열이 오르내리는 것을 낫게 한다고 기록되어 있다. 그런데 이 조팝나무에는 해열제 및 진통제 성분도 포함되어 있어 버드나무에서 추출한 물질과 함께 아스피린의 원료가 된다. 하늘은 동양에는 산삼을 내리고, 서양에는 아스피린을 내렸다고 하는 명약 중의 명약이 바로 아스피린이다.

번식법

번식은 실생, 꺾꽂이, 뿌리나누기 등으로 한다.

256 열매가 족제비 꼬리를 닮은

족제비싸리

Amorpha fruticosa L.

과 명	콩과	꽃	5~6월
형 태	낙엽활엽관목	열 매	9월

족제비싸리 잎

족제비싸리는 가지 끝에 피는 자주색의 꽃 색깔이 족제비 색깔과 비슷하고, 촘촘하게 달린 열매 모양도 족제비의 꼬리와 비슷하게 생겨서 붙여진 이름이다.

족제비싸리는 가지 끝에 수상화서를 이루며 피는 자주색의 꽃 색깔이 족제비 색깔과 비슷하고, 수상화서에 촘촘하게 달린 열매 모양도 족제비의 꼬리와 비슷하게 생겨서 붙여진 이름이다. 다른 설로는 족제비 가죽을 벗길 때 나는 냄새와 비슷하다고 해서 족제비싸리라는 이름이 붙여졌다고도 한다. 미국싸리, 점박이미국싸리, 왜싸리라고도 하며 자수괴(紫穗槐)라고도 한다.

낙엽활엽관목으로 높이는 3m 정도이고 작은 가지에 털이 있다. 잎은 11~25개의 소엽으로 된 기수 우상복엽이며 소엽은 난형 및 타원형이다. 꽃은 가지 끝의 수상화서에 촘촘히 달리며 자줏빛이 도는 하늘색으로 향기가 강하다. 기판은 난상 원형이며 익판과 용골판은 없고 5~6월에 핀다. 열매는 협과로 약간 굽으며 9월에 익는다.

북미 원산으로 우리나라는 1930년경에 만주를 통해 들여와 사방용, 황폐지 복구용으로 많이 심어졌다. 건조하고 척박한 땅에서도 잘 자라며 추위와 공해에도 강하고 생명력도 강하며 생장도 빠른 편이어서 우리나라 어느 곳에서나 잘 자라는 수종이다.

사방용으로 심는 나무이지만, 꽃이 아름답고 향기가 많이 나서 관상용이나 밀원식물용으로도 심는다. 나무는 약으로도 쓰는데 맛은 약간 쓰고 성질은 차다. 거습, 소종의 효능이 있어 종기와 습진에 사용하며 물이나 불에 데었을 때 내복하거나 외용으로 사용한다. 또 한방에서는 잎과 가지를 해열과 이뇨, 백일해, 중풍, 당뇨, 임질, 성인병 예방에 사용한다.

번식법

번식은 실생으로 한다.

족제비싸리 꽃

족제비싸리 열매

족제비싸리 말린 씨앗

족제비싸리 수피

257 가장 맛난 도토리 열매를 맺는

졸참나무

Quercus serrata Murray

과 명	참나무과	꽃	5월
형 태	낙엽활엽교목	열 매	9~10월

졸참나무 잎(앞면)

졸참나무 잎(뒷면)

졸참나무 잎차례

참나무과의 나무 중 도토리가 열리는 나무로 '졸'이라는 이름은 열매와 각두가 작다는 것에서 유래한다. 잎도 참나무류 중에는 가장 작다.

참나무과의 나무 중 도토리가 열리는 나무로 '졸'이라는 이름은 열매와 각두가 작다는 것에서 유래한다. 잎도 참나무류 중에는 가장 작다. 작은 상수리나무라 하여 한자로는 소상수(小橡樹)라고 부르며 굴밤나무, 가둑나무, 갈졸참나무, 재잘나무 등으로도 불린다.

낙엽활엽교목으로 높이는 25m이고 지름이 1m이다. 줄기는 하

나로 곧게 자라고 수피는 회백색이며 세로로 골이 패어 있다. 잎은 타원상의 도란형이며 가장자리에는 다소 조밀한 치아상 톱니가 있다. 잎 뒷면에는 단모와 성모가 있고 잎맥은 7~12쌍이다. 수꽃은 새 가지 밑부분에서 아래로 처지고, 암꽃은 위로 곧게 서며 5월에 핀다. 각두는 견과를 1/3 미만을 감싸며 견과는 타원형으로 9~10월에 익는다.

우리나라와 일본, 중국 등지에 분포한다. 우리나라는 북부의 오지를 제외한 전국의 해발 100~1,800m인 산기슭이나 계곡의 양지에서 자란다. 완만한 경사지에서 잘 자라며 높은 곳에서도 잘 자

졸참나무 암꽃

졸참나무 수꽃

졸참나무 열매

졸참나무 씨앗

졸참나무 수피

란다. 또한 추위와 맹아력에 강하며 생장속도도 빠르다.

도토리에는 녹말, 타닌, 단백질, 사포닌, 아콘산, 당분이 들어 있다. 도토리 껍질을 벗긴 열매를 물에 담가 떫은맛을 우려내고 말린 뒤 가루를 내어 묵을 쑤어 먹는데, 그중에서 가장 맛있는 도토리묵은 바로 이 졸참나무의 열매로 만든 것이다. 그러나 도토리묵은 혈관과 장관을 수축시키는 작용을 하므로 많이 먹으면 변비가 생기고 혈액순환이 안 될 수 있으므로 적당량을 먹어야 한다.

한방에서 껍질 벗긴 열매를 상실, 열매껍질을 상실각, 줄기 껍질을 상목피라 하는데 지혈, 위장병, 해독, 치질, 설사, 소화불량, 종기, 화상 등에 사용된다. 또 민간요법으로 종기, 화상, 아토피에는 줄기 껍질 달인 물로 찜질하며, 목에 염증이 있을 때나 술독을 풀 때는 달인 물을 마시면 좋다. 목재는 재질이 치밀하고 단단하여 가구재나 기구재, 마루판재, 펄프재, 표고골목 등으로 사용된다. 또 졸참나무로 참숯을 만들면 단단하면서도 화력이 오래 가기 때문에 예로부터 많이 이용되었고, 나무껍질은 염료로도 쓰였다.

번식법

가을에 종자를 채취하여 노천매장한 후 이듬해 봄에 파종한다.

258 풀처럼 보이는

좀깨잎나무

Boehmeria spicata (Thunb.) Thunb.

과 명	쐐기풀과	꽃	7~8월
형 태	낙엽활엽반관목	열 매	9~10월

쐐기풀과로 과명이 풀로 되어 있을 뿐만 아니라, 깨잎이라는 이름 때문에 풀로 오해할 소지가 많은 나무이다.

가끔 식물을 보면 나무인지 풀인지 헷갈리는 것이 있다. 바로 이 좀깨잎나무도 그런 식물의 하나이다. 특히 꼭대기 부분이 풀인 거북꼬리와 비슷하게 생겨서 더욱 헷갈린다. 그러나 좀깨잎나무는 엄연히 나무이다. 나무와 풀을 구분하는 가장 기본은 목질이다. 나무에는 목질이 나와야 높게 그리고 넓게 자라며 오래 살 수 있다. 또 중요한 것이 나이테이다. 나무는 나이테를 만들어낼 수 있는 형성층이 반복적으로 나타나지만, 풀은 나이테가 없다. 보통 나무는 에너지를 자신을 지탱하기 위해 많이 쓰나, 풀은 꽃을 피우는 데 많이 쓰는 것도 다른 점이며, 나무는 장차 꽃과 잎, 줄기가 되는 눈이 있는 반면 풀은 없는 점도 다른 점이다.

좀깨잎나무는 쐐기풀과로 과명이 풀로 되어 있을 뿐만 아니라, 깨잎이라는 이름 때문에 풀로 오해할 소지가 많은 나무이다. '좀'이라는 말은 작다는 뜻이며, 잎이 들깻잎과 비슷하고 반관목 상태로 자라는 데서 이름이 유래되었다. 북한에서는 새끼거북꼬리라고 부르며, 신진, 좀깨잎풀, 점거북꼬리라고도 한다.

좀깨잎나무 잎

좀깨잎나무 잎차례

좀깨잎나무 암꽃

좀깨잎나무 수꽃

좀깨잎나무 열매

낙엽활엽반관목으로 높이는 50~100㎝ 정도이다. 줄기는 월동하면서 상부가 말라 죽으며, 잎은 마주나고 마름모꼴의 난형이며 잎끝은 꼬리처럼 뾰족하고 거친 톱니가 있다. 꽃은 늦은 여름인 7~8월에 핀다. 액생하는 길고 가느다란 꽃줄기에 꽃대 없는 작은 꽃들이 촘촘히 달려 수상화서를 이룬다. 열매는 껍질이 얇은데, 말라서 목질이나 혁질이 되고, 속에 한 개의 씨가 붙어 있으므로 전체가 씨앗처럼 보이는 수과로 긴 난형이며 여러 개 모여 달린다. 긴 암술대가 잔존하고 9~10월에 익는다.

우리나라와 중국, 일본에 분포한다. 우리나라에서는 평안도와 함북을 제외한 전국의 햇빛이 잘 드는 골짜기나 바위틈이나 하천에 자생한다. 껍질은 섬유가 발달되어 섬유자원으로 이용하고 봄에 나오는 어린순은 나물로 해 먹는다.

좀깨잎나무 수피

번식법

봄에 새로 나온 가지를 잘라 꺾꽂이하거나 실생으로 번식한다.

259 작살나무보다 작아서

좀작살나무

Callicarpa dichotoma (Lour.) K. Koch

과 명	마편초과	꽃	7~8월
형 태	낙엽활엽관목	열 매	10월

좀작살나무 잎(앞면)

좀작살나무 잎(뒷면)

좀작살나무 잎차례

작살나무는 가지가 마치 작살처럼 생겼다고 해서 붙여진 이름이다. 여기에 작다는 의미의 '좀'을 붙였으니 좀작살나무는 작은 작살나무라는 의미이다.

작살나무는 가지가 마치 작살처럼 생겼다고 해서 붙여진 이름이다. 여기에 작다는 의미의 '좀'을 붙였으니 좀작살나무는 작은 작살나무라는 의미이다. 작살나무는 높이가 2~4m인 반면, 좀작살나무는 1.5m 정도이다. 또 잎에도 차이가 있다. 대개 작살나무의 잎은 가장자리에 톱니가 있지만, 좀작살나무의 잎은 상반부에만 톱니가 있다.

작살나무와 좀작살나무를 구분하기는 쉽지 않다. 그러나 이 두 나무를 쉽게 구분하는 방법은 꽃자루를 보는 것이다. 작살나무의 꽃자루는 잎겨드랑이에서 돋지만, 좀작살나무의 꽃자루는 잎겨드랑이에서 좀 떨어져서 돋는다. 또 겨울눈으로도 구별이 가능하다. 작살나무의 겨울눈은 자루가 달린 붓처럼 생겼지만, 좀작살나무의 겨울눈은 둥글게 생겼다.

좀작살나무 꽃

좀작살나무 열매

좀작살나무는 마편초과 낙엽활엽관목이다. 작은가지는 사각형이며 여러 갈래로 갈라져 별 모양을 이루는 성모(星毛)가 있다. 잎은 마주 달리고 달걀을 거꾸로 세운 모양 또는 달걀을 거꾸로 세운 모양의 긴 타원형이다. 잎의 가장자리는 중앙 이상에 톱니가 있고 뒷면에는 성모와 더불어 선점이 있다.

꽃은 7~8월에 연한 자줏빛으로 10~20개씩 잎겨드랑이에 취산꽃차례로 달린다. 꽃줄기는 길이 1~1.5㎝이며 성모가 있다. 열매는 핵과로 10월에 자주색으로 둥글게 익는다. 열매는 지름이 2~3㎜로 작살나무의 열매보다 조금 작다.

꽃은 그다지 눈에 띄지 않으나 열매가 아름다우므로 관상용으로 이용한다. 원산지는 우리나라이며 우리나라, 일본 등지에 분포한다. 정원, 공원에 조경용 및 경계 식재용으로 적합하다.

좀작살나무 수피

번식법

종자, 휘묻이, 포기나누기로 번식한다.

260 늘 푸른 사계청(四季靑)

종가시나무

Quercus glauca Thunb.

과 명	참나무과	꽃	4~5월
형 태	상록활엽교목	열 매	10~11월

종가시나무 잎(앞면)

종가시나무 잎(뒷면)

열매가 종을 닮아 종가시나무라고 하며 사계절 내내 푸르다고 해서 사계청(四季靑)으로도 부른다. 한자로는 가서목(哥舒木)이라고 한다.

열매가 종을 닮아 종가시나무라고 하며, 사계절 내내 푸르다고 해서 사계청(四季靑)으로도 부른다. 제주도에는 가시나무, 가시낭, 버레낭, 속소리라는 토속 이름도 있다. 가시나무에서 가시라는 말의 기원에 대해 살펴보면 한자명에서 유추가 가능할 것 같다. 가시나무를 한자로는 가서목(哥舒木)이라고 한다. 여기에서 '서'는 펼쳐진다는 뜻이므로 이 나무의 특성을 의미한다. 가시나무에 가시가 없는 것이 많으니 바로 이 가서라는 말에서 가시가 온 것이 아닌가 하는 생각이다.

높이는 15m에 달한다. 수피는 녹색이 나는 회색이다. 어긋나는 잎은 달걀을 거꾸로 세운 모양이거나 넓은 타원형이다. 잎의 표면은 윤기가 나며 윗부분에는 톱니가 몇 개 난다. 처음에는 잎이 갈색 털로 덮이나 곧 사라진다. 암수한그루로 4~5월에 꽃이 피는데, 암꽃은 새 가지의 가운데 잎겨드랑이에서 위로 곧게 선다. 이에 비해 수꽃은 다른 가시나무류처럼 밑으로 처진다. 열매는 타원형 또는 달걀 모양으로 견과이다. 열매의 크기는 1.5~2㎝이다.

상록활엽교목으로 우리나라와 일본, 중국, 타이완, 히말라야 산맥 등지에 분포한다. 우리나라에서는 제주도, 전남 완도, 신안 등 해안 도서지방에 분포한다. 제주도에서는 해발 600m 이하의 산기슭과 계곡에 많이 자생하고 있다. 특히 남제주군 안덕면 서광리와 북제주군 한경면 명이동에 걸쳐 있는 곶자왈이라는 숲에는 울창하게 군락을 이룬다. 수형이 멋져 정원수와 가로수, 공원수로 식재하고, 목재는 기구재와 건축재, 차량 및 선박재, 기계재 등으로 이용된다.

번식법

가을에 종자를 채취하여 이듬해 봄에 파종한다.

종가시나무 암꽃

종가시나무 수꽃

종가시나무 열매

종가시나무 수피

261 살아서 천 년 죽어서도 천 년

주목

Taxus cuspidata Siebold & Zucc.

과 명	주목과	꽃	3~4월
형 태	상록침엽교목	열 매	8~9월

주목 잎(앞면)

주목 잎(뒷면)

목재는 향기가 좋고 단단해 이용 가치가 높다. 그래서 흔히 주목을 가리켜 '살아서 천 년 죽어서도 천 년'이라고 표현한다.

주목은 백두대간을 따라 군락을 이루며 자란다. 특히 강원도 정선의 두위봉(해발 1,466m)의 주목나무 군락지에는 수령 1400년과 1200년, 1100년이 있을 정도로 장수하는 나무로도 잘 알려져 있다. 게다가 목재는 향기가 좋고 단단해 이용가치도 높다. 그래서 흔히 주목을 가리켜 '살아서 천 년 죽어서도 천 년'이라고 표현한다.

주목은 예로부터 절에서는 불상이나 염주를 만드는 데 사용했고, 나무에서 붉은색 염료를 뽑아내 천연염색을 하는 데에도 썼다. 흥미로운 것은 주목 지팡이이다. 주목으로 지팡이를 만들면 가벼우면서도 워낙 튼튼한데, 그와 아울러 붉은색이 잡귀를 쫓아내 이 지팡이를 지니면 장수한다고 믿었다. 이는 부적을 만들 때 주목을 사용한 것과도 관련된다. 또한 주목에서 택솔(taxol)이라는 성분이 항암작용을 하는 것으로 밝혀졌고, 이 성분을 대량으로 뽑아내는 기술이 개발되었다.

주목 암꽃

주목 수꽃

주목 열매

주목 수피

주목(朱木)이라는 이름은 나무껍질과 속이 붉다고 해서 붙여졌다. 소나무와 비슷하게 생겼다고 해서 적백송(赤柏松)이라고도 하며, 일본에서는 주목을 귀하게 여겨 최고라는 뜻으로 '이찌이'라고 부르기도 한다. 서양에서는 옛날에 이 나무로 활을 만들었는데, *Taxus*라는 속명이 바로 활을 뜻하는 taos에서 유래된 것이다. 이 밖에도 지방에 따라 화솔나무, 노가리, 적목, 경목, 자백송 등 부르는 이름이 다양하다.

주목은 아고산대의 능선이나 사면에서 높이는 20m, 지름은 2m까지 자란다. 가지는 사방으로 퍼져서 나무의 형태가 매우 아름답고, 수피는 붉은빛을 띤 갈색으로 껍질이 살짝 갈라지는 것이 특징이다. 잎은 침엽수답게 줄 모양이며 길이는 1.5~2.5㎝이다. 잎의 뒷면에 황록색 줄이 나 있다. 한번 생긴 잎은 2~3년 뒤에 떨어진다. 암수딴그루로 꽃은 3~4월에 잎겨드랑이에 핀다. 암꽃은 연녹색, 수꽃은 연노란색으로 약간의 차이가 있다. 열매는 8~9월에 조그만 앵두처럼 달린다.

우리나라와 일본, 중국 동북부, 시베리아 등지에 분포한다. 충북 단양의 소백산 주목군락은 수령 200~500년의 주목 1,000여 그루가 자생하는 곳으로 천연기념물 제244호로 지정되었고, 정선 두위봉 주목들은 천연기념물 제433호이다. 꽃말은 고상함, 비애, 죽음이다.

번식법

번식은 실생이나 꺾꽂이로 한다. 종자는 2년간 노천매장 후 뿌려야 싹이 나온다.

NOTE | 소백산 주목 군락

충북 단양군 가곡면 어의곡리에 있는 군락으로 소백산 정상 가까운 경사 지대에 1,000여 그루가 자생한다. 면적은 14만 8,760㎡이고 수령은 200~500년으로 추정된다. 이곳 주목나무는 줄기가 잘 굽고 가지의 굴곡이 기이해서 눈길을 끄는데, 바람과 눈의 영향인 것으로 추측할 수 있다. 천연기념물 제244호로 지정되어 있다.

262 열매 안쪽 껍질이 달콤한

주엽나무

Gleditsia japonica Miq.

과 명	콩과	꽃	6월
형 태	낙엽활엽교목	열 매	10월

주엽나무 잎

〈동의보감〉에 의하면 주엽나무의 가시는 부스럼을 낫게 하며 나병에 효과가 있고, 열매는 뼈마디를 잘 쓰게 하고 두통을 낫게 하며 가래를 삭이고 기침을 멈추게 한다고 한다.

생약명으로 열매를 조협(皂莢), 가시를 조각수(皁角樹)라고 하는 데서 유래된 이름이라는 설이 있다. 주엽 또는 쥐엄이 열리는 나무라는 뜻에서 주엽나무 또는 쥐엄나무라는 이름이 붙여졌다는 설도 있다. 또 중국에서는 검은콩의 꼬투리가 달리는 나무라고 하여 조협나무라고 한 것이 주엽나무로 변했다고도 한다. 주염나무 또는 쥐엽나무라고도 부른다.

줄기에는 가지가 변한 예리한 가시가 나 있다. 잎은 어긋나고 2회 우상복엽으로 소엽은 5~8쌍이며 난상의 타원형으로 끝 부분은 둔하고 밑부분은 둥글며 가장자리에 파상의 톱니가 나 있다. 꽃은 잡성 일가화로 총상화서에 달리며 황록색으로 6월에 핀다. 다른 콩과식물의 꽃과 달리 꽃이 나비처럼 생겼다. 협과인 열매는 비틀려서 꼬이고 10월에 익는데, 다 익은 열매는 안쪽 껍질 속에 달콤한 맛이 나는 끈끈한 물질이 있다. 이것을 흔히 주엽이라

고 하여 식용한다.

우리나라와 일본, 중국에 분포한다. 우리나라에서는 함경도를 제외한 전국의 해발 100~900m의 산의 중턱과 산기슭의 골짜기에 자생한다. 습기가 있는 곳에서 잘 자라나 건조지에서는 잘 자라지 못하며, 추위와 공해에는 강하다. 경주시 안강의 독락당 중국주엽나무(2008년 '조각자나무'로 변경)는 수령 470년으로 추정되며, 천연기념물 제115호로 지정되어 있다.

열매와 가시를 약용하며 목재는 거칠지만 연해서 기구재, 세공재, 가구재, 건축재 등의 용도로 심는다. 봄에 나오는 어린순은 나물로 해 먹고, 꼬투리 안쪽의 주엽으로는 떡을 해먹기도 한다. 열매의 껍질은 비누 대용으로 쓰며, 열매를 끓인 물로는 빨래를 하기도 한다.

한방에서는 열매껍질을 조협, 씨앗을 조협자, 가시를 조각자라 하여 거풍, 해독, 염증, 거담, 치질, 거담, 소종, 배농에 쓰며 또한 살충 효과도 있다. 〈동의보감〉에 의하면 주엽나무의 가시는 부스럼을 낫게 하며 나병에 효과가 있고, 열매는 뼈마디를 잘 쓰게 하

주엽나무 꽃봉오리

주엽나무 꽃

고 두통을 낫게 하며, 가래를 삭이고 기침을 멈추게 한다고 한다. 단, 독성이 있으므로 과용하면 구토와 설사를 하고 팔다리가 마비되며 심하면 사망할 수 있으므로 적당량만 사용해야 한다. 특히 임산부나 몸이 허약한 사람은 사용하지 말아야 한다.

번식법

번식은 실생으로 한다.

주엽나무 열매

주엽나무 줄기와 가시

263 음력 5월 쑥쑥 자라는

죽순대

Phyllostachys pubescens Mazel

과 명	벼과
형 태	상록활엽성 목본

죽순대 죽순

죽순대 잎

옛날에는 음력 5월 13일을 죽취일(竹醉日)이라고 하였다. 대나무가 취하는 날로, 비가 자주 와서 대나무가 물을 흠뻑 먹고 쑥쑥 크기 시작하는 때라는 뜻이다.

옛날에는 음력 5월 13일을 죽취일(竹醉日)이라고 하였다. 대나무가 취하는 날로, 비가 자주 와서 대나무가 물을 흠뻑 먹고 쑥쑥 크기 시작하는 때라는 뜻이다. 어린 죽순(竹筍)이 나온 뒤 대개 두 달 이내에 큰 대나무로 자란다.

죽순은 영양도 많고 맛도 좋지만, 연중 맛볼 수 있는 날이 많지 않아 별미 중 별미로 통한다. 죽순대는 죽순을 해 먹는 대나무라고 하여 이름이 붙었으나 흔히 맹종죽(孟宗竹)으로 불리곤 한다. 맹종죽이라는 이름은 옛날 중국 오나라의 효자 맹종(孟宗)이 모친의 병을 고치려고 엄동설한에 죽순을 얻게 해달라고 기도했더니 땅에서 죽순이 올라왔다고 하여 붙여졌다는 이야기가 전한다. 따뜻한 지역에서 많이 자라 흔히 강남죽(江南竹)으로도 불린다.

상록활엽성 목본으로 높이는 10~20m에 이르며 지름은 대략 20㎝ 정도이다. 마디에 고리가 1개씩 있고, 가지에는 2~3개씩 있다. 5월에 죽순이 나오고, 포는 적갈색으로 털과 검은 갈색의 반

죽순대 뿌리

죽순대 수피

점이 밀생한다. 가지 끝에 3~8개씩 바소꼴의 잎이 달린다. 잎 가장자리의 잔톱니는 빨리 사라지는 것이 특징이다. 꽃은 5~7월에 원추화서로 달리는데, 작은 이삭에 양성화 1개와 단성화 2개가 들어 있다. 포는 거꾸로 세운 달걀 모양이다.

중국 원산으로 우리나라에서는 남부지방에서 재배한다. 양지를 좋아하나 음지에서도 잘 자라는 편이며, 토심이 깊고 비옥한 곳에서 잘 자란다. 공해에 강하고 바닷가에서도 생장이 양호한 편이다.

왕대와 솜대의 죽순도 식용하지만, 죽순대의 죽순이 가장 크기도 크며 상품으로 취급된다. 죽순에는 단백질과 당질, 지질, 섬유질 등과 칼슘, 인, 철, 염분 등의 영양소가 들어 있다. 싹은 모순(毛筍)이라 하며 약용한다.

번식법

땅속줄기 또는 뿌리줄기나 죽묘(竹苗) 등으로 번식한다.

264 중국 원산의

중국굴피나무

Pterocarya stenoptera C. DC.

과 명	가래나무과	꽃	4~5월
형 태	낙엽활엽교목	열 매	9~10월

중국 동북부 압록강 하류가 원산인 나무이다. 우리나라 자생의 굴피나무보다 크게 자라 높이 30m에 이르며 지름이 1m에 달한다.

중국 동북부 압록강 하류가 원산으로 우리나라에는 1920년경 도입하여 중부지역에 심어졌다. 아카시아나무의 잎과 비슷한 나무로 습기가 많고 비옥한 땅을 좋아하며 양지나 음지를 가리지 않고 잘 자란다. 또한 추위와 공해에도 강하여 도심지 가로수로 심기에 적합한 수종이다. 우리나라 자생의 굴피나무보다 크게 자라 높이 30m에 이르며 지름이 1m에 달한다. 그러나 우리나라에서는 10m 정도로 큰다. 지나굴피나무, 감보풍, 당굴피나무, 풍양나무 등으로도 불린다.

낙엽활엽교목으로 수피는 홍갈색이고 작은 가지의 골속은 계단상으로 되어 있다. 잎은 기수 우상복엽이고 소엽은 난상의 타원형으로 9~25개씩 달려 있는데 잎줄기에는 날개가 달려 있다. 전년도에서 액상하며 꼬리화서형으로 매달린 모양으로 4~5월에 꽃이 핀다. 수꽃은 1~4개의 화피와 6~18개의 수술이 있고, 암꽃은

중국굴피나무 잎

중국굴피나무 암꽃

중국굴피나무 수꽃

새로 난 가지 정단부에서 나오고 꽃차례에 털이 촘촘히 나 있으며 화피로 싸여 있다. 열매는 2개의 심피로 되어 있으며 봉선을 따라 갈라지거나 날개가 달려 있는데, 이를 시과(翅果)라 한다. 열매는 양쪽에 날개가 있는 긴 타원형으로 9~10월에 익는다.

줄기가 곧고 아름다우며 어릴 때 생장이 빨라 산림조림용으로 알맞아 가로수나 관상용으로도 심는다. 목재는 기구재나 조각재로 사용하며, 잎은 살충제나 제지원료로 사용한다. 한방에서는 가지와 잎을 풍양이라 하여 여름과 가을에 채취하여 햇볕에 말린 후 이뇨, 소종, 살충, 피부가려움증, 급혈충증(배 속에 돌덩어리 같은 것이 있는 증상), 옴 등의 약재로 사용하며, 또한 간디스토마의 중간 숙주를 제거하는 효능도 있다 한다.

번식법

봄에 종자를 파종하여 번식한다. 양지 음지 가리지 않고 잘 자란다.

중국굴피나무 열매

중국굴피나무 수피

265 잎끝이 세 갈래인

중국단풍

Acer buergerianum Miq.

과 명	단풍나무과	꽃	4월
형 태	낙엽활엽교목	열 매	9~10월

중국단풍 잎

중국단풍 꽃

한자명은 삼각풍(三角楓), 영어명은 three-toothed maple, trident maple이다. 이름을 통해 잎끝이 세 갈래로 갈라진 단풍이라는 것을 알 수가 있다.

중국 단풍나무라는 뜻으로 당단풍나무, 세뿔단풍, 세갈래단풍나무, 메시닥나무라고도 한다. 한자명은 삼각풍(三角楓), 영어명은 three-toothed maple, trident maple이다. 이를 통해 잎끝이 세 갈래로 갈라진 단풍이라는 것을 알 수가 있다.

중국단풍은 중국이 원산이다. 낙엽활엽교목으로 높이는 15m 정도이고 수피는 갈색으로 벗겨진다. 잎은 긴 난원형 및 타원형이고 가장자리는 3개로 얕게 갈라진다. 열편은 삼각형으로 밋밋하며 뒷면은 연한 녹색이고 백분으로 덮여 있다. 꽃은 가지 끝에 다수가 모여 산방화서를 이루며, 꽃차례에 털이 있고 황록색으로 4월에 핀다. 열매는 시과로 황갈색이고 둔각으로 벌어지며, 소견과는 돌출되었으며 9~10월에 익는다.

우리나라와 중국 등지에 분포한다. 줄기가 곧게 올라가고 수형이 서로 비슷비슷하고 건강하게 보이며 단풍이 아름다워 가로수

중국단풍 열매

중국단풍 수피

로 흔히 심는다. 가로수 전용의 나무로 입지 조건에 대한 적응력도 강하고 도시 환경에 알맞은 생태를 갖고 있어 우리나라에서도 볼 만한 가로수가 만들어지는 나무이며, 가을의 단풍도 아름답다. 뿌리껍질과 가지는 약재로 사용된다. 사지마비 동통이나 관절염에 좋으며, 소염작용과 해독작용을 한다.

번식법

번식은 실생으로 한다.

NOTE I 나무의 생존 본능

모든 식물과 동물들은 살아남기 위하여 그리고 종족 보존을 위하여 환경에 적응하려고 진화 과정을 통해 본능으로 살아간다. 식물이 씨앗을 퍼트리는 과정은 식물체가 살아가는 데 매우 중요한 전략이다. 나무마다 방법이 다 다른데 겨우살이처럼 새나 동물에게 먹혀서, 밤처럼 스스로 떨어져서, 혹은 단풍나무나 민들레처럼 바람에 날려서 씨앗을 퍼트려 종족보존을 해나간다. 단풍나무의 열매의 모양은 마치 잠자리 날개처럼 생겨 마주 보기로 약 70도의 둔각으로 벌어져 있어 다 익은 열매가 떨어질 때는 헬리콥터의 프로펠러처럼 돌아가면서 아주 먼 곳까지 날아간다.

266 우리 민족의 꽃

진달래

Rhododendron mucronulatum Turcz.

과 명	진달래과	꽃	3~4월
형 태	낙엽활엽관목	열 매	10월

달래보다 더 진하다 하여 진달래라고 했다고도 하는데, 꽃을 먹을 수가 있어 참꽃이라고도 하고 진달내, 진달래나무, 참꽃나무, 두견화(杜鵑花)라고도 한다.

나 보기가 역겨워 가실 때에는 말없이 고이 보내 드리오리다.
영변의 약산 진달래꽃 아름따다 가실 길에 뿌리오리다.
가시는 걸음걸음 놓인 그 꽃을 사뿐히 즈려 밟고 가시옵소서.
나 보기가 역겨워 가실 때에는 죽어도 아니 눈물 흘리오리다.

김소월의 〈진달래꽃〉

봄이면 산을 붉게 물들이는 진달래는 국화인 무궁화 못지않게 우리 민족의 꽃이라고 할 만하다. 영어 이름도 Korean rosebay라 한다. 달래보다 더 진하다 하여 진달래라고 했다고도 하는데, 꽃을 먹을 수가 있어 참꽃이라고도 하고 진달내, 진달래나무, 참꽃나무, 두견화(杜鵑花)라고도 한다. 두견화라는 이름은 옛날 촉나라

진달래 잎

진달래 꽃봉오리

진달래 꽃

진달래 열매

진달래 꼬투리

임금 우두가 억울하게 죽어 그 넋이 두견새가 되었고, 두견새가 울면서 토한 피가 두견화로 변했다는 데에서 유래한다.

진달래 하면 꽃도 아름답지만, 식용할 수 있어 예로부터 많이 먹었다. 꽃잎으로 화전을 부쳐 먹고 술을 담가 마시기도 하는데 진달래꽃으로 담근 술을 두견주라고 한다. 그러나 너무 많이 먹으면 시력이 나빠진다고 하니 적당량만을 먹어야 한다.

낙엽활엽관목으로 높이는 2~3m 정도이다. 잎은 어긋나며 긴 타원상의 피침형으로 약간 광택이 난다. 꽃은 양성화로 엽액에 1개씩 또는 2~5개가 모여 달리며 화관은 깔때기 모양으로 연한 홍

색이다. 꽃은 3~4월에 잎보다 먼저 핀다. 열매는 삭과의 원통형으로 10월에 익는다.

원산지는 우리나라이다. 우리나라와 일본, 중국, 몽골 등지에 분포한다. 우리나라는 전국 산야의 저지대나 고산, 계곡, 암석 위, 척박지 등을 가리지 않고 자란다. 토양을 가리지 않아 척박한 땅에서도 잘 자라고 맹아력도 강하지만, 공해에는 약해 도심지에서는 잘 자라지 못한다.

우리나라 곳곳에 진달래가 아름답게 피는 곳이 많은데, 그중에서도 여수의 영취산이 가장 유명하다. 4월이 되면 푸른 다도해를 배경 삼아 온 산이 붉게 타오르는데, 면적이 무려 10만 평에 이르는 국내 최대의 군락지이다. 암릉을 따라 피어난 진달래 군락지를 걷는 꽃 산행은 봄바람 속에 진달래꽃 내음까지 더해져 그야말로 환상적이다.

꽃이 아름다워 관상용으로 심는다. 한방에서는 꽃을 약으로 쓰는데 진해, 조경, 혈액순환, 기침, 혈압, 월경불순 등에 좋다고 알려져 있다. 줄기로는 숯을 만들어 숯 물로 삼베나 모시를 물들이면 푸른 빛이 도는 회색 물이 든다.

진달래 수피

번식법

번식은 실생으로 한다.

267 동백기름 대신 쓰던 기름나무

쪽동백나무

Styrax obassia Siebold & Zucc.

과 명	때죽나무과	꽃	5~6월
형 태	낙엽활엽소교목	열 매	9~10월

나뭇잎이 쪽진 머리 모양을 하고 있어 쪽동백나무라고 이름을 붙였다고 한다. 영어 이름은 snowbell로 때죽나무와 같은데, 이것으로 쪽동백나무가 때죽나무와 혼동되어 불리는 것을 알 수가 있다.

쪽동백나무 잎

나뭇잎이 쪽진 머리 모양을 하고 있어 쪽동백나무라고 이름을 붙였다고 한다. 잎 가장자리의 윗부분에 잔톱니가 있다는 데서 톱니라는 뜻의 쪽과, 열매에서 짠 기름을 동백기름처럼 쓴다고 해서 쪽동백나무라고 했다고도 하며, 동백 씨앗보다 작아 쪽을 붙여 쪽동백나무라고 부르게 되었다고도 한다. 정나무, 때쪽나무, 물박달, 산아즈까리나무, 개동백나무, 왕때죽나무, 물박달나무, 산아주까리나무, 때죽나무 등으로도 불린다. 영어 이름은 snowbell로 때죽나무와 같은데, 이것으로 쪽동백나무가 때죽나무와 혼동되어 불리는 것을 알 수가 있다.

낙엽활엽소교목으로 높이는 10m 정도이고 작은 가지의 수피는 다갈색으로 벗겨진다. 잎은 어긋나며 뒷면에는 회색 잔털이 많고 잎자루는 짧다. 꽃은 양성화로 5~6월에 새로 난 가지에 총상화서로 하얀 통꽃 20개가 밑으로 처지면서 달린다. 열매는 핵과로 난상 원형 및 타원형이며 9~10월에 회녹색으로 익는다.

우리나라와 일본, 만주, 중국에 분포한다. 우리나라에서는 황해도 이남의 해발 100~1,800m에 자생한다. 추위에 강해 우리나라 전역에서 월동이 가능한 수종이며, 공해에도 강해 도심지의

쪽동백나무 꽃차례

쪽동백나무 꽃

쪽동백나무 열매

쪽동백나무 수피

공원수로 심기에 적합하다.

앞에서 살펴보았듯 쪽동백나무는 때죽나무와 꽃과 열매의 모양 등이 매우 비슷하다. 둘 다 향이 좋고 향수나 머릿기름의 원료가 되어 더욱 헷갈리는데, 꽃이 달리는 방식과 열매의 크기가 약간 다르다. 때죽나무는 1~3㎝의 꽃자루에 2~5개의 꽃이 달리는 반면, 쪽동백나무는 0.8㎝~1㎝의 꽃자루에 20개 정도의 꽃이 달린다. 열매는 쪽동백나무가 약간 더 크다.

꽃의 향기가 좋아 관상수와 공원수의 용도로, 열매는 기름을 짜서 쓰는 용도로 심는다. 목재는 나이테가 보이질 않을 정도로 결이 곱고 아름다워서 그림이나 글씨를 써넣을 수 있는 미술용 화구나 각종 조각이나 기구를 만드는 데 사용하며, 목걸이, 휴대전화 고리를 만드는 데에도 쓴다.

한편 한방에서 꽃을 옥령화(玉鈴花)라 하는데, 화를 풀어주고 생리작용을 활성화시키며 기관지염, 신경통, 요충 제거, 종기의 염증을 가라앉히는 등 그 효능이 때죽나무와 거의 같다. 민간요법으로 벌레나 뱀에 물렸을 때 꽃을 생으로 찧어 바르면 좋다.

번식법

번식은 실생으로 한다.

268 줄기에 가시가 많은

찔레꽃

Rosa multiflora Thunb.

과 명	장미과	꽃	5월
형 태	낙엽활엽관목	열 매	9~10월

새순은 먹을 것이 귀했던 옛날 어린이들이 자주 먹기도 했으며, 김치로 담가 먹기도 했다. 꽃은 물에 우려 차로 마시거나 전을 부쳐서 먹는다.

대개 찔레꽃 하면 흰 꽃을 떠올리기 마련이다. 그러나 실제로 붉게 피는 찔레꽃도 있다. 봉오리가 생길 때 붉게 되었다가 점차 흰색으로 변한다.

찔레라는 이름은 가시가 많아 잘 찔리는 나무라는 뜻이다. 찔룩나무, 질구나무, 질꾸나무, 가시나무, 들장미, 야장미, 영실, 자매화, 자매장미화, 새비나무라고도 하는데, 여기에서 들장미나 야장미란 찔레꽃이 야생장미라는 의미이다. 오늘날 장미의 할아버지쯤으로 봐도 된다.

낙엽활엽관목으로 높이는 2m 정도이고 흔히 덩굴성으로 된다. 작은 가지에 가시가 많이 나 있다. 잎은 우상복엽으로 어긋나고 5~9개의 소엽은 타원형 및 도란형으로 양 끝이 좁고 톱니가 있다. 꽃은 새 가지 끝에 원추화서를 이루며, 작은 꽃자루에는 털이 거의 없고 흰색 혹은 연한 홍색으로 향기가 좋다. 꽃은 5월에 피며 열매는 9~10월에 붉은빛으로 익는다. 종자는 흰색으로 털이 나 있다.

찔레꽃 새순

찔레꽃 잎

찔레꽃

찔레꽃 열매

우리나라와 일본, 중국에 분포한다. 우리나라에서는 전국 산야의 양지바른 산기슭이나 골짜기, 냇가에서 자란다. 꽃과 열매가 아름다워 관상용으로 심으며 가시가 있어 담장의 생울타리용으로 심기도 하는데 열매와 뿌리는 식용, 약용으로 쓴다. 특히 새순은 먹을 것이 귀했던 옛날 어린이들이 자주 먹기도 했으며, 김치로 담가 먹기도 했다. 꽃은 물에 우려 차로 마시거나 전을 부쳐서 먹는다. 비타민 C, 비타민 P, 타닌, 아스트라갈린, 사포닌, 지방산, 아미노산, 루틴 등이 들어 있어 맛은 약간 떫고 시큼하면서도 달짝지근하다. 한방에서 뿌리를 장미근, 잎을 장미엽, 꽃을 장미화, 열매를 영실(營實) 또는 장미자(薔薇子)라 한다. 이뇨, 해독, 해열, 이뇨, 신장염, 각기, 수종, 변비, 월경불순 등에 쓰인다. 꽃말은 고독, 주의 깊다 등이다.

번식법

번식은 1년생 가지를 3~7월 사이에 꺾꽂이로 하거나 실생으로 한다.

찔레꽃 수피

269 잎으로 차를 만들어 마시는

차나무

Camellia sinensis L.

과 명	차나무과	꽃	10~11월
형 태	상록활엽관목	열 매	이듬해 10~11월

차나무 새잎

차나무 잎

차나무는 다(茶)에서 유래된 이름이다. 이를 중국 발음으로도 차(tcha)라고 한다. 잎을 따서 차를 만들어서 풀 초(草)를 쓰지만 초본이 아니고 목본이다.

차는 커피와 함께 전 세계인들이 가장 즐기는 기호식품이다. 커피나무는 상록교목으로 아프리카 원산이며, 차나무는 차나무과의 상록관목으로 중국이 원산지이다. 각각 동서양의 기호식품을 대표한다고 하겠다. 그러나 요즘은 동서양의 구분이 없어져 커피의 진한 향을 즐기는 사람들이 많아지는 반면, 차의 은은한 향을 천천히 음미하는 사람들도 많아졌다. 차는 피로를 풀어주고 머리를 맑게 하며, 성인병 예방에도 효능이 뛰어난 것으로 알려져 있다.

차나무는 다(茶)에서 유래된 이름이다. 이를 중국 발음으로도 차(tcha)라고 한다. 잎을 따서 차를 만들어서 풀 초(草)를 쓰지만 초본이 아니고 목본이다. 영명은 tea 혹은 tea plant이며 다른 한자명은 차명(茶茗)이다.

상록활엽관목으로 높이는 4m까지 자라며 가지가 많이 달려 수

차나무 꽃

차나무 열매

형이 단정하고 아름답다. 잎은 어긋나며 혁질이고 피침상의 긴 타원형으로 길이는 4~10㎝, 너비는 2~4.5㎝이고 가장자리에는 파상의 거치가 있다. 꽃은 양성화로 1~3개가 액생 또는 정생하며, 꽃받침 잎은 5~6개이고 꽃자루는 길이 6~10㎜이며 흰색으로 10~11월에 피는데 향기가 있다. 열매는 시과로 목질화된 구형으로 지름 2~2.5㎝이고, 이듬해 10~11월에 다갈색으로 익으며 3갈래로 갈라진다.

중국 원산으로 열대와 아열대, 온대 지역에 널리 분포한다. 양쯔 강과 주장 강, 메콩 강, 이라와디 강 등의 연안 지대에 자생한다. 이들 강은 티베트와 쓰촨 성의 경계를 이룬 산악지대를 흐르므로 이곳이 바로 차나무의 원산지로 여겨진다.

우리나라에는 통일신라 때 도입되어, 하동 쌍계사 일대가 최초 재배지로 알려져 있다. 828년 김대렴이 당나라에서 처음 차의 종자를 가져와 심었다고 알려져 있지만, 가락국 수로왕비인 허황옥이 처음 차의 종자를 들여왔다는 설도 있다. 쌍계사 차나무 최초 재배지는 경남기념물 제61호로 지정되어 있다. 초기에는 주로 사

차나무 씨앗

차나무 수피

찰 주변에 심었으나, 지금은 따뜻한 경남, 전남 지역의 여러 곳에서 자생상으로 자라고 있다.

우리나라에 자라는 차나무의 품종은 중국 소엽종이다. 추위에 강하고 대량으로 생산할 수 있는 수종으로 주로 녹차용이다. 중국 대엽종은 잎이 타원형으로 크며, 주로 중국의 쓰촨 성, 윈난 성에 분포한다. 인도 아삼종은 인도 북동부의 주 아삼이 원산지인 교목으로 여러 가지 변종이 많은데, 주로 인도 아삼, 매니푸, 카차르에서 많이 생산된다. 한편 미얀마의 산종은 미얀마의 샨(Shan) 공원이나 타이 북부지방에 분포한다.

어린 눈과 잎은 녹차와 홍차를 만드는 데 이용하며 열매는 기름을 짠다. 목재는 단추를 만드는 데 사용된다. 주로 기호식품의 차용으로 심지만, 상록의 관목이어서 생울타리용으로 심는다. 가정에서 관상용 실내식물로 키우기도 한다.

번식법

번식은 꺾꽂이와 실생으로 한다.

270 숲의 왕처럼 웅장한

참가시나무

Quercus salicina Blume

과 명	참나무과	꽃	5월
형 태	상록활엽교목	열 매	이듬해 10~11월

참가시나무 새잎

가시나무 중에서도 진짜 가시나무라는 뜻인데, 가시나무는 흔히 숲의 왕이라는 말이 있듯 모양이 웅장하면서도 단정하다.

보통 가시나무 하면 가시가 잔뜩 달려 있겠거니 상상이 되지만, 실제는 가시가 없는 종도 상당수이다. 돌가시나무, 붉가시나무, 종가시나무 등이 가시가 없는 가시나무들이다. 다른 참나무류처럼 도토리가 열리는데, 가시는 바로 도토리를 뜻한다. 일반 참나무들이 가을철이 되면 잎을 하나둘 떨어뜨리는 낙엽교목이나, 가시나무류는 상록활엽교목이므로 겨울철에도 잎이 지지 않는다.

참가시나무는 가시나무 중에서도 진짜 가시나무라는 뜻인데, 가시나무는 흔히 숲의 왕이라는 말이 있듯 모양이 웅장하면서도 단정하다. 그래서 유럽에서는 이 나무에 신령스러운 영혼이 깃든다고 믿어왔고, 고대 그리스에서도 정직과 예의, 진리의 상징으로 여겨졌다. '가시나무를 보면서 말한다'는 말은 '하늘에 두고 맹세한다'는 말과 같은 뜻이다.

높이는 약 10m이며 수피는 잿빛을 띤 검은색이다. 수피에는 흰색의 둥근 피목이 존재한다. 작은 가지에 털이 나나 차츰 사라진다. 어긋나는 잎은 바소꼴이거나 긴 타원형이며 끝이 뾰족하다.

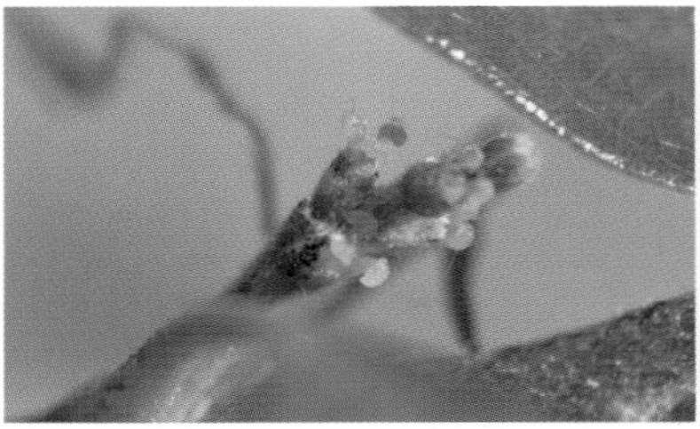
참가시나무 암꽃

참가시나무 수꽃

참가시나무 열매

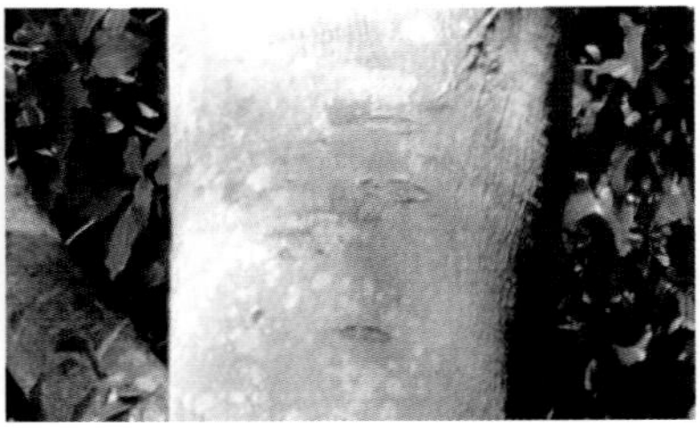
참가시나무 수피

잎은 길이가 10~14㎝이며 윗부분의 가장자리에 뾰족한 톱니가 나 있다. 잎의 뒷면은 흰색을 띤다. 암수딴그루로 5월에 꽃이 피는데, 암꽃은 잎겨드랑이에 3~4개가 피며, 수꽃은 어린 가지 밑부분에서 밑으로 처지게 핀다. 이듬해 10~11월에 맺는 열매는 타원형 또는 넓은 타원형으로 견과이다. 열매 끝에는 잔털이 달린다.

상록활엽교목으로 주로 섬이나 바닷가의 산기슭에 자란다. 우리나라와 일본 등지에 분포한다. 우리나라에서는 제주도와 울릉도, 대흑산도, 청산도 등의 섬에서 자란다. 재목은 단단하여 용재로 이용되며, 잎은 약재로 사용된다.

번식법

가을에 종자를 채취하여 노천매장한 후 이듬해 봄에 파종한다.

271

잎으로 떡을 만들어 먹던

참느릅나무

Ulmus parvifolia Jacq.

과 명	느릅나무과	꽃	9월
형 태	낙엽활엽교목	열 매	10월

느릅나무 하면 옛날 잎을 따서 밀가루나 콩가루 등을 묻혀 떡을 만들어 먹던 구황식품이다. 이름에 '참' 자가 붙은 것은 느릅나무류에서도 가장 뛰어난 나무라는 뜻이다.

느릅나무 하면 옛날 잎을 따서 밀가루나 콩가루 등을 묻혀 떡을 만들어 먹던 구황식품이다. 김매순의 〈열양세시기〉에도 4월 초파일에 느릅나무 잎으로 떡을 하고 볶은 콩을 먹는다고 했다. 특히 느릅나무는 한방에서 자주 약재로 사용되었다. 줄기 껍질을 유피(楡皮), 뿌리껍질을 유근피(楡根皮), 잎을 유엽(楡葉)이라고 하여 장과 폐를 튼튼하게 하고 소변이 잘 나오게 하며 염증을 가라앉히고 새살을 돋게 하는 효과가 있다고 한다. 〈동의보감〉에도 대소변을 잘 통하게 하며 장, 위의 열을 없애 장염에 효과적이고 부기를 가라앉히며 불면증, 위장병에 좋다고 나온다.

이름에 '참' 자가 붙은 것은 느릅나무류에서도 가장 뛰어난 나무라는 뜻이다. 한자로는 춘유(春楡) 또는 가유(家楡)라고 한다.

낙엽활엽교목으로 높이는 10m이고 지름이 70㎝이다. 줄기는

참느릅나무 잎

참느릅나무 꽃

참느릅나무 열매

참느릅나무 수피

곧게 자라며 작은 가지에는 털이 있고 수피는 홍갈색으로 두꺼우며 잘게 갈라진다. 잎은 타원형 또는 도란상의 피침형으로 두툼하고 좌우가 같지 않으며 짧은 톱니가 있다. 양면 모두 털이 없고 표면에 광택이 있으며, 측맥은 10~20쌍이다. 꽃은 9월에 피고, 열매는 10월에 담갈색으로 익으며 타원형으로 날개가 달려 있다.

우리나라와 일본, 타이완, 중국 등지에 분포한다. 우리나라에서는 중부 이남의 해발 50~1,100m에서 자생한다. 습기가 많은 계곡이나 하천변, 호숫가 또는 평지에 자생한다. 햇빛이 들고 습기가 있는 땅에서 잘 자라나, 그늘에서도 잘 자라며 추위에도 잘 견딘다. 수형이 아름답고 수피가 독특하여 공원수나 가로수로 심으며, 목재는 건축재와 기구재, 선박재, 세공재, 땔감 등으로 쓰인다.

번식법

실생으로 번식한다.

272 참빗 만드는

참빗살나무

Euonymus hamiltonianus Wall.

과 명	노박덩굴과	꽃	5~6월
형 태	낙엽활엽소교목	열 매	10월

참빗을 만드는 나무라 하여 붙여진 이름으로 물뿌리나무, 화살나무, 화살촉나무라고도 한다. 화살나무와 비슷하게 생겼는데 가지에 날개가 없고 줄기가 매끄럽다.

참빗살나무는 참빗을 만드는 나무라 하여 붙여진 이름으로 물뿌리나무, 화살나무, 화살촉나무라고도 하며, 한자명은 도엽위모(桃葉衛矛), 금은유(金銀柳)이다. 어청도(전북 군산시 옥도면에 있는 섬)에서는 화살나무를 참빗살나무라고 한다. 화살나무와 비슷하게 생겼는데 가지에 날개가 없고 줄기가 매끄럽다. 일본에서는 진궁(眞弓)이라 부르는데 옛날에 이 나무로 활을 만들었던 데에서 유래된 이름이다.

낙엽활엽소교목으로 높이는 8m 정도이고 가지가 둥글다. 잎은 마주나고 피침상의 타원형이며, 가장자리에 불규칙한 톱니가 있고 양면에 털이 없다. 암수딴그루로 꽃은 전년도 가지에서 액생하는 취산화서에 3~12개가 달리고 연한 녹색으로 5~6월에 핀다. 열매는 네모 모양의 둥근 꼴이며 4개의 능선이 있다. 열매는 10월에 홍색으로 익는데 씨는 4개로 갈라지며 주홍색의 종의에 싸여 있다.

우리나라와 일본, 중국, 만주, 사할린, 히말라야 등지에 분포

참빗살나무 잎

참빗살나무 꽃

참빗살나무 열매(미성숙)

참빗살나무 열매(성숙)

한다. 우리나라에서는 전국의 해발 1,300m 이하의 산기슭 및 계곡에 자생한다. 습기가 있는 사질양토를 좋아하고 양지와 음지에서 잘 자라며, 추위도 잘 견디며 내염에도 강하여 바닷가에서도 잘 자란다.

열매가 아름다워 관상용, 조경용으로 심으며 목재는 기구재나 세공재로 쓰인다. 또 지팡이나 도장, 그릇, 바구니를 만들기도 한다. 봄에 나오는 어린잎은 나물로 해 먹는다. 한방에서 줄기 껍질과 열매를 사면목(絲綿木)이라 하는데, 두충의 외피 부분을 벗겨 말린 것도 사면목이라고 한다. 풍을 몰아내고 몸속의 습한 기운을 내보내는 데 사용하며 혈액순환, 통증, 근육통, 관절통, 기침, 동맥경화증, 치질 등에도 사용한다. 그러나 독성이 있으므로 적당량만을 먹어야 한다. 민간에서 가지와 나무껍질을 암 치료제로 사용한다.

참빗살나무 수피

번식법

번식은 실생으로 한다.

273 열매가 향기로운

참식나무

Neolitsea sericea (Blume) Koidz.

과 명	녹나무과	꽃	10~11월
형 태	상록활엽교목	열 매	이듬해 10월

참식나무 새잎

참식나무 잎(앞면)

참식나무 잎(뒷면)

식나무라고도 부르며, 제주도에서는 심낭, 신낭 등으로 부른다. 전남 영광 불갑사 참식나무 자생지대는 천연기념물 제112호로 지정하여 보호하고 있다.

식나무라고도 부르며, 제주도에서는 심낭, 신낭 등으로 부른다. 한자명은 오과남(五瓜楠) 이다. 난대성의 상록활엽교목으로 해발 100~400m에서 많이 자라고 제주도에서는 해발 1,100m의 숲속에 자생한다. 높이는 10m이고 지름이 30㎝이다. 수피는 암회색이고 평활하며 어린 가지는 녹색으로 갈색 털이 있다. 잎은 어긋나고 혁질이며 타원형 및 피침상의 타원형이다. 잎에는 황갈색 털이 많이 나 있으며 가장자리는 밋밋하다. 꽃은 암수딴그루이며 액생하고 산형화서에 모여 나며 황백색으로 10~11월에 핀다. 열매는 선홍색의 구형으로 이듬해 10월에 익는데, 열매는 광택이 나며 향기로워 향수의 재료로 쓰며 기름을 추출하여 이용한다.

우리나라와 중국, 타이완, 일본 등지에 분포한다. 우리나라에는 울릉도와 거문도, 보길도 등의 남부 해안가와 서해안에는 덕적도까지 분포되어 있다. 따뜻한 지방의 비옥한 땅을 좋아하며 추위와 그늘에서는 잘 자라지 못한다.

전남 영광 불갑사 참식나무 자생지대는 북한계선으로서 천연기념물 제112호로 지정하여 보호하고 있다.

재배가 쉬워 정원수, 관상수의 용도로 심는다. 최근에 제주에서 자생하는 참식나무 잎에서 추출한 에센셜 오일이 뛰어난 염증 억제 효과로 여드름과 아토피 증상을 완화시키는 화장품의 원료 및 입욕제로 활용할 수 있다는 연구 결과가 발표되어 화제가 되었다. 목재는 재질이 단단하고 질기며 향기가 좋아 건축재, 기구재로 사용되며, 최근에는 한지의 원료와 천연염색 재료로도 활용되어 광범위하게 쓰이고 있다.

번식법

번식은 실생으로 한다. 뿌리가 깊어 옮겨심기에는 부적합하다.

참식나무 암꽃

참식나무 수꽃

참식나무 열매

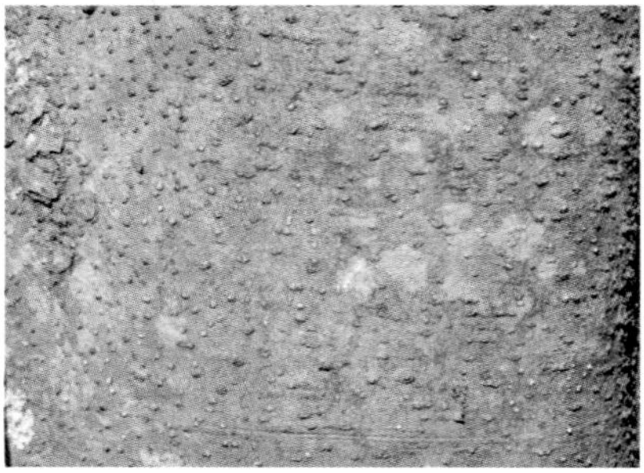

참식나무 수피

274 새순이 맛있는

참죽나무

Cedrela sinensis Juss.

과 명	멀구슬나무과	꽃	5~6월
형 태	낙엽활엽교목	열 매	9~10월

참죽나무 묘목

참죽나무 새잎

참죽나무는 오래 사는 나무로도 유명하다. 참죽나무를 뜻하는 춘(椿) 자는 장수와 관련이 깊은데, 남의 아버지를 높여 부르는 춘부장(椿府丈)의 춘 자는 바로 여기에서 유래된 것이다.

봄이 되면 나물로 먹는 새순이 많다. 그중 참죽나무 새순은 불그스름하면서도 향이 독특해 예로부터 집 마당이나 마을 주변에 한두 그루를 심어 놓고 봄에 올라오는 새순을 뜯어 초고추장에 찍어 먹었다. 봄에 나오는 어린잎을 참죽순이라고 해서 물에 우린 다음 나물, 자반, 튀김 등을 만들어 먹거나 뜨거운 물에 살짝 데쳐 초고추장을 찍어 먹었다.

참죽나무는 충나무, 쭉나무 등으로도 불린다. 경상도 지방에서는 참죽나무 순을 가죽나물이라고 부르기도 하고, 충청도 지방에서는 죽순나무라고도 하므로 지역에 따라 부르는 명칭이 헷갈리는 수종이다.

참죽나무는 오래 사는 나무로도 유명하다. 참죽나무를 뜻하는 춘(椿) 자는 장수와 관련이 깊은데, 남의 아버지를 높여 부르는 춘

부장(椿府丈)의 춘 자는 바로 여기에서 유래된 것이다.

낙엽활엽교목으로 높이는 20m 정도이고, 수피는 암갈색이며 작은 가지는 녹색으로 털이 있다. 잎은 어긋나고 기수 우상복엽으로 소엽은 10~20개이며 피침형 및 긴 타원형으로 가장자리가 밋밋하거나 약간 톱니가 있다. 꽃은 가지 끝에서 밑으로 처지는 원추화서로 달리며 종 모양이다. 꽃은 5~6월에 흰색으로 피는데 향기가 난다. 열매는 도란형 및 타원형의 삭과로 9~10월에 홍갈

참죽나무 잎

참죽나무 잎(앞면과 뒷면)

참죽나무 꽃

참죽나무 열매

참죽나무 수피

색으로 익으며, 씨는 양쪽에 긴 날개가 있어서 열매가 터지면서 흩어진다.

중국 원산으로 우리나라에서는 중부 이남 서해안의 해발 100~600m의 마을 주변에 심어진다. 햇빛이 잘 들고 습기가 있는 땅에서 잘 자라지만, 건조한 땅에서는 잘 자라지 못한다.

관상용, 정원용, 식용, 약용으로 심으며 목재는 가구재, 공예재, 조각재, 기구재 등으로 사용된다. 잎에는 당질, 단백질, 지질 및 섬유소와 철분, 인 등의 무기질이 함유되어 있어 사찰에서 음식 재료로 많이 이용된다. 전체를 약으로 쓰는데, 잎, 수피, 뿌리껍질, 열매, 수간에서 추출한 액즙 등 버릴 것이 하나도 없다.

번식법

번식은 꺾꽂이와 뿌리나누기, 실생으로 한다.

275 수양버들처럼 가지가 축축 늘어지는

처진개벚나무

Prunus verecunda var. *pendula* (Nakai) W. T. Lee

과 명	장미과	꽃	4월
형 태	낙엽활엽교목	열 매	6~7월

처진개벚나무 잎

처진개벚나무 꽃

가지가 아래로 처지면 가지와 물이 맞닿는 수평선에 시선이 가게 되어 정적의 평화로움을 느끼게 하는 나무로, 호숫가에 심으면 물과 잘 어울릴 수 있어 더없이 좋다.

조선 효종은 인조의 뒤를 이은 임금으로 17세기 중엽에 북벌계획을 세웠다. 북쪽 오랑캐에게 다시는 당하지 않고자 대비한 것인데, 남한산성의 방비를 강화했고, 임경업을 시켜 명나라와 함께 대청전선을 구축하기도 했다. 그때 서울 우이동에 잔뜩 심었던 것이 처진개벚나무이다. 처진개벚나무는 탄력이 강해 활을 만드는 데 아주 좋았다. 또 껍질로는 활을 감아서 손이 아프지 않게 하기도 했다.

처진개벚나무는 벚나무지만 수양버들처럼 축축 늘어진다고 해서 수양벚나무, 능수벚나무라고도 한다. 가지가 아래로 처지면 자연스럽게 사람의 시선도 아래로 가기 마련이어서 가지와 물이 맞닿는 수평선에 시선이 가게 되어 정적의 평화로움을 느끼게 하는 나무로 호숫가에 심으면 물과 호수와 잘 어울릴 수 있어 더없이 좋다.

그런데 여기에서 수양이란 말의 유래가 흥미롭다. 이는 수나라

처진개벚나무 열매

처진개벚나무 수피

양제가 양쯔 강에에 대운하를 만들 때 언덕에 버드나무를 많이 심어서 붙여진 것이라고 한다. 그러나 길게 늘어진다는 뜻의 수양(垂楊)에서 유래되었다는 설도 있다.

낙엽활엽교목으로 높이는 15m 정도이다. 잎은 난형으로 가장자리에 뾰족한 톱니가 나 있다. 꽃은 4월에 연한 홍색으로 피고 열매는 둥근 핵과로 6~7월에 자흑색으로 익는다.

장미과에 속하며, 원산지는 우리나라이다. 양지바르고 습기가 많은 비옥한 땅에서 잘 자라며 추위에도 강하여 전국 곳곳에 산재되어 잘 자라는 나무이다. 서울 우이동의 해발 100m 되는 인가 부근에 많이 자생한다. 다른 벚나무들처럼 전정을 하면 안 되며, 또한 이식도 잘 안 되는 나무이다. 수명은 길지만 벚나무 중에서도 대기오염에 가장 약한 나무라 도심지에서는 잘 자라지 않는다.

관상용으로 심으며, 목재는 도구재로 사용된다. 열매는 식용하며, 수피는 약재로 사용된다.

번식법

번식은 벚나무를 대목으로 접목한다.

276 선녀가 먹는 과일이 열리는

천선과나무

Ficus erecta Thunb.

과 명	뽕나무과	꽃	5~6월
형 태	낙엽활엽관목 또는 소교목	열 매	9~10월

열매 위쪽에는 작은 배꼽이 있는데, 그곳으로 작은 천선과좀벌이 들어가 알을 낳고 어른벌레가 되어 나올 때 몸에 꽃가루를 묻혀 나와 암꽃과 수꽃을 옮겨 다니며 수정을 시킨다.

'천상의 선녀들이 따 먹는 과일'이라는 이름을 가진 나무이다. 하지만 실제로 이 나무의 과일을 먹어보면 삼키고 싶은 마음은 그다지 들지 않는다. 약간 단맛은 있지만, 딱히 매력적이지가 않다.

또 하나 특이한 것은 꽃이 예쁘지도 않다는 것. 아니, 무화과처럼 아예 보이지가 않는다. 새 가지 끝에 작은 주머니처럼 생긴 것이 달리는데, 그 안에 좁쌀만 한 꽃들이 잔뜩 들어 있기 때문이다. 이렇게 꽃을 감추고 있는 식물은 은화과(隱花果)로 분류한다. 한편 나무를 상처 내면 뽀얀 유액이 나온다고 해서 젖꼭지라는 별칭이 생겼다는 점이 흥미롭다. 익은 과실도 마치 젖꼭지처럼 생겼다.

낙엽활엽관목 또는 소교목으로 높이는 2~8m 정도이다. 수피는 회백색으로 껍질눈이 세로로 잔뜩 나 있다. 잎은 길이 5~19㎝로 어긋나며, 도란형이나 끝이 뾰족하고 가장자리는 밋밋하다. 꽃은 암수딴그루로 5~6월 새 가지의 잎겨드랑이에 달린 꽃주머니 속에 들어 있다. 꽃주머니는 지름 1.5㎝ 정도이다. 열매는 9~10월

천선과나무 잎(뒷면)

천선과나무 열매

천선과나무 겨울눈

에 검은 자주색으로 익는데, 지름이 1.5~1.7㎝로 작다.

암수딴그루인 데다가 꽃이 주머니 속에 감춰져 있으니 도대체 이 나무는 어떻게 씨앗을 퍼트리고 열매를 맺을까? 하지만 다 방법이 있다. 열매 위쪽에는 작은 배꼽이 있는데, 그곳으로 작은 천선과좀벌이 들어가 알을 낳고 어른벌레가 되어 나올 때 몸에 꽃가루를 묻혀 나와 암꽃과 수꽃을 옮겨 다니며 수정을 시키는 것이다. 천선과좀벌은 어른이 될 때까지 안전하게 지낼 수 있고, 천선과나무는 천선과좀벌을 키워준 덕으로 씨앗을 퍼트릴 수 있다. 열매가 약간 단맛이 나는 것은 그 속에 든 애벌레 때문인지도 모른다.

우리나라 원산으로 남해안이나 섬 지방에 분포하며, 중국과 일본의 난대성 기후 지역에서도 자라고 있다.

번식법

종자와 꺾꽂이로 한다. 종자 번식은 가을에 열매를 따서 으깨어 종자를 분리해 직파한다.

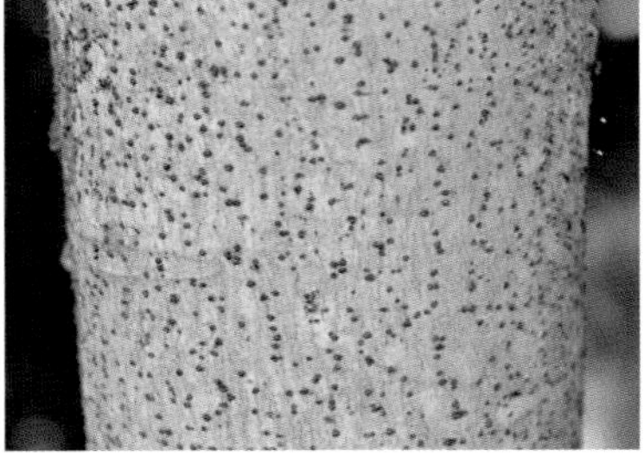
천선과나무 수피

277 먹을 수 없는 개꽃

철쭉

Rhododendron schlippenbachii Maxim.

과 명	진달래과	꽃	5월
형 태	낙엽활엽관목	열 매	10월

철쭉 잎

철쭉 꽃

철쭉은 진달래와 비슷하게 생겼다. 진달래꽃은 먹을 수 있어서 참꽃이라고 하는 반면, 철쭉꽃은 먹지 못하므로 개꽃이라고도 한다.

철쭉은 진달래와 비슷하게 생겼다. 진달래는 잎보다 꽃이 먼저 피나, 철쭉은 잎과 꽃이 동시에 피는 점이 다르다. 또 철쭉은 꽃잎 안쪽에 적자색의 반점이 있고, 꽃 자체에 점액질이 있어 구분이 간다. 진달래꽃은 먹을 수 있어서 참꽃이라고 하는 반면, 철쭉꽃은 먹지 못하므로 개꽃이라고도 한다. 이 밖에도 함박꽃, 척촉, 철죽 등으로도 불리는데, 척촉(躑躅)에서 철쭉으로 바뀐 것으로 보인다. 척(躑) 자는 머뭇거린다는 뜻인데, 꽃에 독이 있어서 양이 가까이 가지 못하고 머뭇거린다고 해서 붙여졌다.

낙엽활엽관목으로 높이는 2~5m 정도이다. 줄기는 곧게 자라고 굵은 가지를 많이 내며, 수피는 회갈색으로 오래되면 갈라진다. 잎은 어긋나고 가지 끝에 5개씩 모여 달리며 도란형이다. 꽃은 양성화로 3~7개씩 가지 끝에 모여 산형화서를 이루며 달린다. 연한 홍색의 꽃잎 안쪽에 적자색 반점이 있으며 잎과 함께 5월에 핀다. 진달래와는 달리 꽃에 점액질이 있어 먹지는 못한다. 열매

철쭉 열매

철쭉 겨울눈

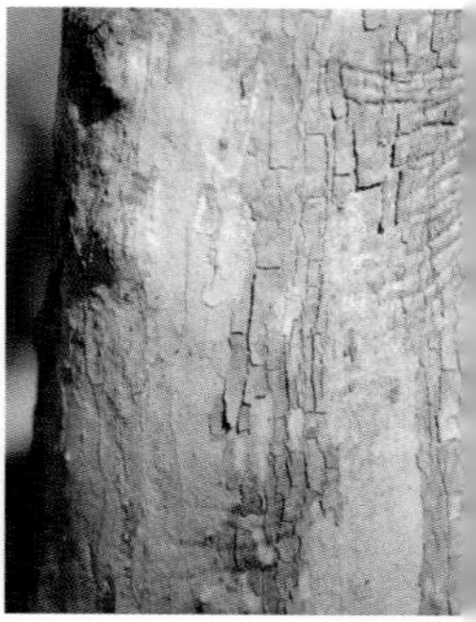
철쭉 수피

는 삭과로 긴 타원상의 도란형이며 10월에 익는다.

우리나라와 중국, 일본 등지에 분포한다. 전국의 해발 100~2,000m 사이의 산야에 자생한다. 음지와 한지를 가리지 않고 잘 자라는데, 주로 나무숲이나 그늘진 곳에서 잘 자란다. 추위에 강하나 침수에는 약한 수종이다.

꽃이 아름다워 관상수, 정원수로 심으며 목재는 조각재로 사용된다. 꽃은 약용으로 쓰는데 강장, 이뇨, 위장병 등에 효능이 있다. 꽃에 독성이 있으나 그리 독하지 않고 약해서 벌들이 잠시 기절했다가 곧 깨어날 정도라고 한다.

우리나라에는 철쭉이 유명한 곳이 많은데, 설악산과 소백산, 황매산 등지가 대표적이다. 이들 산에서는 매년 철쭉제를 벌이며 산신령에게 제사를 지내기도 한다.

번식법

번식은 실생으로 한다.

278 가지와 어린 가시가 녹색인

청가시덩굴

Smilax sieboldii Miq.

과 명	백합과	꽃	6월
형 태	낙엽활엽덩굴성 목본	열 매	9~10월

청가시덩굴 새순

청가시덩굴 잎

가지와 어린 가시가 녹색이며 덩굴성 목본이라 하여 청가시덩굴이라고 부른다. 덩굴손이 메기수염처럼 생겼다고 해서 점어발(粘魚髮) 또는 점어수(粘魚鬚)라고도 한다.

가지와 어린 가시가 녹색이며 덩굴성 목본이라 하여 청가시덩굴이라고 부른다. 덩굴손이 메기수염처럼 생겼다고 해서 점어발(粘魚髮) 또는 점어수(粘魚鬚)라고도 한다. 이 밖에도 청가시나무, 청가시덤불, 종가시나무라는 별칭도 있다.

낙엽활엽덩굴성 목본으로 길이 5m 정도까지 자란다. 작은 가지는 녹색으로 곧은 가시와 흑색 반점이 있는데 다른 나무와 함께 바위 위에 덤불을 형성하며 자란다. 줄기는 녹색으로 날카로운 가시가 나 있으며, 잎은 난상의 타원형 및 난상의 심장형이고 가장자리는 물결 모양이다.

암수딴그루로 꽃은 액생으로 산형화서로 달리며 6월에 황록색으로 핀다. 수꽃은 6개의 수술이 있고, 암꽃은 1개의 암술이 있다. 열매는 장과로 둥글며 9~10월에 검은색으로 익는다. 전체적으로 청미래덩굴과 비슷하나, 청미래덩굴에 비해 잎이 길쭉하고 가장

청가시덩굴 잎차례

청가시덩굴 암꽃

청가시덩굴 수꽃

청가시덩굴 열매(미성숙)

청가시덩굴 열매(성숙)

자리가 구불거리는 것이 특징이다.

청가시덩굴 수피

일본, 중국, 타이완 등지에 분포하며, 우리나라에서는 전국의 계곡과 산기슭에 자생한다. 청가시덩굴은 양지와 음지 모두에서 잘 자라고 맹아력이 강하여 많은 줄기가 뻗어 나와 다른 나무를 감고 올라간다. 비옥한 땅을 좋아하며, 건조지에서는 잘 자라지 못하나 추위에는 강하다.

한방에서 뿌리, 뿌리줄기를 통증, 염증, 관절염에 쓴다. 잎은 자상의 상처에 붙이면 잘 낫는데, 산속에서 못이나 칼에 찔렸을 때 응급처치로 청가시덩굴의 잎이나 칡의 잎을 짓이겨 붙이면 상처 치료에 도움이 된다.

뿌리나 줄기에는 사포닌, 타닌, 수지, 전분, 티고게닌, 네오티고게닌을 함유하고 있어 달인 물을 몸에 바르면 아토피에 좋다. 한편, 봄에 어린순과 어린잎을 데쳐서 고추장에 찍어 먹거나 무쳐서 나물로 해 먹는데 약간 달짝지근한 맛이 난다.

번식법

뿌리 맹아를 포기나누기하거나 봄에 씨를 뿌려 싹을 틔워 키운 묘목으로 실생한다.

279 옛날 요깃거리였던

청미래덩굴

Smilax china L.

과 명	백합과	꽃	5월
형 태	낙엽활엽덩굴성 목본	열 매	9~10월

망개떡은 찹쌀가루를 쪄서 치대어 거피 팥소를 넣고 반달이나 사각 모양으로 빚어 두 장의 나뭇잎 사이에 넣고 찐 떡이다. 이때 쓰이는 나뭇잎이 청미래덩굴 잎이다.

망개떡은 찹쌀가루를 쪄서 치대어 거피 팥소를 넣고 반달이나 사각 모양으로 빚어 두 장의 나뭇잎 사이에 넣고 찐 떡이다. 이때 쓰이는 나뭇잎이 청미래덩굴 잎이다. 경상도에서는 청미래덩굴을 망개나무라고도 부르는데, 사실 청미래덩굴과 망개나무는 전혀 다른 종이다.

망개나무 외에 명감나무, 종가시덩굴, 청열매덩굴이라고도 하며, 이외에도 매발톱가시, 좀청미래, 좀명감나무, 섬명감나무, 팔청미래덩굴 등 지방에 따라 부르는 이름이 아주 많은 나무이다.

청미래덩굴의 뿌리를 토복령(土茯苓) 또는 금강두(金剛兜)라고도 하는데, 토복령은 땅에 있는 복령이라는 뜻으로 혹같이 생긴 덩이뿌리가 있어서 붙여진 명칭이다. 덩이뿌리에는 녹말 성분이 많아 옛날 춘궁기에 곡식과 섞어 밥을 지어 먹었다. 나라가 망한 뒤 산으로 들어간 선비들이 뿌리를 캐어 먹기도 한 토복령은 신선이 남긴 음식이라 하여 선유량(仙遺糧)이라고도 하고, 넉넉한 요깃거리가 된다고 하여 우여량(禹餘糧)이라고도 한다.

청미래덩굴 잎

청미래덩굴 암꽃

청미래덩굴 수꽃

청미래덩굴 열매(미성숙)

청미래덩굴 열매(성숙)

청미래덩굴 수피

낙엽활엽덩굴성 목본이고 줄기는 마디에서 굽어 자라며 길이가 3m에 이르고 갈고리 같은 가시가 있어 다른 나무를 기어올라 덤불을 이룬다. 잎은 두꺼우며 광택이 나고 넓은 타원형이다. 꽃은 암수딴그루로 액생하는 산형화서에 달리며 5월에 황록색으로 핀다. 열매는 둥글고 붉은색으로 한곳에 5~10개씩 9~10월에 익으며 종자는 황갈색이다.

우리나라와 일본, 중국, 필리핀, 인도차이나 등지에 분포한다. 우리나라에서는 황해도 이남의 해발 1,600m 이하의 양지 산기슭이나 숲 가장자리에 자생하는데, 햇빛이 잘 드는 곳에서 잘 자라고 그늘진 곳이나 건조한 곳에서도 잘 자라며 추위에도 강하다.

봄에 나오는 어린순은 살짝 데쳐 쌈장에 싸 먹고, 잘 익은 붉은 열매는 그냥 먹기도 한다. 또 잎을 달여 차로 마시면 백 가지 독을 제거한다고 알려져 있으며, 특히 수은 중독을 해독한다고 알려져 있다. 뿌리는 매독, 발한, 이뇨, 지사, 해독, 관절염, 요통, 종기 등에 사용한다. 열매가 달린 것은 꽃꽂이용으로도 훌륭하다. 이밖에도 관상용, 생울타리, 정원의 칸막이 장식용으로 사용된다.

번식법

봄에 파종하여 모종하기 위한 묘목으로 실생해 번식한다.

280 귀신을 부른다는

초령목

Michelia compressa (Maxim.) Sarg.

과 명	목련과	꽃	2~4월
형 태	상록활엽교목	열 매	8~9월

초령목 잎(앞면)

초령목 잎(뒷면)

초령목(招靈木)은 '신령을 부르는 나무'라는 뜻으로, 민간신앙에 의해 이름 붙여진 희귀한 나무이다. 이 나무의 가지를 부처 앞에 꽂는다는 데에서 유래한다는 설도 있다.

초령목(招靈木)은 '신령을 부르는 나무'라는 뜻으로, 민간신앙에 의해 이름 붙여진 희귀한 나무이다. 이 나무의 가지를 부처 앞에 꽂는다는 데에서 유래한다는 설도 있다. 다른 이름으로는 귀신나무라고도 하는데, 이것은 잘못 알고 부르는 이름이다.

목련으로는 가장 일찍 꽃이 피는 종으로 상록수이며 나무의 모양과 꽃이 매우 아름답고 키도 큰 나무이다. 상록활엽교목으로 높이는 15m이다. 잎은 어긋나며 긴 난형으로 흰 꽃이 엽액에 1개씩 핀다. 꽃에서 좋은 향기가 난다. 꽃이 진 다음에 꽃받침이 자라고 심피도 커져서 그 속에 2개씩 씨가 들어간다. 열매의 크기는 5~10㎝이다.

일본과 타이완, 필리핀에 분포한다. 우리나라에서는 거의 볼 수 없는 수종인데, 제주도와 흑산도에서만 자라며, 오래전에 흑산도에 한 그루가 천연기념물 제369호로 지정, 보호되고 있었으

나 고사하여 2001년에 천연기념물에서 해제되었다. 당시 초령목은 높이가 20m, 지름이 2.4m였고, 가지는 동쪽으로 10m, 서쪽으로 15m, 남쪽으로 15m, 북쪽으로 10m 퍼진 상태였다. 수령은 150~300년으로 추정되었다. 이 나무가 고사한 이후로 초령목은 멸종된 것으로 알려졌으나, 제주도와 국립산림과학원에 각각 한

초령목 꽃

초령목 꽃 속

초령목 열매

초령목 어린 가지

그루씩이 발견되어 두 그루가 자라고 있다. 2007년 제주도 서귀포시 남원읍 하례리 계곡에서 발견된 한 그루는 천연기념물로 지정될 가능성이 크다. 이 나무의 수령은 70~80년이며, 높이는 18m에 지름이 35㎝이다. 국립산림과학원에 있는 초령목은 1970년대에 제주도에서 옮겨온 것으로 수령은 약 40년이며 높이는 16m이다.

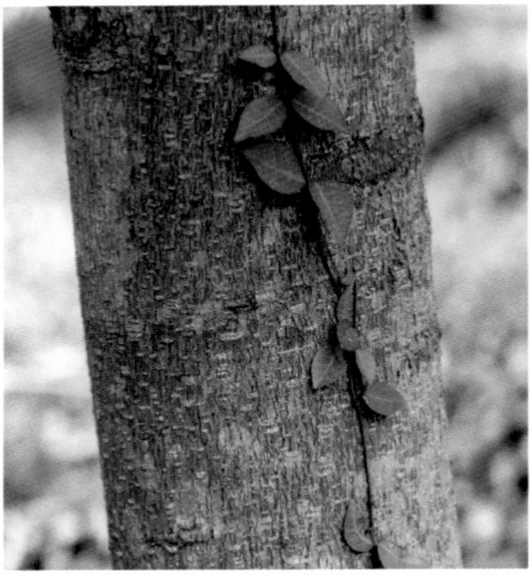
초령목 수피

한편, 본래 천연기념물 초령목이 자라던 흑산도에서는 초령목이 죽은 뒤 그 주변에 어린 초령목이 자라고 있는 것으로 확인되어 현재 전라남도기념물 제222호로 지정하여 보호하고 있다. 2010년 전남 신안군에서는 이 어린 나무의 가지치기를 이용한 꺾꽂이를 통해 대량증식에 성공, 멸종의 위기를 넘긴 것으로 알려져 있다.

번식법

성숙된 종자를 10~11월에 채취하여 이듬해 3~4월에 파종한다. 삽목은 2~3월에 배수가 잘 되는 사토질에 한다. 일본목련을 대목으로 사용하여 접목할 수도 있다.

281 향신료로 쓰이는

초피나무

Zanthoxylum piperitum (L.) DC.

과 명	운향과	꽃	5~6월
형 태	낙엽활엽관목	열 매	9~10월

초피나무 잎

초피나무 잎과 줄기에 난 가시

초피나무는 산초나무와 같은 과(科) 식물로 서로 비슷해 구분하기가 쉽지 않다. 산초나무는 여름인 6~8월에 꽃이 피는 반면, 초피나무는 봄인 5~6월에 핀다.

초피나무는 산초나무와 같은 과(科) 식물로 서로 비슷해 구분하기가 쉽지 않다. 그러나 산초나무는 여름인 6~8월에 꽃이 피는 반면, 초피나무는 봄인 5~6월에 핀다. 또 산초나무는 가시가 서로 어긋나게 달리나, 초피나무는 가시가 두 개씩 마주나게 달린다. 한 가지 더 따져보면 산초나무 잎의 톱니는 작은 톱니 모양이지만, 초피나무는 잎 가장자리가 물결 모양의 톱니가 있고 샘점이 있어 특유의 냄새를 풍기는 점이 다르다. 그리고 보통은 산초나무는 초피나무의 대목으로 사용된다.

우리나라와 중국, 일본 등지에 분포한다. 남부지방과 중부 해안지대의 따뜻한 곳에서 잘 자라는데 추위에 약하고 스트레스에 민감한 편이다. 전피, 제피나무(경남), 상초나무, 산초나무(어청도), 좀피나무, 조피나무라고도 부른다.

낙엽활엽관목으로 높이는 3m 정도이다. 탁엽이 변한 가시는 밑으로 약간 굽었으며 마주 보고 달린다. 잎은 9~10개의 소엽으로 된 기수 우상복엽이고 소엽은 난상 타원형이며 가장자리

초피나무 암꽃

초피나무 수꽃

초피나무 열매

초피나무 씨앗

초피나무 수피

에 4~7개의 파상의 톱니가 있고 엽측에 가시가 있다. 꽃은 암수딴그루로 연한 황록색의 꽃이 5~6월에 핀다. 열매는 적갈색으로 9~10월에 익는다.

향신료와 약용의 용도로 심는다. 추어탕에 넣어 비린내를 없애주는 향신료를 흔히 산초라고 부르지만, 대부분 산초가 아니라 초피이다. 산초보다 향이 훨씬 강해 비린내를 훨씬 줄여준다. 어린 잎에는 특이한 향기가 있어 국이나 된장국을 끓일 때 사용하고, 차를 만들어 마시며, 줄기는 식혜를 만드는 데 사용된다.

번식법

번식은 실생으로 한다.

282 척박한 땅에서 굳세게 크는

측백나무

Thuja orientalis L.

과 명	측백나무과	꽃	4월
형 태	상록침엽교목	열 매	9~10월

측백나무 잎

측백나무 암꽃

조선 초기 학자 서거정은 대구 십경의 하나로 도동 측백나무 숲을 노래했다. 우리나라에 천연기념물로 지정된 나무 혹은 숲이 많은데, 그중 천연기념물 제1호가 바로 도동 측백나무 숲이다.

옛 벽에 푸른 측백 옥창같이 자라고
그 향기 바람 따라 철마다 끊이지 않네.
정성들여 심고 가꾸기에 힘쓰면
맑은 향 온 마을에 오래 머무르리.

서거정의 〈북벽향림(北壁香林)〉 중에서

조선 초기 학자 서거정은 대구 십경의 하나로 도동 측백나무 숲을 노래했다. 우리나라에 천연기념물로 지정된 나무 혹은 숲이 많은데, 그중 천연기념물 제1호가 바로 도동 측백나무 숲이다. 도동에 있는 자그마한 향산의 비탈이 온통 측백나무로 덮여 있다.

소나무와 더불어 선비의 절개와 기상을 나타내는 대표적인 나무이다. 옛글에 '군자는 소나무나 측백나무 같아서 홀로 우뚝 서서 남에게 의지하지 않지만, 간사한 사람은 등나무나 겨우살이 같

측백나무 수꽃

측백나무 열매

아서 다른 물체에 붙지 않고는 스스로 일어나지 못한다'는 내용이 나올 정도이다. 수지 성분이 질병을 치료하는 데 사용되고 오래 사는 나무이기도 해서 사당이나 절, 묘지 주변에 많이 심어졌으며, 야생으로는 주로 석회암 지대의 절벽에 많이 자란다. 그래서 흔히 낭떠러지 애(崖) 자를 붙여 애백(崖柏)이라고도 부른다.

측백(側柏)이란 이름은 잎이 납작하게 한쪽으로 치우쳐 달려 붙여진 것이다. 또 백자(柏子)라고도 하는데, 이 나무의 열매 모양을 뜻한다. 또 서쪽을 향해 몸을 기울이고 있어서 붙여진 것이기도 하다. 학명에서 *Thuja*는 고대 그리스어로 수지를 뜻하는 thya 또는 thyia에서 유래되었다고도 하고, 향기의 뜻인 thuin에서 유래되었다고도 한다. 그리고 *orientalis*는 원산지가 동양임을 나타낸다.

충북 단양, 안동, 대구 지역의 해발 200~600m 석회암 지대에 자생하는 상록침엽교목으로, 높이는 25m 정도이고 지름은 1m쯤이다. 수피는 회갈색이며 세로로 깊게 갈라진다. 잎은 비늘 모양

으로 끝이 뾰족한 도란형 또는 난형으로 흰 점이 약간 있다. 수꽃은 1개가 지난해 가지 끝에 난형으로 피고, 암꽃은 원형으로 연한 자갈색이며 4월에 핀다. 열매는 난형으로 실편은 8개이고 겉에 갈고리 같은 돌기가 있으며, 씨는 회갈색으로 날개가 없고 9~10월에 익는다.

햇빛을 좋아하나 그늘진 곳과 건조지에서도 잘 자라고 추위에도 강하며 석회암지대의 지표식물이기도 하다. 또한 맹아력이 강하며 생장속도도 빠르고 잎이 치밀하며 나무의 모양도 좋은 데다 공해에도 강한 편이어서 도심지의 빌딩이나 아파트의 경관림, 생울타리용으로 심기에 적합하다.

편백은 측백나무와 흡사하게 생겼다. 편백 잎은 끝이 둥글고 잎 뒷면에 하얀 기공선이 Y자 형태를 하고 있으며, 측백나무 잎은 뾰족하고 기공선이 안 보이므로 잎의 앞뒤를 보면 알 수가 있다. 또 열매를 보면 확연히 구별되는데, 측백나무 열매는 구형이라도 끝부분에 작은 돌기들이 나 있는 반면 편백 열매는 동그랗다.

측백나무 씨앗

측백나무 수피

관상용, 생울타리용, 약용 등의 용도로 심으며, 척박한 곳에 녹화사업용으로도 많이 심는다. 그러나 테르펜을 방출하는 나무여서 과실나무의 생장을 방해하므로 과수원 근처에는 심지 않는다.

우리나라, 중국, 러시아 등지에 분포한다. 대구 향산(香山)의 측백나무림 이외에도 우리나라 곳곳에 천연기념물로 지정된 측백나무가 많은데, 서울 삼청동 국무총리공관에 서 있는 측백나무는 단일 나무로는 드물게 천연기념물 제255호로 지정되었다. 높이 11m, 줄기 둘레 2.25m로 수령은 300년 이상으로 추정된다. 이 밖에도 안동 구리 날마을 측백나무 숲에는 300여 그루가 자생하며 천연기념물 제252호로 지정되었고, 영양 감천리 측백나무 숲은 천연기념물 제114호로 지정된 이름난 측백나무 군락지이다.

열매는 백자인(柏子仁)이라고 해서 한방에서 약재로 사용하는데 식은땀, 신경쇠약, 불면증에 효과가 있다고 한다. 또 어린잎과 가지를 백자엽(柏子葉)이라고 하여 항균, 진정, 스트레스 완화, 공기정화, 알레르기 및 피부병 등에 사용한다. 일본에서는 욕조의 90% 이상이 측백나무 재목으로 만들어진다. 꽃말은 기도, 견고한 우정이다.

번식법

봄에 종자를 파종하거나 꺾꽂이로 번식한다.

283 층층이 보라색 꽃을 피우는

층꽃나무

Caryopteris incana (Thunb. ex Houtt) Miq.

과 명	마편초과	꽃	8~10월
형 태	낙엽활엽관목	열 매	10~11월

층꽃나무 잎

식물 중에는 풀인지 나무인지 헷갈리는 것이 꽤 된다. 층꽃나무도 윗부분은 풀처럼 겨울에 말라죽지만 아랫부분은 목질화된다. 그래서 풀로 분류해 층꽃풀이라고도 부른다.

식물 중에는 풀인지 나무인지 헷갈리는 것이 꽤 된다. 칡도 콩과의 덩굴식물이지만 오래된 것은 줄기 밑부분이 목질화되어 제법 나무다운 성격을 띤다. 층꽃나무도 그와 비슷하게 윗부분은 풀처럼 겨울에 말라죽지만 아랫부분은 목질화된다. 그래서 풀로 분류해 층꽃풀이라고도 부른다. 이런 종류의 식물은 아관목(亞灌木) 또는 반목본성 식물이라고 한다.

층꽃나무는 마편초과의 낙엽활엽관목으로 높이는 30~60㎝이다. 꽃이 가지 윗부분 잎겨드랑이에서 취산꽃차례로 층층이 달려 층꽃나무라고 한다. 이처럼 꽃이 층층이 나는 이유는 곤충을 유혹해 수정을 이루려는 것이다. 꽃이 층층이 피므로 오랫동안 곤충을 유인할 수가 있다. 아무리 하찮은 식물이라도 저마다 종족을 이루고 살아가는 지혜를 갖추고 있음을 알 수 있다.

영어로는 blue spirea인데, 이는 푸른 조팝나무라는 뜻이다. 조팝나무와는 전혀 다른 모양이나 줄기 끝에 꽃송이들이 층층이 달리는 모습이 마치 꽃으로 만든 방망이 혹은 휘어진 채찍 같다고 해서 그런 이름이 붙었다고 한다. 꽃말은 가을의 여인이다.

줄기가 무더기로 나오며, 작은 가지에 흰빛이 도는 털이 많다. 잎은 마주나고 달걀 모양이며 끝이 뾰족하다. 잎은 길이 2.5~8㎝, 너비 1.5~3㎝로 표면은 짙은 녹색 털이 있고 뒷면은 회백색으로 촘촘히 털이 있다. 또 잎 가장자리에는 5~10개씩의 톱니가 있다.

꽃은 8~10월 자줏빛이 도는 푸른색으로 핀다. 하지만 분홍색이나 흰빛을 띠기도 한다. 꽃부리는 길이 5~6㎜로 겉에 털이 있

층꽃나무 꽃

층꽃나무 꽃(흰색)

층꽃나무 열매

층꽃나무 수피

고 잎겨드랑이에 돌아가며 층층이 핀다. 열매는 10~11월경에 맺어 갈색으로 변하며 안에는 검게 익은 씨앗이 들어 있다. 씨앗에는 날개가 있다.

식물 전체에서 은은한 향기가 나며 꽃이 오래가면서도 가뭄에 강해 공원이나 정원에 많이 심는다. 밀원식물로도 이용되며, 한방에서는 난향초(蘭香草)라고 하여 약재로도 쓴다. 우리나라 전남, 경남과 일본, 중국 및 타이완의 난대에서 아열대에 분포한다.

번식법

11월에 채취한 씨앗은 종이에 싸서 냉장보관 후 이듬해 봄에 뿌린다. 포기나누기는 가을이나 이른 봄에 한다. 뿌리 발육이 왕성하기 때문에 씨앗이 튼 후 옮겨 심는다.

284 가지가 계단처럼 뻗는

층층나무

Cornus controversa Hemsl.

과 명	층층나무과	꽃	5월
형 태	낙엽활엽교목	열 매	9~10월

층층나무 잎

층층나무 잎차례

층층나무는 가지가 줄기를 빙 둘러 층을 이루며 옆으로 퍼져 자라는 모양이 층층 계단처럼 보이는 나무라 하여 붙여진 이름이다.

층층나무는 가지가 줄기를 빙 둘러 층을 이루며 옆으로 퍼져 자라는 모양이 층을 이루거나 층층 계단처럼 보이는 나무라 하여 붙여진 이름이다. 계단나무, 물깨금나무, 꺼그렁나무, 말채나무라고도 한다. 봄에 가지 끝을 꺾으면 물방울이 뚝뚝 떨어진다고 해서 일본에서는 물나무(水木)라고 부른다. 우리나라에서도 수액을 채취한다.

낙엽활엽교목으로 높이는 20m 정도이고 지름은 60㎝이다. 수피는 암회색으로 세로로 얕게 갈라지며, 가지는 계단상으로 층을 형성하여 수평으로 퍼진다. 잎은 어긋나며 타원상의 난형이며 뒷면은 흰색으로 잔털이 밀생한다. 꽃은 가지 끝에 산방화서를 이루며 5월에 흰색으로 핀다. 열매는 구형으로 자홍색 또는 남흑색으로 9~10월에 익는다.

우리나라와 중국, 일본에 분포한다. 우리나라에서는 전국 해발 1,400m 이하의 북쪽 산기슭 및 계곡에 자생한다. 습기가 있는 비옥한 땅에서 잘 자라고 양지와 음지를 가리지 않고 잘 자라며 추위에도 강하다. 강원도 원주의 성남리 성황림은 층층나무 등 20

층층나무 꽃봉오리

층층나무 꽃

층층나무 열매(미성숙)

층층나무 열매(성숙)

층층나무 수피

여 종의 나무가 자라는 숲으로 천연기념물 제93호로 지정되어 있다. 매년 4월 8일과 9월 9일에 마을의 평화를 기원하며 제사를 지내는 당산림이기도 하다.

수형이 독특하고 아름다워 정원수로 심는다. 목재는 건축재, 조각재, 기구재, 양산자루 등을 만드는 데 쓰이고 꽃은 밀원식물이다. 한방에서 수액, 잔가지, 열매, 뿌리껍질, 줄기 껍질을 등대수(燈臺樹)라 하여 거풍, 강장, 기침, 통증, 염증, 이뇨, 신경통, 술독 등에 사용한다. 민간요법으로 간이 안 좋을 때, 술독, 위장병, 소화불량 등에 줄기에서 수액을 받아 마시면 효과가 있다고 알려져 있다.

번식법

번식은 꺾꽂이와 실생으로 한다.

285 꽃이 청초하여 귀한

치자나무

Gardenia jasminoides J. Ellis

과 명	꼭두서니과	꽃	6~7월
형 태	상록활엽관목	열 매	10~11월

예로부터 노란색 염료로 이용되어온 치자나무는 꽃과 향기도 뛰어나다. 중국의 대표 시인 소동파는 '숲 속의 부처'라 했으며, 강희안도 치자나무 꽃을 귀한 꽃으로 극찬하였다.

예로부터 노란색 염료로 이용되어온 치자나무는 꽃향기가 뛰어나다. 중국의 대표 시인 소동파는 '숲 속의 부처'라 했으며, 세종의 셋째 아들인 안평대군은 치자나무 꽃을 옥잠화, 목련과 함께 청초한 꽃이라며 명화(名花)로 분류했다. 강희안도 치자나무 꽃을 귀한 꽃으로 극찬한 것으로 보아 단지 염료만으로 사랑받은 나무가 아니라는 것을 알 수 있다.

중국 송나라 때에는 명화의 하나로 손꼽혀 목단, 임란, 백옥화, 월도, 선지, 옥구, 육치자, 황치화와 홍치화 등 여러 가지 별명이 붙여졌다. 우리나라에서는 산치자라고 불렀고, 일본에서는 열매가 익어도 터지지 않는다 하여 입이 없다는 뜻으로 구찌나시(口無)라 하였다.

치자나무 잎

치자나무 잎차례

치자나무 꽃

치자나무 열매(미성숙)

치자나무 열매(성숙)

치자나무 씨앗

상록활엽관목으로 높이는 4m이며 작은 가지에 짧은 털이 있다. 윤기가 나는 잎은 마주나고 긴 타원형이다. 잎의 가장자리는 밋밋하고 짧은 잎자루와 뾰족한 턱잎이 있다. 꽃은 6~7월에 가지 끝에 1개씩 흰색으로 피지만 차차 황백색으로 변한다. 화관은 지름 6~7㎝이며 꽃받침조각과 꽃잎은 6~7개이다. 열매는 10~11월에 황홍색으로 익는다. 열매의 길이는 2㎝로 안에 노란색 과육과 종자가 들어 있다.

열매는 치자라고 하여 약재와 안료, 착색제로 쓴다. 불면증과 황달 치료에 효과가 있으며, 소염과 지혈 및 이뇨 효과를 보인

치자나무 수피

다. 또 황색 송편을 만드는 등 음식의 착색제로 많이 썼고, 옛날에는 군량미가 변질되는 것을 막기 위해 치자 물에 담갔다가 쪄서 저장했다고도 한다. 또한 치자 염료는 한지 공예, 옷감에 이르기까지 다방면에 사용된다.

중국 원산으로 우리나라에는 500년 전에 들어왔을 것으로 추정된다. 우리나라 남부지방에서 재배하며, 일본과 중국, 타이완 등지에 분포한다. 관상용으로도 많이 심으며, 원예품종이 많이 개발되어 잎에 흰 줄이 있는 것, 노란색 반점이 있는 것, 잎이 좁은 것, 잎 모양이 달걀을 거꾸로 세운 모양을 한 것 등이 있다. 또 잎 길이가 3㎝ 이하로 작은 것도 있다. 꽃은 만첩인 것과 꽃이 큰 것이 있으며, 열매도 둥근 것 등 다양한 품종이 있다. 꽃말은 순결, 청결, 행복, 한없는 즐거움 등이다.

번식법

가을에 잘 익은 종자를 채취하여 직접 파종하거나 3~4월에 이식한다. 6~7월, 9~10월에 삽목하기도 한다.

286 잎이 7개 달려 있는

칠엽수

Aesculus turbinata Blume

과 명	칠엽수과	꽃	5~6월
형 태	낙엽활엽교목	열 매	9~10월

칠엽수 잎(앞면)

칠엽수 잎(뒷면)

마로니에로 유명한 프랑스의 몽마르트르 언덕은 많은 예술가가 낭만을 즐기는 곳으로 유명하다. 우리나라에는 옛날 서울대가 있었던 동숭동의 마로니에 공원이 유명하다.

잎이 7개가 달려 있는 나무라 하여 칠엽수라는 이름이 붙여졌다. 칠엽나무, 왜칠엽나무 등이라고도 한다. 원래 칠엽수는 중국 원산을 말하지만, 우리나라에 심어진 칠엽수는 대부분이 일본 원산의 일본 칠엽수이다.

우리나라에는 유럽 원산의 마로니에와 일본 원산의 칠엽수가 있다. 두 나무의 차이점은 마로니에는 열매 겉에 가시돌기가 있고 잎에 주름살이 많다. 또 꽃이 흰색이고 붉은 반점이 있으며 약간 큰 편이다. 이에 비해 칠엽수는 잎의 맥 뒤에 부드러운 적갈색의 털이 있으며 열매 겉이 매끄러우며 돌기가 없고 꽃이 유백색이다.

마로니에로 유명한 프랑스의 몽마르트르 언덕은 많은 예술가가 찾아 그림을 그리거나 문학을 논하고 낭만을 즐기는 곳으로 유명하다.

우리나라에는 옛날 서울대가 있었던 동숭동의 마로니에 공원

이 유명한데, 그곳 역시 낭만의 장소로 젊은이들이 데이트 장소로 많이 찾으며, 또한 많은 예술가가 찾아와 그림, 노래, 연극을 펼치는 예술과 낭만의 장소로 유명하다.

낙엽활엽교목이며 높이는 30m 정도이고 작은 가지는 담녹색이다. 잎은 어긋나며 5~8개의 소엽으로 된 장상 복엽이고 소엽은 도란형 및 도란상의 타원형으로 가장자리에 겹톱니가 있으며, 뒷면에 적갈색의 부드러운 털이 있다. 꽃은 잡성으로 가지 끝에 형성된 원추화서에 달리며 꽃차례에 짧은 털이 있다. 꽃은 흰색 또는 담황색이며 꽃받침통은 종 모양으로 갈라지고 5~6월에 핀다. 열매는 도원추형으로 갈라지며 9~10월에 심갈색으로 익는데 그 안에는 큰 알밤만 한 열매가 열린다. 열매는 매우 떫고 약간의 독성이 있어 사람은 먹을 수 없고 주로 동물들의 먹이가 된다.

일본 원산으로 습기가 있는 비옥한 땅을 좋아한다. 어릴 때는 그늘에서도 잘 자라지만 크면서 햇빛을 좋아한다. 생장은 빠른

칠엽수 꽃

칠엽수 열매

칠엽수 씨앗

칠엽수 겨울눈

편이나 공해에는 약하여 공해가 심한 도심지의 가로수로는 적합하지 않다.

칠엽수는 세계적인 가로수용이며, 그 밖에 공원수용, 밀원식물용, 약용 등의 용도로 쓰인다. 목재는 광택이 좋고 무늬가 독특하여 공예품 재료, 가구재, 기구재 등으로 쓰며, 서양에서는 화약 원료로도 사용한다. 또 씨는 말밤이라 하여 떡이나 풀을 만드는 데 이용하는데, 먹을 때는 떫은맛을 없애고 사용한다. 꽃말은 사치스러움, 낭만, 정열이다.

칠엽수 수피

번식법

번식은 실생과 꺾꽂이로 한다.

287 갈증과 술독을 풀어주는

칡

Pueraria lobata (Willd.) Ohwi

과 명	콩과	꽃	8월
형 태	낙엽활엽덩굴성 목본	열 매	9~10월

옛날 여름에 칡으로 옷을 해 입으면 시원하기 그지없었으며, 갈건이라고 해서 두건을 만들어 쓰기도 했다. 줄기가 매우 질겨 새끼 대신 줄로 쓰기도 했고, 칡덩굴로 엮어 문짝을 만들기도 했다.

칡은 옛날 먹을 것이 귀했던 시절 간식으로 많이 먹던 식물이다. 식량이 떨어졌을 때에는 구황작물로도 사용되곤 했는데, 분말로 만들어 떡이나 국수도 해 먹고, 만두나 양갱병을 만들어 먹기도 하였다. 물론 약재로도 훌륭한 재료였다. 뿌리는 갈근이라 하여 열을 내려주고 땀을 나게 하며 갈증을 풀어주고 술독을 풀어주는 효능이 있다. 〈동의보감〉에 따르면, 허해서 나는 갈증은 칡뿌리가 아니면 멈출 수 없으며, 또한 술로 인해 생긴 병이나 갈증에 쓰면 아주 좋다고 한다. 이 밖에도 고혈압, 설사, 열이 날 때, 소갈, 간 질환에 좋으니 가히 만병통치약이라고 해도 좋겠다.

칡은 한자로 갈(葛)로 표기하는데, 줄기가 워낙 질겨 '질기'라고 부르다가 오랜 세월이 흐르면서 지금처럼 칡이 되었다. 츩, 칙, 칙덤불, 칡덤불 등으로도 부른다. 그런데 갈(葛) 자는 풀 초(艸)

칡 새싹

칡 잎

칡 꽃봉오리

칡 꽃

칡 열매

칡 수피

변을 써서 나무가 아니라 풀로도 오인하기도 한다. 실제로 칡을 보면 덩굴이 우거져 과연 나무인지 알기 어렵지만, 엄연히 나무이다. 특히 줄기가 겨울에 죽지 않고 살아남아 매년 굵어져 나무로 분류된다.

낙엽활엽덩굴성 목본으로 길이는 10m 이상으로 자라고 줄기는 흑갈색으로 털이 나 있다. 잎은 3출엽이고 소엽은 능형 및 난형으로 양면에 털이 있고 가장자리는 밋밋하거나 얕게 3갈래로 갈라지며, 잎자루에는 털이 나 있다. 꽃은 액생으로 총상화서에 달리

며 홍자색으로 8월에 핀다. 기판은 홍색이고 중앙이 황색으로 피며 익판(나비처럼 생긴 꽃잎)은 적자색이다. 열매는 넓은 선형으로 갈색의 거친 털로 덮여 있으며 9~10월에 익는데 종자는 갈색이다.

우리나라와 중국, 일본, 타이완에 분포한다. 우리나라 전국 산야의 해발 100~1,200m 사이의 양지바른 곳에 자생한다. 햇빛이 드는 곳이면 척박한 땅이나 어디든 가리지 않고 잘 자라 우리나라 전역에 퍼져 있다. 번식력과 생장력이 왕성하여 절개지의 피복용이나 사방공사용으로 사용하면 빠른 시간에 뿌리를 뻗기 때문에 복구하는 데 적합하다.

앞서 칡을 먹거리로 많이 이용하고 약재로도 썼다고 밝혔는데, 이외에도 쓰임새가 많다. 옛날 여름에는 칡으로 옷을 해 입으면 시원하기 그지없었으며, 갈건이라고 해서 두건을 만들어 쓰기도 했다. 또 줄기가 매우 질겨 광주리, 바구니 등 각종 용기를 만드는 데 썼는데, 특히 새끼 대신 줄로 쓰기도 했고, 칡덩굴로 엮어 문짝을 만들기도 했다.

칡과 관계있는 말로 갈등(葛藤)이 있다. 이는 칡과 등나무 줄기가 서로 반대로 꼬여 뒤엉킨 것을 말하는데 등은 시계방향으로, 칡은 시계 반대방향으로 꼬인다. 그래서 서로 다른 마음의 상태를 표현하는 갈등이라는 말이 된 것이다.

번식법

번식은 뿌리나누기, 꺾꽂이, 실생으로 한다.

288 꽃이 큰 으아리

큰꽃으아리

Clematis patens C. Morren & Decne.

과 명	미나리아재비과	꽃	5~6월
형 태	낙엽활엽덩굴성 목본	열 매	9~10월

큰꽃으아리 잎

꽃이 큰 으아리라는 뜻으로 어사리, 개비머리라고도 부른다. 식용으로 먹을 때는 반드시 잎과 줄기를 삶아서 물에 불려 독 성분을 뺀 다음에 말려서 나물이나 묵나물로 만들어 먹어야 한다.

큰꽃으아리라는 이름은 '꽃이 큰 으아리'라는 뜻으로 어사리, 개비머리라고도 부른다.

낙엽활엽덩굴성 목본으로 길이는 2m 이상이다. 줄기는 가늘고 길며 원주형이고 흑자색이며 6개의 세로 능선이 있다. 잎은 우상

복엽이고 소엽편은 3개(드물게 5개)로 난원형 및 난상의 피침형이며 톱니가 없고 잎의 가장자리가 밋밋한 모양이다. 꽃은 1개씩 마주나며 흰색 또는 자줏빛으로 5~6월에 핀다. 꽃잎은 넓은 난형, 타원형 및 긴 타원형으로 끝이 뾰족하다. 열매인 수과는 난형이며 황금색 털이 있다.

우리나라와 중국, 만주, 일본 등지에 분포한다. 우리나라에는 전국 산야의 해발 100~850m의 양지바른 계곡과 산기슭에 자생한다. 햇빛이 잘 들고 비옥한 땅을 좋아하여 주로 숲의 가장자리

큰꽃으아리 잎차례

큰꽃으아리 꽃봉오리

큰꽃으아리 꽃

큰꽃으아리 열매

큰꽃으아리 씨앗

큰꽃으아리 수피

나 도로변 등에서 잘 자라지만, 그늘에서는 잘 자라지 못하고 추위에는 강하다.

덩굴성의 목본이며 꽃이 아름다워 울타리 주변이나 구조물의 녹화용으로 적합하다. 특히 꽃이 덩굴성으로 밑으로 늘어지면서 피므로 아파트 베란다의 조경용으로 심어도 좋은 수종이다. 특히 꽃이 아름다워 원예품종으로 많이 개발되어 있는데, 붉은빛이 도는 자주색, 붉은빛이 도는 흰색, 보라색 등의 꽃도 있다.

한방에서는 위령선(威靈仙)이라 하여 약재로 쓰는데 사지마비, 요통, 근육마비, 타박상, 다리의 동통 등에 쓴다. 미나리아재비과의 식물은 대부분 유독성 식물로서 식용으로 먹을 때는 반드시 잎과 줄기를 삶아서 물에 불려 독 성분을 뺀 다음에 말려서 나물이나 묵나물로 만들어 먹어야 한다.

번식법

가을에 종자를 채취하여 노천매장하였다가 봄에 파종하여 키운 모종으로 번식하거나 포기나누기로 번식한다.

289 태산처럼 큰

태산목

Magnolia grandiflora L.

과 명	목련과	꽃	5~6월
형 태	상록활엽교목	열 매	9~10월

태산목 잎(앞면)

태산목 잎(뒷면)

잎과 꽃이 워낙 크다고 해서 붙여진 이름이다. 다른 목련나무들과의 다른 점은 상록수이며 꽃, 잎, 줄기 등 나무 전체가 다른 목련에 비해 크다는 것이다.

태산(泰山), 꽃나무 이름치고는 너무 크게 느껴진다. 이는 잎과 꽃이 워낙 크다고 해서 붙여진 이름이다. 하화옥란(荷花玉蘭), 양옥란(洋玉蘭)이라고도 하며, 큰꽃목련이라고도 부른다. 본래 북아메리카가 원산지이나 우리나라에는 일본에서 도입되었다. 도입 당시에는 대산목으로 부르다가 후에 태산목으로 바뀌었다고 한다.

상록활엽교목으로 높이는 20m 이상이고 지름이 30㎝이다. 수관이 넓게 퍼져 장대하며 수피는 암갈색이고 얇게 벗겨지며 작은 가지는 적갈색으로 털이 나 있다. 잎은 두꺼운 혁질로 장원상의 타원형이며 길이 10~20㎝, 너비 4~10㎝이다. 표면은 녹색으로 광택이 나고 뒷면에는 회갈색 털이 밀생하며 가장자리가 밋밋하다. 꽃은 가지 끝에 지름 15~20㎝의 매우 큰 꽃이 흰색으로 5~6월에 피는데 향기가 짙다. 붉은색의 골돌과는 원주상의 긴 원형 및 난형이며 씨는 9~10월에 익는다.

북아메리카가 원산지이다. 우리나라에는 1920년경 도입하여 중부 이남의 광주, 순천, 부산 등지에 심어졌다. 땅이 깊고 비옥한 사질양토에서 잘 자라며, 따뜻한 지방에서 잘 자라는 난대성

태산목 꽃

태산목 열매

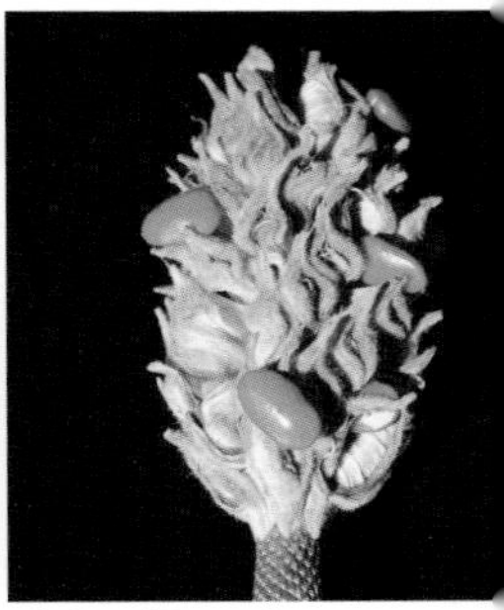
태산목 씨앗

수종이다. 다른 목련나무들과의 다른 점은 상록수이며 키가 매우 커 30m까지 자라며 꽃, 잎, 줄기 등 나무 전체가 다른 목련에 비해 크다는 것이다.

한방에서 꽃봉오리와 줄기 껍질을 고혈압, 통증, 염증, 비염, 치통을 치료하는 데 쓴다고 한다. 민간요법으로 고혈압, 두통에 꽃봉오리를 달여 마시면 좋고, 축농증에는 말린 꽃봉오리를 가루로 내어 코에 집어넣으면 효과가 있다고 한다.

꽃의 향기가 짙고 수관이 웅장하여 관상적 가치가 높은 나무로, 따뜻한 지역에 공원수나 관상수로 심는다. 미국에서는 잎을 크리스마스 장식용으로 사용하기도 한다. 꽃말은 자연의 애정, 위엄 등이다.

태산목 수피

번식법

목련을 대목으로 하여 번식한다.

290 귀신을 쫓아주는

탱자나무

Poncirus trifoliata (L.) Raf.

과 명	운향과	꽃	3~5월
형 태	낙엽활엽소교목	열 매	9~10월

옛날부터 가시가 있는 나무는 울타리로 삼았으며, 특히 귀신까지 쫓는다고 해서 집 주변에 많이 심었다. 그중 하나가 바로 탱자나무이다.

나무도 그 생김새에 떠오르는 이미지가 있다. 예를 들면 가시가 많은 나무는 왠지 무섭다. 그래서 옛날부터 가시가 있는 나무는 울타리로 삼았으며, 특히 귀신까지 쫓는다고 해서 집 주변에 많이 심었다. 그중 하나가 바로 탱자나무이다.

탱자나무 잎

탱자나무 꽃

탱자나무 열매(미성숙)

탱자나무 열매(성숙)

대부분 사람들은 탱자나무를 상록성의 나무로 잘못 알기 쉬운데 낙엽활엽소교목이다. 높이는 3m 정도이다. 줄기의 가시는 3~5㎝이며 잎은 3출 복엽으로 잎자루에 날개가 있고 가지가 변한 가시는 어긋나고 단단하며 납작하다. 꽃은 3~5월에 방향성의 흰색으로 1~2개씩 피고 정생 및 액생한다. 열매는 구형으로 9~10월에 등황색의 장과로 열린다.

중국이 원산지로 우리나라에서는 자생하지 않으나, 경기 이남 해발 700m 이하의 따뜻한 지역에 많이 심어졌다. 추운 곳에서는 잘 자라지 못하여 강화도가 한계선이다. 특히 강화도에는 병자호란 뒤에 심은 두 그루 탱자나무가 주목된다. 갑곶리 탱자나무는 수령 400년으로 높이는 4m, 지름이 1m로 천연기념물 제78호로 지정되었으며, 사기리 탱자나무 역시 수령 400년으로 높이는 3.8m, 지름이 0.6m로 천연기념물 제79호로 지정되었다. 이외에도 강화도에는 탱자나무가 많은데, 이는 강화도가 외침을 많이 받

탱자나무 수피

은 곳이라서 외침을 막고자 하는 마음으로 심은 것이다.

한편 경북 문경의 장수황씨 탱자나무는 높이가 7m, 둘레가 2.1m로 경북기념물 제135호로, 포항시 송라면의 보경사 탱자나무는 수령이 400년, 높이가 6m, 둘레가 0.8m로 경북기념물 제11호로 지정되었다.

가시가 많아 과수원의 방범용 생울타리용으로 적합하다. 귤나무를 접붙이는 대목(臺木)으로 쓰인다. 열매인 탱자는 한약재로 쓰는데, 익지 않은 푸른 열매를 잘라서 말린 것을 지실(枳實)이라 하고, 탱자를 썰어 말린 약재를 지각(枳殼) 또는 기각이라 한다. 지실은 습지 치료제로 지각은 지사제, 관장제, 자궁하수, 건위제 등으로 사용된다. 또 꽃은 정유를 함유하고 있어 화장품을 만드는 데 사용되며, 각종 향료로도 사용된다. 한편 옛날에는 탱자나무로 윷도 만들었으며, V자로 된 가지를 잘라 새총을 만들기도 했다.

번식법

번식은 실생으로 한다.

291 통초(通草)라고도 불리는

통탈목

Tetrapanax papyriferus (Hook.) K. Koch

과 명	두릅나무과	꽃	10~11월
형 태	상록활엽관목 또는 소교목	열 매	이듬해 1~2월

통탈목 어린잎

통탈목 잎

통초(通草), 등칡, 목통수(木通樹)라고도 한다. 본래 등칡은 따로 있는데 쥐방울덩굴과의 이 등칡도 통탈목(通脫木) 또는 통초로 불린다. 두 식물이 약효가 비슷해서 혼동되어 사용되는 것으로 보인다.

통초(通草), 등칡, 목통수(木通樹)라고도 한다. 본래 등칡은 따로 있는데, 쥐방울덩굴과의 이 등칡도 통탈목(通脫木) 또는 통초로 불린다. 두 식물이 약효가 비슷해서 혼동되어 사용되는 것으로 보인다. 통초란 요도가 막혀서 소변을 시원하게 보지 못하고 수종이 발생했을 때 이 나무를 약재로 사용하면 효과가 있다고 하여 붙여진 것이다.

상록활엽관목 또는 소교목으로 높이는 3~6m이다. 수피는 심갈색이고 작은 가지에 황색의 성상 인모가 밀생한다. 잎은 가지 끝에 모여 나고 원형이다. 꽃은 다수가 모여 산형화서를 이루며 꽃차례는 다시 큰 원추화서를 이룬다. 꽃 색깔은 엷은 황백색으로 늦은 가을 10~11월에 핀다. 열매는 구형의 자흑색으로 이듬해 1~2월에 익는다.

중국, 타이완, 일본, 인도차이나 등지에 분포한다. 제주도와 울

릉도, 남도지방에서는 밖에서 월동하며 겨울에 낙엽이 진다. 중부지방에서는 온실에서만 자랄 수 있다. 주로 남쪽 지방에서 관상용, 정원용, 약용 등의 용도로 심는다. 줄기의 속을 쪼개 얇은 시트 속에 넣고 눌러서 외과용 붕대나 수채화 종이를 만드는 데 사용한다. 약용식물로 줄기와 뿌리, 꽃봉오리, 꽃가루를 약으로 쓴다. 〈동의보감〉에는 몸 안의 독을 풀고, 열을 내려주며, 이뇨 작용이 있어 부은 것을 내리는 데 효과가 있다고 한다.

번식법

번식은 포기나누기와 실생으로 한다.

통탈목 잎자루

통탈목 꽃

통탈목 수피

292 목백합이라고도 하는

튤립나무

Liriodendron tulipifera L.

과 명	목련과	꽃	5~6월
형 태	낙엽활엽교목	열 매	10~11월

튤립은 본래 백합과의 구근초이나 튤립나무는 목련과의 낙엽활엽교목이다. 튤립과 같은 꽃이 핀다고 해서 붙여진 이름으로 백합나무 혹은 목백합이라고도 한다.

튤립은 본래 백합과의 구근초이나 튤립나무는 목련과의 낙엽활엽교목이다. 튤립과 같은 꽃이 핀다고 해서 붙여진 이름이다. 백합나무 혹은 목백합이라고도 하며 미국목련, 노랑포플러, 백합목

튤립나무 잎

(百合木)이라고도 한다. 영어 이름 역시 tulip tree이다.

낙엽활엽교목으로 높이는 15m이고 지름이 1m 정도이다. 수피는 회백색으로 세로로 갈라진다. 수형은 원추형으로 넓고 줄기는 곧다. 잎은 어긋나며 직사각형으로 2~3열로 갈라지고 길이는 7~12㎝이며, 어린잎은 뒷면에 흰색 털이 있고 잎자루는 길이 5~10㎝로 매우 길다. 꽃은 튤립 모양의 녹황색 꽃이 위를 보고 한 송이씩 5~6월에 핀다. 꽃잎은 6장으로 밑쪽에 반점이 있다. 열매는 10~11월에 익으며 종자가 1~2개씩 들어 있다.

이 나무의 꽃에는 약간이나마 녹색을 띤 부분이 있는데, 이는 매우 희귀한 현상으로 볼 수 있다. 왜냐하면 현대에 들어와 원예기술의 발달로 꽃 색상을 마음대로 만들어내지만, 녹색의 꽃은 만들어내기가 매우 어렵다고 한다. 오직 튤립나무만이 자연적으로 녹색을 품고 있다.

북아메리카 원산으로 우리나라와 미국에 분포한다. 우리나라는 구한말부터 도입되어 전국에 심어 자라고 있다. 당시 미국에

튤립나무 꽃(측면)

튤립나무 꽃(정면)

튤립나무 어린 열매

튤립나무 열매(성숙)

서 도입해 가로수용으로 심었는데, 중부 이남에서는 지금도 오래된 신작로 주변에 포플러와 함께 자라고 있는 것을 볼 수가 있다. 햇빛을 좋아하고 건조지에서 잘 견디며, 생장속도가 매우 빠르고 수명도 길다. 게다가 병충해도 거의 없으며 추위와 공해에도 강하고 수형도 넓어서 도심지의 가로수나 공원수, 녹음수로 심기에 적합하다.

튤립나무는 관상용, 가로수, 밀원식물의 용도로 심는 나무로 목

튤립나무 씨앗

튤립나무 겨울눈

재는 가볍고 부드러우며 펄프용재, 가구재, 합판재용 등으로 쓰인다. 이 나무는 꽃 한 송이에서 많은 양의 꿀이 나와 대표적인 밀원식물이기도 하다. 껍질은 기침, 천식 등의 약재로 사용한다. 꽃말은 멋진 애인이다.

번식법

번식은 실생으로 한다. 종자 번식으로 묘목이 발아될 확률은 매우 낮다.

튤립나무 수피

293 잎이 손바닥 모양인

팔손이

Fatsia japonica (Thunb.) Decne. & Planch.

과 명	두릅나무과	꽃	10~11월
형 태	상록활엽관목	열 매	이듬해 4~5월

팔손이 새잎

팔손이 잎

팔손이는 잎이 손바닥을 펼친 모양이며 여덟 가락으로 갈라져 있어 붙여진 이름이다. 한자명도 팔각금반(八角金盤)으로 숫자 8과 관련이 있다. 그러나 7개 혹은 9개로 갈라지기도 한다.

팔손이는 잎이 손바닥을 펼친 모양이며 여덟 가락으로 갈라져 있어 붙여진 이름이다. 한자명도 팔각금반(八角金盤)으로 숫자 8과 관련이 있다. 그러나 7개 혹은 9개로 갈라지기도 한다. 이 나무는 새집증후군을 일으키는 것으로 알려진 포름알데히드를 제거하는 데 효과가 우수한 식물로 유명하다. 또한 공기를 정화하는 음이온을 대량 방출하는 나무로도 잘 알려져 있어 아파트의 실내에서 많이 키운다.

상록활엽관목으로 높이는 2~4m이고 작은 가지는 굵으며 털이 없다. 잎은 호생하고 심장형의 장상으로 7~9개로 갈라진다. 잎의 가장자리에 톱니가 있고 잎자루는 30㎝ 이상으로 매우 길다. 꽃은 가지 끝에 산형상의 원추화서를 이루며 흰색으로 10~11월에 핀다. 열매는 둥근 장과로 이듬해 4~5월에 검은색으로 익는다.

우리나라와 일본, 동아시아에 분포한다. 우리나라에서는 경남의 남해 섬과 거제도 등 낮은 산과 반그늘진 기슭이나 골짜기에 자생한다. 특히 통영 비진도에는 자생지가 있는데, 천연기념물

팔손이 꽃(양성화)

팔손이 꽃차례

팔손이 열매

제63호로 지정되어 있다. 꽃이 핀 모습이 수더분한 남자 같아 비진도에서는 총각나무라고 부르기도 한다.

상록수로 관상용, 정원수용, 가정의 실내공기 정화용 등으로 심는다. 공해에는 강하나 한지에서 월동에는 약한 나무로, 우리나라 내륙에서는 기온이 낮아 실외에서 재배하기는 어렵다. 햇빛이 잘 드는 거실 창가에서 키워야 하며, 어느 정도 습기가 있는 비옥한 토양을 좋아한다.

한방에서 뿌리와 잎을 기침과 가래, 천식, 어혈, 통증, 천식, 타박상에 쓰인다. 민간요법으로 관절통, 타박상에 말린 잎을 달인 물로 찜질하면 효과가 있다고 한다. 그러나 독성이 있으므로 주의해야 한다.

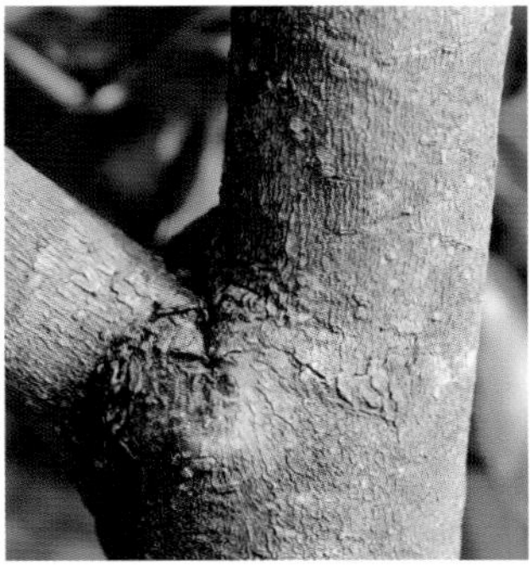

팔손이 수피

번식법

번식은 뿌리나누기와 꺾꽂이, 실생으로 한다.

294 꽃이 팥처럼 생긴

팥꽃나무

Daphne genkwa Siebold & Zucc.

과 명	팥꽃나무과	꽃	3~5월
형 태	낙엽활엽관목	열 매	7월

담홍색 꽃이 마치 팥처럼 생겨서 붙여진 이름이다. 서해에 조기가 밀려올 무렵에 꽃이 피는 나무라 하여 조기꽃나무라고 부르기도 한다.

팥꽃나무는 잎이 나기 전에 아름다운 담홍색 꽃이 피는데, 꽃이 마치 팥처럼 생겨서 붙여진 이름이다. 서해에 조기가 밀려올 무렵에 꽃이 피는 나무라 하여 조기꽃나무라고 부르기도 한다. 이명은 팟꽃나무, 넓은이팝나무, 이팥나무, 니팝나무, 이팝나무, 넓은잎이팝나무, 넓은잎팟꽃나무, 넓은잎팥꽃나무 등 여러 가지가 있다.

낙엽활엽관목으로 높이는 1m 정도이고 줄기는 자갈색을 띠며 작은 가지는 암갈색으로 털이 있다. 잎은 마주나거나 간혹 어긋하며, 양 끝은 뾰족하고 양면에 약간의 털이 있다. 꽃은 전년도 가지 끝에 3~7개씩 달리며 담홍색으로 3~5월에 잎보다 먼저 핀다. 열매는 둥글고 흰색의 장과로 7월에 익는다.

우리나라의 해풍이 미치는 해안의 산기슭과 숲가의 척박한 곳에서 잘 자란다. 햇빛이 잘 드는 곳을 좋아하고 내조성이 강하여 바닷가에서도 잘 자란다. 추위에 강하여 서울에서도 월동이 가능하다.

팥꽃나무 잎

꽃이 아름답고 향기가 좋아 관상용으로 심으며 약용, 제지원료 등의 용도로 심는다. 꽃의 빛깔이 특별한 데다가 꽃이 피는 기간도 길

팥꽃나무 꽃

팥꽃나무 꽃(흰색)

팥꽃나무 열매

팥꽃나무 수피

고, 크기도 적당해 화단에 키우면 좋다. 꽃이나 뿌리는 가래와 염증을 없애며 신경통 등의 증상에 처방한다. 줄기의 섬유로는 특수 제지 원료로 이용된다. 그러나 유독성 식물이므로 조심해야 한다.

번식법

번식은 꺾꽂이와 실생으로 한다.

295 팥알 같은 열매가 달리는

팥배나무

Sorbus alnifolia (Siebold & Zucc.) C. Koch

과 명	장미과	꽃	5월
형 태	낙엽활엽교목	열 매	9~10월

팥배나무 잎

팥배나무 꽃

한자명은 두(杜), 당(棠)이다. 여기에서 두(杜)는 나무와 흙을 합친 글자로 나무와 흙으로 둑을 막는다는 뜻으로, 이 나무를 하천이나 둑의 물을 막을 때 많이 사용해 붙여졌다.

열매가 팥같이 작은 배처럼 생긴 데에서 유래한다. 실제 꽃도 배꽃처럼 희게 핀다. 작기는 하지만 꿀이 많이 들어 있어 좋은 밀원식물이기도 하다. 지방에 따라 다른 이름이 많은데 산매자나무(강원도), 물앵두나무, 운향나무(전남), 벌배나무, 물방치나무(황해도), 팟배나무, 팟배, 왕잎팥배, 긴팟배, 참팥배나무, 둥근잎팥배나무, 달피팥배나무, 왕잎팥배나무 등으로도 불린다. 한자명은 두(杜), 당(棠)이다. 여기에서 두(杜)는 나무와 흙을 합친 글자로 나무와 흙으로 둑을 막는다는 뜻으로, 이 나무를 하천이나 둑의 물을 막을 때 많이 사용해 붙여진 것이다.

낙엽활엽교목으로 높이는 15m 정도이고 작은 가지에 피목이 뚜렷하다. 잎은 어긋나며 난상의 타원형으로 표면과 뒷면 맥 위에 털이 나 있으나 점차 사라진다. 꽃은 6~10개가 정생하는 복산방화서에 달리고 5월에 흰색으로 핀다. 열매는 타원형의 이과(梨果)로 달린다. 이과란 꽃받침이 발달하여 육질로 되고 심피는 연

팥배나무 열매

팥배나무 수피

골질 또는 지질로 되며 다심피이고 다종자인 열매를 말한다. 열매는 반점이 뚜렷하고 9~10월에 황홍색으로 익는다.

우리나라 전국의 해발 100~1,300m에 자라며 일본, 중국 등지에도 분포한다. 척박하고 그늘진 곳에서도 잘 살며 추위에도 강하다. 가을에 물드는 황갈색의 단풍도 아름답지만, 단풍이 지고 난 뒤에 팥알같이 달리는 붉은 열매는 더욱 아름답다. 이 열매는 새와 짐승들의 좋은 먹이가 되기도 한다.

꽃과 열매가 아름다워 관상용, 조경용으로 심으며 목재는 건축용이나 숯으로 쓰인다. 마룻바닥을 까는 데 이용하며, 각종 기구를 만드는 데도 쓰인다. 공해에 약하여 도심지의 공원에 심어 대기오염의 지표식물로 활용된다. 수피와 잎은 붉은색 염료를 얻는 데 사용된다. 붉은 열매는 맛이 없어 식용하지는 않는데, 한방에서 허약체질, 빈혈, 강장, 해열, 이뇨, 기침과 가래, 당뇨 등에 좋으며 특히 남자들의 정력에 좋다고 알려져 있다. 꽃말은 매혹이다.

번식법

번식은 실생으로 한다.

296

열매로 팽총을 쏘던

팽나무

Celtis sinensis Pers.

과 명	느릅나무과	꽃	5월
형 태	낙엽활엽교목	열 매	9~10월

팽나무 잎(앞면)

팽나무 잎(뒷면)

정자목, 도심지의 녹음수나 가로수, 학교의 교정에 심기에 적합한 나무로, 노거수가 많아서 천연기념물의 수가 은행나무, 느티나무에 이어 3위를 차지한다.

팽나무는 팽목(彭木)에서 유래된 이름으로 유래가 흥미롭다. 대나무 대롱 위에 팽나무 열매를 한 알씩 밀어 넣고 위에 대나무 꼬챙이를 꽂아 치면 열매가 멀리 날아가게 되는데, 이것을 팽총이라고 했다. 이때 날아가는 소리가 '팽'하고 난다 하여 팽나무라고 했다는 것이다. 어디까지나 민간에서 내려오는 이야기로 신빙성은 떨어진다. 지방에 따라 폭나무, 평나무, 달주나무, 게팽나무, 매태나무, 섬팽나무, 자주팽나무 등으로도 불린다.

낙엽활엽교목으로 높이는 20m 정도이고 지름이 1m이다. 줄기는 곧게 자라며 가지가 넓게 퍼지고 수피는 흑갈색이며 어린 가지에는 잔털이 많이 나 있다. 잎은 2줄로 어긋나고 긴 타원형으로 상반부에 둔한 톱니가 있고 3출맥이다. 꽃은 잡성화로 액생하며 5월에 핀다. 열매는 원형의 핵과로 9~10월에 적갈색으로 익는다.

우리나라와 중국, 일본에 분포한다. 우리나라에서는 함북지방 이외에 전국에 걸쳐 주로 인가 근처에 많이 심어 자라고 저지대

팽나무 암꽃

팽나무 수꽃

팽나무 어린 가지와 어린 열매

팽나무 열매

팽나무 수피

의 숲에서도 드물게 자란다. 양지와 음지 모두에서 잘 자라고 추위와 공해에 강하다.

열매는 굵은 팥알만 하며 빨갛게 익으면 맛이 달콤해 먹을 수 있다. 기름을 짜서 먹기도 하고 어린잎은 나물로 해 먹는다. 덜 익은 것은 장난감 팽총의 탄알로 쓴다. 목재는 단단하고 잘 갈라지지 않아 기구재나 건축재로 쓴다. 또 나무를 통째로 파서 통나무배를 만드는데, 이를 '마상이' 또는 '마상'이라고 부르며 나룻배의 재료로 사용한다. 또 옛날에는 논에 물을 퍼서 넣을 때 쓰던 용두레도 주로 이 나무로 만들었다.

정자목, 도심지의 녹음수나 가로수, 학교의 교정에 심기에 적합한 나무로, 노거수가 많아서 천연기념물의 수가 은행나무, 느티나무에 이어 3위를 차지한다. 부산 구포동 팽나무는 천연기념물 제309호, 경북 예천의 금남리 팽나무는 천연기념물 제400호로, 둘 다 수령은 500년에 이른다. 이 밖에도 경남 고성의 삼락리 금목신(金木神)은 수령 420년으로 보호수로 지정되어 있는데, 이 나무는 400평의 재산을 소유하고 있는 특이한 나무이다. 토지에서 나온 쌀은 주민들이 팔아서 당산제를 지낼 때 사용한다. 꽃말은 고귀함이다.

번식법

실생으로 번식하거나 꺾꽂이로 번식한다.

297 피톤치드를 많이 뿜어내는

편백

Chamaecyparis obtusa (Siebold & Zucc.) Endl.

과 명	측백나무과	꽃	4~5월
형 태	상록침엽교목	열 매	9~10월

편백 잎

편백 잎(왼쪽 앞면, 오른쪽 뒷면)

아황산가스와 매연에 강해 도심 가로수로 적합한 수종으로, 대기 중의 각종 세균을 죽이고 좋지 못한 냄새를 감소시킨다. 또 음향 조절력이 있어 음악당의 내장재로 사용된다.

잎이 납작해서 '납작할 편(扁)' 자를 붙여 편백(扁柏)이라 하며, 노송나무라고도 한다. 원산지가 일본이므로 일본편백이라고도 한다. 학명에서 *Chamaecyparis*는 고대 그리스어로 작다는 뜻의 chamai와 삼나무를 뜻하는 cyparissos의 합성어로서 열매가 작은 데에서 유래되었으며, *obtusa*는 끝이 뭉툭하다는 뜻으로 잎의 끝이 뭉툭한 것을 의미한다.

상록침엽교목으로 높이는 40m 정도이고 지름이 60㎝ 정도이다. 수피는 적갈색으로 얇게 조각으로 떨어지고 수관은 원추형이다. 잎은 난형으로 두껍고 끝이 둔하며 뒷면은 Y자형의 백색 기공조선이 있다. 꽃은 4~5월에 핀다. 열매는 구형으로 갈색이며 실편은 8개로 정사각형이다. 종자는 2개씩 긴 삼각형으로 좁은 날개가 있고 9~10월에 익는다. 열매의 지름은 10~12㎜, 종자의 길이는 3㎜이다.

우리나라에 도입된 것은 1904년으로 전남, 제주도 및 경남 남해안지방에 조림하였다. 잎이 치밀하게 나 있고 질감이 좋아 정원수, 관상수 등으로 심으며, 맹아력이 좋아 생울타리용으로도 심고 제주도에서는 방풍림으로 심는다. 습기가 있고 비옥한 사질양토에서 잘 자라며 추위와 공해에도 강하다. 특히 아황산가스와 매연에 강해 도심 가로수로 적합한 수종으로 대기 중의 각종 세균을 죽이고 좋지 못한 냄새를 감소시키는 한편, 도시생활자의 보

편백 암꽃

편백 수꽃

편백 어린 열매

편백 열매(성숙)

편백 씨앗

편백 수피

건건강에도 기여하는 등 장점이 많다. 그러나 조해(潮海)에는 약한 편이다.

목재로서도 재질이 좋아 건축재, 조각재, 고급포장재, 선박재, 펄프재, 내장재 등으로 다양하게 사용되며 나무껍질은 지붕을 덮는 데 사용한다. 또 음향 조절력이 있어 음악당의 내장재로 쓰며 강도가 높고 보존성이 좋아 조각재, 불교용품, 선박재 등의 용도로 사용된다. 편백의 피톤치드는 많은 약리작용을 하는데 알피넨, 보르네오일 등의 성분이 함유되어 있다. 정유 성분은 요로 소독이나 치료에 사용하며 보르네오일은 소염, 진정, 진해작용이 있어 민간요법에 사용되고 있다. 꽃말은 변하지 않는 사랑이다.

번식법

봄에 파종하여 키운 묘목으로 실행한다. 관상용, 생울타리용, 약용 등의 용도로 심으며, 척박한 곳에 녹화사업용으로도 많이 심는다. 그러나 과실나무의 생장을 방해하는 테르펜을 방출하므로 과수원 근처에는 심지 않는다.

298 세계에서 가장 많이 생산되는 과일

포도

Vitis vinifera L.

과 명	포도과	꽃	6월
형 태	낙엽활엽덩굴성 목본	열 매	8~9월

세계에서 가장 많이 재배되는 과일은 단연 포도다. 포도는 특히 포도주의 원료가 되므로 세계 곳곳에서 대량으로 재배되는데, 전 세계에서 생산하는 과일의 1/3이 포도라고 한다.

세계에서 가장 많이 재배하는 과일은 무엇일까? 사과나 배가 아닐까 하는 생각도 들지만, 세계에서 가장 많이 재배되는 과일은 단연 포도다. 포도는 특히 포도주의 원료가 되므로 세계 곳곳에서 대량으로 재배되는데, 전 세계에서 생산하는 과일의 1/3이 포도라고 한다. 원산지는 아시아 서부로 코카서스 지방과 카스피해 연안에서 기원전 3000년 무렵부터 재배된 것으로 추정된다. 이것이 중국에 전파된 것은 한 무제 때 장건에 의해서라고 하는데, 페르시아어 부다우(Budow)를 음역해 중국인들이 포도(包桃 혹은 葡桃, 菊桃)로 부르다가, 나중에 현재처럼 포도(葡萄)로 부르게 되었다고 한다.

이 포도가 우리나라에 도입된 것은 고려시대 이전으로 추측되나 확실한 기록은 전해지지 않는다. 그러나 조선시대에 들어와 〈산림경제〉나 각종 그림에 남겨진 포도를 보면 제법 여러 품종이 도입되었음을 알 수가 있다. 오늘날처럼 대량으로 재배되는 포

포도 새순

포도 잎

포도 꽃봉오리

포도 꽃

포도 열매(미성숙)

포도 열매(성숙)

도는 1910년 이후 수원과 뚝섬에 유럽산과 미국에서 개량된 품종을 들여온 것이 처음이며, 이후 경기와 충청지방을 중심으로 널리 재배되었다.

낙엽활엽덩굴성 목본으로 잎은 호생하고 원형이다. 잎의 가장자리는 3~5개로 얕게 갈라지며 뒷면에 면모가 밀생한다. 꽃은 다수의 작은 꽃이 원추화서를 이루며 황록색으로 6월에 핀다. 열매는 장과로 8~9월에 자갈색으로 익는다.

포도에 들어 있는 포도당, 과당, 유기산은 소화를 돕고 피로회복에 좋다. 포도주는 흥분성의 음료로 몸의 허약 및 허탈증에 좋으며 조혈을 돕고 혈색과 윤기를 좋게 한다. 또한 생혈, 조혈, 빈

포도 덩굴줄기

포도 수피

혈, 충치예방 등에 좋다. 한방에서는 열매를 포도, 뿌리를 포도근, 줄기와 잎을 포도경엽이라 하여 혈액순환, 강장, 심장질환, 소화불량, 통증, 염증질환 등에 약재로 사용한다. 〈동의보감〉에서는 포도가 습한 기운으로 관절이 쑤시고 마비되는 것, 소변이 잘 나가지 않는 것을 낫게 하고, 기운을 돋우어 의지를 강하게 하며 사람을 살찌고 건강하게 해준다고 하였다. 현대의학에서도 포도는 항암, 알츠하이머병, 파킨슨병, 퇴행성 질환에 좋다고 한다. 또한 알칼리성 식품으로 근육과 뼈를 튼튼하게 해준다고 한다.

번식법

번식은 삽목, 접목 등으로 한다.

NOTE l 청포도의 여러 품종

포도가 다 익어도 푸른색을 띠는 포도를 통틀어서 청포도라고 한다. 포도에는 아주 다양한 품종이 있는데, 청포도 품종은 나이아가라(niagara)가 최고라고 한다. 서양에서는 세미용(semillon)이라고 해서 화이트와인의 재료가 되는 청포도가 유명하며, 재배가 쉬우면서도 단맛이 강한 네오머스캣(neo-muscat)은 1932년 일본에서 육성 · 개발한 것이다. 한편 알이 크고 단맛도 일품인 거봉 포도도 일본에서 1945년 개발된 품종이다.

299 전설과 신화가 깃든

푸조나무

Aphananthe aspera (Thunb.) Planch.

과 명	느릅나무과	꽃	4~5월
형 태	낙엽활엽교목	열 매	9~10월

천연기념물 제311호 부산 수영동 푸조나무는 마을의 안녕을 지켜주는 나무로 믿어 조선 효종 3년부터 수영동에 성을 쌓아 경상도의 방패역을 해왔다.

낙엽활엽교목으로 높이는 20m 정도이고 지름이 1m 이상이다. 줄기는 곧게 자라고 수관은 우산 모양으로 매우 넓게 퍼지며 자라고 병충해가 적다. 수피는 회백색이며 어린 가지에는 거친 털이 나 있다. 잎은 타원상의 난형이며 가장자리는 톱니상이고 양면에 털이 있다. 꽃은 액생하는 취산화서에 달리며 꽃잎은 5개로 갈라지고 녹색으로 4~5월에 핀다. 열매는 핵과로 난상의 구형이며 과육은 먹을 수 있으며 단맛이 나고 9~10월에 흑색으로 익는다.

우리나라와 중국, 일본 등지에 분포한다. 우리나라의 경우 경기도 이남 해발 50~700m 이하의 따뜻한 남부지방의 해안과 마을 부근에 자생한다. 뿌리를 깊게 내리며 빨리 자라고, 가지치기를 하면 쉽게 가지가 나오므로 옮겨심기가 쉬우며 비옥한 땅에서 잘 자란다. 추위에 약하여 추운지방에서는 잘 자라지 못하지만, 그늘에서는 잘 자라는 편이다.

주로 따뜻한 남부지방에서 공원수, 풍치수, 녹음수, 방풍림으로 심으며, 수액에는 독성이 있으므로 먹으면 안 되지만, 열매는

푸조나무 잎

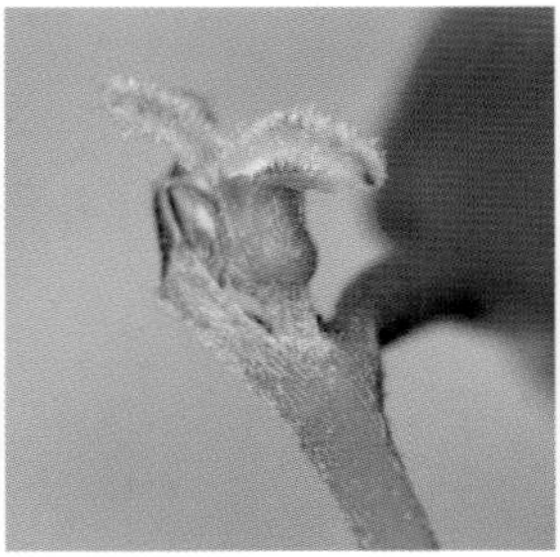
푸조나무 암꽃

푸조나무 수꽃

푸조나무 열매

푸조나무 씨앗

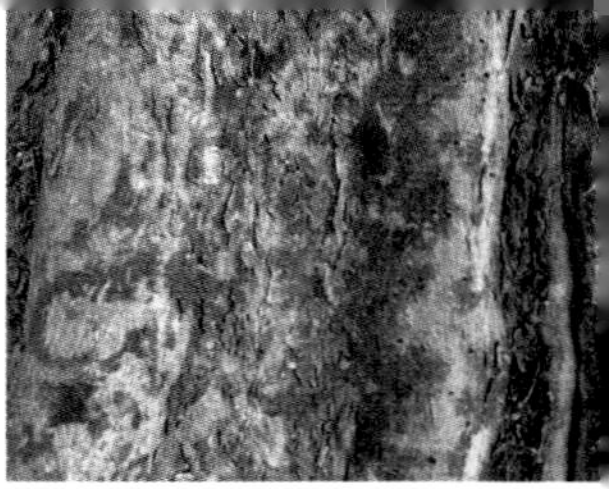

푸조나무 수피

달콤한 맛이 나서 먹을 수 있다.

부산 수영동 푸조나무는 높이가 18m로 수령 500년으로 추정되며 천연기념물 제311호로 지정되어 있다. 마을의 안녕을 지켜주는 나무로 믿어 조선 효종 3년부터 수영동에 성을 쌓아 구식군사제도가 폐지될 때까지 경상도의 방패역을 해왔다. 또한 지신목(地神木)으로 나무에서 떨어져도 다치는 일이 없다고 전해진다. 이밖에도 전남 강진의 대구면 푸조나무는 수령 300년으로 높이는 16m, 지름이 8.5m로 천연기념물 제35호로 지정되어 있고, 전남 장흥의 용산면 푸조나무는 천연기념물 제268호로 지정되어 있다.

한편 경남 하동의 범왕리 푸조나무는 경남기념물 제123호로 지정되어 있는데, 이 나무는 신라 말 최치원이 지리산으로 들어가면서 꽂은 지팡이가 자란 것이라는 전설이 전해진다. 최치원은 지팡이를 꽂으며 '이 나무가 살아 자라나면 나도 어디엔가 살아 있을 것이고, 나무가 죽으면 나도 죽은 것'이라는 얘기를 남기고는 계곡으로 내려가 속세에서 더러워진 귀를 씻고 산으로 들어갔다고 한다. 높이 25m에 지름이 6.25m나 되는 거목으로 수령은 500년으로 추정된다.

번식법

실생으로 번식한다.

300 꽃나무의 여왕

풀명자

Chaenomeles japonica (Thunb.) Lindl. ex Spach

과 명	장미과	꽃	4~5월
형 태	낙엽활엽관목	열 매	9~10월

장미가 꽃의 여왕이라면 풀명자는 꽃나무의 여왕이라 할 만하다. 이른 봄에 붉은 색으로 피는 풀명자꽃은 화려하면서도 은은하고 청초한 느낌을 주어 아가씨나무라고도 한다.

풀명자 잎

소박한 이름의 나무이다. 장미가 꽃의 여왕이라면 풀명자는 꽃나무의 여왕이라 할 만하다. 이른 봄에 붉은 색으로 피는 풀명자 꽃은 화려하면서도 은은하고 청초한 느낌을 주어 아가씨나무라고도 한다. 꽃이 너무 화려하고 아름다워 풀명자 꽃이 피는 봄날에는 아가씨들을 밖에 내보내지 않았다고 한다. 그 아름다움에 자칫 바람이 날까 두려웠던 것이다. 다른 이름으로는 명자나무, 애기씨꽃나무라고도 한다.

낙엽활엽관목으로 높이는 1~2m 정도이다. 가지 끝이 가시로 변하며 가지는 여러 갈래로 갈라져 있어 수형이 둥글다. 잎은 어긋나고 타원형 및 긴 타원형으로 가장자리에 톱니가 있고, 잎자루는 짧으며 턱잎은 일찍 떨어진다. 꽃은 단성화로 꽃잎은 5개이다. 꽃은 4~5월까지 계속 피는데 붉은색, 분홍색 등 다양하다. 꽃은 잎보다 먼저 피거나 동시에 피기도 한다. 수꽃의 씨방은 열매를 맺지 못하고 암꽃의 수술은 꽃가루가 생기지 않는다. 열매는 녹색을 띠는 난원형의 열매가 9~10월이 되면 노랗게 익는데 길이는 10㎝ 정도이다. 다소 그늘진 곳에서 잘 자라나 건조한 땅에서는 생장이 좋지 않다.

❶❷ 풀명자 꽃

풀명자 열매

풀명자 가지에 난 가시

풀명자 수피

꽃이 아름다워 공원에 관상용으로 심으며 가시가 나 있어 울타리용으로 심기도 한다. 분재용으로 심어 봄부터 겨울까지 아름다운 꽃을 감상할 수 있는데 꽃의 빛깔, 크기, 열매의 모양에 따라 품종이 다양하다. 분재용으로 가장 인기 있는 품종은 동양금으로 홍백색이 섞여 핀다.

늦여름에서 가을로 넘어가는 시기에 노란색으로 변할 때의 열매를 추목과라 하여 근육통에 약으로 쓴다. 또 이 열매는 모과처럼 향기가 좋아 과실주로 담가 먹기도 한다. 약간 새콤하면서 떫은맛이 나며 사과향이 난다. 꽃말은 겸손, 평범이다.

번식법

번식은 삽목으로 하거나 포기나누기, 실생으로 한다.

301 단감주나무라고도 하는

풍게나무

Celtis jessoensis Koidz.

과 명	느릅나무과	꽃	5월
형 태	낙엽활엽교목	열 매	9~10월

풍게나무 잎

풍게나무는 경북 울릉군 방언에서 유래된 이름이라고 하며 단감나무, 단감주나무라고도 한다. 나뭇잎에는 홍점알락나비와 유리창나비가 알을 낳고 그 잎을 먹고 자란다.

풍게나무는 경북 울릉군 방언에서 유래된 이름이라고 하며 단감나무, 단감주나무라고도 한다. 낙엽활엽교목으로 높이는 15m 정도이며 지름이 60㎝이다. 줄기는 곧게 자라면서 많은 가지가 나오며 수피는 회갈색으로 평활하다. 잎은 어긋나고 긴 타원형이며 잎 가장자리에 구부러진 날카롭고 작은 톱니가 있다. 암수한그루로 꽃은 5월에 피고 열매는 둥근 핵과로 9~10월에 검게 익는다.

우리나라와 일본에 분포한다. 우리나라에서는 전국의 해발 100~1,100m의 산기슭이나 계곡에 자생한다. 습기가 있고 비옥한 사질양토를 좋아하며, 음지와 양지를 가리지 않고 잘 자라나, 건조한 땅에서는 잘 자라지 못한다. 공해에 강해 도심지 가로수나 정원수로 심기에 적합하며, 특히 남부지방에서는 방풍림이나 풍치수로 심는다.

풍게나무 열매

어렸을 때는 생장속도가 빠르지만 점점 완만해져 둥근 수형을 이루는데, 줄기는 늙을수록 울퉁불퉁하게 돌출되어 기이한 형태를 만들어낸다.

목재는 단단하여 가구재, 기구재, 조각재, 저울대, 공예재 등에 이용된다. 열매는 식용하는데 맛은 달짝지근하다. 나뭇잎에는 홍점알락나비와 유리창나비가 알을 낳고 그 잎을 먹고 자란다.

번식법

실생으로 번식한다.

풍게나무 수피

302 노란 국수 가락 같은 꽃을 피우는

풍년화

Hamamelis japonica Siebold & Zucc.

과 명	조록나무과	꽃	2~3월
형 태	낙엽활엽관목 또는 소교목	열 매	10월

풍년화 잎

꽃의 모양이 매우 특이한데 마치 노란 국수 가락을 흩뜨려놓은 것처럼 생겼다. 산수유 꽃과도 비슷하고 봄을 맞이하는 꽃이라고 해서 영춘화라고도 한다.

풍년화라는 이름을 듣기만 해도 마음이 풍요로워지는 듯하다. 풍년화는 만작(滿作)이라고도 한다. 꽃의 모양이 매우 특이한데 마치 노란 국수 가락을 흩뜨려놓은 것처럼 생겼다. 산수유 꽃과도 비슷하고 봄을 맞이하는 꽃이라고 해서 영춘화라고도 한다.

낙엽활엽관목 또는 소교목으로 높이는 4m이다. 밑에서 많은 줄기가 많이 올라와 수형을 이루며, 수피는 회갈색이고 매끄러우며 작은 가지는 황갈색 또는 암갈색이다. 꽃은 잎겨드랑이에 모여 달리고 꽃잎은 4개로 연황색이다. 꽃은 2~3월에 잎보다 먼저 핀다. 열매는 삭과로 짧은 선모가 있고 10월에 익으며, 종자는 광택이 있는 검은색이다.

일본 원산으로 우리나라에는 자생하지 않아 일본에서 도입하였다. 추위와 공해에는 강하나 그늘진 곳과 건조한 땅에서는 잘 자라지 못한다.

풍년화 꽃

풍년화 열매

풍년화 수피

나뭇잎을 달여 땀띠나 습진, 옻나무 등에 의해 오른 피부병 부스럼에 바르면 효과가 있다. 피부병 환자가 이 잎을 삶아 욕탕물에 섞어 목욕하면 더 좋다고 알려졌으며, 그 밖에 지혈과 치질에도 특효가 있다고 한다.

번식법

실생과 꺾꽂이로 번식한다.

303 나무껍질이 아주 유용한

피나무

Tilia amurensis Rupr.

과 명	피나무과	꽃	6월
형 태	낙엽활엽교목	열 매	9~10월

피나무 잎(앞면)

피나무 잎(뒷면)

꽃은 향이 뛰어나면서도 꿀이 많아 밀원식물로도 훌륭한데, 그래서 서양에서는 벌이 많이 모이는 나무라고 해서 벌나무(bee tree)라고도 부른다.

성문 앞 우물곁에 서 있는 보리수
나는 그 그늘 아래 단 꿈을 보았네.
가지에 희망의 말 새기어 놓고서
기쁘나 슬플 때나 찾아온 나무 밑

이 노래는 슈베르트의 가곡 〈보리수〉의 일부이다. 추억의 장소를 지나치는 젊은이의 심정을 잘 노래한 것인데, 여기에 나오는 보리수는 피나무이다. 피나무를 보리수로 번역한 것은 이 나무를 절에서 많이 심었으며, 목재로는 사찰 건물을 짓고, 열매로는 염주를 만들어 썼기 때문이다. 실제 보리수는 석가모니가 그 아래에서 깨달음을 얻은 보리수나무과의 활엽수로 이 나무는 아니다.

피나무가 절에 많이 심어졌다고 해서 민간에서는 별로 쓰이지 않았을 것으로 생각할 수도 있으나 전혀 그렇지 않다. 아마 다른 어느 나무보다도 이 나무를 민간에서 많이 썼으니 피나무라는 이

름을 통해서도 짐작할 수 있는데, 나무껍질을 아주 유용하게 사용해서 피나무라고 한 것이다. 기와 대신 나무껍질로 지붕도 이었으며, 속껍질로는 섬유를 빼 노끈이나 새끼를 꼬아 여러 곳에 사용했다. 술이나 간장을 거르는 자루나 포대, 지게 등받이나 어깨끈은 물론, 망태나 어망을 만들 정도로 질겼다. 목재 역시 아주 쓰임새가 많아 가구나 정교한 조각품, 악기 재료로 쓰였고, 이남박이나 밥상, 바둑판도 이 나무로 만든 것이 가장 좋다고 했다.

이와 같이 용도가 많은 까닭이 이명에도 고스란히 담겨 있다.

피나무 꽃

피나무 열매

피나무 수피

줄기의 질긴 껍질을 섬유로 이용하므로 모피목(毛皮木), 절에서 많이 심으므로 보리수(菩提樹) 이외에도 꽃피나무, 달피나무, 참피나무, 털피나무, 달피라고도 한다.

또 꽃은 향이 뛰어나면서도 꿀이 많아 밀원식물로도 훌륭한데, 그래서 서양에서는 벌이 많이 모이는 나무라고 해서 벌나무(bee tree)라고도 부른다.

낙엽활엽교목으로 높이는 20m 정도이고 지름은 1m로 수피는 회갈색이다. 잎은 난원형으로 끝이 갑자기 뾰족해지고 가장자리에는 예리한 톱니가 있다. 꽃은 아래로 처지는 취산화서에 20개 이상 달리고 6월에 담황색으로 피는데 향기가 강하다. 꽃차례 자루 위로 꽃과 같은 색깔의 포(苞)라고 하는 것이 달려 있는데, 종족 보존의 방법으로 멀리 씨를 퍼뜨리기 위한 생존전략이다. 열매는 황백색 구형의 핵과로 갈색 털이 밀생하며 9~10월에 익는다.

우리나라와 중국, 몽골 등지에 분포한다. 우리나라에서는 전국 해발 100~1,400m의 계곡과 산기슭 및 산 중턱에 자생한다. 땅이 깊은 비옥한 땅을 좋아하고 추운 곳이나 그늘진 곳에서도 잘 자란다.

밀원식물, 풍치수, 정원수의 용도로 심는다. 앞서 보듯 여러 가지 생활용품을 만드는 데 쓰이며, 한방에서는 꽃을 말린 것을 피목화(皮木花)라 하여 진경제, 해열제로 사용하며, 열매는 지혈제로, 잎은 종기나 궤양의 치료제로 사용한다. 꽃말은 부부애이다.

번식법

번식은 실생과 꺾꽂이로 한다.

304 불난 듯 붉은 열매가 열리는

피라칸다

Pyracantha angustifolia (Franch.) C. K. Schneid.

과 명	장미과	꽃	6월
형 태	상록활엽관목 또는 소교목	열 매	9~12월

우리말 이름이 없어 속명 피라칸다(*Pyracantha*)를 그대로 부른다. 불꽃을 뜻하는 pyro와 가시를 뜻하는 acantha의 합성인데, 무리 지어 맺히는 열매를 그렇게 부르는 듯하다.

장미과의 나무로 우리말 이름이 없어 속명 피라칸다(*Pyracantha*)를 그대로 부른다. 불꽃을 뜻하는 pyro와 가시를 뜻하는 acantha의 합성어인데, 무리지어 맺히는 열매가 마치 불이 난 듯 보여 그렇게 부르는 듯하다. 영어명도 firethorn, 즉 불가시이다. 우리말로 불가시나무가 잘 어울린다. 피라칸타, 피라칸사스로도 불리고 있다.

높이는 1~6m 정도로 가지를 많이 친다. 특히 가지마다 조그만 가지가 가시처럼 난다. 어긋나는 잎은 두꺼우면서 좁은 타원형을 이룬다. 잎끝은 둔하고 가장자리는 밋밋하다. 잎의 뒷면에는 털이 난다. 6월에 흰색 또는 연한 노란빛을 띤 흰색의 꽃이 산방화서로 가지의 윗부분 잎겨드랑이에 달린다. 꽃받침 잎은 넓은 삼각형 모양으로 5개이며, 꽃잎은 거꾸로 된 달걀 모양으로 역시 5개이다.

피라칸다 잎

피라칸다 잎차례

피라칸다 꽃

피라칸다 열매(겨울)

피라칸다 씨앗

열매는 9~12월에 감색이나 붉은색으로 익는다.

상록활엽관목 또는 소교목으로 원산지는 중국, 우리나라에서 재배한다. 붉은 열매가 겨울철에도 달려 있으므로 관상가치가 높아 관상용으로 심으며, 정원수와 생울타리용으로도 많이 심는다. 꽃말은 열매에서 유추되듯 알알이 영근 사랑이다.

번식법

가을에 열매를 따서 노천매장했다가 봄에 종자를 파종해 번식하며, 꺾꽂이는 봄에 한다.

305 함박꽃 같은 꽃이 피는

함박꽃나무

Magnolia sieboldii K. Koch

과 명	목련과	꽃	5~6월
형 태	낙엽활엽소교목	열 매	9~10월

함박꽃나무 새순

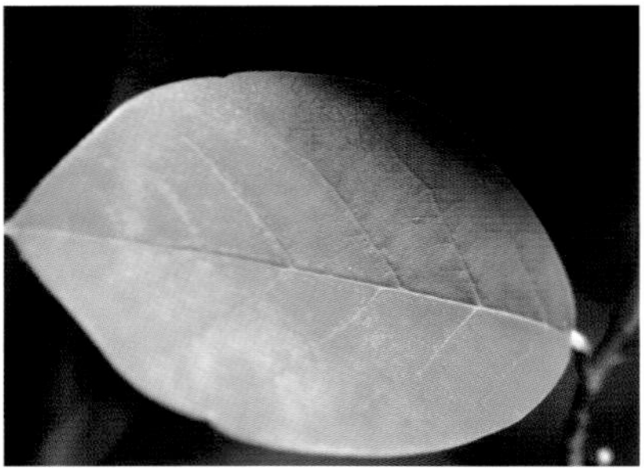
함박꽃나무 잎

함박꽃나무 이름은 꽃의 모양이 함박꽃과 비슷한 데서 유래된 것으로 북한의 국화로도 유명하다. 북한은 진달래꽃을 국화로 삼았으나, 1991년부터 함박꽃나무의 꽃을 국화로 삼고 있다.

함박꽃나무는 꽃의 모양이 함박꽃과 비슷한 데서 유래된 것으로 함백이꽃, 힌뛰함박꽃, 얼룩함박꽃나무, 목란 등으로 불린다. 이 꽃은 북한의 국화로도 유명하다. 본래 북한은 진달래꽃을 국화로 삼았으나, 1991년부터 함박꽃나무의 꽃을 국화로 삼고 있다. 특히 북한에서 이 꽃을 목란(木蘭)이라고 하는데, 김일성이 좋아해서 나무에 피는 난이라고 하여 붙여진 이름이라고 한다. 북한에는 큰 건물과 공문서에 이 꽃이 그려 있으며, 평양의 종합연회장 이름도 목란관으로 정하여 부른다.

낙엽활엽소교목으로 높이는 8m 정도이다. 원줄기와 함께 옆에서 많은 줄기가 올라와 수형을 이루고 자라며, 작은 가지는 가늘고 담갈색으로 털이 나 있다. 잎은 도란형 및 넓은 타원형으로 잎의 뒷면은 담회색의 짧은 털이 있다. 꽃잎은 6장의 도란형으로 잎과 같이 흰색이고, 어린 가지 끝에 밑으로 늘어지며 5~6월에 피

고 향기가 있다. 열매는 난상의 타원형 골돌과로 9~10월에 붉은 색으로 익는데, 씨는 타원형의 붉은빛이다. 씨가 익으면 터지면서 실 같은 하얀 줄에 매달린다.

우리나라와 일본, 중국 동북부에 분포한다. 우리나라는 함북을 제외한 전국의 산기슭이나 골짜기에 드물게 자생한다. 습기가 있고 비옥한 반음지에서 잘 자라며 추위에 강하고 생장이 빠르다. 그러나 이식에 약하며 공해에도 약하다.

함박꽃나무 꽃봉오리

함박꽃나무 꽃

함박꽃나무 열매

함박꽃나무 씨앗

함박꽃나무 겨울눈

함박꽃나무 수피

북한의 평양 대성동 중앙식물원에 있는 함박꽃나무는 대성산 목란이라고 하여 북한 천연기념물로 지정되었다. 우리나라에서는 충남 천리포수목원의 함박꽃나무가 유명해 수목원 상징으로 사용하기도 한다.

꽃과 열매가 아름다워 정원이나 관상용으로 많이 심는다. 중국에서는 씨를 싸고 있는 붉은색 껍질을 고급 요리에 향신료로 쓰는데, 씨의 껍질을 벗겨 말려서 가루로 빻으면 맵고 향기로운 향신료가 된다. 또 열매는 새들의 좋은 먹이이기도 하다. 한편 한방에서는 뿌리와 꽃, 나무껍질을 건위제나 구충제로 사용하기도 한다.

번식법

번식은 실생으로 한다.

306 줄기가 학 다리처럼 생긴

합다리나무

Meliosma oldhamii Maxim.

과 명	나도밤나무과	꽃	6월
형 태	낙엽활엽교목	열 매	9~10월

합다리나무 어린잎

합다리나무 잎

제주도에서는 학을 합이라고 부르는데, 이 나무의 줄기가 학의 다리 같다고 하여 합다리라고 불렀을 것으로 생각된다.

나무 이름 중에는 그 모양을 보고 붙인 것도 꽤 많다. 합다리나무 역시 마치 학의 두 다리를 합친 듯 보여 붙여진 이름이다. 제주도에서는 학을 합이라고 부르는데, 이 나무의 줄기가 학의 다리 같다고 하여 합다리라고 불렀을 것으로 생각된다. 합대나무 또는 합순남, 박다리꽃이라고도 부르며, 나도밤나무와 전체적인 모양이 비슷해 일부 지방에서는 나도밤나무로 부르기도 한다.

낙엽활엽교목으로, 높이는 10m 정도에 이른다. 가지가 굵으며 어린 나무에는 노란빛의 갈색 털이 나는 것이 특징이다. 어긋나는 잎은 홀수 깃꼴겹잎이고, 달걀 모양의 타원형인 10여 개의 작은 잎으로 되어 있다. 작은 잎에는 양면에 털이 나고 가장자리에 자그마한 톱니들이 드문드문 난다.

6월에 자잘한 흰색 꽃이 원추화서로 가지 끝에 달린다. 꽃잎은 3장이고 4개의 꽃받침조각이 있다. 2개의 수술 이외에 3개의 헛수술이 있는데, 이는 곤충을 유인하기 위한 것으로 보인다. 핵과

합다리나무 꽃

합다리나무 열매

의 열매는 가을에 붉은색으로 동그랗게 열린다.

우리나라 남부지방의 산기슭 양지에 자라며, 소금기에 강한 특히 바닷가에서 잘 자란다. 일본 남부와 타이완 등지에도 분포한다. 대기오염에 약해 깊은 산이나 바닷가에 자라는데, 5월에 황금색으로 돋아나는 잎은 나물로 먹는다. 또 들깨 등과 함께 국으로 끓여 먹기도 한다. 관상수로 이용한다.

번식법

종자를 노천매장 후 이듬해 봄에 파종한다. 내한성과 내건성이 약하며 오염에 약해 청정지역에서 주로 자란다.

합다리나무 수피

307 바닷가 모래땅에 뿌리를 내리는

해당화

Rosa rugosa Thunb.

과 명	장미과	꽃	5~7월
형 태	낙엽활엽관목	열 매	8월

바닷가 모래땅에 사는 해당화를 보면 강인한 생명력의 아름다움을 느끼게 된다. 아침 이슬을 머금고 바다를 향해 피어 있는 모습은 마치 멀리 떠난 임을 기다리는 여인처럼 보이기도 한다.

당신은 해당화 피기 전에 오신다고 하였습니다.
봄은 벌써 늦었습니다.
봄이 오기 전에는 어서 오기를 바랐더니,
봄이 오고 보니 너무 일찍 왔나 두려워합니다.

철모르는 아이들은 뒷동산에 해당화가 피었다고,
다투어 말하기로 듣고도 못 들은 체하였더니
야속한 봄바람은 나는 꽃을 불어서
경대 위에 놓입니다그려.
시름없이 꽃을 주워서 입술에 대고
"너는 언제 피었니?" 하고 물었습니다.
꽃은 말도 없이 나의 눈물에 비쳐서
둘도 되고 셋도 됩니다.

한용운의 〈해당화〉

해당화는 여러 시인의 시제로 사용된 꽃이다. 그런데 두보는 숱한 시를 지었으되 해당화에 대해서는 쓰지 않았는데, 그것은 바로 자신의 어머니가 '해당부인'이라 함부로 쓰지 않았던 것이다.

해당화는 해당나무, 해당과(海棠果), 필두화(筆頭花)라고도 불리는데 수화(睡花), 즉 잠든 꽃이라는 독특한 별칭도 있다. 이는 당나라 현종과 관련이 깊다. 하루는 현종이 양귀비를 불렀는데, 술에 취해 겨우 부축해서 왔다고 한다. 현종이 양귀비에게 물었다.

해당화 새잎

해당화 잎

해당화 꽃

해당화 열매

"그대는 아직 잠에 취해 있느냐?"

이에 양귀비가 대답했다.

"해당의 잠이 아직 덜 깼나이다."

이때부터 해당화는 수화라는 별명을 얻었다고 한다.

바닷가 모래땅에 굳게 뿌리박고 사는 해당화를 보면 강인한 생명력의 아름다움을 느끼게 된다. 여름 아침 해변에 아침 이슬을 듬뿍 머금고 바다를 향해 피어 있는 모습을 보면 마치 멀리 떠난 임을 기다리는 여인처럼 보이기도 한다. 높이래야 겨우 1~1.5m의 작은 나무이지만 갈색 가시가 빽빽해 나름 자기 보존력도 지녔다.

어긋나는 잎은 홀수 깃꼴겹잎이며 작은 잎은 5~9개 정도이다.

작은 잎의 모양은 타원형에서 달걀 모양의 타원형이다. 잎이 두꺼운 편이며 가장자리에는 톱니가 있다. 또 잎의 표면에는 주름이 많으며 뒷면에는 털이 빽빽하다.

해당화의 멋은 꽃으로 5~7월 늦봄 또는 초여름에 가지 끝에 1~3개 정도의 홍색 꽃이 피는데, 드물게는 흰 꽃도 핀다. 꽃은 지름 6~10㎝가량으로 제법 크다. 꽃잎은 5개로 구성되는데, 마치 심장을 거꾸로 세운 모양이다. 물론 향수의 원료가 되는 만큼 꽃의 향기는 강하다. 한편 열매는 8월에 지름 2~3㎝ 정도의 편구형 수과로 붉게 익는데 식용이 가능하다.

낙엽활엽관목으로 1.5㎝ 정도 자라며, 우리나라를 비롯한 동북아시아에 분포한다. 각처의 바닷가 모래땅과 산기슭에서 자란다. 모래땅과 같이 물 빠짐이 좋고 햇볕을 많이 받는 곳에서 잘 자란다. 향이 많이 나기 때문에 바람이 불어오면 장미 향보다 더 은은한 향이 난다. 어린순은 나물로 먹으며, 뿌리는 약재, 특히 당뇨병 치료제로 이용된다.

향기가 좋아 관상용으로도 많이 재배되며 밀원용으로 심기도 한다. 미인의 잠결이나 온화, 당신을 따르렵니다라는 좋은 꽃말도 있지만, 원망이라는 나쁜 꽃말도 지니고 있다.

해당화 수피

번식법

실생, 삽목, 포기나누기로 번식한다.

308 향이 그윽한

향나무

Juniperus chinensis L.

과 명	측백나무과	꽃	4월
형 태	상록침엽소교목 또는 교목	열 매	이듬해 9~10월

향이 있어 향나무라고 한다. 〈동의보감〉에 따르면 향나무는 향이 좋고 습기를 막아 주며 벌레를 물리치고 심신을 안정시키는 데 탁월한 효과가 있다고 하였다.

향이 있어 향나무라고 한다. 옛날에 줄기 속심으로 제사를 지낼 때 쓰는 향을 만들었다. 이 향은 피톤치드를 구성하는 테르펜으로 휘발성 정유와 수지성 유제를 함유하고 있다.

한자로는 향목(香木) 또는 원백(圓柏)이라고 하며, 영어 이름은 Chinese juniper이다. 학명에 있는 *chinensis*는 바로 중국 원산이

향나무 잎

향나무 암꽃

향나무 수꽃

향나무 열매

라는 의미로 쓰인 것이다.

상록침엽소교목 또는 교목으로 높이는 5~20m이고 지름이 70㎝ 정도이다. 수피는 적갈색으로 세로로 갈라지며 벗겨진다. 1~2년생 가지는 녹색이고 3년생 가지는 암갈색이며 7~8년생부터 인엽이 생긴다. 움에서 침엽이 나오며, 침엽은 짙은 녹색으로 돌려나거나 마주나는데 아래 가지에 많다. 한편 인엽은 능형으로 끝이 둥글며 가장자리가 흰색이다.

향나무 수피

암수딴그루이나 간혹 암수 꽃이 같이 열리기도 한다. 수꽃은 가지 끝에 달리며 황색이고 긴 타원형이며, 암꽃은 가지 끝이나 엽액(葉腋)에 달리고 3~8개의 포린으로 구성되며 4월에 핀다. 열매는 원형으로 겉이 흰색으로 덮인 암갈색이고, 종자는 2~4개로 난원형이며 이듬해 9~10월에 익는다.

햇빛이 잘 드는 비옥한 땅을 좋아하여 그늘에서는 잘 자라지 못한다. 또한 습지, 한지, 바닷가를 가리지 않고 잘 자라는 전천후 나무이나 침수에는 약한 편이다. 공해에도 강하며 맹아력도 좋아 여러 모양의 수형을 만들 수 있어 도심지의 조경수, 정원수로 많이 심어진다. 그러나 피톤치드가 강하므로 배나무, 사과나무, 모과나무가 있는 과수원 근처에는 심지 않는 것이 보통이다.

우리나라와 일본, 러시아, 미얀마, 중국 및 몽골 등지에 분포한

다. 울릉도는 우리나라에서는 유일한 향나무 자생지인데, 1,000년 이상 된 향나무도 많다. 통구미의 향나무 자생지는 천연기념물 제48호로 지정되어 있다. 서면 태하리의 향나무 자생지는 천연기념물 제49호, 서울 제기동의 선농단 향나무는 수령 500년으로 천연기념물 제240호, 창덕궁 향나무는 수령 700년으로 천연기념물 제194호로 지정되어 있다.

나무에서 향기가 나서 가구재, 조각재, 공예품을 만드는 데 쓰인다. 또 나무의 조직이 치밀하고 결이 고아 승려들의 바리때와 수저를 만들어 썼고, 연필로도 많이 사용했다. 한방에서는 잎, 줄기 속, 잔가지, 열매를 약으로 쓰는데 거풍, 혈액순환, 해열, 이뇨, 고혈압, 폐결핵, 감기, 해독, 위장병 등에 효과가 있다고 알려져 있다. 〈동의보감〉에 따르면, 향나무는 향이 좋고 습기를 막아주며 벌레를 물리치고 심신을 안정시키는 데 탁월한 효과가 있다고 하였다.

번식법

2년생 종자를 채취하여 노천매장 후 봄에 파종하여 키운 묘목으로 실생하거나 꺾꽂이로 번식한다. 조경수, 향료, 조각재, 가구재 등의 용도로 많이 심는다.

309 숙취해소 특효약

헛개나무

Hovenia dulcis Thunb.

과 명	갈매나무과	꽃	6~7월
형 태	낙엽활엽교목	열 매	9~10월

헛개나무는 강원 방언에서 유래된 이름으로 지구자나무라고도 한다. 홋개나무, 호리깨나무, 볼게나무, 고려호리깨나무, 민헛개나무 등으로도 불리며, 한자명은 금조리(金釣梨)이다.

헛개나무는 요즘 들어와 약재로 많이 이용되는 수종이다. 특히 술로 인한 질병에 효과가 큰 것으로 알려져 야생 헛개나무가 급격히 줄어드는 추세이다. 헛개나무는 주독을 제거하고, 숙취 해소, 간 기능 개선, 구취 제거 등에 효과가 있다고 한다. 이 나무로 서까래나 기둥으로 삼아 집을 지으면 그 집엔 술이 안 익는다고 하며, 마을에 헛개나무가 서 있기만 해도 술이 잘 익지 않는다는 말이 있을 정도로 술과는 천적이다.

헛개나무는 강원 방언에서 유래된 이름으로 지구자나무라고도 한다. 홋개나무, 호리깨나무, 볼게나무, 고려호리깨나무, 민헛개나무 등으로도 불리며, 한자명은 금조리(金釣梨)이다.

우리나라와 중국, 일본 등지에 분포한다. 우리나라에서는 중부 이남의 해발 50~800m의 산기슭이나 골짜기에 자생한다. 음지나 양지를 가리지 않고 잘 자라나 건조지에서는 잘 자라지 못한다. 내조성이 강하고 맹아력과 공해에도 강하여 도심지나 바닷가에서도 잘 자란다.

헛개나무 잎(앞면)

헛개나무 잎(뒷면)

헛개나무 꽃

헛개나무 열매(미성숙)

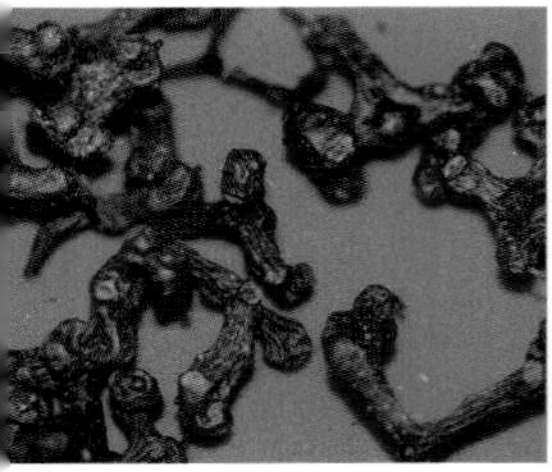

헛개나무 열매

헛개나무 씨앗

헛개나무 수피

낙엽활엽교목으로 높이는 10m 정도이고 작은 가지는 흑자색이다. 잎은 어긋나고 난원형 및 타원형이며 가장자리에는 둔한 톱니가 있다. 꽃은 양성으로 가지 선단 부근에서 액생 또는 정생하는 취산화서에 달리며 백록색으로 6~7월에 핀다. 열매는 장과상의 핵과로 둥글고 갈색이 돌며 9~10월에 흑색으로 익는다.

식용, 약용으로 심으며 목재는 기구재, 악기재 등으로 사용된다. 열매와 열매자루는 맛이 달아 식용하며 술을 담가 먹기도 한다. 과병을 가진 열매 또는 씨를 지구자(枳椇子)라고 해서 약재로 사용한다. 목재는 청량음료의 재료로 쓰이기도 하는데, 산촌을 지나다 보면 판매되고 있는 것을 흔히 볼 수 있다.

번식법

번식은 실생이나 꺾꽂이로 한다.

310 꽃은 화려하지만 독성이 있는

협죽도

Nerium oleander L.

과 명	협죽도과	꽃	7~9월
형 태	상록활엽관목	열 매	10월

협죽도 잎

협죽도 꽃

멋진 잎과 화려한 꽃, 하지만 그 속에 감추고 있는 독성은 치명적이다. 잎이 좁고(夾) 줄기가 대나무(竹) 같으며 꽃이 복사꽃(桃)처럼 예쁘다고 하여 붙여진 이름이다.

멋진 잎과 화려한 꽃, 하지만 그 속에 감추고 있는 독성은 치명적이다. 협죽도는 잎이 좁고(夾) 줄기가 대나무(竹) 같으며 꽃이 복사꽃(桃)처럼 예쁘다고 하여 붙여진 이름이다. 하지만 얼마나 독이 강한지 잎 한 장 만으로도 인체에 치명적인 영향을 끼친다. 등산객이 협죽도 가지를 잘라 나무젓가락 대용으로 썼다가 심장마비로 사망했다는 보고까지 있을 정도이다.

협죽도가 올레안드린(oleandrin)이라는 물질을 함유하고 있기 때문인데, 이를 조금만 섭취해도 복통과 설사, 무기력함, 피로감이 오고 결국에는 심장마비를 일으킨다고 한다. 서양에서는 예로부터 협죽도의 독을 화살촉에 발라 독화살로 이용했다고 하는데, 2013년 부산시는 시청 옆 어린이 놀이터에 심은 협죽도를 1,000그루나 잘라냈다. 어린이들이 꽃이 예쁘다고 따서 입에 넣었다면 하는 생각에 아찔해진다.

협죽도과의 상록활엽관목으로 높이는 3m 정도이다. 가지가 총생해 포기로 되고, 나무껍질은 검은 갈색이다. 잎은 3장씩 돌려나는데 가늘고 길다. 꽃은 7~9월에 홍색으로 피며, 흰색이나 자홍

협죽도 열매

협죽도 꼬투리

협죽도 수피

색, 황백색도 있고 겹으로 피는 것도 있다. 꽃의 지름은 3~4㎝로 아래는 긴 통이나 윗부분은 5개로 갈라지며 퍼진다. 꽃밥 끝에는 털이 있는 실 같은 것이 나 있다. 꽃이 아름다우면서도 오래 피어 있어 관상 가치가 크다. 열매는 갈색으로 성숙한 후 세로로 갈라진다. 씨앗은 양 끝에 길이 1㎝ 정도의 털이 난다.

햇볕이 잘 쬐고 습기가 많은 사질토에서 잘 자라지만 아무데서나 잘 자라며 공해에도 매우 강하다. 그래서 유럽을 여행하다 보면 길가에 많이 자라는 것을 볼 수 있고, 우리나라에서도 남부지방에 조경수로 심어진 것이 많다. 독을 가져서인지 '방심은 금물'이라는 꽃말을 가지고 있다.

한방에서는 가지와 잎, 꽃을 강심제 및 이뇨제로 사용하기도 한다. 유도화(柳桃花) 또는 류선화(柳仙花)라고도 하며, 원산지는 인도로 우리나라와 인도, 이란에 걸쳐 널리 분포한다.

번식법

꺾꽂이나 포기나누기로 쉽게 번식할 수 있다. 남부지방에서는 쉽게 자라나, 중부 이북에서는 월동이 안 되므로 실내에서 키워야 한다.

311 고려 사신이 원나라에서 가져온

호두나무

Juglans regia L.

과 명	가래나무과	꽃	4~5월
형 태	낙엽활엽교목	열 매	9~10월

서양에서는 11월 1일을 만성절이라고 해서 젊은이들이 마음속에 점 찍어둔 사람의 이름을 외우며 호두를 불 속에 던져 그 터진 정도로 상대의 마음을 점친다.

호두는 다량의 지방, 단백질, 탄수화물, 무기질, 유기질, 비타민, 미네랄, 타닌 등이 들어 있어 자양강장에 좋고, 성장기 어린아이의 건뇌식으로 알려진 대표적인 식품이다.

중국, 서남아시아, 동유럽이 원산지이다. 옛날 중국에서는 자기 나라 이외의 곳을 오랑캐라고 해서 '오랑캐 땅에서 들어온 복숭아처럼 생긴 열매'라는 뜻으로 호두(胡桃)라고 불렀다. 오이와 땅콩, 완두, 당근, 참깨, 마늘 등이 그때 함께 들어온 농산물들이다.

동양의 호두는 동양종이고, 페르시아에서 유럽으로 퍼진 것은 서양종이다. 동양종과 서양종이 일본에서 우량종으로 개량되어 오늘에 이른다.

낙엽활엽교목으로 높이는 20m 이상이고 수피는 회백색으로 밋밋하지만 점차 길게 갈라지고 어린 가지에는 털이 없다. 잎은 기수우상복엽이며 타원형의 소엽이 5~7개씩 달려 있다. 수꽃은 녹색으로 길게 늘어지고 암꽃은 흰색 선모가 있는 포피로 덮이고

호두나무 잎

호두나무 잎(앞면)

호두나무 잎(뒷면)

호두나무 암꽃

호두나무 수꽃

호두나무 열매

호두나무 씨앗

호두나무 수피

4~5월에 핀다. 열매는 둥글고 털이 없는 핵과로 9~10월에 익는데 핵은 도란형이며 내부는 4개의 방으로 이루어져 있다.

우리나라에서는 평택, 원주, 강릉으로 이어지는 지방 아래의 따뜻한 곳에 유실수로 재배된다. 햇빛이 잘 들고 습기가 있는 비옥한 사질양토에서 잘 자란다. 특히 천안의 광덕면은 우리나라에 처음 호두나무가 재배된 곳으로 고려 충렬왕 16년(1290) 9월에 유청신이 원나라에 사신으로 갔다 오면서 호두나무를 가져왔다고 전해진다. 천안 호두가 유명한 것은 최초 재배지로서 당연한 일

이다. 천안 광덕사의 호두나무는 천연기념물 제398호로 지정하여 보호되고 있는데, 수령이 400년이며 높이는 20m, 지름이 4m에 이른다.

호두나무의 열매는 자인(子仁)이라 하는데 날것으로 그냥 먹으며 과자 제조용으로 이용하거나 기름을 짜서 쓰기도 한다. 성질이 따스하여 피부를 윤택하게 하며 한방에서는 변비, 기침 등의 약재로 쓴다. 드물게 목재를 가구재로 이용하기도 한다.

한편 서양에서는 11월 1일을 만성절(萬聖節:All Saints' day)이라고 해서 젊은이들이 호두를 가지고 사랑 점을 치는 풍습이 전해진다. 마음속에 점 찍어둔 사람의 이름을 외우며 호두를 불 속에 던져 터진 뒤에 그 터진 정도로 상대의 마음을 점친다. 로마에서는 결혼식에서 신랑 신부에게 자녀를 많이 낳으라고 호두를 던지는 풍습이 있었는데, 이는 우리나라에 전통혼례식에서 폐백을 할 때 밤과 대추를 던져주는 것과도 비슷하다.

번식법

봄에 파종하여 번식하거나 접목으로 번식한다.

NOTE | 호두를 가져온 여행가 장건

호두를 중국에 들여온 인물 장건은 중국 한나라 때의 여행가이다. 한 무제의 명을 받아 흉노족을 협공하기 위해 서역 대월지국과 동맹을 맺으려고 떠났던 장건은 수차례 죽음을 면하며 서역을 돌아보고 왔다. 서역의 지리와 민족, 산물 등을 중국에 소개하여 실크로드가 공식적인 교통로 역할을 하게 되었다고 한다. 장건은 당시에 호두 이외에도 마늘과 오이, 땅콩, 완두 등 다양한 작물을 들여와 동양 식단을 바꾸었다.

312 잎끝에 호랑이발톱 같은 가시가 달린

호랑가시나무

Ilex cornuta Lindl. & Paxton

과 명	감탕나무과	꽃	4~5월
형 태	상록활엽관목 또는 소교목	열 매	9~10월

잎끝에 호랑이 발톱 같은 날카롭고 단단한 가시가 있다는 데서 이름 붙여졌다. 이 가시를 이용해 호랑이가 등이 가려울 때 등을 문질렀다는 이야기도 전해진다.

전통 크리스마스카드에 보면 뾰족한 잎과 붉은 열매 그림이 자주 나온다. 이 나무는 호랑가시나무로 크리스마스트리로도 만들어지곤 한다. 가시가 예수님의 가시관을 상징하며, 붉은 열매는 예수님이 흘린 피를 의미해 크리스마스에 쓰이는 나무가 된 것이다. 호랑가시나무라는 이름은 잎끝에 호랑이 발톱 같은 날카롭고

호랑가시나무 잎

호랑가시나무 암꽃

호랑가시나무 수꽃

호랑가시나무 열매(미성숙)

호랑가시나무 열매(성숙)

단단한 가시가 있다는 데서 붙여진 것이다. 일설에는 이 가시를 이용해 호랑이가 등이 가려울 때 등을 문질렀다는 이야기도 전해진다. 둥근잎호랑가시, 호랑이발톱나무, 범의발나무, 묘아자(猫兒刺), 묘아자나무, 구골(枸骨), 노호자(老虎刺) 등으로도 불린다.

상록활엽관목 또는 소교목으로 높이는 2~6m 정도이고 수피는 회백색이며 작은 가지에는 털이 없다. 잎은 어긋나고 혁질이며 타원상의 육각형 및 사각상의 타원형으로 각이 진 부분에 모두 날카롭고 단단한 가시가 달려 있다.

꽃은 암수딴그루로 액생하는 산형화서에 4~5개씩 달린다. 수꽃의 꽃잎은 타원상의 난형이고, 암꽃은 꽃자루에 달리며 4~5월에 흰색으로 핀다. 열매는 둥글며 9~10월에 붉은색으로 익는데 겨울 동안에도 나무에 매달려 있다.

우리나라와 중국에 분포한다. 우리나라에서는 변산반도, 완도, 제주도 저지대의 산기슭 양지와 하천변에 자생한다. 햇빛이 잘 들

호랑가시나무 씨앗

호랑가시나무 수피

고 비옥한 깊은 땅에서 잘 자라나 추위에는 약하다. 잎은 혁질이고 상록수이어서 방화용으로 적합한 나무로 건조지나 바닷가에서도 잘 견디며 아황산가스에도 강하나 한지에서 월동하기에는 약한 나무이다.

꽃, 잎, 줄기가 아름답고 독특하여 관상용, 꺾꽂이용, 약용 등으로 심는다. 특히 잎과 뿌리는 관절염, 자양강장제로 쓴다. 전북 부안의 도청리 호랑가시나무 군락은 호랑가시나무의 자생 북한계선으로 천연기념물 제122호로 지정되어 있다. 나주 상방리의 호랑가시나무는 임진왜란 때 충무공을 도와 큰 공을 세운 오득린 장군이 이 마을에 들어오면서 심은 것이라고 하는데, 높이 16m로 우리나라에서 가장 큰 호랑가시나무로 천연기념물 제516호로 지정되어 있다. 꽃말은 가정의 행복, 평화이다.

번식법

번식은 실생, 뿌리나누기, 꺾꽂이로 한다.

313 붉은 새순이 유혹적인

홍가시나무

Photinia glabra (Thunb.) Maxim.

과 명	장미과	꽃	5~6월
형 태	상록활엽소교목	열 매	10~11월

잎이 나올 때와 단풍이 들 때 붉어지므로 홍가시라는 이름이 붙었다. 잎은 자라면서 녹색으로 변하지만, 가지치기를 해주면 계속해서 붉은 새순을 볼 수 있다. 붉은 새순이 매우 유혹적이다.

잎이 나올 때와 단풍이 들 때 붉어지므로 홍가시라는 이름이 붙었다. 가시나무라는 이름은 붙었으나 본래의 가시나무와는 종이 다르다. 가시나무는 참나무과의 상록활엽소교목으로 높이가 15~20m까지 자라지만, 홍가시나무는 장미과의 상록활엽소교목으로 높이가 3~10m이다. 붉은순나무라고도 한다.

수피는 갈색 또는 검은색을 띠는 갈색이다. 어긋나는 잎은 긴 타원상 도피침형이며 가장자리에 잔톱니가 있다. 잎은 겉에 윤기가 흐른다. 털이 없으며 턱잎은 비교적 일찍 떨어진다. 5~6월에 흰색의 꽃이 원추화서로 달린다. 꽃의 크기는 5~10㎝쯤이다. 꽃잎과 꽃받침조각은 각각 5개이다. 수술은 20개이고 암술은 1개이다. 타원상 구형의 열매는 지름이 5㎜로 10~11월에 붉게 익는다.

원산지는 일본으로 우리나라에서는 통영이나 거제 등 남부지

홍가시나무 잎

홍가시나무 꽃

홍가시나무 열매

홍가시나무 수피

방에 많이 심어졌다. 수형이 좋아 주로 관상용, 생울타리용으로 심는다.

잎은 자라면서 녹색으로 변하지만, 가지치기를 해주면 계속해서 붉은 새순을 관찰할 수가 있다. 붉은색 새순이 매우 유혹적이다. 목재가 단단해 수레바퀴나 낫과 같은 농기구를 만드는 재료로 이용되기도 했다.

번식법

씨앗을 심거나 7~8월에 그해에 발생한 가지를 꺾꽂이하고, 이듬해 봄에 이식한다.

314 꽃 피는 측백나무

화백

Chamaecyparis pisifera (Siebold & Zucc.) Endl.

과 명	측백나무과	꽃	4월
형 태	상록침엽교목	열 매	9~10월

화백 잎(앞면)

화백 잎(뒷면)

근사한 이름의 나무이다. 화백(花柏)이란 꽃이 피는 측백나무라는 의미이다. 열매가 될 부분이 다른 측백나무과와는 달리 꽃의 모습을 하고 있다.

근사한 이름의 나무이다. 화백(花柏)이란 꽃이 피는 측백나무라는 의미이다. 열매가 될 부분이 다른 측백나무과와는 달리 꽃의 모습을 하고 있다. 학명에서 *Chamaecyparis*는 고대 그리스어로 작다는 뜻의 chamai와 삼나무라는 뜻의 cyparissos의 합성어로 열매가 작은 데서 유래되었다. 또한 종소명 *pisifera*는 열매 모양이 마치 완두콩 같다 하여 붙여진 이름이다. 영어로는 sawara cypress로, 일본어로 화백을 부르는 '사와라(さわら)'를 그대로 사용했다. 앞에 원산지를 붙여서 일본화백이라고도 한다.

상록침엽교목으로 높이는 30m이고 지름이 60㎝ 정도이다. 수피는 홍갈색으로 얇게 띠 모양으로 벗겨진다. 잎은 연한 녹색을 띠는 난상 피침형으로 촉감이 거칠고 끝이 뾰족하며 뒷면은 W자형의 흰색 기공조선이 있다. 4월에 꽃이 피는데 암꽃은 작은 별 모양을 하고 있으며 수꽃은 자갈색의 타원형이고 가지의 끝에 1개씩 달린다. 열매는 구형으로 갈색이며 실편은 8~12개로 표면의 가장자리가 도드라진다. 종자는 난상의 원형으로 실편에 2개씩 들

화백 암꽃

화백 수꽃

화백 열매

어 있고 양쪽에 넓은 날개가 있으며 9~10월에 갈색으로 익는다.

일본에 분포하며 우리나라에는 1920년경 도입되어 중부 이남의 각처에 심어져 있다. 추위, 그늘, 건조지에서도 잘 자라며 맹아력도 강하여 전정을 하면 다양한 수형을 만들어낼 수 있는 것이 특징이다. 침엽수 중에서는 아황산가스 등의 공해에 가장 강해 도심지의 빌딩이나 아파트의 경관림을 조성하는 데 적합하다. 또한 조림용, 관상용, 조경용, 생울타리용으로 심어진다.

화백 수피

목재는 재질이 거칠기는 하지만 단단하여 건축재, 토목재, 기구재, 펄프재 등의 용도로 쓰이며, 식물 성분에는 리모넨이 들어 있어 진통작용, 중추억제작용, 혈관 수축작용, 혈중 콜레스테롤 저하작용 등을 한다고 알려져 있다.

번식법

실생으로 번식한다.

315 화살을 만들던

화살나무

Euonymus alatus (Thunb.) Siebold

과 명	노박덩굴과	꽃	5월
형 태	낙엽활엽관목	열 매	10월

화살나무 새잎

화살나무 잎

화살나무 꽃

화살나무 열매

잔가지에 코르크질로 된 날개 모양의 갈색 껍질이 있는데, 잔가지에 달린 날개를 화살에 비유하여 '활살나무'라 하였으나 지금의 화살나무로 되었다.

화살나무는 잔가지에 코르크질로 된 날개 모양의 갈색 껍질이 있는데, 잔가지에 달린 날개를 화살에 비유하여 '활의 살 같다'고 해서 처음에는 '활살나무'라 하였으나 지금의 화살나무로 되었다. 날개가 참빗 모양과 비슷하다 하여 참빗나무라고 부르는 지방도 있다. 이외에 홋잎나무, 참빗살나무, 챔빗나무라고도 하며, 한자명은 귀전우(鬼箭羽), 팔수(八樹), 사능수(四稜樹)이다. 여기에서 귀전우란 귀신이 쓰는 화살이라는 뜻인데, 코르크의 날개에서 유래된 이름으로 창을 막는다는 뜻의 위모(衛矛)라고도 한다. 나무의

단풍은 비단처럼 고와 금목(錦木)이라 부르기도 하며, 이 나무의 날개를 태워서 그 재를 가시 박힌 곳에 바르면 가시가 신기하게도 쉽게 잘 빠져나와 가시나무라고도 한다.

낙엽활엽관목으로 높이는 3m 정도이고 작은 가지에 2~4줄의 코르크질의 날개가 있다. 잎은 마주나고 타원형 및 도란형이고 가장자리에 예리한 톱니가 있다. 꽃은 액생하는 취산화서에 3~9개가 달리며 황록색으로 5월에 핀다. 열매는 삭과로 붉은색이며 4갈래로 갈라지고 10월에 익으며 12월까지 달려 있다.

우리나라와 일본, 중국에 분포한다. 우리나라에서는 전국의 해발 1,700m 이하의 산기슭과 산 중턱의 암석지에 자생한다. 비옥한 토양을 좋아하고 춥고 그늘진 곳과 건조지, 바닷가에서도 잘 자라지만 공해에는 약한 편이다.

약용 또는 붉은 열매가 아름다워 관상용으로 심는다. 가지와 줄기는 화살 모양인데, 진짜 화살의 재료로 쓴다고도 하며 지팡이를 만드는 데도 사용된다. 한방에서는 날개 부분을 생리불순, 산후어혈, 기생충구제, 신경통, 동맥경화, 어혈, 혈전증, 가래, 기침 등에 쓰인다. 연한 잎은 나물로 해 먹는데 봄에 입맛을 돋우는 데 좋다. 꽃말은 위험한 장난, 냉정이다.

화살나무 수피

번식법

번식은 실생과 꺾꽂이로 한다.

316 노란 단풍이 예쁜

황매화

Kerria japonica (L.) DC.

과 명	장미과	꽃	4~5월
형 태	낙엽활엽관목	열 매	9~10월

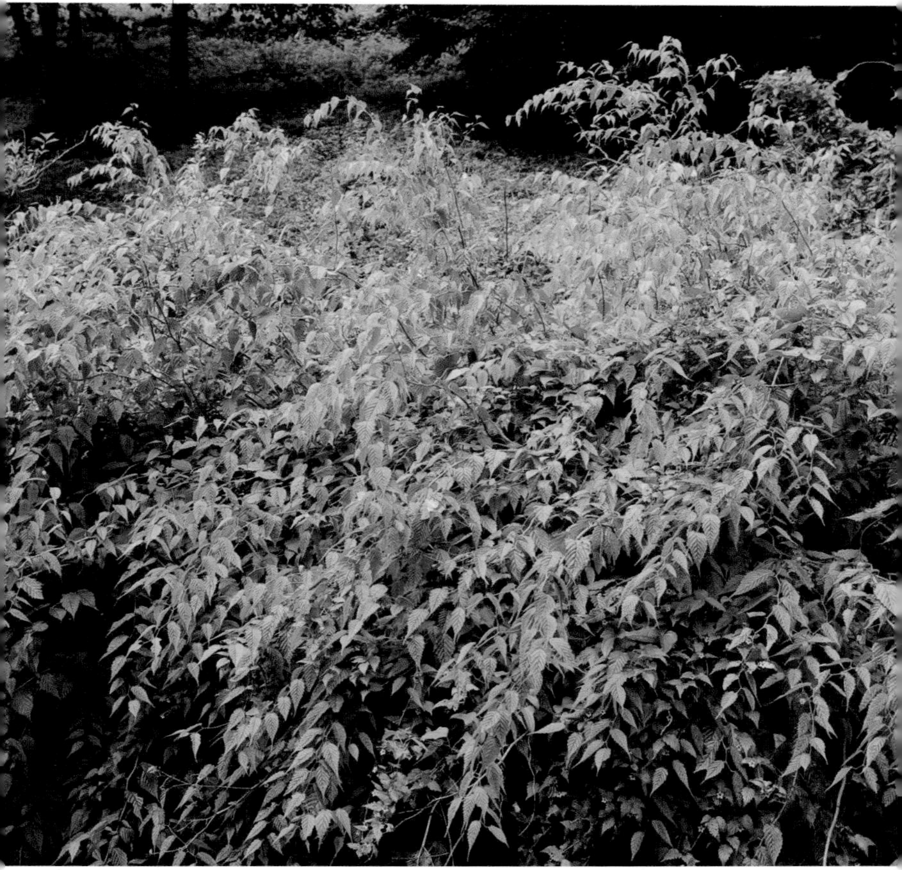

꽃이 매화와 비슷하고 황색으로 핀다 하여 황매화라고 부른다. 줄기는 언제나 녹색으로 속엔 흰색의 푹신한 속이 있는데, 옛날엔 이 부분을 이용해 아이들이 딱총을 만들어 가지고 놀았다.

꽃이 매화와 비슷하고 황색으로 핀다 하여 황매화라고 부른다. 이명은 죽도화, 죽단화, 수중화, 체당화(棣棠花), 산취(山吹), 금매화 등이다.

황매화 잎

낙엽활엽관목으로 높이는 1.5~2m 정도이고 가늘고 긴 가지가 총생하는데 작은 가지는 녹색으로 능선이 진다. 잎은 긴 타원형으로 어긋나고 결각상의 겹톱니가 있다. 엽맥이 표면에서 오목하게 들어가고 뒷면에는 돌출되어 있으며 그 위에 털이 있다. 꽃은 가지 끝에 1개씩 피며 4~5월에 황색으로 핀다. 열매는 수과로 9~10월에 흑갈색으로 익으며 꽃받침이 남아 있다.

우리나라와 중국, 일본에 분포한다. 황해도 이남의 습기가 많은 곳에 자생한다. 비옥한 사질양토를 좋아하며 음지와 양지 모두에서 잘 자라고 추위를 잘 견디며 공해에도 강하다.

노란 꽃이 아름답고 개화 기간도 길며 가을의 노란 단풍과 겨울의 벽색 줄기는 관상가치가 높아 관상수, 정원수로 심는다. 특히 사찰이나 공원에 많이 심어진다. 꽃말은 숭고, 높은 기풍이다.

줄기는 언제나 녹색으로 속엔 흰색의 푹신한 속이 있는데, 옛날엔 이 부분을 이용해 아이들이 딱총을 만들어 가지고 놀았다. 한

황매화 꽃

황매화 열매

황매화 수피

방에서는 꽃, 줄기, 잎 모두를 체당화(棣棠花)라 하여 약재로 사용하는데 거풍, 진해, 거담에 효능이 있다. 소화불량, 수종, 류머티즘, 창독, 소아의 마진을 치료하는 데도 쓴다.

번식법

번식은 초봄이나 여름에 삽목으로 하거나 포기나누기로 한다.

317 속껍질이 노란 약용나무

황벽나무

Phellodendron amurense Rupr.

과 명	운향과	꽃	5~6월
형 태	낙엽활엽교목	열 매	7~10월

세계 최고의 목판인쇄물인 무구정광대다라니경은 1,200여 년이나 되었음에도 제법 글자를 잘 알아볼 수 있는데, 이는 열매에서 추출한 물질을 종이 제조과정에 섞었기 때문이라고 한다.

황벽나무 잎

세계 최고의 목판인쇄물인 무구정광대다라니경은 통일신라 때인 700~751년 사이에 만들어진 것으로 추정된다. 1,200여 년이나 되었음에도 제법 글자를 잘 알아볼 수 있는데, 이는 황백자라는 열매에서 추출한 물질을 종이 제조과정에 섞었기 때문에 오랫동안 보존된 것이라고 한다. 황백자 열매는 바로 황벽나무의 열매를 말한다.

황벽나무라는 이름은 속껍질이 노란색이라서 황벽(黃蘗), 황백(黃柏)이라고 부른 것에서 유래한다. 황경피나무, 황경나무, 황병피나무라고도 부른다. 수피의 코르크가 잘 발달된 나무로는 황벽나무 외에 굴참나무, 개살구나무 등이 있는데, 그중 황벽나무의 코르크가 가장 부드러워 손가락으로 눌러보면 푹신푹신함을 느낄 수 있다.

낙엽활엽교목으로 높이는 10m 정도이다. 가지는 굵고 사방으로 퍼지며 수피는 연한 회색으로 갈라지고 두꺼운 코르크층이 발달하여 깊이 갈라지며 내피는 황색이다. 잎은 5~13개의 소엽으로 된 기수 우상복엽으로 마주나며 소엽은 난상 및 피침상의 난형이

다. 꼬리 모양의 잎 가장자리에는 잔톱니가 있으며 뒷면은 흰색이고 밑부분 잎맥에 털이 있다. 꽃은 암수딴그루로 원추화서를 이루며 노란색으로 5~6월에 핀다. 열매는 핵과로 둥글며 7~10월에 검은색으로 익는데 겨울에도 달려 있고 5개의 종자가 들어 있다.

우리나라와 중국, 일본, 만주, 아무르 등지에 분포한다. 우리나라에는 전남을 제외한 깊은 산의 해발 100~1,300m 사이에 자생하며 최근에는 재배하는 곳도 있다. 습기가 있는 비옥한 토양을

황벽나무 암꽃

황벽나무 수꽃

황벽나무 열매

황벽나무 수피

황벽나무 말린 수피

좋아하고 건조한 땅에서는 잘 자라지 못하나, 그늘진 곳과 추운 곳에서도 잘 자라며 공해에도 강하다.

황벽나무의 주성분은 팔마틴, 베르베린, 리모닌 등의 알칼로이드와 시토스테롤, 스티그마스테놀 등의 스테롤 성분과 플라보노이드가 들어 있다. 약용으로 사용하는데 수피와 열매는 장티푸스나 콜레라, 토혈, 중독, 임질, 동상, 당뇨, 건위, 정장, 지사, 수렴, 방부제로 쓴다. 〈본초서〉에는 해독, 살균, 살충, 소염, 이뇨, 혈관수렴, 방광염, 요도염, 신장염 등에 썼다는 기록이 있다. 한방에서 말린 나무껍질을 황백이라 하는데 각종 신경통, 관절염, 건위, 지사, 정장 등에 사용하고 외용으로 소아두창, 화농성의 염증, 피부외상, 타박상 등에 바르며 점안제로도 사용한다. 매우 다양한 증상에 사용되는 약재임을 알 수 있다. 한편 꽃에는 꿀이 많아 밀원식물로도 이용되며, 껍질은 누른빛으로 물을 들이는 염료로 쓴다.

번식법

번식은 실생으로 한다.

318 노란 수액이 나오는

황칠나무

Dendropanax morbiferus H. Lev.

과 명	두릅나무과	꽃	7~9월
형 태	상록활엽교목	열 매	11~12월

황칠나무 잎(앞면)

황칠나무 잎(뒷면)

세계에서 오로지 우리나라에만 자라는 나무로 오랜 옛날부터 황금색 칠을 하는 나무로 유명해 진시황이 불로초라고 믿고 해동국, 즉 우리나라에서 바로 이 나무를 가져갔다고 한다.

나무껍질에 상처를 내면 황색 수액이 나오는데 이 수액으로 노란 칠을 하는 데 사용하는 나무라고 하여 황칠나무라고 한다. 노란옻나무라고도 하며, 한자명은 황칠목(黃漆木), 수삼(樹參)이다. 보길도에서는 상철나무 또는 황철나무라고도 부른다.

세계에서 오로지 우리나라에만 자라는 나무로 오랜 옛날부터 황금색 칠을 하는 나무로 유명해 진시황이 불로초라고 믿고 해동국, 즉 우리나라에서 바로 이 나무를 가져갔다고 한다. 중국에서는 황칠나무의 수액을 신비의 도료로 쳤다. 그래서 중국은 우리나라에 이 나무를 조공품으로 많이 요구했는데, 황칠나무가 나는 지역의 백성들은 매우 시달려, 황칠나무가 자라면 아예 베어버렸다고 한다.

음력 6월쯤 나무줄기에 칼로 흠집을 내면 수액이 나오는데, 수액은 처음에는 우윳빛이지만 공기 중에서 산화되면서 황색으로 변한다. 이때 금빛을 더욱 강하게 하려면 먼저 치자 물을 들인 다

음 황칠나무 수액으로 마감하는 방법을 쓴다. 황칠이 본격적으로 나오는 시기는 8월 초순부터 9월 중순 사이이다. 수액이 나오는 양은 나무 크기에 따라 조금씩 다르지만, 한 나무에서 한 번에 1g 정도라고 한다.

상록활엽교목으로 높이는 15m 정도이고 어린 가지는 녹색이며 윤기가 난다. 잎은 어긋나고 난형 및 타원형이며 가장자리가 3~5개로 갈라진다. 꽃은 양성화로 산형화서를 이루며 7~9월에 흰색으로 핀다. 열매는 타원형의 핵과로 11~12월에 검은색으로 익는다.

황칠나무 꽃

황칠나무 열매(미성숙)

황칠나무 열매(성숙)

황칠나무 씨앗

황칠나무 수피

황칠나무 수피 속

황칠나무 수액

우리나라 특산종으로 남부 해안선을 따라 난대 지역과 그 부속 섬의 숲 속에서 자생한다. 제주도에는 해발 700m까지 분포한다. 습기가 있는 비옥한 땅과 그늘진 곳에서 잘 자란다. 추위에는 약하며 내조성이 강해 따뜻한 남쪽 지방의 섬이나 바닷가에서 잘 자란다. 완도 정자리의 황칠나무는 높이 15m, 지름이 102㎝로 국내에서 가장 크고 오래된 나무로 현재 천연기념물 제479호로 지정되어 있다.

황칠나무의 수액을 얻기 위해 도료용으로 심거나 관상용으로 심는다. 이 수액을 공예품에 칠하면 고고한 금빛을 띠면서도 나뭇결이 그대로 살아나 마치 무늬가 떠오르는 듯 화사한 맛이 난다. 그 외에도 가죽, 은으로 만든 그릇이나 수저 등에 칠하면 마치 도금한 것과 같은 효과를 얻을 수 있다.

번식법

번식은 삽목과 실생으로 한다.

319 도장과 호패를 만들던

회양목

Buxus koreana Nakai ex Chung & al.

과 명	회양목과	꽃	4~5월
형 태	상록활엽관목	열 매	7~8월

경기도 화성시 용주사에는 천연기념물 제264호로 지정된 회양목이 있는데, 정조가 손수 심은 기념수로 수령은 약 300년이다.

강원도 회양(淮陽)에서 많이 생산된다고 하여 붙여진 명칭으로 섬회양목, 회양나무, 섬회양나무, 도장나무, 섬회양, 고양나무 등으로도 불린다. 본래 이름은 황양목(黃楊木)이라 하였으나 수피가 회색이어서 바뀐 것이다. 생장이 아주 더뎌 천년왜(千年矮)라는 특이한 이름도 있다. 그리고 도장을 팔 때 많이 사용하기 때문에 도장나무라고 부른다.

옛날에는 관인이나 선비들의 낙관은 물론 호패도 이 나무로 만들곤 했고, 워낙 재질이 단단해 측량도구나 인쇄활자를 만들기도 했다. 나무가 자라는 속도가 워낙 늦고 쓰임새는 많으니 자연 그 수가 줄어들 수밖에 없었는데, 조선시대에는 아예 이 나무를 다른 용도로 사용하지 못하도록 하는 규정을 만들기도 했다.

상록활엽관목으로 해발 200~750m에 주로 자라며 전국 석회

회양목 잎

회양목 꽃가지

회양목 꽃

회양목 열매

회양목 꼬투리

암 지대의 지표식물로 자생한다. 높이는 2~3m 정도이고 작은 가지는 녹색으로 능각이며 털이 있다. 잎은 타원형의 혁질로 돌려나며 표면은 녹색이고 뒷면은 황록색이다. 꽃은 액생 또는 정생하며 암수 꽃이 몇 개씩 모여 달린다. 이 중 수꽃은 1~4개의 수술과 자방의 흔적이 있으며 꽃밥은 황색이다. 암꽃은 3개의 암술머리가 있는 삼각형의 자방이 있고 4~5월에 꽃이 핀다. 열매는 난형의 삭과로 7~8월에 갈색으로 익는데, 씨는 검은색이며 셋으로 갈라져 있다.

함경도와 전라도를 제외한 우리나라 전역의 석회암지대에 자생하는 나무이며 또한 지표식물이기도 하다. 양지와 음지를 가리지 않고 잘 자라고, 습기가 있는 곳이나 건조한 곳을 가리지 않고 잘 자라며 추위와 공해에도 강하여 생육이 쉬운 편이다. 그러나 성장이 매우 더디다.

바닷가에서도 잘 견디며 맹아력도 강하여 생울타리용, 정원수용으로 심는다. 또한 도심지 도로의 경계석이나 관상수 등의 용도로 심는다.

한방에서는 진해, 진통, 거풍 등에 약재로 이용한다. 또 잎과 수피를 달여 먹으면 류머티즘에 좋고 산모가 난산하였을 때에도 달여 마시면 좋다고 한다.

경기도 화성시 용주사에는 천연기념물 제264호로 지정된 회양목이 있는데, 정조가 손수 심은 기념수로 수령은 약 300년이다. 그러나 높이는 4.6m에 불과하고 줄기의 둘레도 53㎝ 정도에 머물러 있다.

번식법

번식은 실생이나 꺾꽂이로 한다.

회양목 씨앗

회양목 수피

320 최고의 길상목

회화나무

Sophora japonica L.

과 명	콩과	꽃	7~8월
형 태	낙엽활엽교목	열 매	10월

회화나무 새잎

회화나무 잎

회화나무는 고상한 나무라고 할 만하다. 궁궐 내에나 명문가의 뜨락에 주로 심어졌기 때문이다. 회화나무를 심으면 훌륭한 학자가 많이 나온다고 믿었기 때문이다.

회화나무는 고상한 나무라고 할 만하다. 궁궐 내에나 명문가의 뜨락에 주로 심어졌기 때문이다. 회화나무를 심으면 훌륭한 학자가 많이 나온다고 믿었기 때문인데, 그래서 중국에서는 이 나무를 학자수(學者樹)라고도 했다고 한다. 영어 이름 역시 Chinese scholar tree로 되어 있으니 동서양을 막론하고 이 나무가 학자와 깊은 관련이 있다는 것을 잘 알 수가 있겠다. 또 이 나무에 피는 꽃은 괴화(槐花) 또는 괴미(槐米)라 하는데, 이는 꽃봉오리가 쌀 모양 같다고 하여 붙여진 이름으로, 옛날부터 이 꽃이 많이 피면 풍년이 들고 적게 피면 흉년이 든다고 하여 길상목(吉祥木)으로 여겼다.

회화나무라는 이름은 괴수(槐樹), 괴화(槐花) 등의 한자에서 유래한다. '괴'의 중국식 발음이 '홰' 또는 '회'이므로 여기에 꽃 화(花) 자를 더해 회화나무로 부르게 된 것이다. 간단히 회나무라고도 하고 괴수(槐樹), 백괴(白槐)라고도 한다. 그런데 여기에서 괴는 나무 목(木) 자와 귀신 귀(鬼) 자를 합친 것으로, 이 나무가 예로부터 귀신으로부터 지켜준다고 해서 붙여진 것이다.

회화나무 꽃

회화나무 열매

회화나무 수피

낙엽활엽교목으로 높이는 25m 정도이고 지름은 1.5m로 수피는 회갈색이다. 잎은 7~17개의 기수 우상복엽으로 어긋나며, 소엽은 난형 및 난상의 피침형으로 잎자루는 짧고 털이 나 있다. 잎은 마치 아까시나무의 잎을 확대해 놓은 것 같다. 꽃은 정생하는 원추화서에 달리며 황백색으로 7~8월에 핀다. 열매는 염주 모양으로 약간 육질이며 10월에 익는다.

중국 원산으로 우리나라에 재식한다. 해발 600m 이하의 마을 주변과 공원에 많이 심는다. 비옥한 토양을 좋아하고 추위와 공해에도 강하며 병충해도 적은 데다 수형도 아름다워 도심지의 가로수나 정원수로 심기에 적합하다.

중국 주나라 때에 외조(外朝)에는 세 그루의 회화나무를 심었고, 우리나라의 창덕궁 돈화문에도 여덟 그루의 회화나무가 심어졌다. 돈화문 회화나무들은 높이가 15~16m, 지름이 90~178㎝로 천연기념물 제472호로 지정되어 있다. 또한 옛 유학자들의 집에서도 종종 회화나무를 발견할 수가 있는데, 역시 세 그루를 함께 심었다.

이 밖에도 우리나라 곳곳에는 유명한 회화나무가 많다. 인천시 강화군 교동에 있는 교동 회화나무는 수령이 1,000년이 넘는 최고 고목으로 높이는 20m, 지름이 4.8m로 보호수로 지정되었으며, 경주시 안강읍의 회화나무는 수령 600년으로 높이가 17m, 지름이 6m이며 천연기념물 제318호이다. 인천시 신현동의 회화나무는 수령이 500년, 높이 22m, 지름 5.3m로 천연기념물 제315호로 지정되었다. 또 부산시 사하구 괴정동의 회화나무는 아예 동 이름을 만든 나무로 천연기념물 제316호로 지정된 것이다.

공해에 강하고 침수에도 강한 나무이며 밀원식물로, 도심의 가로수나 공원의 공원수로 심는다. 특히 예로부터 전해져온 믿음, 학자수라는 이름 때문에 우리나라 각 학교의 교정에도 많이 심어진다.

목재는 가구재, 건축재로 쓴다. 꽃에는 꿀이 많아 벌들이 많이 모여드는데, 여러 가지 꿀 중에서 제일 약효가 높다고 한다. 꽃 속에는 루틴이라는 성분이 있어 고혈압, 지혈제, 동맥경화에 좋다고 알려져 있다. 염주처럼 생긴 열매는 괴실(槐實)이라 하여 가지 및 수피와 더불어 치질 치료에 쓴다. 옛날 사람들은 회화나무 잎을 즙을 내어 밀가루나 또는 쌀가루에 섞어 반죽한 뒤에 잘게 썰어 젓국을 치고 익힌 다음에 기름과 깨소금을 함께 쳐서 무쳐먹기도 했는데, 이를 괴각채(槐角菜)라고 한다. 한편 맥주와 종이에 황색을 내기 위해 회화나무 꽃을 이용하기도 한다. 꽃말은 '망향'이다.

번식법

번식은 꺾꽂이, 실생으로 한다.

321 나무껍질이 두꺼운

후박나무

Machilus thunbergii Siebold & Zucc.

과 명	녹나무과	꽃	5~6월
형 태	상록활엽교목	열 매	이듬해 7~8월

남해 창선면의 왕후박나무는 천연기념물 제299호로, 500년 전에 고기잡이를 하던 노부부가 어느 날 큰 고기를 잡아 배를 가르자 씨가 나와 심었더니 후박나무가 자랐다는 전설이 전해진다.

후박나무라는 이름은 껍질이 유난히 두꺼워 한자로 후박(厚朴)이라고 하는 데에서 유래한다. 후박나무는 일본목련과 혼동이 되는데, 일본에서는 일본목련을 '호오노키(ほおのき)'라고 한다. 이것은 한자로 후박(厚朴)으로 쓰는데, 한글 발음은 같지만 뜻은 다르다. 그런데 후박나무를 본 적이 없는 나무 수입업자들이 껍질이 두꺼운 일본목련을 후박나무로 잘못 알고 들여와 후박나무로 불러서 혼동이 생긴 것이다.

상록활엽교목으로 높이는 20m이고 지름이 1m이다. 수피는 황갈색이고 정아는 난형이다. 잎은 혁질로 표면에 광택이 나며 어긋나고 도란형 및 도란상의 피침형 또는 타원형이다. 잎의 표면은 짙은 녹색이고 뒷면은 흰빛이 도는 녹색인데, 잎을 입속에 넣고 오래 씹으면 찐득찐득한 것이 남는다. 또한 잎에는 독성이 있어

후박나무 잎

후박나무 꽃봉오리

곤충이 잘 모여들지 않는데, 운동신경을 마비시키는 성분이 들어 있다고 한다. 꽃은 원추화서로 가지 선단 또는 상부 엽액에 형성되고 황록색의 양성화가 달리며 5~6월에 잎과 함께 핀다. 열매는 장과로 둥글고 흑자색으로 이듬해 7~8월에 익는다.

우리나라와 중국, 타이완, 일본 등지에 분포한다. 우리나라는 전라도, 경상도, 울릉도, 제주도 및 남쪽 섬의 해발 700m 이하에 자생하는데 세계적인 희귀종으로 손꼽히는 나무이다. 따뜻한 섬 지방의 비옥한 땅에서 잘 자라나 추위에는 약하다. 생장이 빠르며 공해와 맹아력도 강하다.

후박나무는 상록성이며 잎이 혁질로 되어 있어 바닷가에서 잘 견디어 방풍림, 풍치수용으로 아주 적합하다. 약용으로 심는 나무인데 말린 나무껍질을 후박피(厚朴皮)라 하여 복통, 천식, 식욕부진, 감기, 이질, 구토, 이뇨, 근육통 등에 사용한다. 관상용, 방풍용, 약용 등의 용도뿐만 아니라, 목재는 건축재, 각종 기구재, 악기재, 조각재 등의 용도로 쓰인다.

후박나무 꽃

후박나무 열매

후박나무 씨앗

후박나무 수피

후박나무는 천연기념물로 지정된 것이 몇 가지 있다. 울산의 목도 상록수림은 섬 전체가 후박나무 숲으로 된 섬으로 천연기념물 제65호로 지정되었으며, 진도 관매리의 후박나무는 매년 동네 사람들이 제를 지내는 당산나무로 천연기념물 제212호로 지정되었다. 한편 남해 창선면의 왕후박나무는 천연기념물 제299호로, 500년 전에 고기잡이를 하던 노부부가 어느 날 큰 고기를 잡았는데 고기의 배를 가르자 배 안에서 씨가 나와 심었더니 자랐다는 전설이 전해진다. 또 전북 부안 격포리의 후박나무 군락은 난대식물의 북방한계선으로 가치가 높아 천연기념물 제123호로 지정되었다.

번식법

번식은 실생으로 한다.

322 나무껍질이 향기로운

후피향나무

Ternstroemia gymnanthera (Wight & Arn.) Sprague

과 명	차나무과	꽃	6~7월
형 태	상록활엽소교목	열 매	9~10월

후피향나무 새잎

후피향나무 잎

두터운 나무껍질에서 향기가 나는 나무라 하여 후피향(厚皮香)이라는 이름이 붙여졌다. 일본후피향 또는 간단히 후피향이라고도 한다. 또 화원에서는 목향나무라고 부르기도 한다.

두터운 나무껍질에서 향기가 나는 나무라 하여 후피향(厚皮香)이라는 이름이 붙여졌다. 일본후피향 또는 간단히 후피향이라고도 한다. 또 화원에서는 목향나무라고 부르기도 한다.

상록활엽소교목으로 높이는 8m 정도이고 지름 20㎝로 새로 자란 가지는 붉은색으로 아름답다.

잎은 어긋나고 가지 끝에서 모여나며, 혁질로 긴 타원상의 도란형이고 가장자리가 약간 말린다. 암수딴그루로 꽃은 액생하며 엽액에서 아래를 향해 황백색으로 6~7월에 핀다. 열매는 장과로 난상의 구형이며 9~10월에 익는다.

우리나라와 일본, 타이완, 중국, 동남아시아, 인도 등지에도 분포한다. 우리나라에서는 제주도, 전남, 경남의 해안과 섬 지방에 자생한다. 따뜻하고 햇볕이 잘 드는 비옥한 땅을 좋아하여 남부지방과 해안가에 자생하며 추위에는 약해 추운 중부지방에서는 잘 자라지 못한다. 내염성이 강해 바닷가에서도 잘 자란다.

후피향나무 꽃봉오리

후피향나무 꽃

후피향나무 열매

후피향나무 씨앗

꽃이 아름다워 정원수, 공원수, 관상수 등으로 심는다. 수피는 다갈색의 염료로 사용되고, 목재는 치밀하여 가구재, 공예품, 건축재 등으로 쓰인다. 꽃말은 인정가이다.

후피향나무 수피

번식법

번식은 꺾꽂이와 실생으로 한다.

323 우리나라의 고유 특산종

히어리

Corylopsis gotoana var. *coreana* (Uyeki) T. Yamaz.

과 명	조록나무과	꽃	3~4월
형 태	낙엽활엽관목 또는 소교목	열 매	9월

히어리 잎

히어리 꽃봉오리

히어리 꽃

외국에서 들어온 나무처럼 느껴지지만 히어리는 엄연히 우리나라 고유 수종이다. 히어리라는 이름은 시오리(十五里)에서 히어리로 바뀌어서 된 것으로 생각된다.

마치 외래어 같아서 외국에서 들어온 나무처럼 느껴지지만 히어리는 엄연히 우리나라 고유 수종이다. 학명조차도 *Corylopsis gotoana* var. *coreana*로 우리나라산임이 명시되어 있으며, 영문명도 Korean winter hazel로 우리나라산임을 알 수 있다.

히어리라는 이름은 시오리(十五里)에서 히어리로 바뀌어서 된 것으로 생각된다. 송광납판화, 납판나무, 송광꽃나무, 조선납판화 등으로도 불린다. 여기에서 송광납판화란 이 나무가 송광사 부근에서 발견되었으며, 꽃잎이 밀랍과 같이 두꺼운 데서 비롯된 것이다.

낙엽활엽관목 또는 소교목으로 높이는 5m 정도이다. 가지가 많이 올라와 둥근 수형을 이루며, 가지는 황갈색으로 흰색의 피목이 있고 겨울눈은 타원형으로 황갈색이다. 잎은 난상의 원형으로 가장자리에 뾰족한 톱니가 있다. 표면은 연한 녹색이며 뒷면은 회백색으로 털이 없다.

꽃은 총상화서에 달리며 꽃차례는 꽃이 핀 다음에 자라고 8~12

히어리 열매

히어리 씨앗

히어리 수피

개의 황색 꽃이 꽃차례에 달리는데 꽃잎은 도란형으로 3~4월에 핀다. 열매는 삭과로 털이 많고 종자는 검은색으로 9월에 익는다.

우리나라 특산종으로 햇빛이 잘 드는 곳을 좋아하고 건조한 땅에서도 잘 견디며 추위에 매우 강하다. 지리산, 변산반도 등 주로 남쪽 지방에 자라는 나무인데, 수원의 광교산과 남해 섬에서도 자라는 것이 발견되었다. 최근에는 수원 광교산보다 더 북쪽인 강원도 화천의 백운산 해발 500m 되는 곳에서 히어리 군락이 발견되어 히어리 북한계선이 새로 설정되었다.

최근에는 자생지가 많이 발견되고 있어 주목된다. 특히 경남 하동의 적량면 구제봉 일대의 해발 200~500m 사이 계곡과 사면 등에 펼쳐진 히어리 대규모 군락지가 있다. 이곳의 히어리는 높이가 6~7m, 수령은 50년 이상으로 국내 최대 군락지로 평가되었다.

노란 꽃과 황금색의 단풍이 아름다워 관상수, 정원수로 심는다.

번식법

실생과 꺾꽂이로 번식한다.

부 록

Glossary 용어해설

ㄱ

가죽질 : 두껍고 가죽과 같은 느낌을 주는 상태. 혁질(革質)

각(殼) : 열매나 씨를 감싸고 있는 껍질

각피(殼皮) : 잎이나 줄기의 표면을 덮고 있는 왁스 층. 큐티클 층, 큐티클라

갈래꽃 : 꽃잎이 한 장 한 장 떨어져 있는 꽃. 이판화(離瓣花)

거꿀 달걀 모양 : 잎의 위쪽으로 갈수록 폭이 넓어지는 거꾸로 선 달걀 모양. 도란형

거꿀 심장 모양 : 심장형을 거꾸로 뒤집은 모양

거꿀 피침 모양 : 피침형이 뒤집힌 모양으로, 끝에서 밑부분을 향해 좁아지는 모양. 도피침형

겨드랑이나기 : 줄기와 잎자루 사이에서 나오는 상태. 액생, 측생

겨드랑이눈 : 잎자루와 가지가 만나는 사이에서 생긴 눈. 측아, 겨드랑이꽃눈, 곁눈

겨울눈 : 전년도에 생겨 겨울을 지내고 봄에 잎이나 꽃으로 자라게 될 눈

견과(堅果) : 도토리나 호두처럼 보통 1개의 종자가 들어 있는 껍데기가 단단한 열매. 각과(殼果)

결각(缺刻) : 잎 가장자리가 들쑥날쑥한 모양. 열편

겹꽃 : 수술, 꽃받침 등의 일부 또는 전부가 꽃잎으로 변형되어 꽃잎이 여러 겹으로 겹쳐 있는 꽃

겹산형 꽃차례 : 각각의 산형 꽃차례가 다시 산형으로 달린 꽃차례. 복산형 화서(複繖形花序)

겹잎 : 하나의 잎몸이 갈라져서 두 개 이상의 작은 잎으로 구성된 잎

겹톱니 : 잎 가장자리의 큰 톱니 안에 있는 작은 톱니. 중거치, 복거치

공기뿌리 : 땅 위에 나와 있는 뿌리로 주로 호흡 기능을 함. 기근, 호흡근, 호흡뿌리

과육(果肉) : 열매에서 씨를 둘러싸고 있는 살. 열매살

관목(灌木) : 키가 작고 원줄기와 가지의 구별이 분명하지 않으며, 밑동에서 가지를 많이 치는 나무

교목(喬木) : 줄기가 곧고 굵으며 키가 8m가 넘는 나무

구과(毬果) : 중축에 실편이 겹쳐서 이루어진 열매. 솔방울

기공 : 공변세포로 둘러싸여 있는 작은 구멍으로 가스 및 수증기가 이동하는 통로. 숨구멍

긴 타원 모양 : 길이가 너비의 2~4배 정도로 길고, 양쪽 가장자리가 평행한 모양. 장타원형, 긴 타원형

깃 모양 : 깃털 모양. 우상(羽狀), 깃꼴

깃 모양 겹잎 : 새의 깃 모양의 작은 잎이 엽축에 마주나기로 달린 겹잎. 우상 복엽, 깃꼴 겹잎

깍정이 : 열매의 기부가 컵과 같이 된 것. 각두(殼斗)

껍질눈 : 다른 부분보다 조금 부푼 모양으로 어린 가지에 많음. 피목(皮目)

꽃대 : 꽃자루가 달리는 줄기. 꽃자루, 꽃줄기, 화경(花梗)

꽃덮이 : 화피(花被), 화개(花蓋)

꽃덮이조각 : 꽃덮이의 한 조각. 화피편(花被片)

꽃받침 : 꽃의 가장 밖에서 꽃잎을 받치고 있는 조각

꽃받침조각 : 꽃받침을 이루는 하나하나의 열편. 꽃받침 잎

꽃밥 : 수술대 끝에 달린, 꽃가루를 담고 있는 주머니와 같은 기관. 수술머리

꽃부리 : 하나의 꽃에서 꽃잎을 총칭하는 말. 화관(花冠)

꽃이삭 : 1개의 꽃대에 이삭 모양으로 꽃이 달린 꽃차례. 화수(花穗)

꽃차례 : 꽃대 축에 꽃이 배열되어 있는 상태. 화서(花序)

ㄴ

나선상(螺旋狀) : 나사처럼 꼬여 있는 모양

넓은 타원 모양 : 너비가 길이의 반 정도가 되는 모양. 광타원형

ㄷ

다육질(多肉質) : 살이 찌고 내부에 수분이 많은 성질

단성꽃 : 암술과 수술 중 한 가지만 있는 꽃. 단성화, 암수이화, 자웅이화, 단성화

달걀 모양 : 잎의 아래쪽(기부)으로 갈수록 상대적으로 폭이 넓어지는 모양. 난형, 달걀형

덩굴손 : 식물체를 지지하기 위하여 다른 물건을 감을 수 있도록 줄기나 잎이 변한 부분. 감는줄기

돌려나기 : 3장 이상의 잎 또는 다른 기관들이 한 마디에 달리는 상태. 윤생(輪生)

두상 꽃차례 : 국화처럼 꽃대 끝에 통꽃과 혀꽃이 촘촘히 모여 전체적으로 하나의 꽃같이 보이는 꽃차례. 두상 화서(頭狀花序)

두상화(頭狀花) : 국화와 같은 두상 꽃차례의 꽃 한 송이를 이르는 말

둔한 톱니 : 잎 가장자리가 둥근 톱니 모양인 것. 둔거치

땅속줄기 : 수평으로 자라는 땅속줄기

ㅁ

마주나기 : 잎 또는 다른 기관들이 한 마디에 2개씩 서로 마주나는 것. 대생(對生)

막질 : 부드러우며 유연한 반투명의 막과 같은 상태

머리 모양 : 빽빽하게 모여 머리 모양으로 둥근 것. 두상, 두형

모여 나기 : 빽빽이 모여 자라는 상태. 총생(叢生)

무성 꽃 : 수술과 암술이 모두 없는 꽃. 무성화, 중성화, 중성 꽃
물결 모양 : 잎 가장자리가 물결 모양으로 기복이 있는 모양. 파상(波狀)
미상 꽃차례 : 거의 자루가 없는 꽃이 꼬리 모양으로 모여 달려 늘어지는 이삭 모양의 꽃차례. 유이 꽃차례. 미상 화서(尾狀花序)
밑씨 : 미성숙한 씨. 배주

ㅂ

방추형(紡錐形) : 럭비공처럼 원기둥 꼴의 양 끝이 뾰족한 모양
별 모양 : 별을 닮은 모양. 성상(星狀)
불염포(佛焰苞) : 천남성과의 육수 꽃차례를 둘러싸고 있는 넓은 포
비늘잎 : 편평한 비늘조각 모양의 작은 잎. 인엽, 포린
비단털 : 길고 부드러운 비단실 같은 털. 견모

ㅅ

삭과 : 익으면 열매껍질이 말라 쪼개지면서 씨를 퍼뜨리는, 여러 개의 씨방으로 된 열매
산방 꽃차례 : 무한 꽃차례의 일종으로 꽃자루의 길이가 줄기 아래쪽에 달리는 것일수록 길어져 꽃이 거의 평면으로 가지런히 피는 꽃차례. 산방 화서(繖房花序)
산형 꽃차례 : 무한 꽃차례의 일종으로, 꽃대의 끝에 여러 꽃자루가 우산살 모양으로 갈라져 그 끝에 꽃이 하나씩 피는 꽃차례. 산형 화서(傘形花序)
살눈 : 곁눈의 한 가지로 양분을 저장하고 있어 살이 많고 땅에 떨어지면 씨처럼 싹이 트는 조직
삼출 겹잎 : 한 지점에서 3개의 작은 잎이 나온 겹잎. 삼출 복엽, 삼엽, 3출엽, 3출 겹잎
삽목(插木) : 꺾꽂이

샘털 : 표피 세포의 변형으로 끝에 분비샘이 발달한 털. 선모, 선상모

선모(腺毛) : 부푼 끝 부분에 분비물이 들어 있는 털

선점(腺點) : 잎이나 꽃잎에 나는 검은색 또는 투명한 점으로 나오는 분비물. 유점(油點)

선형(線形) : 폭이 좁고 길이가 길어 양쪽 가장자리가 거의 평행을 이루는 잎이나 꽃잎의 모양

소총포(小總苞) : 겹산형 꽃차례에서 각각의 작은 꽃차례를 받치고 있는 총포

속 : 뿌리나 줄기의 중심에 있는 유조직. 수, 골속, 심

손 모양 겹잎 : 손 모양으로 갈라져 작은 잎이 달리는 겹잎. 장상 복엽, 손바닥 모양 겹잎

수과(瘦果) : 껍질이 얇으며 속에 1개의 씨가 들어 있어 전체가 씨처럼 보이는 열매

수상 꽃차례 : 1개의 긴 꽃대에 꽃자루가 없는 꽃이 이삭처럼 촘촘히 붙어서 피는 꽃차례. 수상 화서(穗狀花序)

시과(翅果) : 단풍나무 열매처럼 날개가 발달한 열매

신장형(腎臟形) : 세로보다 가로가 긴 원형의 밑부분이 들어가서 전체적으로 콩팥처럼 생긴 잎 모양

실편 : 송백류의 암꽃을 이루는 비늘조각 중 밑씨가 붙은 목질성 조각. 종린, 종인, 종편

심장저(心臟底) : 잎 밑이 심장처럼 생긴 모양

씨껍질 : 씨의 껍질. 종피(種皮), 외종피(外種皮), 종자피(種子皮)

씨방 : 밑씨를 포함한 암술의 아랫부분이 부푼 곳. 자방(子房), 자실(子室)

ㅇ

암수딴그루 : 암꽃과 수꽃이 서로 다른 그루에 달림. 이가화

암수한그루 : 암꽃과 수꽃이 한 그루에 달림. 일가화

양성 꽃 : 수술과 암술이 함께 있는 꽃. 양성화, 암수동화, 자웅동화,

양성화

어긋나기 : 마디마디가 1개의 잎 또는 다른 기관이 줄기를 돌아가면서 배열한 상태. 호생(互生)

열매껍질조각 : 다 익으면 벌어지는 열매껍질의 한 조각. 과피편, 각편, 꼬투리조각

열매자루 : 열매의 자루. 과병(果柄), 과경(果梗), 열매꼭지

예두(銳頭) : 잎끝이 짧게 뾰족한 모양

예저(銳底) : 잎 밑이 짧게 뾰족한 모양

외총포(外總苞) : 여러 개의 총포조각 중 가장 밖에 있는 총포

외화피(外花被) : 화피(꽃잎)가 2줄로 배열되어 있는 경우 바깥쪽에 위치한 화피

우상맥(羽狀脈) : 측맥이 잎의 주맥으로부터 새의 깃털 모양으로 갈라지는 맥

우상 복엽(羽狀複葉) : 깃꼴 겹잎 잎자루 양쪽으로 작은 잎이 새의 깃 모양으로 마주 붙는 잎

원추 꽃차례 : 전체가 원뿔 모양으로 되는 꽃차례

윤생(輪生) : 돌려나기 마디에 3개 이상의 잎이 돌려남

이출 겹잎 : 잎 또는 작은 잎이 2개 달리는 겹잎. 이출 복엽, 이출엽, 2출엽

잎겨드랑이 : 줄기와 잎자루 사이에 형성된 위쪽 모서리 부분. 엽액(葉腋), 액(腋)

잎꼭지 : 잎몸을 줄기나 가지에 붙게 하는 꼭지 부분 잎자루

잎몸 : 잎을 잎자루와 구분하여 부르는 이름으로 잎자루를 제외한 나머지 부분. 엽편(葉片)

잎자루 : 잎몸과 줄기를 연결하는 부분. 엽병(葉柄), 엽자루

잎집 : 잎자루의 밑부분이 칼집 모양으로 발달해서 줄기를 싸고 있는 부분

잎혀 : 잎집과 잎몸의 연결 부위의 안쪽에 있는 작고 얇은 조각. 엽설(葉舌)

ㅈ

장과(漿果) : 겉껍질은 얇고, 살에는 즙액이 많으며, 속에는 씨가 들어 있는 열매

장상맥(掌狀脈) : 단풍나무 잎처럼 주맥이 없이 잎자루 끝에서 손 모양으로 뻗은 잎맥

정생 : 꼭대기 또는 정단에 있음

지하경(地下莖) : 땅속줄기

집산 꽃차례 : 꽃대 끝에 꽃이 달리고 그 밑에서 뻗은 자루 끝에 꽃이 달리는 것이 반복되는 꽃차례. 집산 화서(集散花序)

ㅊ

총상 꽃차례 : 긴 꽃대에 꽃자루가 있는 여러 개의 꽃이 어긋나게 붙어서 밑에서부터 피어올라 가는 꽃차례. 총상 화서(總狀花序)

총생(叢生) : 잎이나 꽃이 한 마디나 한곳에 여러 개가 무더기로 모여 남. 모여 나기, 뭉쳐나기

총포(總苞) : 꽃차례 밑에 붙은 포

취과(聚果) : 산딸기처럼 꽃받침 위에 씨방이 발달한 여러 개의 과실이 모인 열매

취산 꽃차례 : 꽃차례의 끝에 달린 꽃 밑에서 한 쌍의 꽃자루가 나와 각각 그 끝에 꽃이 한 송이씩 달리는 것이 계속 반복되는 꽃차례. 취산 화서(聚散花序)

측맥 : 주맥에서 갈라져 나온 맥. 옆맥

ㅌ

턱잎 : 잎자루의 기부에 쌍으로 달리는 잎과 같은 부속체. 탁엽(托葉)

톱니 : 잎 가장자리가 톱니처럼 잘게 갈라진 모양. 거치(鋸齒)

통꽃 : 꽃부리가 대롱 모양으로 생기고 끝만 조금 갈라진 꽃. 관상화(管狀花)

ㅍ

포(苞) : 꽃의 기부에 있는 잎과 같은 구조. 포엽(苞葉)
포린(苞鱗) : 구과에서 밑씨가 달리지 않은 비늘조각. 비늘조각잎
포자(胞子) : 포자낭에서 만들어진 생식세포. 홀씨
포자낭(胞子囊) : 포자가 만들어지는 주머니. 홀씨주머니
피침 모양 : 창 모양으로 밑으로부터 1/3 정도 되는 부분의 폭이 가장 넓은 모양. 피침형

ㅎ

핵과(核果) : 복숭아처럼 씨가 들어 있는 단단한 속껍질을 다육질의 열매살이 둘러싼 열매. 석과(石果)
헛뿌리 : 물관과 체관이 들어 있지 않은 뿌리 모양의 구조. 가근(假根)
협과(莢果) : 콩과의 열매로서 심피에서 발달하고 성숙한 후 건조하면 두 줄로 갈라지며 씨가 방출되어 나오는 열매. 꼬투리
홀수 깃 모양 겹잎 : 정단에 작은 잎이 있는 깃 모양 겹잎으로 작은 잎의 개수는 홀수임. 기수 우상복엽, 홀수 깃꼴겹잎
화경(花莖) : 꽃줄기 끝에 꽃이 달리는 줄기

● 그림으로 보는 꽃과 잎

[꽃의 구조]

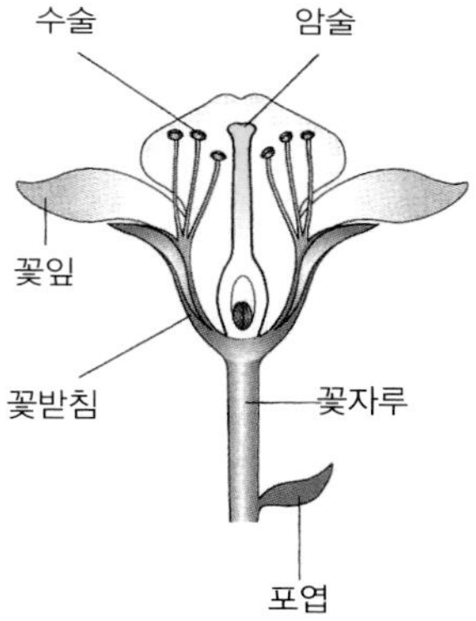

[꽃의 모양]

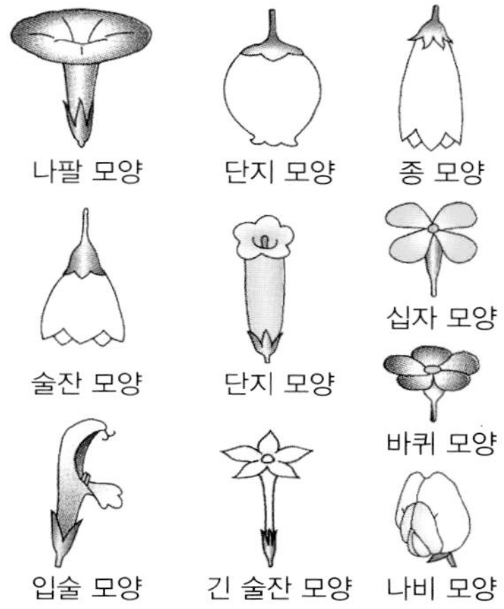

[꽃차례]

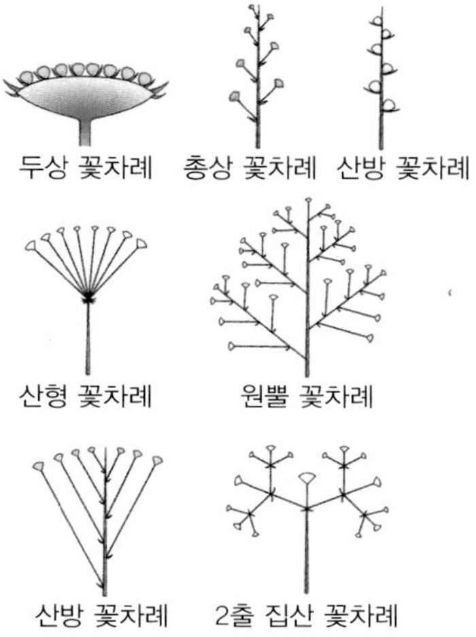

[잎의 구조]

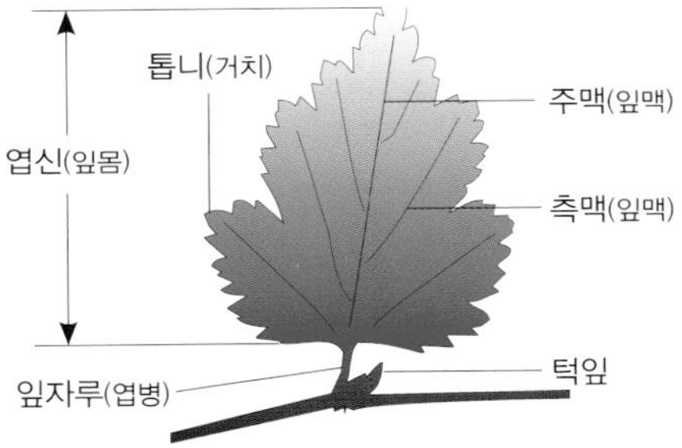
톱니(거치)
주맥(잎맥)
엽신(잎몸)
측맥(잎맥)
잎자루(엽병)
턱잎

[잎의 모양]

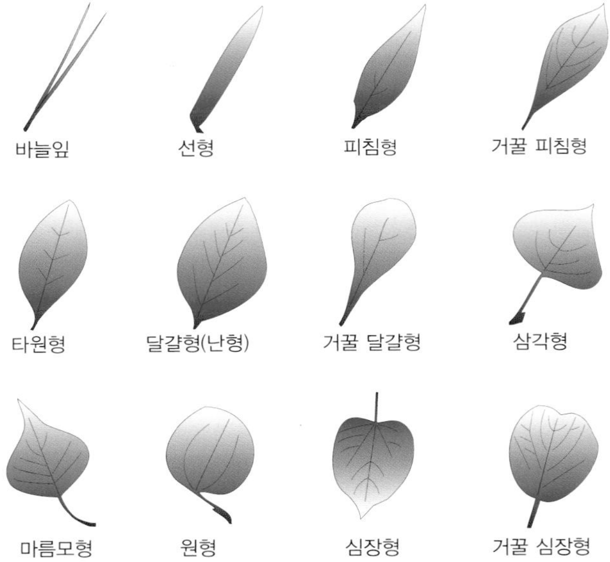
바늘잎
선형
피침형
거꿀 피침형
타원형
달걀형(난형)
거꿀 달걀형
삼각형
마름모형
원형
심장형
거꿀 심장형

Reference
참고문헌

- 국가생물종지식정보시스템(2014), 산림청 국립수목원.
- 국가표준식물목록(2014), 산림청 국립수목원.
- 길과 숲에서 만나는 우리나라 나무 이야기(2008), 이동혁 · 제갈영, 도서출판 이비컴.
- 꼭 알아야 할 한국의 야생화(2008), 허북구 · 박석근, 중앙생활사.
- 나무쉽게찾기(2006), 윤주복, 진선books.
- 대나무(2000), 김준호 · 박보하, 대원사.
- 대한식물도감(1982), 이창복, 향문사.
- 문화와 역사로 만나는 우리나무의 세계1,2(2011), 박상진, 김영사.
- 문화유산정보(2015), 문화재청(http://www.cha.go.kr).
- 백두고원(2002), 김태정 · 이영준 · 한상훈, 대원사.
- 새로운 한국수목대백과도감-上 · 下(2010), 이정석 · 이계한 · 오찬진, 학술정보센터.
- 새로운 한국식물도감I, II(2007), 이영노, 교학사.
- 숲을 말한다 나무이야기(2015), 오찬진 · 오장근 · 권영휴, 푸른행복.
- 식별이 쉬운 나무도감(2009), 국립수목원, 지오북.
- 우리가 정말 알아야 할 우리나무 백가지(2005), 이유미, 현암사

- 원색 대한식물도감(2003), 이창복, 향문사.
- 원색한국기준식물도감(1996), 이우철, 도서출판 아카데미서적.
- 한국동식물도감(1965), 정태현, 문교부.
- 한국식물검색집(1997), 이상태, 아카데미서적.
- 한국식물도감(2002), 이영노, 교학사.
- 한국식물도감-상권목본부(1956), 정태현, 신지사.
- 한국의 나무(2012), 김진석 · 김태양, 돌베개.
- 한국의 하천식생(2005), 이율경 · 김종원, 계명대학교출판부.
- 한국의 희귀식물(2012), 국립수목원, 종합기획 숨은길.

일러두기 ●Introductory Remarks

이 책에는 우리나라에 자생하는 나무와 외국에서 들여와 심어진 대표적인 나무를 포함한 78과(科) 323분류군의 나무들이 수록되어 있다. 다음은 이 책에 수록된 나무들을 보다 쉽고 편리하게 이해하도록 몇 가지 사항을 정리한 것이다.

1. 나무 이름과 학명은 국가생물종지식정보시스템(www.nature.go.kr)에서 작성한 것을 기준으로 하였다.
2. 나무 순서는 323종류의 나무에 관하여 식물명을 가나다 순으로 배열하였다.
3. 이 책에 수록된 사진은 총 2,200여 컷으로, 나무의 생장과정별 잎, 꽃, 열매, 수형 등을 중심으로 사진을 배열하여 나무의 생태와 생김새, 특징을 한눈에 관찰할 수 있도록 하였다.
4. 본문이 시작되기 전에 표시되어 있는 형태, 꽃, 열매 항목은 기존 도감에 준하였으나, 일부는 저자가 현장답사한 자료를 토대로 작성하였다. 여기서 형태는 낙엽 · 상록, 침엽 · 활엽, 교목 · 소교목 · 관목 등으로 분류한 항목으로 관목은 높이 2m 이하, 소교목은 높이 2~8m, 교목은 높이 8m 이상에

숲 해설

나무를 알아야 숲이 보인다

나무야 나무

수형, 암꽃, 수꽃, 열매, 잎 생김새, 수피 등
나무의 모든 생장 과정 수록

오장근 • 오찬진 共著

푸른행복